Bernd Rüdiger

Rechnen und Rechenmeister in Sachsen

Gesellschaftliche Grundlagen

EUDORA

Mit 42 Abbildungen.

Bibliographische Information der Deutschen Nationalbibliothek

Die Deutsche Nationalbibliothek verzeichnet diese Publikation in der Deutschen Nationalbibliographie; detaillierte bibliographische Daten sind im Internet über http:/dnb.d-nb.de abrufbar.

ISBN: 978-3-938533-86-4

Gerichtsweg 28, D-04103 Leipzig
Bei Fragen zur Produktsicherheit: info@eudora-verlag.de
www.eudora-verlag.de

Gestaltung / Satz / Umschlag: Ralf Müller
Einbandabbildung: siehe Seite 98.
Druck / Bindung: PBtisk a.s. Příbram
Printed in the Czech Republik

Inhalt

Abkürzungsverzeichnis

Abb.	= Abbildung
Abt.	= Abteilung
ADB	= Allgemeine Deutsche Biographie
Anm.	= Anmerkung
Aufl.	= Auflage
Bd.	= Band
Bl.	= Blatt
CDS(R)	= Codex Diplomaticus Saxoniae (Regiae)
H.	= Heft
Hs.	= Handschrift
hg.	= herausgegeben
JbARB	= Jahrbuch des Adam-Ries-Bundes
Jg.	= Jahrgang
KuUfB	= Kontrakten- und Urfriedensbuch
NASG(A)	= Neues Archiv für sächsische Geschichte (und Altertumskunde)
NDB	= Neue Deutsche Biographie
Nr.	= Nummer
O.U.	= Originalurkunde(n)
S.	= Seite
SARB	= Schriften des Adam-Ries-Bundes Annaberg-Buchholz
SHSTA	= Sächsisches Hauptstaatsarchiv
SHtBll	= Sächsische Heimatblätter
SLUB	= Sächsische Landes- und Universitätsbibliothek Dresden
SS	= Sommersemester
STA	= Staatsarchiv
StadtA	= Stadtarchiv
Tl.	= Teil
UB	= Urkundenbuch
UBL	= Universitätsbibliothek Leipzig
VSWG	= Vierteljahrschrift für Sozial- und Wirtschaftsgeschichte
WS	= Wintersemester

Verzeichnis häufig und verkürzt zitierter Literatur und Quellen

800 Jahre Schola Thomana. Festschrift, hg. von Kathleen-Christina Kormann/Christine Kieres, Leipzig 2012.

Agricola, Georgius: De re metallica [Über den Bergbau, zuerst 1556 gedruckt], Basel 1657. UBL, Sign. Ökon. 85.

Arlinghaus, Franz-Josef: Zwischen Notiz und Bilanz: zur Eigendynamik des Schriftgebrauchs in der kaufmännischen Buchführung am Beispiel der Datini/di-Berto-Handelsgesellschaft in Avignon (1367–1373), Frankfurt a. M./Berlin/Bern/Bruxelles/ New York/Wien 2000 (= Gesellschaft, Kultur und Schrift. Mediävistische Beiträge, hg. von Hagen Keller, Bd. 8).

Becker, Claudia: Beiträge zur kommunalen Buchführung und Rechnungslegung, in: Kommunales Schriftgut in Oberitalien. Formen, Funktionen, Überlieferung, hg. von Hagen Keller/Thomas Behrmann, München 1995, S. 117–148 (= Münstersche Mittelalter-Schriften, 68).

Beyer, Eduard: Das Cistercienser-Stift und Kloster Alt-Zelle in dem Bisthum Meißen. Geschichtliche Darstellung seines Wirkens im Innern und nach Außen, nebst den Auszügen der einschlagenden hauptsächlich bei dem Haupt-Staats-Archive zu Dresden befindlichen Urkunden, Dresden 1855.

Blaschke, Karlheinz: Bevölkerungsgeschichte von Sachsen bis zur industriellen Revolution, Weimar 1967.

Blaschke, Karlheinz: Kanzleiwesen und Territorialstaatsbildung im wettinischen Herrschaftsbereich bis 1485, in: Archiv für Diplomatik, Schriftgeschichte, Siegel- und Wappenkunde, 30, 1984, S. 282–302.

Blaschke, Karlheinz: Urkundenwesen und Kanzlei der Wettiner bis 1485, in: Landesherrliche Kanzleien im Spätmittelalter. Referate zum VI. Internationalen Kongreß für Diplomatik, München 1983, Teilbd. 1, hg. von Gabriel Silagi, München 1984, S. 193–202 (= Münchener Beiträge zur Mediävistik und Renaissance-Forschung, Bd. 35).

Bräuer, Helmut: Wider den Rat. Der Zwickauer Konflikt 1516/17, Leipzig 1999.

Brod, Carl: Rat und Ämterwesen in Zwickau 1485–1547, Diss. Leipzig 1925.

Burg – Straße – Siedlung – Herrschaft. Studien zum Mittelalter in Sachsen und Mitteldeutschland, Festschrift für Gerhard Billig zum 80. Geburtstag, hg. von Rainer Aurig/Reinhardt Butz/Ingolf Gräßler/André Thieme, Beucha 2007.

Bussard, H. L. L.: Über die Entwicklung der Mathematik in Westeuropa zwischen 1100 und 1500, in: NTM. Zeitschrift für Geschichte der Wissenschaften, Technik und Medizin, N.S., Vol. 5, 1997, Nr. 4.

Cantor, Moritz: Mathematische Beiträge zum Kulturleben der Völker, Halle 1863.

CDSR I 1 Urkunden der Markgrafen von Meissen und Landgrafen von Thüringen 948–1099, hg. von Otto Posse, Leipzig 1882.

CDSR I 2 Urkunden der Markgrafen von Meissen und Landgrafen von Thüringen 1100–1195, hg. von Otto Posse, Leipzig 1889.

CDSR I 3 Urkunden der Markgrafen von Meißen und Landgrafen von Thüringen 1196–1234, hg. von Otto Posse, Leipzig 1898.

CDSR II 1 Urkundenbuch des Hochstifts Meissen, Bd. I, hg. von E[rnst] G[otthelf] Gersdorf, Leipzig 1864.

CDSR II 4 Urkundenbuch der Stadt Meissen und ihrer Klöster, hg. von E[rnst] G[otthelf] Gersdorf, Leipzig 1873.

CDSR II 5 Urkundenbuch der Städte Dresden und Pirna, hg. von K[arl] Fr[iedrich] von Posern-Klett, Leipzig 1875.

CDSR II 6 Urkundenbuch der Stadt Chemnitz und ihrer Klöster, hg. von Hubert Ermisch, Leipzig 1879.

CDSR II 7 Urkundenbuch der Städte Kamenz und Löbau, hg. von Hermann Knothe, Leipzig 1883.

CDSR II 8 Urkundenbuch der Stadt Leipzig, Bd. I, hg. von K[arl] Fr[iedrich] von Posern-Klett, Leipzig 1868.

CDSR II 9 Urkundenbuch der Stadt Leipzig, Bd. II, hg. von K[arl] Fr[iedrich] von Posern-Klett, Leipzig 1870.
CDSR II 10 Urkundenbuch der Stadt Leipzig, Bd. III, hg. von Joseph Förstemann, Leipzig 1894.
CDSR II 11 Urkundenbuch der Universität Leipzig von 1409 bis 1555, hg. von Bruno Stübel, Leipzig 1879.
CDSR II 12 Urkundenbuch der Stadt Freiberg in Sachsen, Band I, hg. von Hubert Ermisch, Leipzig 1883.
CDSR II 16 Die Matrikel der Universität Leipzig, hg. von Georg Erler, I. Bd.: Die Immatrikulationen von 1409–1559, Leipzig 1895; CDSR II 17 II. Bd.: Die Promotionen von 1409–1559, Leipzig 1897; CDSR II 18 III. Bd.: Register, Leipzig 1902.
CDS II 19 Urkundenbuch des Zisterzienserklosters Altzelle, 1. Tl.: 1162–1249, bearb. von Tom Graber, Hannover 2006.
Czok, Karl: Die Entwicklung des kursächsischen Territorialstaates im Spätfeudalismus, von der Mitte des 16. Jahrhunderts bis um 1790, in: SHtBll, 1982, H. 5, S. 235–240, H. 6, S. 241–254.
Das Lehnbuch Friedrichs des Strengen, Markgrafen von Meissen und Landgrafen von Thüringen 1349–1350, hg. von Woldemar Lippert/Hans Beschorner, Leipzig 1903 (= Schriften der königlich-sächsischen Kommission für Geschichte, Bd. 12).
Denzel, Markus A.: Die Bedeutung der Rechenmeister für die Professionalisierung in der oberdeutschen Kaufmannschaft des 15./16. Jahrhunderts, in: Verfasser und Herausgeber, S. 23–30.
Der Sachsenspiegel in Bildern. Aus der Heidelberger Bilderhandschrift ausgewählt und erläutert von Walter Koschorreck, Frankfurt a. M. 1976.
Deubner, Fritz: ... nach Adam Ries, 2. Aufl., Taucha 1992.
Die evangelischen Schulordnungen des sechszehnten Jahrhunderts, hg. von Reinhold Vormbaum, Gütersloh 1860.
Diplomatische Forschungen in Mitteldeutschland, hg. von Tom Graber, Leipzig 2005 (= Schriften zur sächsischen Geschichte und Volkskunde, Bd. 12).
Die Zisterzienser und ihre Bibliotheken. Buchbesitz und Schriftgebrauch des Klosters Altzelle im europäischen Vergleich, hg. von Tom Graber/Martina Schattkowsky, Leipzig 2008 (= Schriften zur sächsischen Geschichte und Volkskunde, Bd. 28).
Etymologisches Wörterbuch des Deutschen, erarbeitet unter der Leitung von Wolfgang Pfeifer, Koblenz 2014.
Folkerts, Menso: Andreas Alexander – Leipziger Universitätslehrer und Cossist? In: Rechenmeister und Cossisten, S. 53–61.
Folkerts, Menso: Die Faßmessung (Visierkunst) im späten Mittelalter und in der frühen Neuzeit, in: Visier- und Rechenbücher der frühen Neuzeit, S. 1–36.
Folkerts, Menso: Die Handschrift Dresden C 80 als Quelle der Mathematikgeschichte, in: Verfasser und Herausgeber, S. 360–373.
Folkerts, Menso: Die Mathematik im sächsisch-thüringischen Raum im 15. und 16. Jahrhundert, in: Kaufmanns-Rechenbücher und mathematische Schriften der frühen Neuzeit, Annaberg-Buchholz 2011, S. 1–22 (= SARB, Bd. 22).
Folkerts, Menso: Mathematik und Naturwissenschaften bis zum 16. Jahrhundert in Sachsen, in: Erleuchtung der Welt. Sachsen und der Beginn der modernen Wissenschaften [Essays], Dresden 2009.
Folkerts, Menso/Gebhardt, Rainer: Zur „Deutschen Coß“ und zu ihrer Erforschung, in: Rechenkunst und Mathematik in der frühen Neuzeit. Tagungsband, Annaberg-Buchholz 2023 (= SARB, Bd. 31).
Folkerts, Menso/Neuenschwander, Erwin: Mathematik. IV. Abendland, in: Lexikon des Mittelalters, Bd. VI, München 2002, Sp. 385–390.
Freytag, Hermann: Die Wachstafelbücher des Leipziger Rates aus dem fünfzehnten Jahrhundert, in: NASGA, 20 (1899), S. 209–245.
Gärtner, Theodor: Die Zittauer Schule bis zur Gründung des Gymnasiums, Zittau 1886 (= Festschrift zur dreihundertjährigen Jubelfeier des Gymnasiums zu Zittau […] 1886).

Geschichte Sachsens, hg. von Karl Czok, Weimar 1989.
Gluch, Sibylle: Geometria practica und ars pictoria theorica: Albrecht Dürer zwischen Theorie und Praxis, in: Buchmalerei der Dürerzeit – Dürer und die Mathematik – Neues aus der Dürerforschung, Nürnberg 2009, S. 105–114.
Götzinger, E.: Reallexicon der Deutschen Altertümer. Ein Hand- und Nachschlagebuch der Kulturgeschichte des deutschen Volkes, 2. Aufl., Leipzig 1885 [Reprint Leipzig o. J.].
Grosse, Hugo: Historische Rechenbücher des 16. und 17. Jahrhunderts und die Entwicklung ihrer Grundgedanken bis zur Neuzeit. Ein Beitrag zur Geschichte der Methodik des Rechenunterrichts, Leipzig 1901 [Nachdruck Wiesbaden 1965].
Günther, Siegmund: Geschichte des mathematischen Unterrichts im deutschen Mittelalter bis zum Jahre 1525, Berlin 1887.
Günther, Siegmund: Geschichte der Mathematik, I. Tl., Leipzig 1908.
Hahn, Karl: Die ältesten Schneeberger Zehntrechnungen, in: NASGA, 53. Bd., 1932, S. 35–50.
Hein, Wolfgang: Die Mathematik im Mittelalter. Von Abakus bis Zahlenspiel, 2. Aufl., Darmstadt 2012.
Herrmann, Joachim: Zwischen Hradschin und Vineta. Frühe Kulturen der Westslawen, 3. Aufl., Leipzig/Jena/Berlin 1981.
Historisches Ortsverzeichnis von Sachsen, Neuausgabe, hg. von Karlheinz Blaschke, bearb. von Susanne Baudisch und Karlheinz Blaschke, Halbband 1 und 2, Leipzig 2006.
Hoyer, Siegfried: Sachsen in der Zeit des Frühkapitalismus und der Frühbürgerlichen Revolution, 15. bis 16. Jahrhundert, in: SHtBll, 1982, H. 5, S. 221–234.
Inventar der Stadtbücher (1376–1800), 2. überarb. Aufl., Leipzig 1994 (= Veröffentlichungen des Sächsischen Staatsarchivs Leipzig, Nr. 3. Leipziger Archivinventare).
Kaemmel, Otto: Geschichte des Leipziger Schulwesens vom Anfange des 13. bis gegen die Mitte des 19. Jahrhunderts (1214–1846), Leipzig/Berlin 1909.
Kaunzner, Wolfgang: Zu Theorie und Praxis beim Behandeln und Lösen aktueller Probleme der Rechenkunst ab der Ersten Wiener Mathematischen Schule (= Globulus. Beiträge der Natur- und kulturwissenschaftlichen Gesellschaft für Ingolstadt, Eichstädt, Weißenburg, Neuburg, Beilngries, Sonderbd. IV, 2013).
Kaunzner, Wolfgang: Ein Weg zu den Rechenmeistern im fränkischen Raum, in: Arithmetische und algebraische Schriften der frühen Neuzeit. Tagungsband […], hg. v. Rainer Gebhardt, Annaberg-Buchholz 2005, S. 171–198 (= SARB, Bd. 17).
Kaunzner, Wolfgang: Johannes Widmann, Cossist und Verfasser des ersten großen deutschen Rechenbuches, in: Rechenmeister und Cossisten, S. 37–51.
Kaunzner, Wolfgang: Über das wissenschaftliche Umfeld und die mathematischen Handschriften von Adam Ries, in: Adam Rieß von Staffelstein, Staffelstein 1992, S. 157–279 (= Staffelsteiner Schriften, hg. von der Stadt Staffelstein, Bd. 1).
Kaunzner, Wolfgang: Zur Bedeutung der Coß von Adam Ries, in: Einblicke in die Coß von Adam Ries, Stuttgart/Leipzig/Zürich 1994
Kötzschke, Rudolf: Quellen zur Geschichte der ostdeutschen Kolonisation im 12. bis zum 14. Jahrhundert, 2. Aufl., Leipzig/Berlin 1931.
Kramm, Heinrich: Besitzschichten und Bildungsschichten der mitteldeutschen Städte im 16. Jahrhundert, in: VSWG 1964, H. 4, S. 454–491.
Kropp, Gerhard: Geschichte der Mathematik. Probleme und Gestalten, Wiesbaden 1994.
Lalou, E[lisabeth]: Wachstafel, Mittelalter, in: Lexikon des Mittelalters, Bd. VIII, München 1902, Sp. 1890f.
Lateinschulen im mitteldeutschen Raum, hg. von Christoph Fasbender/Gesine Mierke, Würzburg 2014.
Laube, Adolf: Studien über den erzgebirgischen Silberbergbau von 1470 bis 1546. Seine Geschichte, seine Produktionsverhältnisse, seine Bedeutung für die gesellschaftlichen Veränderungen und Klassenkämpfe in Sachsen am Beginn der Übergangsepoche vom Feudalismus zum Kapitalismus, 2. unveränd. Aufl., Berlin 1976.

Leisering, Eckhart: Die Wettiner und ihre Herrschaftsgebiete 1349–1382. Landesherrschaft zwischen Vormundschaft, gemeinschaftlicher Herrschaft und Teilung, hg. vom Sächsischen Staatsarchiv, Halle a.d. Saale 2006 (= Veröffentlichungen des Sächsischen Staatsarchivs).

Lexer, Matthias: Mittelhochdeutsches Taschenwörterbuch, 29. Aufl. (mit Nachtrag), Leipzig 1959.

Lexikon Städte und Wappen der Deutschen Demokratischen Republik, 2. neubearb. und erweit. Aufl., Leipzig 1984.

Lippert, Woldemar: Studien über die wettinische Kanzlei und ihre ältesten Register im XIV. Jahrhundert, in: NASGA 24, 1903, S. 1–42; 25, 1904, S. 209–230.

Lorenz, Christian Gottlob: Die Stadt Grimma im Königreiche Sachsen historisch beschrieben, Leipzig 1856.

Ludwig, Thomas: Die Urkunden der Bischöfe von Meißen. Diplomatische Untersuchungen zum 10.–13. Jahrhundert, Köln/Weimar/Wien 2008 (= Archiv für Diplomatik, Schriftgeschichte, Siegel- und Wappenkunde, Beih. 10).

Lüneburg Heinz: Leonardi Pisani liber Abbaci oder Lesevergnügen eines Mathematikers, 2. überarb. und erweiterte Aufl., Mannheim/Leipzig/Wien/Zürich 1999.

Maß, Zahl und Gewicht. Mathematik als Schlüssel zu Weltverständnis und Weltbeherrschung, 2. überarb. und ergänzte Aufl., Wiesbaden 2001.

Meltzer, Christian: Historia Schneebergensis renovata. Das ist: Erneuerte Stadt- u. Berg-Chronica [...], Schneeberg 1716

Menninger, Karl: Zahlwort und Ziffer. Eine Kulturgeschichte der Zahl, 3. Aufl. [zwei Bde. in einem], Göttingen 1979.

Metzler, Regine: Einige Bemerkungen zu den Lehrprogrammen der Zwickauer Lateinschule in der ersten Hälfte des 16. Jahrhunderts, in: JbARB, Bd. 2, 2011, S. 75–91.

Müller, Johannes: Die Anfänge des sächsischen Schulwesens, in: NASGA, 8. Bd., 1887, S. 1–40 und 243–271.

Müller, Johannes: Quellenschriften und Geschichte des deutschsprachlichen Unterrichts bis zur Mitte des 16. Jahrhunderts [Reprint der Ausg. Gotha 1882]. Mit einer Einführung von Monika Rössing-Hager, Darmstadt 1969.

Mundus, Doris: 800 Jahre Thomana, Leipzig 2012.

Naumann, Günter: Sächsische Geschichte in Daten, Berlin/Leipzig 1991.

Neues Leipzigisches Geschicht-Buch, hg. von Klaus Sohl, Leipzig 1990.

Pieper, Herbert: Zum Zahlbegriff im 16. Jahrhundert, in: SHtBll, 1985, H. 1, S. 24–25.

Posse, Otto: Die Lehre von den Privaturkunden, Leipzig 1887.

Quellen zur Geschichte Leipzigs, hg. von Gustav Wustmann, 1. Bd., Leipzig 1889; 2. Bd., Leipzig 1895.

Quirin, Karl-Heinz: Die deutsche Ostsiedlung im Mittelalter, Göttingen/Zürich 1954.

Raack, Alexandra: Die Geldgeschäfte des Leipziger Rats im Spiegel seiner Jahreshauptrechnungen im Spätmittelalter. Magisterarbeit Universität Leipzig 2002.

Rachel, Walter: Verwaltungsorganisation und Ämterwesen der Stadt Leipzig bis 1627, Leipzig 1902.

Ratsbuch 1 [Leipzig] = Steinführer, Henning: Die Leipziger Ratsbücher. [Da römische Ziffern hier durch arabische ersetzt sind, wurde auch das Original StadtA Leipzig herangezogen.]

Rechenmeister und Cossisten der frühen Neuzeit. Beiträge zum wissenschaftlichen Kolloquium [...] 1996 in Annaberg-Buchholz, Freiberg 1996 (= Freiberger Forschungshefte, D 201).

Registrum Dominorum Marchionum Missnensium. Verzeichnis der den Landgrafen in Thüringen und Markgrafen zu Meißen jährlich in den wettinischen Landen zustehenden Einkünfte, 1378, hg. von Hans Beschorner, Leipzig/Berlin 1933, 1. Bd (= Aus den Schriften der Sächsischen Kommission für Geschichte).

Rentsch, M.: Volkssitte, Brauch und Aberglaube bei den Wenden, in: Sächsische Volkskunde, hg. v. Robert Wuttke, Dresden 1900.

Ries, Adam: Coß, [Bd. 1] Faksimilie, und [Bd. 2] Kommentar, hg. und komment. von Wolfgang Kaunzner/Hans Wußing, Stuttgart/Leipzig 1992.

Rösener, Werner: Bauern im Mittelalter, 2. Aufl., München 1986.

Rüdiger, Bernd: Adam Ries. Leben und Wirken des bedeutendsten deutschen Rechenmeisters, 2. verbess. Aufl., Annaberg-Buchholz 2021.

Rüdiger, Bernd: Annabergs Bergbau – ein guter Platz für Rechenkundige, in: Rechenkunst und Mathematik in der frühen Neuzeit. Tagungsband, hg. von Rainer Gebhardt, Annaberg-Buchholz 2023, S. 1–20 (= SARB, Bd. 31).

Rüdiger, Bernd: Isaak Ries und andere im 16. und 17. Jahrhundert in Leipzig tätige Rechenmeister (Neue Quellenfunde im Stadtarchiv Leipzig), in: Verfasser und Herausgeber, S. 31–50.

Rüdiger, Bernd: Paul, Magdalena und Malachias Speck, Rechenmeister in Leipzig, Prag, Dresden und Mittweida. Mathematikgeschichtliche und genealogische Forschungsfragen, in: JbARB, Bd. 3, Annaberg-Buchholz 2012, S. 65–78.

Rüdiger, Bernd: Quellenfunde zu Adam Ries' Sohn Isaak und dessen Schwiegereltern Wolf und Gertraude Stürmer im Stadtarchiv Leipzig, in: Familie und Geschichte. Hefte für Familiengeschichtsforschung im sächsisch-thüringischen Raum, Bd. IV (2001), H. 4, S. 152–156.

Rüdiger, Bernd: Rechenkundige: Das Wirkungsfeld des von Adam Ries erwähnten Leipziger Bürgermeisters Hans Stockart, in: Arithmetik, Geometrie und Algebra der frühen Neuzeit. Tagungsband, hg. von Rainer Gebhardt, Annaberg-Buchholz 2014, S. 213–236 (= SARB, Bd. 23).

Rüdiger, Bernd: Rechenkunst und Renaissance-Humanismus in Deutschland und der Beitrag der Rechenmeister zur Befähigung des Volkes zum Rechnen, Annaberg-Buchholz 2018 (= SARB, Bd. 30).

Rüdiger, Bernd: Städtische Lebensmittelversorgung und Rechenkunst in der Frühen Neuzeit: Die Visierer in Leipzig, in: Zur Wirkungsgeschichte der Brotordnung, S. 135–148.

Rüdiger, Bernd/Gebhardt, Rainer: Rechenkundige in Annaberg am Anfang des 16. Jahrhunderts. Eine neue Quelle zu Rechenmeister Heinrich Müller, in: JbARB, Bd. 13, 2022, S. 16–28.

Rüdiger, Bernd/Hommel, Karsten: Kriminalität und Kriminalitätsbekämpfung in Leipzig in der Frühen Neuzeit. Der Bestand „Richterstube“ im Stadtarchiv Leipzig, Leipzig 2007.

Rüdiger, Bernd/Lorenz, Wolfgang: Quellen zu Adam Ries, Annaberg-Buchholz 2009.

Sachwörterbuch der Mediävistik, hg. von Peter Dinzelbacher, Stuttgart 1992 (= Kröners Taschenausgabe, Bd. 477).

Shahar, Shulamith: Kindheit im Mittelalter, 3. Aufl., Düsseldorf 2003.

Schirmer, Uwe: Die Finanzen im Kurfürstentum Sachsen (1553–1586), in: Finanzen und Herrschaft: materielle Grundlagen fürstlicher Politik in den habsburgischen Ländern und im Heiligen Römischen Reich im 16. Jahrhundert, hg. von Friedrich Edelmayer / Maximilian Lanzinner / Peter Rauscher, Wien/München 2003, S. 143–185.

Schmidt-Thieme, Barbara: Konrad Tockler, genannt Noricus, in: Verfasser und Herausgeber, S. 95–102.

Schmitt, Ludwig-Erich: Untersuchungen zur Entstehung und Struktur der „neuhochdeutschen Schriftsprache“, 1. Bd., Sprachgeschichte des Thürinisch-Obersächsischen im Spätmittelalter. Die Geschäftssprache von 1300 bis 1500, Köln/Wien 1966 (= Mitteldeutsche Forschungen, Bd. 36/I).

Schneider, Ivo: Ausbildung und fachliche Kontrolle der deutschen Rechenmeister vor dem Hintergrund ihrer sozialen Herkunft und ihres sozialen Status, in: Verfasser und Herausgeber, S. 1–22 (= SARB, Bd. 14).

Schöttgen, Christian: Historie Der Chur-Sächsischen Stiffts-Stadt Wurtzen: Aus gehörigen Documenten und glaubwürdigen Nachrichten zusammen getragen, Leipzig 1717.

Schröder, Eberhard: Ulrich Wagner, Autor des ersten gedruckten deutschsprachigen kaufmännischen Rechenbuches von 1483, in: Rechenmeister und Cossisten, S. 29–36.

Schuppener, Georg: Germanische Zahlwörter. Sprach- und kulturgeschichtliche Untersuchungen insbesondere zur Zahl 12, Leipzig 1996.

Schuster-Šewc, Heinz: Historisch-etymologisches Wörterbuch der ober- und niedersorbischen Sprache, Bd. 2, Bautzen 1981.

Specht, F. Anton: Geschichte des Unterrichtswesens in Deutschland von den ältesten Zeiten bis zur Mitte des dreizehnten Jahrhunderts, Stuttgart 1885.

Steinführer, Henning: Der Leipziger Rat im Mittelalter. Die Ratsherren, Bürgermeister und Stadtrichter 1270–1539, Dresden 2005.

Steinführer, Henning: Die Leipziger Ratsbücher 1466–1500. Forschung und Edition, 1 1 [= Ratsbuch 1, Eintrag ...], 2. Halbbd., Leipzig 2003 (= Quellen und Materialien zur Geschichte der Stadt Leipzig, Bd. 1).

Steinführer, Henning: Urkunden- und Kanzleiwesen der sächsischen Städte im Spätmittelalter, in: Diplomatische Forschungen in Mitteldeutschland, hg. von Tom Graber, Leipzig 2005, S. 163–184.

St. Thomas zu Leipzig ... Bilder und Dokumente zur Geschichte der Thomasschule und des Thomanerchores mit ihren zeitgeschichtlichen Beziehungen [...], hg. v. Bernhard Knick, Wiesbaden 1963.

Ufer, Heinz: Die Stadtgemeinde Freiberg und ihre Beziehungen zum Bergbau im 12. und 13. Jahrhundert, in: 800 Jahre Freiberger Bergbau, Leipzig 1970 (= Freiberger Forschungshefte, D 70).

Unger, Manfred: Die Herausbildung des meißnisch-sächsischen Territorialkomplexes und seine sozialökonomischen Grundlagen, 10. bis 15. Jahrhundert, in: SHtBll., 1982, H. 5.

Verfasser und Herausgeber mathematischer Texte der frühen Neuzeit, hg. von Rainer Gebhardt, Annaberg-Buchholz 2002 (= SARB, Bd. 14).

Verger, Jacques: Schule, in: Lexikon des Mittelalters, VII. Bd., München 2002.

Visier- und Rechenbücher der frühen Neuzeit. Tagungband, hg. von Rainer Gebhardt, Annaberg-Buchholz 2008 (= SARB, Bd. 19).

Vogel, Kurt: Die Practica des Algorismus Ratisbonensis, München 1954.

Vogtherr, Thomas: Die Kanzler der Wettiner (um 1350–1485). Bemerkungen zu ihrer Auswahl, ihrer Tätigkeit und ihren Karrieren, in: Diplomatische Forschungen in Mitteldeutschland, hg. von Tom Graber, Leipzig 2005, S. 185–195 (= Schriften zur sächsischen Geschichte und Volkskunde, Bd. 12).

Wagner, Ulrich: Das Bamberger Rechenbuch von 1483, hg. und mit einem Nachwort von Eberhard Schröder, Berlin 1988.

Wedell, Moritz: Zählen. Semantische und praxeologische Studien zum numerischen Wissen im Mittelalter, Göttingen 2011, S. 183–313 (= Historische Semantik, 14).

Weiß, Stefan: Rechnungswesen und Buchhaltung des Avignoneser Papsttums (1316–1378). Eine Quellenkunde, Hannover 2003 (= Monumenta Germaniae Historica. Hilfsmittel, 20).

Wejwoda, Marek: Die Artistenfakultät als Lateinschule? – Institutionen, Träger, Rezipienten und Inhalte elementarer Bildung in Leipzig (15. Jh./frühes 16. Jh.), in: Lateinschulen im mitteldeutschen Raum, S. 37–58.

Widmann, Johannes: Behende vnd hubsche Rechenung auff allen kauffmanschafft, Leipzig 1489.

Winkel, Harald: Herrschaft und Memoria. Die Wettiner und ihre Hausklöster im Mittelalter, Leipzig 2010 (= Schriften zur sächsischen Geschichte und Volkskunde, Bd. 32).

Wußing, Hans: 6000 Jahre Mathematik, Bd. 1, Berlin/Heidelberg 2008.

Wußing, Hans: Vorlesungen zur Geschichte der Mathematik, 2. überarb. Aufl., Berlin 1989.

Wustmann, Gustav: Geschichte der Stadt Leipzig. Bilder und Studien, 1. Bd., Leipzig 1905.

Zur Wirkungsgeschichte der Brotordnung von Adam Ries, hg. von Rainer Gebhardt, Annaberg-Buchholz 2006 (= SARB, Bd. 18).

1. Inhaltliche, methodische und Quellenprobleme bei der Erforschung der Rechenmeister

Einige Zeit nach ihrem ersten Auftreten im deutschsprachigen Bereich 1376[1] und im sächsischen Raum[2] seit dem 15. Jahrhundert, aber noch während ihres Wirkens wurden Rechenmeister zu Untersuchungsobjekten der Wissenschaft. Diese beschrieb in Abgrenzung zu akademischen Mathematikern deren zwei Funktionen als Unterrichtende wie als Dienstleister. Die wohl erste Definition gab Johann Heinrich Zedlers Lexikon 1741; sie erscheint noch ereignisnah: „Rechenmeister oder Rechnungs=Verständiger, *Arithmeticus Calculator*, heisset nicht nur derjenige, welcher andere im Rechnen unterrichtet, sondern auch im Rechnen so geübet, daß ihm wichtige Rechnungen zur Untersuchung anvertrauet werden.“[3]
Diese Bewertung hat sich bis heute nicht wesentlich geändert; so heißt es im Lexikon Brockhaus 2006: „Rechenmeister, Bez[eichnung] für jenen Personenkreis, der sich vom Ende des 14. bis ins 17. J[ahr]h[undert] speziell mit der Ausbildung von Schülern im Rechnen als auch mit der Lösung spezieller Rechenexempel für Kunden beschäftigte. Ihre soziale Stellung entsprach eher der eines Handwerkers als der eines Gelehrten. Oft verfassten sie eigene Rechenbücher für ihre Kundschaft, die meist aus Händlern und Handwerkern bestand.“[4] In dem von Jacob und Wilhelm Grimm begründeten Deutschen Wörterbuch sind drei Bedeutungsinhalte des Wortes – faktisch Aspekte der Erscheinung – angegeben: „Rechenmeister [...] 1) beamter, vorsteher eines rechenamtes, einer rechenkammer“ mit Verweis auf Heinrich Deichslers Chronik für Nürnberg zum Jahre 1505,[5] eigentlich *der* Rechenmeister, ohne Amtsbezug, „2) rechenlehrer: rechenmeister, arithmeticus, arithmetices doctor, rationator“ mit Hinweis auf das „new rechenbüchlein auf der federn, ... durch JOH. ALBERT, rechenmeister zu Wittemberg (1541)“ und „3)

[1] Vgl. Bernd Rüdiger: Wo kommt das erste Mal die Bezeichnung Rechenmeister vor? In: JbARB, Bd. 11, 2020, S. 78.

[2] Der Übersichtlichkeit wegen wird unter Sachsen durchweg der Raum zwischen Elster/Saale und Neiße in den verschiedenen politischen Ausformungen verstanden.

[3] „Von dem letzterm siehe den Artickel: *Calculator*.“ Johann Heinrich Zedler: Universal-Lexicon, 30. Bd., Leipzig/Halle 1741, Sp. 1305. Cunradus Dasypondius: Lexikon seu Dictionarium mathematicum [...], Straßburg 1573, konnte nicht eingesehen werden. Von Wolfgang Adam Held, Schul- und Rechenmeister zu Leonberg, erschien 1712 der in Wittenberg gedruckte Buchtitel: „Der Teutsche Rechen-Meister“ als Synonym für „Arithmetica“. 1794 erschien in Leipzig ein Bändchen: „Die Rechenmeisterinn. Oder Anweisung für junges Frauenzimmer das ihm nöthige Rechnen leicht und gründlich zu erlernen“; es war keine Handhabung für weibliche Rechenmeister. Das Werk: Compendiöses Gelehrten-Lexicon, Leipzig 1715, verzeichnete keine Rechenmeister.

[4] Brockhaus, 21. Aufl., Bd. 22, Leipzig/Mannheim 2006, S. 607.

[5] In: Die Chroniken der deutschen Städte vom 14. bis ins 16. Jahrhundert, 11. Bd., Leipzig 1874, S. 687.

Meister in der rechenkunst" mit Verweis auf Grimmelshausens Simplicius[6] bzw. Qualitätsmerkmale.
Forschungen und Darstellungen zur Geschichte der Mathematik haben seitdem die Rechenmeister nicht ausgespart; einer der ersten, der auf ihre Rolle seit dem späten Mittelalter explizit hinwies, war 1887 Siegmund Günther: Zur Zeit der Rechenmeister seien die kirchlichen Schulen schon ganz in den Hintergrund getreten, die Stadtschulen elementare und dazu noch seltene Anstalten und die Universitäten durch ihre Aufgabe und Organisation von der Mithilfe bei der Lösung von Rechenaufgaben im Alltag ausgeschlossen gewesen.[7] Zu nennen sind auch F. W. A. Murhards mathematikgeschichtliche Bibliographie[8] und Arbeiten anderer wie H. Grosse,[9] J. Müller und G. Müller, die in ihren Untersuchungen zum sächsischen Schulwesen Material zu Rechenmeistern ausbreiteten.[10] Überblickdarstellungen zur Mathematikgeschichte enthalten regelmäßig, wenngleich oft nur knapp gehaltene Bemerkungen zu Rechenmeistern.[11] Von nichtdeutschen Arbeiten sei die unter Redaktion von А. П. Юшкевич erschienene История Математики[12] erwähnt, die einen Überblick zu den Cossisten unter Nennung von Johannes Widmann, Adam Ries und Christoph Rudolf gab. Auch ein Ausstellungskatalog der Herzog August Bibliothek Wolfenbüttel[13] und andere Publikationen berühren das Thema. Insbesondere die Annaberger Kolloquia zur Geschichte der Rechenmeister, die seit 1992 veranstaltet werden, haben eine Fülle von Material zu deren Leben und Wirken ausgebreitet.[14] Daran schlossen sich monographische Arbeiten,[15] darunter zu Adam Ries, an.

[6] Jacob und Wilhelm Grimm: Deutsches Wörterbuch, 8. Bd., Leipzig 1893, Sp. 343.

[7] Vgl. Günther: Geschichte des mathematischen Unterrichts, S. 293ff.; ders.: Geschichte der Mathematik, I. Tl., S. 335ff. Irrtümer gibt es bei ihm, wenn er die Rechenmeister generell als zünftig organisiert sieht; vgl. ebd., S. 293.

[8] Vgl. Friedrich Wilhelm August Murhard: Litteratur der mathematischen Wissenschaften, Bd. 1, Leipzig 1797, S. 160ff. („Arithmetische Lehrbücher vom XV. und XVI. Jahrhundert").

[9] Vgl. Grosse: Historische Rechenbücher.

[10] Vgl. Müller: Die Anfänge, S. 1–40, 243–271; Georg Müller: Die Anfänge des deutschen Schulwesens in Dresden (1539–1600), in: NASGA, 8. Bd., 1887, S. 272–289.

[11] Vgl. Wußing: Vorlesungen, S. 120f.; ders.: 6000 Jahre, S. 310ff., 328ff.; Kropp: Geschichte, S. 62ff.; Hans Kaiser/Wilfried Nöbauer: Geschichte der Mathematik, 2. erweiterte Aufl., München 1998, S. 37f.; Helmuth Gericke: Mathematik in Antike, Orient und Abendland, 9. Aufl., Wiesbaden 2005, [II. Tl.], S. 104. Keine Behandlung auf einem Meeting des Mathematischen Forschungsinstitutes Oberwolfach 2003: Mathematik im Kontext: Geschichte der mathematischen Wissenschaften in der frühen Neuzeit (16.–18. Jahrhundert), hg. von Kirsti Andersen u. a., Oberwolfach 2003.

[12] Vgl. История Математики, Bd. 3, Redaktion von А. П. Юшкевич, Moskau 1970, S. 290f.

[13] Vgl. Maß, Zahl und Gewicht, S. 189–216.

[14] Vgl. Menso Folkerts/Rainer Gebhardt: 25 Jahre Annaberger Rechenmeister-Kolloquien 1992–2017. Übersicht u. Gesamtverzeichnis zu Rechenmeistern, Cossisten, Verfassern von Rechenbüchern und mathematischen Texten der frühen Neuzeit, Annaberg-Buchholz 2017 (= SARB, Bd. 26).

[15] Sofern diese zum Untersuchungsraum gehören, ist die einschlägige Literatur unten genannt.

Deutlich wurde: Das Auftreten der Rechenmeister ist in mehreren Etappen erfolgt. Sie sind in Deutschland – ihr Auftreten ist eine europäische Erscheinung – v. a. seit dem 14. Jahrhundert tätige unterschiedlich ausgebildete Personen mit Herkunft aus verschiedenen Berufen, die auf neuartige Erfordernisse hinsichtlich Rechenfähigkeit und -tätigkeit, in der urbanen Wirtschaft und Verwaltung sowie im Privatleben der Frühen Neuzeit (weniger in Kirche und Staat, wo andere Möglichkeiten existierten) eingingen. Das betraf inhaltlich Rechnen mit neuer Zielstellung (Kalkulation, Zins- und Erbschaftsberechnung), mit in (größeren) Zahlen ausgedrückten Mengen, z. T. mit bisher nicht geübten bzw. bekannten Rechenverfahren, zur differenzierten Berechnung von (Geld-)Mengen, bei Messungen von Objekten (Fass-Volumina, Bauplanung) und Produkten (neuartige Produktstückelungen) usw. Rechenmeister übernahmen Rechnen für Kunden aus dem öffentlichen wie privaten Bereich. Ferner unterrichteten manche Rechenmeister darin auch in Rechenschulen vor allem Jugendliche.[16] Sie erfüllten solche Aufgaben faktisch bis zum Heranreifen systematischer Lösungen, vor allem der Ausbildung des Volksschulsystems seit der Reformation. Außerdem legten einige Rechenmeister, aber auch andere Kundige, ihre Kenntnisse in Rechenbüchern dar.

Jedoch sind viele Fragen noch offen. Das betrifft z. B. das Auftreten der Rechenmeister in der Fläche, ihr Verhältnis zu den studierten Mathematikern, wobei sich, wie schon vielfach zu bemerken war, nicht in jedem Fall eine reinliche Unterscheidung treffen lässt, die Relation einer Beschäftigung mit Arithmetik wie auch Algebra und das Auftreten von Rechenmeistern in anderen europäischen Ländern,[17] wobei neben den Einflüssen aus Italien auf Deutschland auch solche aus dem belgisch-holländischen Raum (und womöglich aus dem Hanseraum) größere Aufmerksamkeit verdienten. Zudem scheint die Prosopographie selbst für den deutschsprachigen Raum und darin sogar für ein in jener Zeit wirtschaftlich besonders aufstrebendes Territorium wie das Herzogtum bzw. Kurfürstentum Sachsen noch sehr unvollständig.
Die vom Adam-Ries-Bund begonnene digitale Erfassung der benennbaren Rechenmeister ist zunächst einmal das Zusammentragen der überlieferten Zeugnisse. Selbst hierbei erreichte Vollständigkeit, die allein schon große Anstrengungen und methodisches Geschick voraussetzt, bedeutet jedoch, nicht, wie die Erfahrung lehrt, dass alle je entstandenen Quellen (Dokumentenverlust) und mehr noch alle je entstandenen bzw. abgelaufenen Vorgänge erfasst wären.[18] Es erscheint

[16] Zur Abgrenzung der Rechenmeister, die an deutschen Schreib- und Rechenschulen elementare Rechenfertigkeiten und nach Ausbildung und Können auch anspruchsvollere mathematische Kenntnisse vermittelte, von anderen Gruppen, die Rechnen lehrten, vgl. Schneider: Ausbildung, S. 1.

[17] Vgl. Wußing: Vorlesungen, S. 120.

[18] Vgl. Arnold Esch: Überlieferungschance und Überlieferungszufall als methodisches Problem des Historikers, in: Historische Zeitschrift, Bd. 240, 1985, S. 529–554.

deshalb fraglich, ob das Suchen nach einzelnen Rechenmeistern das richtige heuristische Prinzip darstellt. Mit additiver Erfassung der nachweisbaren Rechenmeister kann nicht einmal die Basis zur Behandlung quantitativer Fragestellungen (erstes Auftreten, Verteilung, Anzahl, Ausbildung der Funktionen u. ä.) entstehen. Sofern dies für einzelne lokale Bereiche möglich ist, wird es die Ausnahme bleiben.

Eine sichere Größe ist den mehr oder weniger zufällig gewonnenen Fakten nur abzugewinnen, wenn vom hauptsächlichen Bedarfs- und damit Wirkungsfeld der Rechenmeister, den Städten, ausgegangen wird (deren Zahl ist benennbar) mit dem Ziel, unter Berücksichtigung der allgemeinen gesellschaftlichen (wirtschaftlichen, wirtschaftsorganisatorischen, kulturell-bildungsmäßigen) Bedingungen die Rechenbedarf zwingend signalisierenden Faktoren herauszuarbeiten und alle erkennbaren (auch ersten, unspezifischen) Lösungsangebote und Lösungsträger bis hin zu den Rechenmeistern zu bestimmen, womit deren Auftreten als eine – die zeitweilig optimale – Größe verstanden wird. Aus der Vielzahl der Lösungsträger ist erst ein Bild über den Versorgungsgrad mit Rechenwissen zu gewinnen. Anders gesagt: Es kann nicht nur um die Erfassung einzelner Rechenmeister gehen, sondern das Ergebnis ist in Korrelation zu dem über die betreffende Stadt Bekannten zu setzen. Auch dabei muss jedoch mit Unschärfen gerechnet werden. Hier werden Auftreten und Rolle des Rechenmeisterwesens in den Städten der Markgrafschaft Meißen, seit 1423 des Herzogtums, seit 1547 des Kurfürstentums Sachsen[19] untersucht.

Die Untersuchung von Situationen eines neuen Rechenbedarfs der Gesellschaft sowie der Art und des Grades seiner Befriedigung wird sich grundsätzlich an den von der Geschichtswissenschaft herausgearbeiteten Strukturen zu orientieren haben: Früh-, Hoch- und Spätmittelalter und Frühe Neuzeit. Hierbei sind Möglichkeiten und zugleich Beschränkungen zu berücksichtigen, welche die (nicht-)überlieferte Quellenbasis bietet. Folglich ist allen Hinweisen auf Durchdringung des gesellschaftlichen und persönlichen Lebens der Menschen jener Zeit mit in Zahlen ausgedrückten Größen und dem daraus erwachsenen Bedarf zu rechnen nachzugehen. Betrachtet werden soll, wie das von ersten Ansätzen mit welcher Intensität und in welchem Umfang realisiert und wie damit objektiven Bedürfnissen entsprochen wurde.

Ehe Aussagen zu den Städten getroffen werden können, müssen jedoch ursprüngliche Voraussetzungen in Dörfern und den entstehenden staatlichen und kirchlichen Verwaltungen wenigstens im Ansatz betrachtet werden. Für das bäuerlich-

[19] Vgl. Richard Dietrich: Das Städtewesen Sachsens an der Wende vom Mittelalter zur Neuzeit, in: Die Stadt an der Schwelle zur Neuzeit, hg. von Wilhelm Rausch, Linz 1980.

agrarisch und feudalherrschaftlich geprägte Frühmittelalter (7.–12. Jahrhundert) existiert nur eine schmale Quellenbasis, die aber nicht zur Geringschätzung der Problematik führen darf. Die Durchdringung des Lebens in slawischen Dörfern mit Zahlenrelationen ist deshalb kaum noch auszumachen, weil sie weitgehend beseitigt oder doch wenigstens überdeckt worden sind, als seit etwa dem 11./12. Jahrhundert die Zusiedlung deutscher Bauern aus dem Altsiedelland begann. Zu den typischen frühgeschichtlichen Quellen (Keramik), auf deren Aussagewert bereits Kurt Vogel hingewiesen hat,[20] treten Hinweise aus überlieferten Siedlungs- und Flurstrukturen sowie onomastische (philologische Wort- und Namenbefunde) und erst spät schriftliche Zeugnisse. Hilfreich können für die deutsche Zeit auch Zusammenstellungen der Siedlungswilligen und die Aufteilung des Bodens unter ihnen sowie über die Verteilung der Früchte bäuerlicher Arbeit als Niederschlag der Leitung der bäuerlichen Siedlungsprozesse durch geistliche und weltliche Herren sein; zu denken ist an Besitzzuweisungen in Urkunden und Besitzstands- und Abgabenverzeichnisse (Urbare). Hierbei soll die in Zahlen ausgedrückte Seite des Geschehens und das damit verbundene Rechnen besondere Aufmerksamkeit finden.

Bereits im Hoch- und Spätmittelalter (12.–15. Jahrhundert) weitet sich das Untersuchungsfeld durch den Ausbau und die rationellere Gestaltung von Herrschaften, die Entstehung von einen zunächst herrschaftlich dominierten, aber zunehmend die Gesellschaft mitgestaltenden Städtewesen, die sich entfaltenden Ware-Geld-Beziehungen sowie erste größere Produktionsanlagen (Bergwerke, Wind- und Wassermühlen) aus. Damit verbreitert sich auch die Quellenbasis; neben gegenständliche Zeugnisse traten immer mehr schriftliche und dazu bildhafte. Anhand des entstandenen Schriftgutes vor allem in den Städten, Urkunden,[21] Urbare und Geschäftsbücher[22] (Amts- und Stadtbücher), wird geprüft, wie und in welchem Maße Rechnen die Prozesse durchdrungen und in welcher Weise es sie vorangebracht hat.

In der Frühen Neuzeit, als die im Spätmittelalter keimhaft auftretenden neuen Erscheinungen sich ausweiteten, vertieften und zu einer frühbürgerlichen Welt mit frühindustriellen Anlagen und einer auch auf das flache Land ausgreifenden

[20] Vgl. Kurt Vogel: Die Mathematik in vor- und frühgeschichtlicher Zeit, in: ders.: Kleinere Schriften zur Geschichte der Mathematik, 1. Halbbd., hg. von Menso Folkerts, Wiesbaden/Stuttgart 1988, S. 255.

[21] Vgl. Thomas Vogtherr: Die Anfänge des städtischen Urkundenwesens in Sachsen, in: La diplomatique urbaine en Europe au moyen âge. Actes du congrès de la Commission internationale de Diplomatique, Gand […] 1998, publiés par W[alter] Prevenier et Th[érèse] de Hemptinne, Louvain/Apeldoorn 2000, S. 535–557 (= Studies in urban social, economic and political history oft he medieval and early modern Low Countries, Nr. 9).

[22] Vgl. Hans Patze: Neue Typen des Geschäftsschriftgutes im 14. Jahrhundert, in: Der deutsche Territorialstaat im 14. Jahrhundert, Bd. 1, hg. von Hans Patze, Sigmaringen 1970, S. 9–64 (= Vorträge und Forschungen, 13).

Ware-Geld-Wirtschaft sowie rationeller arbeitenden Verwaltungen beitrugen, erschienen dann auch Rechenmeister, die in ihrem massenhaften Auftreten, in der Breite ihres Handelns und ihrer teilweise weit über das Elementare hinausgehenden Qualifizierung zu werten und zu würdigen sind. Um diese Sachverhalte genauer erfassen zu können, ist nach erst anonym und zunehmend namentlich in der Rechenvermittlung Auftretenden an denkbaren Orten zu suchen wie: Kaufmannskontore, bestimmte, vom Rechnen besonders berührte Handwerksbetriebe, Kanzleien und (Hoch-)Schulen; auch ist den verschiedensten einschlägigen Bezeichnungen nachzugehen, wie Stuhlschreiber, Waag- und andere mit Geldsachen und Warenmengen befasste Schreiber, mit Rechnungswesen Befasste und schließlich Rechenmeister. Jedoch hat Rainer Gebhardt nachgewiesen, dass die Bezeichnung Rechenmeister auch andere, so am Rechen eines Flusses Tätige, meinen kann.[23]

Wiederum ist vor allem Urkunden und anderen Schriftstücken mit Zahleninhalten[24] nachzugehen, um zu prüfen, ob die Bearbeiter eine Rechenqualifikation besaßen. Die Nennung von Rechenkundigen und -meistern im Schriftgut insbesondere geistlicher und weltlicher Herrschaften, des sich herausbildenden Territorialstaats und der Städte erfolgte vor allem da, wo sie in deren Gesellschaft zu integrieren und diese Tatsachen zu dokumentieren waren. In Städten stehen an erster Stelle Einträge zum Bürgerrechtserwerb (Bürgerbücher). Da diese womöglich früh im Leben der Betreffenden erfolgten, zu einer Zeit, als die Berufsbezeichnung noch keine Rolle spielte, sind auch Einwohnerverzeichnisse, Steuerlisten und anderen städtischen Unterlagen zu befragen. In Ratsbüchern, die Urkundencharakter besaßen, können Rechtsakte festgehalten sein, die Rechenmeister betrafen (z. B. Hauserwerb, Schenkungen, Übernahmen von Vormundschaften) oder an denen sie in ihrer Funktion (z. B. Erstellung von Brotordnungen im Auftrag des Rates) mitwirkten. Der Aufwand bei der Recherche kann sich verringern, wenn Namen bekannt sind und die Ratsbücher (zeitgenössische) Register besitzen (z. T. nach Vornamen geordnet). Dagegen scheint die Mitwirkung von Rechenmeistern an Aufzeichnungen in Büchern von Stadträten gering gewesen zu sein.[25] Eigendokumentation von Rechenmeistern scheint ebenfalls kaum überliefert zu sein. Personalschriftgut entstand im Zusammenhang mit Ereignissen wie Taufe, Heirat oder Begräbnis und ist in Kirchenbüchern (Tauf-,[26] Heirats-,

[23] Vgl. Rainer Gebhardt: Der „Rechenmeister" Otto in Zwickau, in: Erzgebirgische Heimatblätter. Zeitschrift für Heimatfreunde, 2012, H. 5, S. 6–8.

[24] Zu Grenzen städtischen Schriftguts z. B. Dresdens vgl. Georg Müller: Die Anfänge (wie Anm. 10), S. 272. – Ungeeignet sind Editionsgrundsätze, welche anraten, alle in Quellen vorkommenden römischen Ziffern durch arabische wiederzugeben; das verdunkelt Sachverhalte.

[25] Dr. Jens Kunze bestätigte am 12. Oktober 2011, dass sich in dem von ihm edierten Leipziger Schöffenbuch 1420–1478 kein Hinweis auf einen Rechenmeister befindet.

[26] Taufbücher spielen insofern eine Rolle, als ggf. ein Rechenmeister als Vater eines Täuflings oder Pate beim Kind Dritter (gesellschaftliche Bedeutung von Patenschaften: bei wem trat er als Pate auf, wer war Pate seiner Kinder?) genannt ist.

auch Aufgebots- und Begräbnisbüchern) dokumentiert. In manchen Städten, z. B. Leipzig, führte der Stadtrat Leichenbücher. Diese Quellen sind also nicht nur in kirchlichen, sondern auch in Stadtarchiven zu suchen.
In Universitätsmatrikeln taucht der Name „Rechenmeister" auf. Solche Belege sind nicht voll interpretierbar; immerhin könnte der Vater des Immatrikulierten Rechenmeister gewesen sein, wie es auch bei der Eintragung in einem Leipziger Kirchenbuch der Fall ist, in dem ein Täufling mit „Rechenmeister Isac [= Ries] anna" bezeichnet ist.[27]
Alte Bücherverzeichnisse und Kataloge (Suchworte neben Namen von Rechenmeistern „Arithmetica" u. ä.) verweisen auf deren Werke.[28] Diese, sich selbst als Rechenbuch, Arithmetica, Practica usw. bezeichnend, sind, wie jedoch kaum überlieferte Werkmanuskripte, eine sehr wertvolle Quellengruppe, dokumentiert sie doch allein durch ihre Existenz eine wichtige Seite des Wirkens von Rechenmeistern, ihren und den allgemeinen Kenntnisstand, ihre und die allgemeine methodische Befähigung. Titelblätter und Vorworte geben auch manchen Hinweis auf Biografien. Ihr Inhalt bietet zahlreiche anschauliche Begründungen für die Notwendigkeit des Rechnens. Nachlässe und damit auch die genannten Werkmanuskripte sind nur in wenigen Fällen überliefert, so bei Abraham Ries, dessen Papiere aber mehr das Schaffen eines Mathematikers dokumentieren. Vereinzelt sind Texte zur Mathematik publizistisch überliefert.[29]
So ergibt sich eine Quellenbasis, die das angezeigte Thema wenigstens in Konturen erscheinen lässt. Jedenfalls ist angestrebt, ein Bild vom machtvollen Eindringen des Rechnens in alle Bereiche des gesellschaftlichen Lebens in einer Region zu zeichnen, wie zu weiteren Untersuchungen dazu anzuregen.

Rechenbedarf, Wissensgewinnung und -vermittlung müssen also von vornherein zunehmend differenzierter gesehen werden. Das gilt ebenso für die Wissensvermittler wie jene, denen das Rechenwissen vermittelt wurde. Zwischen jenen, die den Generationendialog antreiben, und den Berufs-Rechenmeistern müssen weitere erwartet werden, die als Rechenkundige einzuordnen sind, wobei nicht bei jedem Fall ihres Auftretens festzustellen ist, ob sie Ausbildung, Schulbesuch oder Studium erfahren haben.
Wie sich die Ausbildung und Tätigkeit der Rechenmeister gestalteten, in welchen Formen, mit welchen Übergängen, in welchem Umfang, mit welchen regionalen Unterschieden und qualitativen Ergebnissen, ist aus den Quellen herauszuarbeiten.

[27] Vgl. Kirchliches Archiv Leipzig, Kirchgemeinde St. Thomas, Tauf-Buch I. Theil. 1553 bis 1573, [letzte Seite des Buchstabens R].
[28] Vgl. Bernd Rüdiger: Adam Ries' Bücher in der Bibliothek des Kurfürsten zu Sachsen, in: JbARB, Bd. 2, 2011, S. 91f.
[29] Vgl. Serbska Čitanka. Sorbisches Lesebuch, hg. von Kito Lorenc, Leipzig 1981, S. 49–55.

Wenn die vorliegende Untersuchung um das Jahr 1600 abschließt, so vor allem deshalb, weil das entstandene Volksschulwesen die Rechenmeister als Wissensvermittler zunehmend in den Hintergrund treten und bald darauf ganz verschwinden lässt. Ihrer Rolle, die sie historisch eingenommen haben, tut das keinen Abbruch. Methodische Überlegungen verlangt aber folgendes: Vorrangig wird die Entwicklung volkstümlichen Rechnens in Sachsen untersucht; es kam aber der Zeitpunkt, als die wissenschaftliche Mathematik erschien und in Wechselbeziehungen zu ihr trat. Auch wird man nicht auf Dauer von gewissermaßen autochthonem Rechnen in Sachsen sprechen können, insofern äußere Einflüsse auf den Raum zunehmend größer geworden sind.

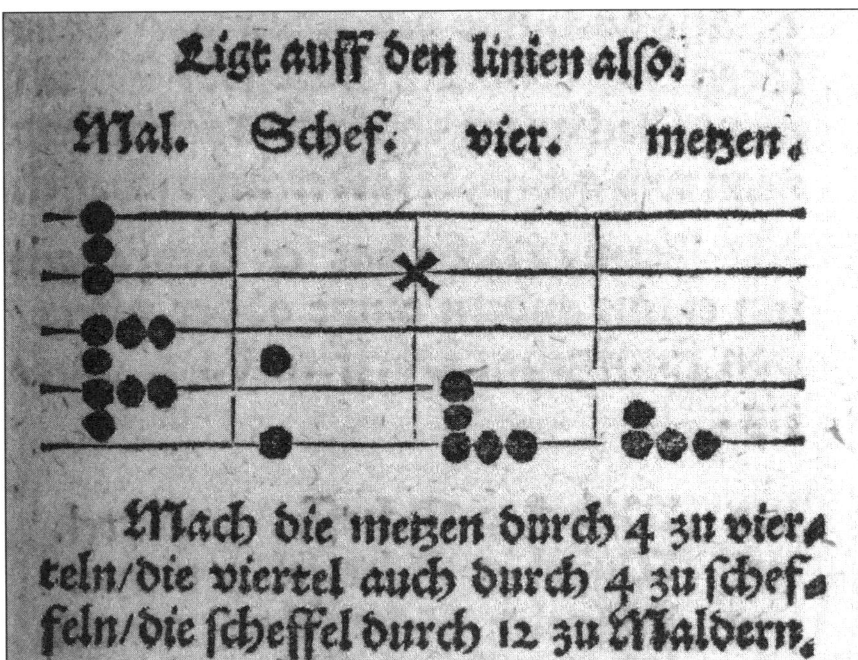

Kornaufgabe, auf der Linien gerechnet, aus:
Johann Albert (Albrecht): Rechenbüchlein auf der linien […], Wittenberg 1534, fol. B iiij'.
Adam-Ries-Museum, Annaberg-Buchholz

2. Rechnen der Bewohner zwischen Saale und Neiße in weitgehend agrarisch geprägter Zeit (7.–15. Jahrhundert)

Die Betrachtung setzt mit dem Fakt ein, dass die Völkerwanderung am Ende des Altertums/zu Beginn des Mittelalters mit dem weitgehenden Abzug der Germanen aus dem Raum zwischen Saale und Neiße auch hier zum Abschluss kam und seit dem 7. Jahrhundert dessen Besiedlung durch Slawen begann.

2.1. In der Sorbenzeit 7.–10. Jahrhundert[1]

Die **Landnahme der Sorben** erfolgte im Raum zwischen Saale und Neiße im 7. Jahrhundert. Die aus Böhmen Kommenden, die, nach ihrer Keramik zu urteilen, zum Prager Slawen-Typus gehörten, wanderten zunächst in das Elbtal ein, um sich von dort aus über das Gebiet östlich der Saale auszubreiten.[2] Die Oberlausitz wurde vermutlich etwas später von Slawen eines anderen Typus' besiedelt, die Bezeichnung „Sorben" jedoch in der Folge auf alle ostsaalischen Slawen übertragen.[3] Als Bauern nutzten sie die mit fruchtbarem Lößboden bedeckten, inselartig im bewaldeten Land gelegenen Offenlandschaften.[4] Im 8. Jahrhundert kam die Besiedlung des Raums durch Slawen zum Abschluss.[5] Zu dieser Zeit waren große Landstriche für die Nutzung urbar gemacht worden und noch heute existierende Dörfer entstanden,[6] Ortsnamen belegen den Ackerbau;[7] der Boden sowie

[1] Umfassend Hansjürgen Bachmann: Slawische Stämme an Elbe und Saale. Zu ihrer Geschichte und Kultur im 6.–10. Jahrhundert auf Grund archäologischer Quellen, Berlin 1978, S. 175ff. (= Schriften zur Ur- und Frühgeschichte, 32); vgl. Siedlung und Verfassung der Slawen zwischen Elbe, Saale und Oder, hg. von Herbert Ludat, Gießen 1960; Slawen an der Elbe, hg. von Karl-Heinz Willroth/ Jens Schneeweiß, Neumünster 2011.

[2] Vgl. Herrmann: Zwischen Hradschin, S. 22f.; Geschichte Sachsens, hg. von Karl Czok, S. 61; Karlheinz Blaschke: Geschichte Sachsens im Mittelalter, 2. Aufl., Berlin 1991, S. 43; Schilka: Abriss, S. 68–73.

[3] Vgl. Geschichte Sachsens, S. 65.

[4] Vgl. aber auch den Flurnamen Trjeba bei Löbau zu obersorbisch *trjebić* = lichten, Wald roden, dazu *trjeba* = Nutzland auf einer Rodung; Lothar Hoffmann: Die slawischen Flurnamen des Kreises Löbau, Halle a. d. Saale 1959, S. 57f. (= Deutsch-slawische Forschungen zur Namenkunde und Siedlungsgeschichte, Nr. 9).

[5] Vgl. Karlheinz Blaschke: Geschichte Sachsens (wie Anm. 2), S. 45f.

[6] Vgl. Jan Brankačk/Frido Mětšk: Geschichte der Sorben, Bd. 1. Von den Anfängen bis 1789, Bautzen 1977, S. 49ff.

[7] So Wüstung Gumlis/Gumnis zu altsorbisch **Gum̃nišče*: Ort, wo sich Tennen befinden; ebenso Gimritz; vgl. Ernst Eichler/Elisabeth Lea/Hans Walther: Die Ortsnamen des Kreises Leipzig, Halle a. d. Saale 1960, S. 43; Räpitz zu altsorbisch **Rěpovica*: „Ort, wo Rüben angebaut werden"; ebenso Reppen, Reppina, Reppnitz; ebd., S. 76. Die Slawen hatten bereits in ihren früheren Siedlungsgebieten zwischen Dnepr, Karpathen, oberer und mittlerer Oder eine eigene Terminologie für Ackerbau und Viehzucht, wie einzelne Getreidearten, Bodenbearbeitungsgeräte und Vieharten, entwickelt; vgl. Jan Brankačk: Zur Frühgeschichte der feudalen Staaten auf westslawischem Boden. Wirtschaftliche Voraussetzungen und Grundlagen, in: Wiss. Zeitschrift der Karl-Marx-Universität

die Höfe der Bauern bildeten ihr Haupteigentum, daneben besaßen sie von ihnen gefertigte und genutzte Objekte des Alltags.

Die Organisierung ihres Lebens als Siedelnde und die Landwirtschaft als Lebensgrundlage **verlangte** von den Sorben im Vergleich zur Wanderzeit stärker **die Gliederung, Ordnung und ein Maß** der Dinge sowie einen davon geprägten Bedarf an Rechenkenntnissen. Das gilt für folgende Probleme:

Landerschließung. In der Anlage der Dörfer im Raum wird das Verständnis der Sorben für gleichförmige Distanzwahrung deutlich, um über nah gelegene Felder zu verfügen. Dies zeigt sich z. B. bei den heute zu Markranstädt gehörigen Dörfern Schkeitbar, Räpitz, Schkölen und Thronitz[8] und belegt die ordnende Hand und das Berechnen der Abstände zwischen den Siedlungen.

Die Dörfer Meyhen, Räpitz, Schkeitbar, Schkölen Thronitz und der Schwarzbach im Kartenwerk Zwenkau-Großgörschen. Aufnahme 1904, hg. 1906, Nachträge 1912 (Archiv Rüdiger)

Dorfstruktur. „Maß“nahmen bei Anlegung eines Dorfes sind zu beobachten. Generell bildeten Wohnbauten und Wirtschaftsanlagen ein Gehöft,[9] das in älterer Zeit von einer Großfamilie bewohnt wurde. Nach Belegen aus der Gegend um Dessau konnte sie aus 30–50 Mitgliedern bestehen, die in ca. 5–7 kleinen Häusern lebten. Ein Gehöft lag neben dem anderen, ohne dass bestimmte Anlageprinzipien

Leipzig, 5. Jg., 1957/58, Gesellschafts- und sprachwissenschaftliche Reihe, H. 1/2, S. 142; Brankačk/Mětšk: Geschichte, S. 31ff.

8 Vgl. Erich Bühring/Ralf Horn/Bernd Rüdiger: Zwischen Schwarzbach und Knateberg [...], Markranstädt 2008.

9 Flurnamen bei Löbau weisen auf: Dwór zu obersorbisch *dwór* = Hof, Kubło zu obersorbisch *kubło* = Bauerngut bzw. urslawisch *kǫblo* = Lager; vgl. Hoffmann: Die slawischen Flurnamen, S. 19, 36.

erkennbar sind,[10] jedoch nahe zu den zu bearbeitenden Feldern. Verschiedentlich ist ein Rundling geschaffen worden.[11] Die Fünfzahl taucht bei dem Dorf Gärnitz auf: 1562 bestand dessen Bevölkerung aus 4 (Hufen) besitzenden Männern, hinzu kam ein späterer, womöglich aus einem Bauernhof erwachsener Sattelhof, dessen Existenz erstmals Ende des 16. Jahrhunderts belegt ist,[12] Die Größe der Dörfer ergab sich aus der Wahrung von Nähe zu den umliegenden Feldern. Die Anzahl 5 der Höfe scheint sich als zweckmäßig erwiesen zu haben.

Bei **Errichtung der Gehöfte** waren die Grundstücke anscheinend nicht gleich groß, auch nicht nach bestimmten Überlegungen abgemessen worden, da genügend Platz zur Verfügung stand. In Räpitz betrifft dies die (rechte) auf leichterem Boden angelegte Struktur mit größeren Grund- und sich anschließenden Feldstücken, wobei die ganze Anlage um einen kreisartigen Platz Raum für etwa fünf Höfe ließ. Ein Mehr hätte vermutlich die Absicht, mit der Anlage auch Sicherheitsbedürfnissen zu genügen, gestört. (Die sich anschließende Gasse ist wohl erst nach Zusiedlung deutscher Bauern angelegt worden.)

Sorben bauten kleine Wohnhäuser[13] mit quadratischem Grundriss, abgerundeten Ecken und 2–5 m langen Seitenlänge.[14] Das weist auf Einraum-Wohnen hin. Rechteckig waren auch Gegenstände wie Tische und Bänke.

Feldabmessung (-teilung). Ortsnamen belegen die Aufteilung des Bodens: „Plagwitz" (heute zu Leipzig) gehört vermutlich zu altsorbisch **płacht*, was abgeteiltes Feldstück[15] bedeutet, „Prödel" steht in Verbindung zu altsorbisch **predel(y)*, d. h. (Flur-)Grenze.[16] Slawischen Ursprungs ist und auf Absonderung verweist der Flurname „Das Lietzchen"[17] bei Räpitz (vgl. obersorbisch *lico*: die rechte Seite[18] bzw. tschechisch *lič*: Vorderseite; das Feld erstreckt sich am westlichen Ortsrand). Wie die Ab- und Zu-Teilung des Bodens vorgenommen worden sind, lässt sich nicht mehr feststellen. Bei geringer Bevölkerung[19] im Siedlungsraum

[10] Vgl. Herrmann: Zwischen Hradschin, S. 108f.

[11] Vgl. Hoffmann: Die slawischen Flurnamen, S. 33, zum Flurnamen Koło bei Löbau zu obersorbisch *koło* = Rad.

[12] Vgl. Historisches Ortsverzeichnis, S. 238.

[13] Zu Änderungen der Hausgröße vgl. Herrmann: Zwischen Hradschin, S. 34, 96ff.

[14] Vgl. Manfred Unger/Jan Brankačk: Politische und kulturelle Entwicklung der slawisch-sorbischen Stämme im Gebiet von Saale-Elbe-Neiße im 6. bis 10. Jahrhundert, in: SHBll, 1982, H. 5, S. 204; Blaschke: Geschichte Sachsens, S. 49.

[15] Vgl. Eichler/Lea/Walther: Die Ortsnamen, S. 70. Vgl. S. 70 zu Placktitz, S. 85 zu Sehlis, S. 89 zu Stötteritz.

[16] Vgl. Eichler/Lea/Walther: Die Ortsnamen, S. 74.

[17] Vgl. Flur- und Lagebuch ... Räpitz ... 1713, Pos. I, beim Heimatverein Räpitz.

[18] Vgl. Heinz Schuster-Šewc: Historisch-etymologisches Wörterbuch, Bd. 2, S. 839.

[19] Während in der Brandwirtschaft der Slawen die Bevölkerungszahl auf einen Quadrat-Kilometer ein Einwohner betrug (in den Offenlandschaften drei Einwohner), stieg sie seit der Mitte des 1. Jahrtausends bei individuell wirtschaftenden Familien auf vier bis fünf (in dichtbesiedelten Offenlandschaften womöglich sogar bis auf zehn und mehr). Die angesetzte Zahl von fünf bei den Sorben

stand genügend rodbarer Wald bzw. bebaubarer Boden zur Verfügung;[20] eine exakt zu berechnende bzw. einzuhaltende Größe zur Sicherung der Interessen aller Beteiligten war deshalb kaum erforderlich. Da die soziale Differenzierung nicht weit fortgeschritten war,[21] sondern erst im 12. Jahrhundert deutlicher in Erscheinung trat,[22] dürften auch aus diesem Grund spezielle Berechnungen keine Rolle gespielt haben. Vielmehr eignete sich jeder so viel Land an, wie er mit dem Hakenpflug bearbeiten konnte; daraus entstand als Landmaß der Haken (im 12. Jahrhundert, zur Zeit der deutschen Zusiedlung, ca. 10 ha).[23] Es ist also eher von Zuordnung als von Zuteilung (also Division) zu sprechen, wenngleich obersorbisch *poł-* = halb in Flurnamen vorkommt.[24]

Mit der Bestimmung der Größen der Felder wird einiges vom Umgang mit Größen deutlich. Zweifellos erfolgte sie nach der Erfahrung hinsichtlich des Bedarfs einer Bauernfamilie an Lebensmitteln, nicht aufgrund von Berechnungen. Dementsprechend wurden die Felder für einen Siedlungswilligen abgesteckt. Rechtecke waren als Feldgrundrisse für das Pflügen generell gut geeignet, wobei der natürlichen Geländesituation geschuldete Abweichungen vorkamen. Ferner spielte die Gliederung des von den einzelnen Bauernfamilien genutzten Bodens in Feld und Weide eine Rolle, was jedes Jahr im Zusammenhang mit der Fruchtfolge neu erfolgte.[25]

sah Jan Brankačk: Zur Frühgeschichte, S. 145, 141, als zu niedrig an. Vgl. E. Šimek: Velká Germania Klaudia Ptolemaia, Brno 1953, S. 70.

20 Vgl. Herrmann: Zwischen Hradschin, S. 26, 57. Zur Brandrodung: Brankačk: Zur Frühgeschichte, S. 144f. Auf Rodung verweisen Ortsnamen wie altsorbisch *„Dubina“: Ort, wo Eichen wachsen (Eichler/Lea/Walther: Die Ortsnamen, S. 29f.), Eutritzsch zu *uderǫ*: reißen (ebd., S. 34f.) und die Ortsnamen Lößnig, Ölschwitz, Werben, Zuckelhausen (vgl. ebd.). Auf genutzte (?) „kahle“ Flächen deuten die Ortsnamen Gohlis, Lauer, Lausen, Leutzsch, Lusitz, Lützschena, Möckern (vgl. ebd.).

21 Schriftquellen berichten seit dem 10. Jahrhundert von Höheren in der Bevölkerung in allen slawischen Ländern, ohne dass sich der Grad der sozialen Differenzierung exakt ergibt; vgl. Brankačk: Zur Frühgeschichte, S. 145; H. Łowmiański: Podstawy gospodarcze formowania się państw slowiańskich, Warschau 1953, S. 96–126; anders Schilka: Abriss, S. 69. Der Zerfall der Gentilordnung erfolgte in der zweiten Hälfte des 1. Jahrtausends; vgl. Brankačk: Zur Frühgeschichte, S. 144, 147f.

22 Damals heißt es, dass Slawen (Sorben) vier, manche zwölf und andere 20 Hakenpflüge bearbeiten; vgl. F. Kindscher: Der Nienburger Bruchstück zur Geschichte der Lausitz, in: Neues Lausitzer Magazin, Bd. 38, 1861, S. 151; Brankačk: Zur Frühgeschichte, S. 146f.

23 Vgl. Herrmann: Zwischen Hradschin, S. 35. „Die Brandwirtschaft erforderte die kollektive Arbeitsweise der patriarchalen Großfamilie und benötigte nach Berechnungen von H. Łowmiański bei 0,5 Hektar jährlicher Bebauung pro Kopf und dreißigjähriger Rotation sechs bis neun Quadratkilometer Boden für den Lebensunterhalt einer patriarchalischen Großfamilie oder Sippe.“ Brankačk: Zur Frühgeschichte, S. 145.

24 Vgl. Hoffmann: Die slawischen Flurnamen, S. 48.

25 Vgl. Geschichte Sachsens, S. 76f.; Herrmann: Zwischen Hradschin, S. 36.

Für solche Berechnungen gab es keine speziellen Rechenkundigen; dazu **Befähigte standen an der Spitze der Dorfgemeinschaft**. „Die Raumaufteilung in den Dörfern wurde wohl ursprünglich von der Versammlung der Ältesten, später vom Dorfherrn bestimmt.“[26] Mit Zumessung Befasste könnten also die für Dörfer namengebenden Oberhäupter, wie „*Budigošč“ (in Budigast), „*Chłudim“ (in Cleuden) und „*Chobry“ (in Cröbern)[27] gewesen sein.

Rechnen im Wirtschaftsalltag ergab sich, wenn alljährlich das Geerntete so aufzuteilen war, dass es für Verzehr, neue Aussaat sowie später für Abgaben zur Verfügung stand. Genaues, auf Zahlen gestütztes Teilen der Gesamttribut- bzw. Abgabenforderungen unter Betroffenen verlangte die Tributabhängigkeit der Sorben von Franken-[28] und Großmährischem Reich[29] sowie die Tatsache, dass die entstehende, zahlenmäßig dünne sorbische Herrenschicht von Dienstleistungen und Abgaben der Bauern lebte.[30]

Ebenso zu berechnen, ggf. zu vervielfachen, waren die Mengen der Zutaten zur Nahrungsmittelbereitung, vor allem beim Brotbacken.[31]

Unter den Alltagsgegenständen war **Keramik** besonders wichtig. K. Vogel hat hervorgehoben, dass „trotz fehlender Texte eine viel weiter zurückgehende **Beschäftigung mit mathematischen Dingen** nachweisbar ist. Dies gilt in erster Linie für die **Geometrie**, wo z. B. die reiche Ornamentik der frühgeschichtlichen Keramik zur Verfügung steht.“[32] Geometrische Elemente gehören zu den frühesten Gestaltungs- und Ausdrucksmitteln der Menschen, um geschaffenen Objekten eine brauchbare zweckmäßige Gestalt zu geben und Vorstellungen abzubilden. Das betrifft Kreis, Rechteck, Strich, Wellenlinie, z. T. in sich wiederholender paralleler Ausführung, und Punkt. Diese Elemente sind unter dem Aspekt der Zweckmäßigkeit, vielleicht auch der Schönheit verwendet worden, Ihr Gebrauch ist wohl als Volksgeometrie zu bezeichnen.

[26] Herrmann: Zwischen Hradschin, S. 109.

[27] Vgl. Eichler/Lea/Walther: Die Ortsnamen, S. 21ff.

[28] Vgl. Brankačk: Zur Frühgeschichte, S. 144; Geschichte Sachsens, S. 61; Blaschke: Geschichte Sachsens, S. 46.

[29] Vgl. Geschichte Sachsens, S. 71.

[30] Es entstanden der deutschen Grundherrschaft ähnliche Verhältnisse; vgl. Blaschke: Geschichte Sachsens, S. 47, 69; Herrmann: Zwischen Hradschin, S. 33.

[31] Auf die Verwendung von Sauerteig verweist der Ortsname von Quasnitz; vgl. Eichler/Lea/Walther: Die Ortsnamen, S. 74f.

[32] Vogel: Die Mathematik in vor- und frühgeschichtlicher Zeit, S. 255.

Der **Kreis** bestimmte die Form von Mahlstein,[33] Rad,[34] Töpferscheibe und darauf gefertigter Keramik sowie teilweise die Anlage der Dörfer als Rundweiler bzw. Rundling.[35]

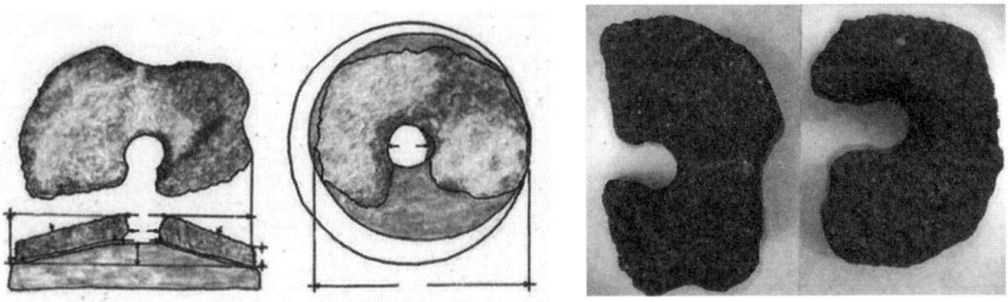

Überläufer einer slawischen Handmühle, gefunden am mittleren/westlichen Ringwall der „Hunnenschanze" Schkölen/Markranstädt um 1995. Sammlung Ralf Horn

Kreisförmig wurden auch Grundrisse von Burgen gestaltet.[36]

Links: Slawischer Burgwall „Hunnenschanze" westlich Schkölens; Foto: Ralf Horn, 1995. Rechts: Rekonstruktion Karl Hermann Jacobs.[37] Der Wall ist nach neuen Vermessungen rund.

[33] Vgl. W. Baumann: Untersuchungen in einer Drehmühlensteinwerkstatt aus dem 9.–13. Jahrhundert in Sornzig, Kr. Oschatz, in: Arbeits- und Forschungsberichte zur sächsischen Bodendenkmalpflege, Beiheft 17, S. 151ff.; Unger/Brankačk: Politische und kulturelle Entwicklung, S. 204; Herrmann: Zwischen Hradschin, S. 41.

[34] Vgl. Unger/Brankačk: Politische und kulturelle Entwicklung, S. 203f.

[35] Vgl. Geschichte Sachsens, S. 75; Blaschke: Geschichte Sachsens, S. 50. Kritisch dazu: Herrmann: Zwischen Hradschin, S. 112.

[36] Vgl. Sebastian Brather: Archäologie der westlichen Slawen: Siedlung, Wirtschaft und Gesellschaft im früh- und hochmittelalterlichen Ostmitteleuropa, Berlin 2001, S. 130 (= Ergänzungsbände zum Reallexikon der Germanischen Altertumskunde, 30).

[37] Vgl. Karl Hermann Jacob: Zur Prähistorie Nordwest-Sachsens. Übersicht über die vorgeschichtlichen Perioden und deren wichtigste Vertreter in der Leipzig-Hallischen Gegend, Halle 1911, Abb. 282.

Strich und Wellenlinie entsprachen der Ackerfurche und kamen als Schmuckform auf Keramik vor.

Sorbische Keramik mit kammartigen Ritzmuster aus der Zeit von 900–1200 in Gärnitz. Finder: Ralf Horn, 1994

Ebenfalls diente der **Punkt**, auch in Reihung, als Muster auf Keramik.

Sorbische Scherbe mit Punktmuster aus Räpitz (Markranstädt). Sammlung Ralf Horn

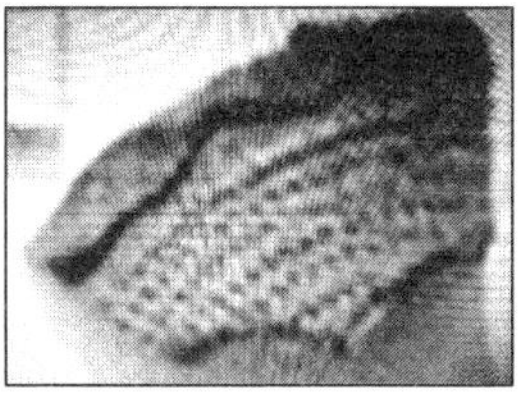

Auf **Rechteck bzw. Quadrat** wurde bereits im Zusammenhang mit der Feld- und Hausgestaltung verwiesen.

Auch beinerne Schreibgriffel weisen **geometrische Verzierungen** auf.[38] Seit der Mitte des 10. Jahrhunderts auf Gefäßböden auftretende Bodenmarken sind Abdrücke einer auf dem Drehscheibenkopf eingeschnittenen matrizenartigen Figur, wobei zunächst einfache Ringe und Kreuze, dann auch komplizierte Vierpässe, Sterne und Kreuze im Kreis Verwendung fanden.[39]

Beim **Rechnen und Zählen** stellt sich z. B. die Frage, ob die gewählte Größe der keramischen Objekte vor der Herstellung berechnet worden ist. Das obersorbische Wort *ličić*: zählen/rechnen ist aus älteren Quellen nicht nachweisbar, Es gibt nur Belege in Volksliedern.[40] So ist anzunehmen, dass die Größe z. B. eines anzufertigenden Trink- und Vorratsgefäßes v. a. nach der ihm zugedachten Funktion durch Vergleich mit vorhandenen überschlägig bestimmt und nicht nach Berechnen festgelegt wurde, solche Maßgewinnung also weitgehend erfahrungs- und nicht rechengestützt war.

[38] Vgl. Brankačk/Mětšk: Geschichte, Abbildung neben S. 33.
[39] Vgl. Brankačk/Mětšk: Geschichte, S. 42.
[40] Vgl. Heinz Schuster-Šewc: Historisch-etymologisches Wörterbuch der ober- und niedersorbischen Sprache, Bd. 2, Bautzen 1984, S. 840.

Aber es gab auch Vorgänge, die wenigstens einen Vergleich von Objekten nach ihrem jeweiligen Wert vermuten lassen. So erließ Karl der Große 805 mit dem Diedenhofener Kapitular eine Reichsrechtsnorm, um den Waffenhandel mit Slawen zu regeln. „Der Warenaustausch zwischen dem west- und ostsaalischen Gebiet muß damals also bereits größeren Umfang angenommen haben",[41] was, wenn nicht den Gebrauch von Zahlen und Münzen, so doch den Vergleich der ausgetauschten Güter verlangte. Dass es unter Sorben auch Vorstellungen zu Zahlengrößen gegeben haben muss, zeigt die von dem sorbischen Geistlichen Jan Boguwěr Rychtaŕ[42] 1738 in der Lübbener Monatsschrift „Destinata literaria et fragmenta lusatica" veröffentlichte Abhandlung „De mathesi Serborum". In ihr wies er auf die Eigentümlichkeiten des damals bei Sorben/Wenden ausgeübten Rechnens in Grundrechenarten hin, was auch auf Verhältnisse in früherer Zeit hinweisen könnte: „Die Wenden zehlen bis auf Zwantzig, ich nenne solche die Eikadic[43]. Man fänget hernach immer wieder von forn an Z[um] E[xempel] in derer Deutschen Art mit Zehner, Hunderter, Erfen, Sechsten, Schocken; bey denen Wenden Zweymahl oder doppel Zwantziger, Dreymahl Zwantziger u. s. w. Hat man nun bey Erwehlung der Zeichen vornehmlich drauff zusehen, daß sie natürlich herauskommen, so machten unsre Wenden, ob sie gleich nicht schreiben konten, Eins mit einem schlechten [d. h. schlichten] Strich I, kamen sie bis auf Fünff, so zeigten sie solches als den vierten Theil von Zwantzigen mit einer umgekehrten Ecke L an, deren Vier ein gantzes Viereck betragen, woraus unsre heutige Zimmerleute eine Römische V machen: Zehen zeigten sie durch eine gegen einander gemachte Ecke oder Winckel an $^{\mathrm{v}}{\scriptstyle\wedge}$ woraus endlich ein X oder + worden: Fünffzehn mit drey Ecken oder zwey Creutze. Wie man glaubt, daß die Decadie um der zehen Finger willen erdacht worden, so muthmasse ich, daß die Eicadie um der zwantzig Finger und Zehen willen an Händen und Füssen, bey denen Wenden aufgekommen: Höher zehlen sie nicht, sondern fangen hernach wieder von vorn an: wiewohl sie mit unserer Decadie ziemlich überein kommen und die Einfache Zahlen ebenfalls wiederholen."[44]
Vielfach ist der **Gebrauch der Fünfergröße** nachweisbar, wofür die Zahl der Finger an einer Hand Orientierung gab. So wurde zur Keramikherstellung häufig ein fünfzinkiges Kammstrichmuster genutzt[45] (es existieren auch andere Formen).

[41] Vgl. Raimund Ernst: Die Nordwestslaven und das fränkische Reich, Berlin 1976, S. 175ff.; Geschichte Sachsens, S. 71.

[42] Vgl. Brankačk/Mětšk: Geschichte der Sorben, Bd. 1, Bautzen 1977, S. 277f.

[43] Griech. *εἴκοσι(ν)*: zwanzig.

[44] Jan Boguwěr Rychtaŕ: De mathesi Serborum, in: Destinata literaria et fragmenta lusatica, Lübben 1738, zit. nach: Serbska Čitanka, S. 49f.

[45] Nach Bachmann: Slawische Stämme, S. 24, tritt bevorzugt das linksläufige Wellenband auf, das in der mehrheitlich aus vielfachen (5–15-zügigen) parallel verlaufenden Wellenlinien besteht. Vgl. auch. Brankačk/Mětšk: Geschichte, S. 82.

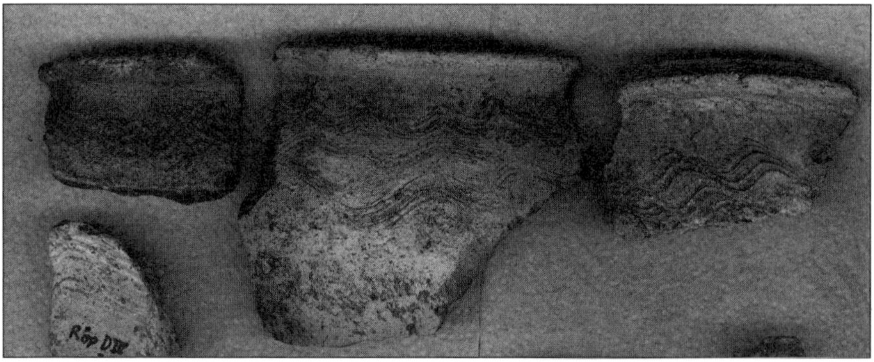

Sorbische Scherben aus Räpitz. Auf den Stücken der oberen Reihe ein fünfzinkiges Kammstrichmuster, darunter Punktmuster. Sammlung Ralf Horn, Schkölen

Vorstellungen über **symbolische Bedeutung der Zahlen**[46] existieren bei vielen Völkern und so auch bei den Sorben. Manches wurde davon überliefert, wenngleich zum Teil umgedeutet. „Tritt man in ein [sorbisches] Haus, so wird man in der Hausflur sowohl als in der Stube, also zweimal freundlich bewillkommnet."[47] Wenn sich in der Neujahrsnacht Mädchen mit zwei Lichtern in den Händen vor den Spiegel stellen, erscheint hinter ihrem Rücken der künftige Mann.[48] Dem Sämann steckt man zwei Eier in die Tasche, die er auf dem Feld essen soll, dann gerät der Flachs wohl.[49] Die Mädchen teilen in der Andreasnacht einen Apfel in zwei Hälften, die eine essen sie, die andere legen sie unter das Kopfkissen, wobei sie sagen, dass Andreas den Künftigen erscheinen lassen solle; der Bursche, der im Traum erscheint und die andere Hälfte des Apfels isst, ist der künftige Mann. Krampf wird durch Bestreichen mit zwei Fingern behandelt, ein Vers dabei dreimal gesprochen. Zwei Personen melden einen Toten beim Pfarramt.[50] Für Westpommern ist ein gütiger Gott „Triglaw" (Dreikopf) bezeugt.[51] Die Burg Riedegost [Rethra, das Stammeszentrum der Liutizer bei Neubrandenburg] war laut

[46] Vgl. H. Meyer/R. Suntrup: Lexikon der mittelalterlichen Zahlenbedeutungen, München 1987. Zur nicht datierbaren Verwendung von Zahlen in Märchen vgl. Sorbische Volksmärchen. Systematische Quellenausgabe mit Einführung und Anmerkungen, bearb. von Paul Nedo, Bautzen 1956 (= Schriftenreihe des Instituts für sorbische Volksforschung, 4).

[47] Rentsch: Volkssitte, S. 333.

[48] Rentsch: Volkssitte, S. 349.

[49] Rentsch: Volkssitte, S. 333.

[50] Rentsch: Volkssitte, S. 350f.

[51] Vgl. Zdeněk Váňa: Mythologie und Götterwelt der slawischen Völker, Stuttgart 1992, S. 93; Hans-Christian Trepte: Zwischen Kap Arkona und dem Lausitzer Bergland. Westslawische Mythologie, Leipzig 2022.

Bischof Thietmar von Merseburg „von dreieckiger [eigentlich: dreihörniger] Gestalt, mit drei Toren versehen".[52] Drei Paten waren das mindeste.[53] Um die Pestfrau abzuhalten, umzog man das Dorf an seinen Grenzen mit dreifacher Ackerfurche (wie noch 1602 in einer Pestzeit bei Sorau, wobei den Pflug neun Personen zogen[54]: zwei reine Jünglinge, sechs ehrbare Jungfrauen und eine Witwe, die sieben Jahre in unbescholtener Witwenschaft lebte). In einem der ältesten sorbischen Volkslieder „Die Siege der Sorben" ist davon die Rede, wie sie dreimal in den Krieg gegen deutsche Feudalherren ziehen und große Siege erringen.[55] In der Osternacht soll die Hausfrau das Wohnzimmer von den vier Ecken aus nach der Mitte zu kehren und den Kehricht auf die Straße werfen, dann ist das Haus vor Behexung geschützt.[56] Dann spielte im praktischen Leben die „Handvoll" eine Rolle: bei der Anzahl der Gehöfte eines Dorfes wie bei Schmückung der Keramik. Sieben wendische Könige beraten auf einem Berg bei Großpostwitz, um sich des Jochs der Deutschen zu entledigen; sie fallen sämtlich in einer nachfolgenden Schlacht.[57] Wer Weizen sät, soll zwölf Körner in den Mund nehmen und in jede Ecke des Feldes einige davon säen, dann kommen keine Sperlinge.[58] Zwölf Hengste ziehen einen Wagen mit silbernen Radreifen, auf dem ein mächtiger Braukessel liegt, bis oben mit Goldstücken gefüllt.[59] Spinnstuben waren für zwölf Personen eingerichtet.[60] Dagegen wussten die Sorben von einem mit der Zahl 13 verknüpften Aberglauben nichts.[61] Das gemeinslawische Wort *bog* (Gott) bedeutete schließlich Reichtum bzw. Fülle.[62] Und ein arabischer Reisebericht merkt an, dass „die Hochzeitsgabe [...] bei den Slawen groß" sei, ohne dass etwas über Mengen, die wahrscheinlich 20 überstieg, und Berechnungen beigefügt ist.[63]

[52] Die Chronik des Thietmar von Merseburg, neu übertragen und bearbeitet von Robert Holtzmann, 4. Aufl., Leipzig 1939, S. 207, und Anm. 2.

[53] Rentsch: Volkssitte, S. 340.

[54] Am Heiligen Abend und in der Sylvesternacht essen die Sorben neunerlei Gerichte; vgl. Rentsch: Volkssitte, S. 340.

[55] Vgl. Pětr Malink: Die sorbische Literatur. Ein kurzer Überblick [...], I. Tl., H. 6, Bautzen 1958, S. 5f. (= Schriftenreihe über die Sorben). Der Text in: Das Meer – Die Insel – Das Schiff. Sorbische Dichtung von den Anfängen bis zur Gegenwart, hg. von Kito Lorenc, Heidelberg 2004, S. 19f.

[56] Rentsch: Volkssitte, S. 333.

[57] Rentsch: Volkssitte, S. 357.

[58] Rentsch: Volkssitte, S. 348f.

[59] Rentsch: Volkssitte, S. 357.

[60] Vgl. Sigmund Musiat: Volksleben, Volksfrömmigkeit und Volksbrauch in der Lausitz, Bautzen 1992, S. 25.

[61] Rentsch: Volkssitte, S. 333.

[62] Vgl. Schüler-Duden Die Religionen, S. 393.

[63] Vgl. Arabische Berichte von Gesandten an germanische Fürstenhöfe aus dem 9. und 10. Jahrhundert ins Deutsche übertr. und mit Fußnoten versehen von Georg Jacob, Berlin/Leipzig 1927, S. 14 (= Quellen zur deutschen Volkskunde, 1. H).

Was verwendete **Rechenarten** angeht, so ließen sich die meisten anfallenden Aufgaben durch Abzählen, ggf. mit Hinzufügen bzw. Wegnehmen und erneutem Abzählen lösen. Wirtschaften verlangte z. B. Addieren (zusammenkommender Einzelposten; auch bei Vergrößerung z. B. durch Kalben), Nummerieren (des Viehs beim einzelnen Bauern), ebenso wie Subtrahieren (Feststellung der Verringerung des Bestands durch Verzehr bzw. Abgaben- und Tributleistung). Es ist davon auszugehen, dass solche Rechnungen wichtige Vorgänge im Wirtschaftsleben der Sorben waren. Multiplikation und Division scheinen dagegen nicht gebraucht worden zu sein, auch wenn ein obersorbisches Wort *poł-* = halb in Flurnamen vorkommt.[64] J. B. Rychtař schreibt: „Die Zahlen kan ich nun, nur vermehren oder verringern: wie den die multiplicatio nur eine vielfache additio, und die divisio eine offt wiederholte subtractio ist, so waren die Wenden in dieser Kunst auch nicht weiter gegangen, und da sie nicht schreiben konnten, zehlten sie mit Knoten und subtrahirten mit Steinen: Z[um] E[xempel] sie thaten bey Zehlung dieses oder jenes so viele kleine Steine zusammen und bey dem Abzug warffen sie wieder so viel davon weg, und sahen den wie viel übrig waren."[65] Mit Vervielfachen durch mehrmaliges Addieren waren die Mengen der Zutaten z. B. beim Brotbacken auch zu bestimmen. Ferner wurden zu erbringende Leistungen nicht dividiert, sondern wohl durch ein mehrfaches Subtrahieren bestimmt. So deutet das Wort **płacht* mehr auf Absonderung als auf Teilung (Division). Beim Boden hat es eher additive Zuordnung als Zuteilung aus einem Ganzen (im Sinne von Division) gegeben.

Komplizierte Berechnungen erforderte der Bau von Burgen als militärische und Bezirksmittelpunkte bei der Untergliederung der Kleinstämme, als Plätze von Handel und Handwerk, als größere Volks- oder Gauburgen[66] bzw. in der Spätzeit als kleine Burgwallanlagen, den Sitzen des sich herausbildenden Adels,[67] noch z. T. sichtbar in Schkölen.[68] Jedoch können die Überlegungen bei Konstruktion und Bau nicht mehr nachvollzogen werden.

Auch **Rätsel mit Zahlen** (Arithmogriphe) hat man sich erzählt. „Was sind denn Rätzel anders als algebraische Aufflösungen?" So fragte Rychtař 1738 und stellte fest, dass „dergleichen wir auch bey denen Wenden antreffen, und nicht aus einer andern Sprache entlehnet, sondern originaliter von denen Wenden herkommen,

[64] Vgl. Hoffmann: Die slawischen Flurnamen, S. 48.
[65] Rychtař: De mathesi (wie Anm. 44 auf S. 28), S. 50.
[66] Vgl. Geschichte Sachsens, S. 72ff.; Blaschke: Geschichte Sachsens, S. 47; Brankačk/Mětšk: Geschichte, S. 49ff.
[67] Vgl. Herrmann: Zwischen Hradschin, S. 112ff., S. 124; Blaschke: Geschichte Sachsens, S. 51.
[68] Vgl. Bühring/Horn/Rüdiger: Zwischen Schwarzbach, S. 70f.

ja so alt seyn, als die nation selbst ist: mir sind unterschiedliche dergleichen bekandt, Z[um] E[xempel] von Wasser, von der Nadel, von der Axt und so mehr",[69] wobei sich die Lösung durch Raten und Probieren ergab.

Wichtig war, Jüngeren die Handhabung der Dinge und das Wissen darum während der Arbeitsprozesse beizubringen. Generell überwog im Rechnen jener Zeit, dem Frühmittelalter (7.–12. Jahrhundert) die **Nutzung der Erfahrung gegenüber neuer Berechnung**. Denn die wichtigsten mit Größen verbundenen Handlungen, wie Zahl der Siedlungswilligen an einem Ort, Feld-, Haus- und Hofgrößen oder die Festlegung von Leistungen, kamen im Leben der Menschen zumeist nur einmal vor, andere nur wenige Male oder wiederholten sich in gleicher Weise, wie Aussaatmenge, Abgabengrößen, Vieh-, Futter-, Lebensmittelbedarf. Letztlich war das der Tatsache geschuldet, dass das wichtigste Produktionsmittel, der Ackerboden, weitgehend unveränderlich blieb – hinsichtlich seiner Größe wie seiner Leistungsfähigkeit. Einmal getroffene Berechnungen, Feststellungen und -legungen erwiesen sich so als auf Dauer brauchbar und wiederholten sich grundsätzlich nicht. Folglich wurde ebenfalls das Rechenwissen im Generationendialog von den Eltern auf die Kinder im täglichen Leben und Arbeiten empirisch-spontan übermittelt. Sofern Veranschaulichung nötig war, Größen durch Hinzufügen oder Abziehen und jedesmaliges Nachzählen zu verändern, konnte das mittels Finger, Steinchen, Eicheln und ähnlichem als Lernmittel bzw. Prä-Abakus sinnlich wahrnehmbar geschehen. Vieles, was mit Rechnen im Alltag hätte verbunden sein können, ersetzte Gewohnheit. Annähernd traf man gewiss das Richtige. So ergab sich bis ins 12. Jahrhundert hinein eine sehr begrenzte Rolle des Rechnens.

[69] Rychtař: De mathesi, S. 55. Vgl. die Hinweise bei Günther: Geschichte des mathematischen Unterrichts, S. 32f.

2.2. In den entstehenden Verwaltungen von Markgrafschaft und Bistum Meißen (10.–12. Jahrhundert)

Die vollständige **Unterwerfung der von sorbischen Bauern besiedelten Gebiete** zwischen Saale und Neiße unter deutsche Feudalherrschaft und die weitere Kolonisierung erfolgten unter König Heinrich I. seit 928.[70] Seitdem bestimmten im deutschen Altsiedelland ausgebildete staatlichen und kirchliche Verhältnisse die weitere Nutzung der Region.[71] Es entstanden Institutionen, die Weisungen erteilten, wobei zu fragen ist, ob diese neben qualitativen auch quantitative, in Zahlengrößen gefasste Aussagen enthielten. Heinrich ließ 929 ein befestigtes Militärlager errichten, aus dem die Burg Meißen hervorging. Als wichtigste Hauptburg wurde sie spätestens 968 Sitz des vom König eingesetzten **Markgrafen von Meißen**.[72] Zur Machtausübung schuf dieser durch Vergabe von Besitz und Ämtern sowie Einflussnahme auf Auswahl und Tätigkeit kirchlicher Funktionsträger ein Beziehungsgeflecht von Verpflichteten auch in deren Gesamtinteresse. Ihm unterstanden Burgwarde,[73] die militärische und Verwaltungsaufgaben auf unterer Ebene wahrnahmen. Die Herrschenden formten aufgrund des von ihr erlangten Eigentums am Boden als wichtigstem Produktionsmittel die durch eine Stufenfolge von Gefolgschafts- und Schutzverpflichtungen gekennzeichnete politische und soziale Ordnung aus. Deren ökonomische Grundlage bestand in der Verfügung über Bauern als wichtigsten Produzenten.[74] Stiftung und Formierung des **Bistums Meißen** erfolgten 968.[75] Oft wurden Burgwardorte Standorte von Urkirchen außerhalb der Hauptburgen. Damit setzte die Missionierung der heidnischen slawischen Bevölkerung ein.[76]

Der Adel in der Mark Meißen sicherte seine politischen und wirtschaftlichen **Interessen nicht nur militärisch, sondern auch durch Verwaltungsakte**. Das betraf den (Zu-)Erwerb und Nachweis von Eigentum (nach den Eroberungen

[70] Vgl. Geschichte Sachsens, hg. von Karl Czok, S. 71; Schilka: Abriss, S. 70ff.

[71] Den Slawen standen zunächst jedoch nur wenige deutsche Ritter und Geistliche gegenüber; vgl. Naumann: Sächsische Geschichte, S. 10f.

[72] Vgl. Naumann: Sächsische Geschichte, S. 10ff.; Schilka: Abriss, S. 71f.

[73] Vgl. Gerhard Billig: Die Burgwardorganisation im obersächsisch-meissnischen Raum, Berlin 1989.

[74] „Nicht die Institutionen an sich, sondern die Personenverbände, nicht der Staat, sondern Höfe, Land- und Ausschußtage konzipieren, korrigieren und verwerfen soziale Normen und gestalten Politik." Uwe Schirmer/André Thieme: Vorwort der Herausgeber, in: Karlheinz Blaschke: Beiträge zur Verfassungs- und Verwaltungsgeschichte Sachsens. Ausgewählte Aufsätze, hg. v. Uwe Schirmer/Andre Thieme, Leipzig 2002, S. 13.

[75] Vgl. CDSR I 1, Nr. 1, S. 237f.; André Thieme: Die Gründung des Bistums Meißen vor 1050 Jahren, in: SHtBll., 2018, H. 4, S. 374–376; Schilka: Abriss, S. 72. Für 967 plädieren Willi Rittenbach/Siegfried Seifert: Geschichte der Bischöfe von Meißen 968–1581, Leipzig 1965, S. 9 (= Studien zur katholischen Bistums- und Klostergeschichte, Bd. 8).

[76] Vgl. Lutz E. von Padberg: Die Christianisierung Europas im Mittelalter, 3. Aufl., Stuttgart 2009, S. 157–161.

waren Dorfverleihungen an deutsche Grundherren üblich[77]), die Festlegung von Leistungen (Dienste von Vasallen sowie Abgaben und Arbeit der Bauern für Herren) und die Kontrolle deren Erfüllung. Hinzu kamen hoheitliche Akte.[78] Herrscherliche Entscheidungen konnten vor allem in zwei Dokumenten-Gruppen Niederschlag finden: am sichersten war es, Rechtsakte, wie Besitzvergaben, in Urkunden festzuhalten. Auch hatte schon Karl d. Gr. gefordert, Verzeichnisse über die großen Besitzungen des Königs und der Kirchen anzulegen, worauf seit dem 9. Jahrhundert im Altsiedelland Besitz- und Einkunfts- bzw. Abgaben-Register (Urbare) großer klösterlicher Grundherrschaften entstanden.[79] Das verlangte Fortsetzung in der Mark Meißen. Zum Aufstellen solcher Schriftstücke wie bei der Verfügbarkeit über dazu Befähigte bestand mit dem Ausbau der staatlichen und kirchlichen Strukturen daselbst wachsender Bedarf. Es war naheliegend, in Schriftdokumenten die rechtlichen Inhalte auch mit in Zahlen ausgedrückten Quantitäten zu fixieren.

Jedoch der Vollzug der Akte, auch von Eigentumsübertragungen, erfolgte zur **Rechtsabsicherung zunächst** bei allen Machtträgern **ohne Schriftlichkeit in symbolischer Weise** vollgültig: mit Fahnen verlieh der Kaiser laut Rechtsbuch „Sachsenspiegel"[80] weltliche Lehen („Fahnlehen") an Reichsfürsten, ebenso nahmen Fürsten die Belehnung ihrer Vasallen vor;[81] gab sich jemand einem Herrn als Vasall, so kniete er vor ihm nieder und legte seine Hände in die des Herrn, worauf ihm dieser das Lehen lieh, indem er ihm ein Symbol überreichte, etwa einen Zweig.[82]

Stets ging es in einem solchen Akt um ein Objekt, das beidseits ausgemacht und mit der Gegenleistung fixiert wurde (z. B. Verleihung eines Dorfes gegen Verpflichtung zur Kriegsfolge). Eigentümer vergaben Boden und Rechte bzw. Pflichten an Untergebene als Ganzes, wie die Sache steht und liegt. Das geschah, wie es später auch in Urkunden hieß, „mit allem Zubehör". Der Sachsenspiegel hielt fest: „Verleiht auch ein Herr einem Manne ein Gut ohne Unterschied: was von Gebäuden darauf ist, das Alles ist des Mannes mit dem Gute, ‚wie es des Herren war; er bedinge sich's denn aus'."[83] Dabei wurden **keine Größen- bzw.**

[77] Vgl. Brankačk: Zur Frühgeschichte, S. 148.

[78] So ist in der Urkunde Kaiser Ottos II. vom 27. Februar 983 ein Zoll erwähnt, den Kaufleute beim Burgward Boritz zahlen mussten, die zwischen Belgern und Meißen die Elbe querten. Vgl. Naumann: Sächsische Geschichte, S. 15.

[79] Vgl. Rösener: Bauern, S. 26. Generell Dieter Hägermann: Urbar, in: Lexikon des Mittelalters, Bd. VIII, München 2002, Sp. 1286–1289.

[80] Verfasst in den 1320er-Jahren, nach neueren Forschungen vielleicht im Kloster Altzella; Peter Landau: Der Entstehungsort des Sachsenspiegels. Eike von Repgow, Altzella und die anglo-normannische Kanonistik, in: Deutsches Archiv, 61, 2005, S. 73–101.

[81] Vgl. Der Sachsenspiegel in Bildern, S. 38ff.

[82] Vgl. Gisela Reichel: Die Dresdner Bilderhandschrift des Sachsenspiegels, Dresden 1955, S. 12 und Abb. 14.

[83] Sachsenspiegel, Zweites Buch, Art. 22, § 6. Vgl. S. 534.

Zahlenwerte erwähnt. Auch erfolgten keine detaillierten Festlegungen und weitere Überprüfungen zur Sache; sie waren auch für die Folge ausgeschlossen. Nachzuzählen oder -rechnen gab es nichts. Die Handlungen sollten auf Dauer unveränderlich gelten. Entscheidend blieb die gegenseitige Treueverpflichtung in symbolischer und damit geweihter Form. (Aus später entstandenen Urkunden sind die Merkmale der Akte bekannt, denn sie traten dort weiterhin auf.)

Weitgehendes **Nichtverwenden von Schriftlichkeit, Zahlen und Rechnen entsprach dem niedrigen Bildungsstand** selbst der Herrschenden. Die meisten Söhne des Adels erfuhren zwar eine Ausbildung bei seiner Familie oder einem anderen Adligen, wobei jedoch kriegerische Elemente dominierten. Unterricht gehörte bis zum Beginn des 12. Jahrhunderts zu ihrer Ausbildung fast nicht dazu. Gab es ihn, wurde er von einem Geistlichen niederen Grades, einem Kaplan oder Mönch, erteilt; „für die Adelsfamilien auf ihren Schlössern bot sich ohnehin keine andere Möglichkeit [als der Privatlehrer]. Der Hauskaplan (‚Burgpfaff') zählte diesen Unterricht zu seinen Obliegenheiten."[84] Jedoch besaß das Gelernte für das weitere Leben kaum Bedeutung.[85] Ausnahmen bildeten wenige Jungen, die eine Klosterschule besuchten, um einem geistlichen Leben nachzugehen.[86] Die Masse der Laien, auch des Adels, war illiterat[87] und unfähig, differenziertere Berechnungen vorzunehmen und aufzuschreiben, die über Abzählen (Addieren und Subtrahieren) hinausgingen. Selbst die Angabe des Umfangs einer für Adlige so wichtigen Sache wie dem Nibelungenschatz blieb nicht fassbar: „hundert [diese Zahl auch sonst häufig[88]] kanzwägene ez möhten [ihn] niht getragen."[89]

Verschiedentlich wurden bald die Markgrafschaft betreffende Rechtsakte wie **Rechte- und Besitzvergaben zu größerer Sicherheit und besserer Nachweisbarkeit in Urkunden fixiert**, so wenn der erste Meißener Markgraf Ekkehard I. 985 von Kaiser Otto III. für seine treuen Dienste das Münzrecht erhielt.[90] Jedoch war die betreffende Urkunde eine Austellerausfertigung aus der Kanzlei des Kaisers und sagt deshalb nichts zur Existenz einer solchen der Markgrafen. Für das **Aufstellen solcher Schriftstücke**, die neben politischen, rechtlichen und anderen

[84] Günther: Geschichte des mathematischen Unterrichts, S. 293.
[85] Vgl. Shahar: Kindheit, S. 238.
[86] Günther: Geschichte des mathematischen Unterrichts, S. 54ff., zu *schola interior*, wo Knaben zu Mönchen erzogen wurden, und *schola exterior*, die Weltgeistliche ausbildete und Söhnen bemittelter Laien, die einen weltlichen Beruf ergreifen wollten.
[87] Vgl. Verger: Schule, Sp. 1582f.
[88] Vgl. 5. Aventiure; aber auch da Vers 279.3: „hundert oder mêre".
[89] Vers 92.2.
[90] Erste Münzprägung zwischen 985 und 1002; vgl. Arthur Suhle: Deutsche Münz- und Geldgeschichte von den Anfängen bis zum 15. Jahrhundert, Berlin 1974, S. 58.

Inhalten[91] auch in Zahlen ausgedrückte berechnete Quantitäten fixierten, **und für die Verfügbarkeit über dazu Befähigte, die elementar Rechnen beherrschten,** entstand mit dem Ausbau der staatlichen und kirchlichen Strukturen in der Mark Meißen auch durch die Kontakte mit dem Altsiedelland, das darin Vorbild und Richtmaß war, wachsender Bedarf. Seit dem 12. Jahrhundert wurde in Verwaltungen der Markgrafschaft und des Bistums Meißen, auf Burgen des hohen und niederen Adels und in Klöstern zwingend, bei zunehmender Abkehr von symbolischen Handlungen die wichtigsten Rechtsakte in Schriftdokumenten, insbesondere Urkunden und Registern, mit genauer in Zahlen ausgedrückter Darstellung des Rechtsinhalts festzuhalten. Aber noch wurden Rechtsakte der Markgrafen durch Urkunden in Empfängerausfertigungen fixiert, wie die älteste von einem meißnischen Markgrafen ausgestellte und erhalten gebliebene Urkunde von 1130 über Konrads Schenkung von Schirmenitz an das Bistum Meißen eine Empfängerausfertigung dessen Domkapitels zu Meißen ist.[92] Generell brachte diese Praxis völlig neue Herausforderungen der hiesigen Beteiligten auch hinsichtlich der Fähigkeit zum (Be-)Rechnen, selbst wenn es sich (zunächst) nur um Verstehen des Inhalts von anderswo ausgestellten Urkunden handelte. Letzteres zeigt die noch geringe Leistungsfähigkeit einer markgräflichen Kanzlei und den Mangel an Schreibern und Rechnenden.

Es lief darauf hinaus, alle schriftlichen Akte der Zentralverwaltung der Mark Meißen, die Beschlüsse des Markgrafen, die er allein oder gemeinsam mit seinen Räten fasste, dauerhaft und sicher festzuhalten, einem bestimmten Empfänger mitzuteilen oder allgemein zu verbreiten. Für die Beschlussvorbereitung einschließlich Durchrechnen von quantitativen Angaben und das Niederschreiben waren Schreiber, vielleicht schon eine Kanzlei, notwendig. Wie einzelne Nachrichten zeigen, **zogen die Markgrafen dafür Geistliche heran, da nur sie Schreiben beherrschten** und Lateinisch verstanden. Sicher wurden „anfangs die markgräflichen Kapläne als die einzigen Schriftkundigen im Gefolge des Fürsten für die Erledigung der wenigen Schreibarbeiten und zur Kontrolle der ein- und ausgehenden Urkunden herangezogen".[93] Stets hatten die „aus Stiftern oder Klöstern engagierten Schreiber [...] in älterer Zeit, bei einfacher Finanzwirthschaft, [...] nicht bloss Urkunden zu schreiben, sondern **auch das Rechnungswerk für ihre**

[91] So wenn 1249 die Grafen von Käfernburg usw. Markgraf Heinrich als ihren Herrn und Landgrafen von Thüringen anerkennen: vgl. Otto Dobenecker: Regesta diplomatica necnon epistolaria historiae Thuringiae; 3. Bd., Jena 1925, Nr. 1721, S. 274f.

[92] Vgl. CDSR II 1, Nr. 44, S. 47; Naumann: Sächsische Geschichte, S. 24. Vermutlich sind zunächst Rechtsakte der Markgrafen überwiegend durch Urkunden in Empfängerausfertigung fixiert worden; vgl. Blaschke: Kanzleiwesen, S. 306.

[93] Blaschke: Kanzleiwesen, S. 306f.

Herren zu besorgen".[94] Auch sind 1196 erstmals **Notare im Dienst des Markgrafen** erwähnt.[95] Bei der Urkunde U 38 von 1206 könnte erstmals ein Schreiber, Notar Dietrich B, speziell für das Domkapitel in Meißen tätig gewesen sein.[96] Notare mussten nicht nur über juristische, sondern auch ein Mindestmaß an Rechenkenntnissen verfügen, da die Akte Zahlengrößen enthalten konnten und es sich verbot, diese falsch aufzusetzen. Notare spielten somit bei der Aufnahme und Darstellung von Vorgängen mit Zahleninhalten eine Rolle.

Die **personellen Voraussetzungen verbesserten sich bedeutend**, als in der Mark Meißen seit Ende des 11. Jahrhunderts zur rascheren Christianisierung des Volkes **Klöster** entstanden.[97] Östlich der Saale wurde als erstes das durch Wiprecht von Groitzsch gegründete Benediktinerkloster Pegau 1096 geweiht und 1106 von Papst Paschalis II. bestätigt.[98] 1119 kam das Benediktinerinnenkloster Riesa,[99] 1136 das Benediktinerkloster Chemnitz,[100] 1162 das Zisterzienserkloster Cella Sanctae Mariae[101] (für das sich mit der Gründung des Tochterklosters Neuzelle um 1268 der Name Altzella einbürgerte) und das 1192 erstmals erwähnte Zisterzienserkloster Buch[102] hinzu. Daran waren Geistliche beteiligt, die aus dem Altsiedelland stammten und dort an einer Dom- oder Klosterschule[103] neben der Ausbildung in dem zum Gottesdienst Notwendigen, wie Theologie, Singen und Osterfestberechnen, auch **Unterricht in Latein, Schreiben, Lesen und vermutlich den *Septem artes liberales*** (*artes*, Sieben freie Künste)[104] erfahren hatten.

[94] Vgl. Posse: Die Lehre, S. 12.
[95] Vgl. Blaschke: Kanzleiwesen, S. 306f.; Vogtherr: Die Kanzler, S. 187.
[96] Vgl. Ludwig: Die Urkunden, S. 42, 294. Aus dem spätantiken Schreiber ging im Mittelalter der öffentliche Notar (*notarius publicus*) als vom Staat (Kaiser, Papst, Hofpfalzgraf) bestellte und mit öffentlichem Glauben ausgestattete juristische Amtsperson (kaiserlich geschworener Notar) hervor; so erschien er im 10./11. Jahrhundert in Oberitalien; vgl. Gerhard Köbler: Lexikon der europäischen Rechtsgeschichte, München 1997, S. 402.
[97] Vgl. Müller: Die Anfänge, S. 1f.
[98] Vgl. Naumann: Sächsische Geschichte, S. 21; SHSTA Dresden, O. U. 37.
[99] Vgl. Ludwig: Die Urkunden, S. 64; Naumann: Sächsische Geschichte, S. 21.
[100] Vgl. Hubert Ermisch: Geschichte des Benediktinerklosters zu Chemnitz bis zum Ende des 14. Jahrhunderts, in: Archiv für die sächsische Geschichte NF 4, 1875, S. 254ff., 289ff.
[101] Vgl. Beyer: Das Cistercienserstift; CDS II 19.
[102] Vgl. Friedrich Gentzsch: Kloster Buch. Eine Annäherung an seine Geschichte anhand der Urkunden, Leipzig/Beucha 2014.
[103] Kloster- und Stiftschulen gab es im Altsiedelland seit dem 9. Jahrhundert.; vgl. Folkerts: Mathematik und Naturwissenschaften, S. 46.
[104] Für diese Schulen waren durch die Karolingische Bildungsreform im 8./9. Jahrhundert Kenntnis der klassischen Autoren und des Lateins bestimmt, aber auch die *artes* spielten eine Rolle, wenigstens an der Aachener Hofschule; vgl. Günther: Geschichte des mathematischen Unterrichts, S. 25–31. Vgl. Kaunzner: Ein Weg, S. 175; Friedrich Grundel: Die Mathematik an den deutschen höheren Schulen, Teil 1. Von der Zeit Karls des Grossen bis zum Ende des 17. Jahrhunderts, Leipzig/Berlin 1928, S. 1, 3; Sönke Lorenz: Studium generale Erfordense. Zum Erfurter Schulleben im 13. und 14. Jahrhundert, Stuttgart 1989, S. 59f. (= Monographien zur Geschichte des Mittelalters,

Als solche galten die seit der Antike betriebenen mathematischen Disziplinen (Arithmetik, Geometrie, Astronomie und Musiktheorie), die auf dem Wissen der Pythagoreer (6. Jh. vor 0) beruhten, das Euklid (um 300 vor 0) in seinem Werk „Elemente“ dargestellt hatte, und in der Spätantike als *Quadrivium* mit drei philologischen (Grammatik, Dialektik und Rhetorik), dem *Trivium* verbunden worden waren. Diese *artes* bildeten für ein Jahrtausend das Bildungsgut in Europa.[105] Während des ganzen Mittelalters war praktisches Rechnen in die Schreibtätigkeit integriert, ohne das besonders zu erwähnen. Nördlich der Alpen kam in den wenigen Schulen höheres Bildungsgut also zunächst nur als Import an, dazu oft verstümmelt und dann unvollkommen angewendet. Dass in der Regel *Trivium* und *Quadrivium* die Unterrichtsgegenstände der mittelalterlichen Schulen gebildet hätten, bedarf jedoch einer Einschränkung auf einen Teil der Dom- und Klosterschulen, ihrem Typ nach Lateinschulen. Ob alle *artes* betrieben wurden, wenn von ihnen die Rede ist, ist meist nicht feststellbar. Unterrichtet wurde vor allem Grammatik, Computistik (Kalenderberechnung als Teil der Astronomie) und liturgischen Gesang.[106] Oft besaß der neben dem Gesang erteilte Unterricht kaum Bedeutung und vermittelte nur das allernötigste Lesen und Schreiben, Ziffernkenntnis, Anfänge des Lateins und lateinische Kirchengebete.[107] Nicht nachweisbar ist, ob der *Algorismus integralis*, die Lehre von den ganzen Zahlen mit den zugehörigen einfachen Rechenoperationen, in Klosterschulen gelehrt wurde.[108] „Die […] Rechenkunst stand in keinem hohen Ansehen, denn selbst die Lateinschüler skandierten immer noch das überlieferte, angeblich auf Augustinus (354–430) zurückgehende: ‚Unum et unum duo, duo et duo quatuor, odiosa cantio mihi erat‘“[109] (eins und eins [ist] zwei, zwei und zwei vier, das Geleier war mir widerwärtig). Dabei wurden sicher Rechenbretter benutzt und, sofern notwendig, auf Wachstafeln Zahlenwerte in römischen Ziffern notiert. Schriftliches Rechnen war das nur bedingt.

Bd. 34); Brigitte Englisch: Die Artes liberales im frühen Mittelalter (5.–9. Jh.). Das Quadrivium und der Komputus als Indukatoren für Kontinuität und Erneuerung der exakten Wissenschaften zwischen Antike und Mittelalter, Stuttgart 1994 (= Sudhoffs Archiv, Beiheft 33).

105 Vgl. Peter Schreiber: Euklid, Leipzig 1987, S. 97; Menso Folkerts: Mittelalterliche Mathematik. Das Quadrivium, in: Zählen, Messen, Rechnen. 1000 Jahre Mathematik in Handschriften und frühen Drucken. Ausstellung der Staatsbibliothek Bamberg zum Jahr der Mathematik 2008. Katalog, Petersberg 2008, S. 13f.; Uta Lindgren: Die Artes Liberales in Antike und Mittelalter: bildungs- und wissenschaftsgeschichtliche Entwicklungslinien, überarb. Neuaufl., Augsburg 2004; Miranda Lundy: Quadrivium. Die vier klassischen freien Künste, Köln 2014.

106 Vgl. Verger: Schule, Sp. 1582.

107 Vgl. Posse: Die Lehre, S. 7; Kaunzner: Ein Weg, S. 175.

108 Vgl. Kaunzner: Ein Weg, S. 176.

109 Kaunzner: Beitrag, S. 1.

Schulen an kirchlichen Einrichtungen sind im Markmeißnischen seit dem 12. Jahrhundert nachweisbar. Die älteste war die **Domschule zu Meißen,**[110] wo zuerst am 9. Juni 1183 der Lehrer „Sigemundus scholasticus"[111] genannt wird, wohl jener Sigemundus, der ohne den Titel *Scholasticus* auch in Urkunden 1185 und 1186 erscheint.[112] Auch ist ein ehemaliger Notar Konrad als Magister und später Domscholaster erwähnt.[113] Ob das Amt schon länger bestand, bleibt unklar; womöglich ist die Kathedralschule schon im 10. Jh., bei der Gründung des Bistums, entstanden. Sie diente der Heranbildung von Klerikern durch Grammatik- und Bibelstudien,[114] eventuell unter Einschluss der *artes*, sowie zur Ausbildung von Jungen zur Gottesdienst-Gestaltung. Die Domschule bildete zunächst die einzige Unterrichtsanstalt in der Markgrafschaft, aus der jene hervorgingen, die Lesen, Schreiben und vielleicht Rechnen beherrschten und somit Texte mit Zahlen aufsetzen konnten. Jedoch existiert kein direkter Hinweis auf Arithmetikunterricht gemäß den *artes* in Meißen (ebenso wie in Merseburg; hier erscheint seit 1166 häufig ein „scholasticus"[115]). Wenigstens belegen die Aufträge, die Papst oder Markgraf einem *Scholasticus* erteilten, nicht nur dessen einflussreiche Rolle; sie setzte insbesondere juristische Bildung voraus (was zu seinem Amt in keiner Beziehung stand[116]), aber verschiedentlich verlangte sie auch zu rechnen: So hatte um 1222 *Scholasticus* H. nebst dem Domherrn A. namens des päpstlichen Legaten einen Streit zwischen Presbyter Thuringus und dem Kreuzkloster zu Meißen wegen 8 Hufen Landes beizulegen.[117] Das lässt Schlüsse auf den Inhalt seines Unterrichts zu.

[110] Vgl. Müller: Die Anfänge, S. 6f.

[111] Vgl. Urk. Nr. 87 HStA Dresden; vgl. J. Chr. Hasche: Diplomat. Geschichte Dresdens I, Dresden 1816, S. 67; Müller: Die Anfänge, S. 6f.

[112] Vgl. SHStA Dresden, O. U. Nr. 90, 92b; Müller: Die Anfänge, S. 7.

[113] Vgl. Ludwig: Die Urkunden, S. 237.

[114] Vgl. Verger: Schule, Sp. 1583.

[115] 1166 „Wicbertus scholasticus" (vgl. Müller: Die Anfänge, S. 2; Günther: Geschichte des mathematischen Unterrichts, S. 57f.), am 5. August 1203 ein *Scholasticus* ohne Namen (vgl. CDSR II I, Nr. 71, S. 68; Müller: Die Anfänge, S. 2), 1217 ein „Ernestus scolast.", ebenso am 10. Juni 1224 und 22. Dezember 1225 (vgl. Beyer: Das Cistercienserstift, S. 529, 533, 535; Müller: Die Anfänge, S. 2), wohl derselbe am 2. September 1239 „Ernestus scolast. Merseb." (vgl. CDSR II 9, Nr. 12, S. 10; Müller: Die Anfänge, S. 2), am 16. Juli 1242 „Robertus scolast." (vgl. Beyer: Das Cistercienserstift, S. 544; Müller: Die Anfänge, S. 2), am 30. April 1246 „Otto scolast." (vgl. CDSR II 9, Nr. 15, S. 12; Müller: Die Anfänge, S. 2), 1274 „magister Fridericus doctor scolarium" (vgl. E. G. Gersdorf: Die Universität Leipzig im ersten Jahre ihres Bestehens, in: Bericht der deutschen Gesellschaft in Leipzig, 1847, S. 22; Müller: Die Anfänge, S. 2), 1432 „Johannes de Werder clericus Merseburgensis dioc. publicus apostolica auctoritate notarius" (CDSR II 4, Nr. 78, S. 53).

[116] Am 1. Juli 1274 erhielt der *Scholasticus* zu Meißen von Papst Gregor X. allein den Auftrag, alle dem Marienkloster in Chemnitz entfremdeten Güter wieder an dasselbe zu bringen. Vgl. CDSR II 6, Nr. 314, S. 273; Müller: Die Anfänge, S. 9f.

[117] Vgl. CDSR II 4, Nr. 390b, S. 444.

Die **Novizenausbildung** in Klöstern erfolgte meist durch erfahrene Mönche **anhand überlieferter Texte**. Sofern Klosterschulen[118] existierten, dienten sie primär der Ausbildung von Mitwirkenden beim Gottesdienst in Lesen, Schreiben, Singen und Latein.[119] Zugleich gingen aus den Schulen Geistliche hervor, **die als Schreiber tätig** sein konnten. Institutionen, die auf **Unterricht und Bildung in Altzella** verweisen, dessen klösterliches Leben 1175 begann,[120] befanden sich im Konventbau im Ostflügel des Klosters im Erdgeschoss: neben der Sakristei der Kapitelsaal, der in erster Linie der täglichen geistigen Lesung diente, das Parlatorium (Sprechsaal), in dem die Mönche vom Schweigegelübde entbunden waren und frei sprechen durften, dann am Westrand der Klausur, vor dem Konversenhaus, die Schreiberei, die v. a. der Verwaltung diente.[121] Vermutlich existierte eine Schule zur Ausbildung von Geistlichen und Knaben. Der gelehrte Mönch Ludeger († 1234) war sicher einer ihrer Lehrer, vermutlich für Theologie.[122] Doch ist die Spezialisierung eher niedrig anzusetzen.
1206 bekannten Bischof Dietrich II. und das Domkapitel von Meißen, dass ihnen Mönch Ludeger von Altzella die Schrift Augustinus' (354–430) „De civitate dei" mit der Bitte geschenkt habe, den Festtag des Heiligen alljährlich zu begehen.[123] Das belegt, dass **die Festberechnung** (*Computus*) **im Kloster präsent** war. Aufgrund ihrer Ausbildung konnten also manche Absolventen seiner Schule gewisse Aufgaben wissenschaftlichen Charakters lösen und den Osterfesttermin berechnen,[124] der den Rhythmus des Kirchenjahres bestimmte (der beruhte auf der 19-jährigen Wiederkehr des Zusammenfallens von Sonnen- und Mondzeiten und

[118] Zu Klosterschulen in der Markgrafschaft Meißen seit dem 12. Jahrhundert vgl. Enno Bünz: Schulen, S. 18; Christoph Fasbender: Einleitung. Die Lateinschulen in der mitteldeutschen Bildungslandschaft, in: Lateinschulen im mitteldeutschen Raum, S. 3.

[119] Vgl. Posse: Die Lehre, S. 7; Kaunzner: Ein Weg, S. 175.

[120] Vgl. Karlheinz Blaschke: Altzelle – ein Kloster zwischen Geistlichkeit und Herrschaft, in: Altzelle. Zisterzienserabtei in Mitteldeutschland und Hauskloster der Wettiner, hg. von Martina Schattkowsky/André Thieme, Leipzig 2002; CDSR II 19.

[121] Vgl. Martina Schattkowsky: Das Zisterzienserkloster Altzella 1162–1540. Studien zur Organisation und Verwaltung des klösterlichen Grundbesitzes, Leipzig 1985.

[122] Von seiner Gelehrsamkeit zeugen mehr als 160 Predigten, die die UBL Leipzig verwahrt, und eine Reihe von Predigten, darunter ein vermutlich von ihm verfasster „Sermo in transitu beati Bernhardi abbatis". Auch wird ihm die theologische Konzeption für das Bildprogramm der um 1230 geschaffenen Goldenen Pforte am Freiberger Dom zugeschrieben. Vgl. Tom Graber: Ludeger [...], in: Sächsische Biografie, hg. vom Institut für Sächsische Geschichte und Volkskunde e. V., Dresden 2005 (https://saebi.isgv.de/biografie/Ludeger,_Abt_von_Altzelle_(gest._1234); 16.09.2024).

[123] Vgl. Tom Graber: Ludeger (wie Anm. 122).

[124] Vgl. Joseph Bach: Die Osterfestberechnung in alter und neuer Zeit, Straßburg 1907, S. 34f.; Joseph Schmid: Die Osterfestberechnung in der abendländischen Kirche, Freiburg i. Br. u. a. 1907; Wolfgang Huber: Passa und Ostern, Berlin 1969; August Strobel: Ursprung und Geschichte des frühchristlichen Osterkalenders, Berlin 1977; Arno Borst: Computus. Zeit und Zahl in der Geschichte Europas, 3. Aufl., Berlin 2004, S. 29ff., 90ff.; Elisabeth Grünbeck: Osterfestberechnung, Osterstreit I. [...] im Osten und Westen, in: Lexikon des Mittelalters, Bd. VI, München 2002, Sp. 1515 (erste fehlerhafte Versuche Hippolyts zur Osterfestberechnung).

begründete die auf Augustinus zurückgehende Vorschrift, es müsse in jedem Mönchs- und Nonnenkloster wenigstens eine Person sein, die verstehe, die Ordnung der kirchlichen Feste und damit den Kalender für das laufende Jahr aufzustellen).[125]
Der **Fortschritt auf dem Gebiet der Mathematik** im deutschen Sprachgebiet hat sich zwischen 1200 und 1450 jedoch großenteils darauf beschränkt, dass vor allem die Benediktiner die bereits vereinzelt seit der Jahrtausendwende nachweisbaren **Handschriften** mit geometrischen, astronomischen und arithmetischen Inhalten **abgeschrieben und bewahrt** haben.[126] Vermutlich war auch das Zisterzienserkloster Altzella daran beteiligt: Einen wichtigen Platz nahmen generell Euklids „Elemente" ein.[127] Altzella besaß die Handschrift „Euclides. Perspectiva Johannis de Pisis. Algorismus" (jedoch erst in einem Katalog von 1514 belegt)[128] sowie Texte zu Astronomie/Astrologie, Algorismus, Computus und Musik.[129] Solche Beschäftigung im deutschsprachigen Raum betraf die aus muslimisch-christlichen Kontaktzonen überlieferten griechischen und arabischen Texte. Darin war nicht nur niedergelegt, was sich vom antiken mathematischen Wissen erhalten hatte,[130] sondern teils auch, was seit dem 9. Jahrhundert infolge Weiterentwicklung des griechischen und indischen Wissens seitens arabischer Gelehrter hinzu gekommen war[131] und im 12. Jahrhundert in Abhandlungen zur Arithmetik, Gleichungslehre, Geometrie, Astronomie und Trigonometrie durch Übersetzerschulen in Spanien arabisch-lateinisch nach Westeuropa vermittelt wurde. Aus

[125] Vgl. Günther: Geschichte des mathematischen Unterrichts, S. 15.

[126] Vgl. Kaunzner: Über das wissenschaftliche Umfeld, S. 158. Zu mathematischen Handschriften in Benediktinerklöstern: Kaunzner: Johannes Widmann, S. 37. Klosterliteratur, wie sie im Algorismus Ratisbonensis gesammelt erscheint: Kaunzner: Zu den Rechenbüchern, S. 251.

[127] Vgl. Kaunzner: Zur Bedeutung, S. 316.

[128] Vgl. Ludwig Schmidt: Beiträge zur Geschichte der wissenschaftlichen Studien in sächsischen Klöstern, in: NASGA, 18. Bd., 1897, S. 261. Zur Erstausstattung der Bibliothek scheint kein Euklid gehört zu haben, wohl aber die „Regulam cum kalendario et …rdine", vielleicht zum *computus*; vgl. S. 209.

[129] Vgl. Die Zisterzienser und ihre Bibliotheken. Buchbesitz und Schriftgebrauch des Klosters Altzelle im europäischen Vergleich, hg. von Tom Graber/Martina Schattkowsky, Leipzig 2008, S. 85f., 117, 121, 153f., 167, 183 (= Schriften zur sächsischen Geschichte und Volkskunde, Bd. 28). Zu Klosterbibliotheken im sächsischen Raum: Christian Alschner: Die Chemnitzer Klosterbibliotheken, in: Beiträge zur Heimatgeschichte von Karl-Marx-Stadt, hg. vom Stadtarchiv Karl-Marx-Stadt, H. 23, Karl-Marx-Stadt 1979, S. 57–61 (Bücherverzeichnis mit ca. 600 Bänden von 1541 ohne Titel zum Rechnen (S. 58f.)); im SHSTA Dresden, Loc. 8941, Haushaltungssachen des Benediktinerklosters zu Chemnitz, Bl. 79ff.; Christoph Mackert: Geist aus den Klöstern. Buchkultur und intellektuelles Leben in Sachsen bis zur Reformation. Katalog zur gleichnamigen Ausstellung […], Leipzig 2017.

[130] Der griechisch-römischen Antike galt Mathematik als eine theoretische, weder auf praktische Anwendbarkeit noch auf Nutzen zielende Wissenschaft; Gluch: Geometria practica, S. 107, im Anschluss an Gyburg Radke: Die Theorie der Zahl im Platonismus. Ein systematisches Lehrbuch, Tübingen/Basel 2003, S. 17. – Hinsichtlich der Geometrie sah das jedoch anders aus.

[131] Vgl. Maß, Zahl und Gewicht, S. 189.

Sizilien kamen griechisch-lateinisch, ebenso gelangten aus den Kreuzzugsländern und Byzanz, wo die geistigen Schätze Griechenlands bis 1453 Heimstatt fanden, Texte nach Westeuropa.[132] Jedoch zeigen die Handschriftenbestände der Klöster in der Mark Meißen nicht, dass während des ganzen Mittelalters in den Bildungsstätten auch naturwissenschaftliche und mathematische Kenntnisse im Rahmen der *artes* vermittelt worden sind.[133]

Anfangs sah es hinsichtlich der **Bildung von Geistlichen in der Mark Meißen** nur wenig besser als unter Laien aus. So unterschrieben am 12. Februar 1350 unter 15 Meißner Domherren nur fünf eigenhändig,[134] und am 1. Juli 1358 waren von 13 Mitgliedern des Domkapitels fünf, darunter der Großpropst, der Kantor und der Archidiakon von Nisan, unfähig, eine Urkunde selbst zu unterschreiben; der Propst und andere lassen ausdrücklich erklären: „quia scribere non potui."[135] Deshalb ist von halbwegs verfügbarem Schreib- und Rechenwissen bei Klerikern in der Mark Meißen selbst im 14. Jahrhundert im Allgemeinen nicht auszugehen.[136] Dennoch traf „Die Unterscheidung in ungebildete Laien (laicus illiteratus) und gebildete Kleriker (clericus literatus) [...] den Sachverhalt."[137] Jedenfalls stellten das Meißner Domkapitel und die in der Markgrafschaft gelegenen Klöster und Stifte **Schreiber auch in der Kanzlei des Markgrafen**.[138] Aus der Regierungszeit Konrads († 1157) ist dazu noch nichts bekannt, aber aus der Zeit Markgraf Dietrichs des Bedrängten († 1221) existieren Hinweise, dass Kanoniker aus Meißen und Kaplane Kanzleigeschäfte besorgten. Sie mussten aber nur die vom Empfänger hergestellten Urkunden prüfen und die Siegelung überwachen, weil alle ersten bekannten von Markgrafen zu Meißen ausgestellten Urkunden von Empfängerhand stammten.
Beim Übergang zur Schriftlichkeit in der Bistumsverwaltung Meißen trat die Kanzlei anfangs nur in geringem Umfang auf. Nachdem es vermutlich Ende des 11. Jahrhunderts einige Aktaufzeichnungen gegeben hatte,[139] **urkundeten die Bi-**

[132] Vgl. Wolfgang Kaunzner: Zu den Rechenbüchern des Johannes Widmann, in: Zur Wirkungsgeschichte der Brotordnung, S. 241f.; ders.: Adam Ries im Spiegel seiner algebraischen Handschriften. Im Anhang Abdruck von Buch II und III der „Algebra des Initus Algebras" aus der Feder von Adam Ries im Kodex Dresden C 349, Annaberg-Buchholz 1998, S. 164f. (= SARB, Bd. 10; zugl. Staffelsteiner Schriften, Bd. 8).

[133] Vgl. Ludwig Schmidt: Die sächsischen Bibliotheken im Mittelalter, in: Festschrift Martin Bollert zum 60. Geburtstage, Dresden 1936, S. 105–115. Positiver das Urteil bei Folkerts: Mathematik und Naturwissenschaften, S. 46.

[134] Vgl. CDSR II 1, Nr. 452, S. 369f.; Müller: Die Anfänge, S. 5.

[135] Vgl. CDSR II 2, Nr. 506, S. 15.

[136] Vgl. Müller: Die Anfänge, S. 5.

[137] Shahar: Kindheit, S. 238f.

[138] Vgl. Posse: Die Lehre, S. 12.

[139] Vgl. Ludwig: Die Urkunden, S. 16, 18.

schöfe von Meißen nachweislich **seit Mitte des 12. Jahrhunderts**, als die bischöfliche Siegelurkunde nahezu unvermittelt erschien.[140] Hierbei ging es um die o. g. Schenkung des Dorfes Schirmenitz[141] „Der Schenkungsakt wurde [...] [zwar bereits] 1130 im feierlichen Rahmen während einer Diözesansynode vollzogen [...]. Dass es eine entsprechende Aufzeichnung über den Schenkungsakt auf der Synode von 1130 gegeben hat, kann als sehr wahrscheinlich unterstellt werden. Zwischen 1140 und 1156 ist [...] im Meißner Kapitel das Bedürfnis erwacht, sich den Besitz des Dorfes durch eine Siegelurkunde des Tradenten zu sichern. Die Besitzübertragung in feierlichem Rahmen auf einer Synode, vollzogen mit einem rechtsförmlichen Akt, genügte den Ansprüchen an die Rechtssicherheit offenbar nicht mehr, es bedurfte nunmehr der schriftlichen Fixierung."[142]
Genannt wird ein **bischöflicher Schreiber bzw. Notar** erstmals 1214.[143] Die bischöflichen Schreiber rekrutierten sich aus dem Kapitel und dessen Schreibschule.[144] (So wurde mit der Gründung des Bautzener Petristifts nach 1213, aber vor 1221,[145] Notar Johannes als Scholaster Mitglied des dort eingerichteten Kapitels.) „Diese Funktionszusammenhänge [von Realisierung politischer Macht und Befähigung zur Herstellung dazu nutzbarer Urkunden] bezeichnet die diplomatische Forschung mit dem technischen Begriff der Kanzlei. Sie ist in Meißen erstmals unter Bischof Bruno[146] nachweisbar, hat sich also spätestens im zweiten Jahrzehnt des 13. Jahrhunderts herausgebildet."[147] Doch noch die fünf Urkunden Bischof Alberts [1259–1266] für Altzella sind vermutlich alle von Mönchen des Klosters verfasst und geschrieben worden.[148] Vermutlich existierte also auch **im Kloster Altzella eine Kanzlei**. Zu verwalten war z. B. auch die Grundherrschaft über Berthelsdorf, Bockendorf, Cunnersdorf, Eulendorf, Riechberg und Schlegel, die das Kloster Altzella besaß.[149]

In den Verwaltungen der Markgrafschaft und des Bistums zu Meißen sowie auf Burgen anderer Feudaler trat die neue **Urkunden**-Form anfangs nur in geringem

[140] Vgl. Ludwig: Die Urkunden, S. 16, 38f. Die Überlieferung Meißner Bischofsurkunden setzt 1114 ein; das erste erhaltene Original stammt von 1160. Vgl. ebd., S. 9.

[141] Vgl. Blaschke: Kanzleiwesen, S. 306; CDSR II 1, Nr. 44, S. 47.

[142] Ludwig: Die Urkunden, S. 23f.

[143] Vgl. Ludwig: Die Urkunden, S. 233. Für die Zeit Markgraf Heinrichs vgl. Reinhardt Butz: Zum engeren Hof Markgraf Heinrichs des Erlauchten von Meißen im Spiegel der urkundlichen Überlieferung, in: Burg – Straße, S. 354f.

[144] Vgl. Posse: Die Lehre, S. 12.

[145] Vgl. Hermann Kinne: Das (Exemte) Bistum Meissen, Teil 1: Das Kollegiatstift St. Petri zu Bautzen von der Gründung bis 1569, Berlin/Boston 2014, S. 78, 853 (= Germania Sacra. Dritte Folge).

[146] Bruno II. von Porstendorf regierte 1209–1229; vgl. Ernst Friedrich Mooyer: Verzeichnisse der deutschen Bischöfe seit dem Jahr 800 nach Chr. Geb., Minden 1854, S. 64.

[147] Ludwig: Die Urkunden, S. 235.

[148] Vgl. Ludwig: Die Urkunden, S. 63f, 303f.

[149] Später Ortsteile von Hainichen.

Maße für die wichtigsten Rechtsakte auf. Dass sich zunächst nichts an der **geringen Erfassung quantitativer Details in Zahlengrößen** der verhandelten Sachen änderte, zeigen die Urkunden sowohl des Markgrafen als auch des Bischofs zu Meißen, so wenn es heißt, dass das Kloster Altzella in seinen Besitzungen unverkürzt bleibe.[150] Damit gab es nichts, was nachzuzählen oder -rechnen war. Ausnahmen betrafen Flächen und andere Besitztümer,[151] die Zahl der Bürgen (12),[152] einzuhaltende Fristen (binnen 6 Wochen),[153], die Anzahl der Betroffenen (6 Töchter) und die Höhe des Jahrzinses (8 Mark),[154] die Kaufsumme (1000 Mark),[155] oder der Gegenstand eines Vergleichs (5 Talente).[156] Auch bei der zwischen 1156 und 1170 erfolgten Verleihung von Stadtrecht an die Marktsiedlung Leipzig durch Markgraf Otto[157] waren zuerst qualitative Feststellungen wichtig: die Bestimmung des neuartigen Rechtsempfängers (Bürgergemeinde: „A civibus vero eiusdem civitatis"), die Vergabe bzw. der Empfang von Freiheiten und Verpflichtungen der Bürgergemeinde („nullum petitionis munus requirere promisit, nisi necessitate superveniente ad imperatoris trans montana iturus esset, servitium et tunc sine civium gravamine modicum quid peteret"[158]). Quantitative Feststellungen, z. B. zur Größe des Rechtsraums, kommen nicht vor; er wird durch Aufzählen von Merkmalen an seinen Grenzen umschrieben: die Flüsse Elster und Parthe, der Galgen, die Grube. Genauer sind nur die Anordnung, dass innerhalb einer Meile („miliaris unius") kein der Stadt nachteiliger Markt abgehalten werden dürfe, und die Größe des Mahlrechts: es sei der 18. Scheffel.[159] Das könnten Fakten sein, die der Bürgergemeinde wichtig waren, dass sie aufgenommen würden.

So war im markmeißnischen Raum vom Gebrauch des **Rechnens und der Mathematik im 12. Jahrhundert nur wenig** zu spüren. Nicht nur, dass es in ganz Westeuropa „nur wenige Gelehrte [gab], die sich [...] wirkungsvoll mit der Euklidischen Geometrie oder gar mit der Gleichungslehre der Muslime befassen konnten",[160] war die Mathematik vom praktischen Rechnen deutlich getrennt und

[150] Vgl. Urkunden der Markgrafen 1196–1234, Nr. 342.

[151] So ging es 1228 um 100 Morgen Landes („centum iugera agrorum") oder um 10 Hufen („x mansos"); vgl. Urkunden der Markgrafen 1196–1234, Nr. 411 bzw. 414; auch um die Größe übertragenen Besitzes (2 Hufen); vgl. SHStA Dresden, O. U. 850.

[152] Vgl. SHStA Dresden, O. U. 555.

[153] Vgl. SHStA Dresden, O. U. 583.

[154] Vgl. SHStA Dresden, O. U. 978.

[155] Vgl. SHStA Dresden, O. U. 1082.

[156] Vgl. SHStA Dresden, O. U. 1090.

[157] Vgl. Manfred Unger: Stadtgemeinde und Bürgerkämpfe (um 1165–1307), in: Neues Leipzigisches Geschicht-Buch, S. 26.

[158] „dass er gewiss keinerlei Abgaben erhebe, außer im Notfall, wenn er im Dienst des Kaisers über die Alpen gehe, und dann würde er ohne Belastung der Bürger nur Mäßiges verlangen."

[159] Vgl. CDSR II 8, Nr. 2, S. 2.

[160] Kaunzner: Zu den Rechenbüchern, S. 242.

spielte dadurch auch so gut wie keine Rolle bei der Lösung von Problemen im Leben der Menschen. So erlangte das Wissen wenig Praxiswirkung, was es auch nicht musste,[161] denn es gab kaum Anwendungsmöglichkeiten.

Ziffern- und Linienrechnen auf einer Abbildung aus:
Gregor Reisch: Margarita Philosophica, Buch IV, Arithmetik, Basel 1517 (1. Ausg. Freiburg 1503)

[161] Im Mittelalter wurde die aristotelische Wissenschaftskonzeption bedeutsam, die in der Philosophie zwischen jenen auf das Sein an sich (Theorik) bzw. auf das menschliche Denken und Handeln gerichteten Disziplinen (Praktik) unterschied. Ersterer waren zugeordnet Physik (Naturphilosophie), Mathematik sowie Theologie (Metaphysik), die die erste Stelle einnahm, da sich ihr Erkenntnisstreben auf das erste, unveränderliche Prinzip richtete. Es folgte die Mathematik, deren Untersuchungen die veränderliche Materie betrafen, dabei vom natürlichen Werden und Vergehen abstrahiere und so zum Wesen der Dinge vorstoße. An dritter Stelle stand die Physik, die die veränderliche Materie untersuche. Diese Ideen wurden v. a. über Boethius weitergegeben, wobei die Mathematik infolge platonischer und neuplatonischer Einflüsse erhöhte Bedeutung erhielt. Vgl. Gluch: Geometria practica, S. 108; Anja Heilmann: Boethius' Musiktheorie und das Quadrivium. Eine Einführung in den neuplatonischen Hintergrund von „De institutione musica", Göttingen 2007, S. 109.

2.3. In der Zeit nach Ansiedlung deutscher bäuerlicher Kolonisten im 11. Jahrhundert

Seit dem 11. Jahrhundert erfolgte in der Mark Meißen zunehmend auf Weisung des Markgrafen bzw. des Bischofs von Meißen[162] Vergabe von Land an Herren, um sie zur Ansiedlung deutscher Bauern aus dem Altsiedelland zu bewegen. Die Rodungen, die seitens der mit dem Land begabten weltlichen und geistlichen Grundherren in die Wege geleitet wurden (Rodung erzeugte Herrengewalt[163]) und durch die Siedler erfolgten,[164] ermöglichte erst die Nutzung des weitgehend bewaldeten und nur von wenigen kleinen slawischen Dörfern durchsetzten Raums. Ein Ansatz rationellen, „berechnenden" Handelns lag in der Siedeltätigkeit unverkennbar.[165] Deutlich stieg der Wert des erschlossenen bzw. bebaubaren Bodens, des wichtigsten Produktionsmittels, das zunehmend eingeschränkt zur Verfügung stand. Dies bewirkte, dass im Vergleich zur Landnahme der Sorben z. B. unbedingt einzuhaltende Maßnahmen hinsichtlich der Größe zu vergebender Bodenstücke erforderlich wurden.

Wieviel Fläche vom Landesherrn an Grundherren und von diesen an einzelne Siedlungswillige **vergeben wurde** bzw. wieviel Bauern auf das von einem Grundherrn vergebene Land (auch neben sorbischen Bauern[166]) gesetzt werden konnten, war keine Frage von Willkür. Grundherren wie Siedler, die aus unterschiedlichen Altsiedelregionen kamen,[167] haben auch in dieser Hinsicht ihre Erfahrungen mitgebracht: für Siedler war eine solche Größe von Feld und Hof akzeptabel, die ein Aufsichnehmen der Strapazen bei der Urbarmachung[168] von Wildnis lohnte und die Bauernfamilie ernähren konnte, abgesehen von der Gewährung einiger Vorrechte im Vergleich zu den Bauern des Altlandes.[169] Als **Feldgröße** hatte sich die

[162] Vgl. Kötzschke: Quellen, Nr. 11: Bischof Gerung von Meißen genehmigt 1160, dass Domherr Anselm die Wüstung Buchwitz bei Eilenburg an Neusiedler vergibt. Generell zu den Rodungsprozessen: Rösener: Bauern, S. 43.

[163] Vgl. Quirin: Die deutsche Ostsiedlung, S. 28; Otto Brunner: Land und Herrschaft. Grundfragen der territorialen Verfassungsgeschichte im Mittelalter, 5. Aufl., Wien 1965, S. 242.

[164] Vgl. Rösener: Bauern, S. 44.

[165] Vgl. Quirin: Die deutsche Ostsiedlung, S. 28.

[166] Belege für die Verdrängung ansässiger Slawen bei Kötzschke: Quellen, Nr. 21a–b.

[167] Im Ortsnamen Cradefeld ist wohl rheinisch *krade*: Kröte enthalten; vgl. Eichler/Lea/Walther: Die Ortsnamen, S. 27. Vgl. ebenso Crottendorf (ebd., S. 28). Dagegen verweist Frankenheim auf Franken (ebd., S. 36).

[168] Auf Rodung verweisen Ortsnamen wie: Albrechtshain, Auenhain, Hänichen, Hohenheida, Probstheida, Hohenlohe, Holzhausen, Knauthain, Lindennaundorf, Lindenthal, Rödgen; auf Urbarmachung unbewaldeter Flächen: Breitenfeld, Gruna, Meyhen, Pflückuff, Schönau, Schönefeld; vgl. Eichler/Lea/Walther: Die Ortsnamen.

[169] Vor allem entfielen die am meisten belastenden Frondienste. Den Siedlern wurden persönliche Freiheit, erbliche Besitzrechte an Hof und Feld sowie fest umrissene Abgaben in Geld und Naturalien garantiert. Das zeigen Urkunden von Grundherren, wie die des Bischofs von Meißen für Kühren bei Wurzen von 1154 und des Markgrafen Otto für Taubenheim bei Meißen von 1186.

Hufe (*mansus*)[170] herausgebildet, die nach heutigen Maßen 16,8 ha (flämische Hufe) bzw. 23,9–24,2 ha (fränkische)[171] oder 12,0 ha (sächsische) umfasste. Doch ist die Flächengröße gemäß der Bodenqualität modifiziert worden;[172] auch besaßen einzelne Bauern zwei und mehr Hufen.[173]

Die Hufenvermessung z. B. bei Kolonisten aus Franken stellte sich als eine nicht einfache Aufgabe dar. Ihre Siedlungen zogen sich in lockerer Reihe bachaufwärts in die großen Wälder hinein, wobei hinter jedem Hof die Hufe in einem einzigen breiten Streifen hangaufwärts reichte und Ackerland, Wiese, der ungerodete Wald (der zugleich die Flurgrenze bildete) auf diesem Streifen hintereinander lagen, der rechtwinklig auf den Bach (die Achse des Dorfes) stieß.[174] Es heißt: „Hort das recht, wie man frenkischze hube sal awsmessen. Wisset, das eyne mosrute[175] sal seyn 15 eln lank uff schonem lande, und der ruten sal drey ein seil habin[176] und das seil sal habin 45 eln, und der seil czwey machin eine halbe hube obir die thwer. Und so zal man denne mitten yn dem dorffe anhebin und messen die lenge. Der selbin zeil [Seil] 30 behaldin eyne lenge eynes feldis; und 60 zeil, die behaldin czwey feld, und 90 zeil, die behaldin eyne lenge von rechte. Und wo do ist vor eyn felt, do sol man lengen drey huben vor eyne hube, und wo do sint czwey felt, do sal man lengen czwu[177] huben vor eyne, und wo is hat czwey felt, do sal man lengen eyne hube vor 8 ruten. Und wo do poschz [buschiges Gehölz] adir walt ist,

Vgl. Geschichte Sachsens, hg. von Karl Czok, S. 106, zu Kühren: CDSR I 2, Nr. 254, S. 171; Quirin: Die deutsche Ostsiedlung, Nr. 14b; zu Taubenheim: Kötzschke: Quellen, Nr. 10.

170 Die Hufe bezeichnet die Hofstelle, das Eigentumsrecht und die Nutzungsrechte an der Allmende, die einem Mitglied der bäuerlichen Gemeinde zustanden, als auch die von ihm bewirtschaftete Fläche (meist rund 30 Morgen je 25–36 a). Vgl. Rösener: Bauern, S. 25f.; D. Herlihy: The carolingian mansus, in: Economic History Review 13, 1960/1, S. 79ff.; W. Goffart: From Roman Taxation to Mediaeval Seigneurie: Three Notes, in: Speculum 47, 1972, S. 165ff.; Walter Schlesinger: Die Hufe im Frankenreich, in: Untersuchungen zur eisenzeitlichen und frühmittelalterlichen Flur in Mitteleuropa und ihrer Nutzung, hg. von Heinrich Beck u. a., Teil 1, Göttingen 1979, S. 41–70; August Meitzen: Volkshufe und Königshufe in ihren alten Maßverhältnissen. Festgabe für G. Hannssen, Tübingen 1889.

171 Vgl. Dieter Hägermann/Andreas Hedwig: Hufe, in: Lexikon des Mittelalters, Bd. V, München 2002, Sp. 156.

172 So maß in Schkeitbar eine Hufe auf schwerem Boden 9 ha (auf dem Flurstück „Pfaffendorf" vermutlich der Deutschen), aber auf leichtem 12 ha (auf Schkeitbars Flurstücken „Heide" und „Wiese" vermutlich der Sorben); Hinweis von Ralf Horn, Schkölen, 2011.

173 Vgl. Rösener: Bauern, S. 29.

174 Vgl. Quirin: Die deutsche Ostsiedlung, S. 28f.

175 Maßrute: ein Längen-, kein Flächenmaß; vgl. Alfred Meiche: Der alte Zellwald an der Freiberger Mulde. Ein Beitrag zur Geschichte der ostmitteldeutschen Kolonisation und einer Nebenuntersuchung über die fränkische Hufe, in: NASGA, 41. Bd., 1920, S. 10.

176 D. h. 3 Ruten machen ein Seil.

177 Vermutlich 1½; II) verlesen für y; Anmerkung Rudolf Kötzschkes.

do sal eyne yde rute haben 16 eln, wenne man nicht kan das seil alzo gerichte czyen alzo uff gerichtem lande. Alzo ist is zcu vns eyn recht.“[178]
Das Ausrechnen der zu vergebenden Fläche unterblieb wohl. Sondern es erfolgte das **Abstecken der Felder, Dörfer, Gehöfte und Bauten durch einen „Schreiter“**.[179] Mittelhochdeutsch *schrit-mâl* bedeutet Schritt als Maß,[180] das Adjektiv *schreit* stand für breit, ausgedehnt.[181] *schreiten* hieß „abgemessen gehen“, „abschreiten“.[182] Werkzeuge zum Abstecken der Flächen waren Seil[183] (Rieme) und Stange[184] (später auch Drehlatte, Feldzirkel und Messrute).[185] Der Feldzirkel wurde auf eine bestimmte Spannweite eingestellt. Dann ging ein Gehilfe vom fixierten Anfangspunkt aus in jene Richtung, die ihm der Schreiter vorgab, und zählte die Zirkelschläge, die zu merken, an einem Stab durch Kerben zu markieren waren. Der Gehilfe achtete darauf, dass der Schwenkpunkt nicht verrutschte. Wichtig war die Bemessung der Länge der Feldschmalseite, falls sie zugleich ein Maß des angrenzenden Hofes bildete. Dass noch bei der Gründung Annabergs das Abstecken durch Schreiter erfolgte, bestätigt ein Gedicht Hans Schneiders von etwa 1510 mit der Bemerkung von den „schryt“ beim Bau der St. Annenkirche.[186] Volksgeometrische Verfahren spielten somit bei solchem Messen eine wichtige Rolle. Jedoch blieben Maßeinheiten, wie Fuß, Elle und Schritt, ungenau und kaum übertragbar.
Was die **Anzahl der in einem Dorf Anzusiedelnden** betrifft, so wurden laut der Urkunde des Bischofs von Meißen 1154 für Kühren daselbst 18 Hufen angelegt;[187] nach den für den Raum Leipzig geltenden Amtserbbüchern, Landsteuerregistern und Protokollen der Kirchenvisitationen aus der Mitte des 16. Jahrhunderts sowie einzelnen früheren Belegen (Olschwitz 1218: 20½ Hufen; Meusdorf 1245: 8 Hufen; Kolmen 1377: 14 Hufen; Lipprandisdorf 1377: 7 Hufen; Ustmitz 1399: 17 Hufen; Melschen 1404: 11 Hufen besitzende Männer auf 9½ Hufen;

178 Kötzschke: Quellen, Nr. 77; Sammlung deutscher Rechtsquellen, 1. Bd., hg. von Hermann Wasserschleben, Gießen 1860, S. 91 (mit Schreibvarianten); Meiche: Der alte Zellwald (wie Anm. 175), S. 30; Unger: Die Herausbildung, S. 213.

179 Vgl. Lexer: Mittelhochdeutsches Taschenwörterbuch, S. 187; Jacob Grimm/Wilhelm Grimm: Deutsches Wörterbuch, 9. Bd., Leipzig 1899, Sp. 1730f. „Lorencz schreÿter“ 1531 in Annaberg: STAL, 21962, Familiengeschichtliche Sammlungen des Reichssippenamtes, Kirchenbücher Nr. AS 0006, Bd. I, Bd. II, S. 51, rechte Spalte.

180 Vgl. Lexer: Mittelhochdeutsches Handwörterbuch, 2. Bd., Stuttgart 1992, Sp. 802.

181 Vgl. Lexer: Mittelhochdeutsches Taschenwörterbuch, S. 186.

182 Vgl. Jacob Grimm/Wilhelm Grimm: Deutsches Wörterbuch, 9. Bd., Leipzig 1899, Sp. 1730f.

183 Vgl. E. Götzinger: Reallexicon, S. 4.

184 Vgl. Jacob Grimm: Deutsche Rechtsaltertümer, 3. Ausg., Göttingen o. J. (1881), S. 540; Otto Lueger: Lexikon der gesamten Technik und ihrer Hilfswissenschaften, 3. Bd., Stuttgart/Leipzig 1906, S. 89; Fritz Deumlich: Instrumentenkunde der Vermessungstechnik, 7. überarb. Aufl., Berlin 1980.

185 Vgl. Quirin: Die deutsche Ostsiedlung, S. 28.

186 Zitiert nach [Adam Friedrich Richter:] Umståndliche aus zuverlåßigen Nachrichten zusammengetragene Chronica der Berg-Stadt St. Annaberg, I. Teil, Annaberg 1746, S. 28.

187 Vgl. Kötzschke: Quellen, S. 146.

Thonberg 1524: ~ 100 Acker) war die Zahl der Hufenbesitzer (ohne Wüstungen, Rittergüter) in 138 Dörfern wie folgt:

4–8	in 17 Dörfern	9–11	in 21 Dörfern	12–17	in 36 Dörfern
18–22	in 19 Dörfern	23–25	in 14 Dörfern	26–30	in 12 Dörfern
31–35	in 10 Dörfern	36–40	in 7 Dörfern	48/53?	in 2 Dörfern[188]

Die Hälfte der Dörfer (69) zählte also zwischen zwölf und 25 Hufen, womit die annähernd erstrebte Größe gegeben sein dürfte (ob heilige Zahlen dafür maßgeblich waren, etwa 12 bzw. deren Mehrfaches, sei dahingestellt). Sie hatte sich wohl als Erfahrungswert, nicht als errechnete Größe für die Lebensfähigkeit einer Grundherrschaft ebenso wie eines funktionierenden Gemeinwesens im Altsiedelland erwiesen. Je größer die Zahl von Nachbarn, desto mehr verlängerten sich z. B. deren Wege zu den Feldern.

Auf bestimmte **Größen der vergabten Flächen für ein Dorf** kann aus o. g. Daten nicht geschlossen werden. So gab es unterschiedliches Verhalten flamischer und fränkischer Siedler: „Formwille und Formprinzip trafen sich [...] als Ausdruck der genossenschaftlich organisierten Gemeinde“;[189] zu bemerken sind verschiedene Ausmessungsweisen der Felder: Flamen rodeten in den Wald hinein. So entstanden regelmäßige große Anlagen, deren weitgeplante Hofraiten (Gebäude eines Bauernhofs) rechts und links der Straße lagen. Zur Gliederung der Feldflächen wurden im ostsaalischen Gebiet mit der Einführung einer neuartigen, durch intensivere Nutzung der Landflächen gekennzeichneten Wirtschaftsform, der Dreifelderwirtschaft,[190] die den Bauern eines Dorfes gemeinsam zur Verfügung stehende Fläche zuerst in drei Abschnitte (Feldblöcke), sog. Gewanne, geteilt. Das ermöglichte, von der Feld-Gras-Wirtschaft zur Feld-Feld-Brache-Wirtschaft (Dreifelderwirtschaft) überzugehen, die den Boden statt nur zur Hälfte nunmehr zu zwei Dritteln für Feldbau vor allem von Getreide nutzte. Entsprechend der Zahl der Nachbarn im Dorf wurden die Gewanne wiederum in gleich große Streifen unterteilt, von denen jeder in der Regel jeweils einen besaß; sie machten zusammen mit Wiese und Buschwerk seine Hufe aus.[191]

Wie erfolgte die **Gliederung der Gewanne**? Um Wege zu vermeiden, schlossen die Feldstücke der Nachbarn eng aneinander an, aber nicht schachbrettartig, sondern in Längsstreifen. Vermutlich schritten die Nachbarn die Schmalseite des Drittelschlags ab, teilten den ermittelten Wert durch ihre Anzahl bzw. man ließ jeden Nachbarn eine gewisse Anzahl Schritte tun, um ggf. nach unten oder oben zu korrigieren, wenn die Teilenden auf sich allein gestellt waren. Das Verfahren

188 Nach Historisches Ortsverzeichnis von Sachsen, bearb. von Karlheinz Blaschke, 2. Tl., Leipzig 1957. (Wegen der territorialen Gliederung wurde hier diese Auflage herangezogen.)

189 Quirin: Die deutsche Ostsiedlung, S. 29.

190 Vgl. Rösener: Bauern, S. 21, 33, 129ff.

191 Vgl. Quirin: Die deutsche Ostsiedlung, S. 28f.; Rösener: Bauern, S. 55.

musste an der oft nicht gleich langen Stirnseite wiederholt werden, um dann auch bei den anderen Dritteln in Anwendung zu kommen. Die Aufteilung konnte deshalb **kaum exakt rechnerisch** erfolgen, weil sie Bodenqualitäten und Geländeeigenheiten berücksichtigen musste. Auf die Besetzung einer Wüstung mit Flamen bezog sich die Urkunde 1154 für Kühren mit 18 Hufen, davon eine für die Kirche, zwei für den Schultheißen (der ehemalige Lokator, auch Meister der Siedler genannt[192]) und 15 für sonstige Siedler. „Die Karte [s. folgende S.] zeigt [1840] außerhalb der Dorflage mit ihren Häusern, Gehöften und Gärten 24 (durch stärkere Strichelung voneinander geschiedene) Gewanne (*A–Q* und *S–W*), von welchen jedes in 18 fast durchgehend halbierte, unter sich hinreichend gleiche Anteile zerfällt; dazu die unregelmäßiger parzellierte Feldlage *R* und mehrere zum Hofe *a* gehörige blockförmige Felder; endlich die Gemeindeländerei *b* nebst Wiesen, Wegen und Teichen abgeteilt und von der besten ab mit *I–V* bezeichnet. Das Landzubehör einer Hufe ist durch Schraffierung hervorgehoben. Die Zahl der Hufen wurde 1841/50 auf 21½ berechnet; schon nach dem Erbbuch des Amtes Wurzen von 1550/55 betrug die Zahl 21, also drei mehr als bei der Gründung der Flandrerkolonie. Die Pfarrhufe ist erhalten geblieben, nur daß später die Landausstattung der Schule davon abgetrennt worden ist; die beiden ursprünglichen Schulzenhufen wurden 1550 als freie Dorfhufen bezeichnet, waren aber zehntfrei in den Besitz anderer Einwohner übergegangen. Als Größe der 18 in den Gewannen liegenden Hufen ergibt sich 1840 durchschnittlich rund 60⅓ sä[chsische] Acker (zu 55,34 a), d. i. etwa das Doppelte der normalen flämischen Hufe (zu 16,81 ha); der Hof *a* besaß 62,2 Acker. Die Zahl der Grundbesitzer betrug damals 36 (1550: 36 besessene Mann, [...] darunter 4 Häusler ohne Land.)“[193]

Der größte Teil der Flur wurde als Feld, nur ein geringer als Holzung genutzt; nach der Bodengüte sind fünf Klassen (auf der Karte durch dünne Strichelung) Die **Abgaben** der 15 Hufen sind als starr und für alle gleich angegeben: sie „zahlen jedes Jahr 30 Schillinge, und für die Gerechtsame, die ‚zip‘ genannt wird, geben sie 30 Groschen. Von allem geben sie Zehnt außer von Flachs und Wachs. Dreimal im Jahre beherbergen sie meinen [Bischofs Gerung von Meißen] Vogt zum Ding. [...] Zwei Drittel der Gefälle, die im Vogtding einkommen, gehören dem Bischof, ein Drittel kommt dem Schultheiß zu.“[194]

[192] Zu Albersdorf, Albrechtshain, Bernsdorf, Cunnersdorf, Etzelinsdorf, Geroldsdorf, Seifertshain usw. vgl. Eichler/Lea/Walther: Die Ortsnamen.

[193] Kötzschke: Quellen, S. 146.

[194] *Due partes, que in placitis advocati vel sculeti accesserint, episcopo, tertia sculteto datur*; CDSR I 2, Nr. 254; S. 171. Vgl. Quirin: Die deutsche Ostsiedlung, Nr. 14b. Dass Meier- und Dinghöfe Grundherrn als Sammelstellen für bäuerliche Natural- und Geldzinsen und vielerorts auch als Sitz des Grundherrlichen Hofgerichts dienten, darauf verwies Werner Rösener: Bauern, S. 37. Der dritte Teil als Vergütung gerichtlicher Tätigkeit auch für Sorben: Die Saupen im Amt Meißen

Nach: August Meitzen: Siedelung und Agrarwesen der Westgermanen und Ostgermanen, der Kelten, Römer, Finnen und Slawen, Bd. III, Berlin 1895, S. 434.

bezogen aus ihrer Tätigkeit auch direkte Einnahmen; im Mittelalter stand ihnen ein Teil der eingehenden Gerichtsgelder, der „dritte Pfennig", zu; vgl. Frido Mětšk: Die Stellung der Sorben in der territorialen Verwaltungsgliederung des deutschen Feudalismus, Bautzen 1968, S. 31; Blaschke: Geschichte Sachsens, S. 69.

In diesem Fall waren also **wiederkehrende Teilungen (Drittelung) geradezu bedacht**; mit der Rechnung waren die Nutznießer, der Bischof bzw. dessen Voigt und der Schultheiß, befasst. (Be-)**Rechnende** waren wohl v. a. **Geistliche**, schon dort wo ihnen Dörfer übereignet werden sollten; sicher sind manche von ihnen wegen der durch sie vorgenommenen Messungen und Berechnungen mit Zahlengebrauch als **Rechenkundige** zu bezeichnen.

Auch ist zu bedenken, dass die „die entscheidenden politischen und militärischen Aufgaben [...] auf die adeligen Grundherren übergegangen" waren,[195] und es ist anzunehmen, dass **Söhne Adliger, die eine Dom- oder Klosterschule besucht hatten**, ohne Geistliche zu werden, jene Aufgaben erfüllen konnten und mussten. Sie waren vermutlich fähig, als Höchstes sogar Multiplikations- und Divisionsrechnung als mehrfache Addition bzw. Subtraktion durchzuführen, auch die Summen beim Schreiten zu vergleichen, zu bewerten und als ausreichend zu betrachten.
Die sachlich Betroffenen solcher Rechnungen z. B. im Vogtding, **die Bauern**, konnten zwar weder lesen, schreiben[196] noch schriftlich rechnen,[197] dennoch werden sie versucht haben, die Entscheidungen zumindest zu begreifen und insoweit nachzuvollziehen, dass sie **mit Vor- oder Nachteil** derselben **umzugehen vermochten**. Sie waren vermutlich Agierende – und dabei Lernende – z. B. als Schreiter bzw. als dessen Gehilfe. Sie mussten dabei ihr **Wissen aus dem bäuerlichen Alltag auf neue Gebiete anwenden lernen**.
Die **Durchdringung dörflichen Lebens mit Zahlenrelationen** erfolgte auch bei Anlegung regelmäßig gestalteter Bauern- (Gassen-, Straßen-, Waldhufen-)dörfer, von Häusern und Mühlen. Größen- bzw. Zahlenrelationen mussten vor Beginn der Baumaßnahme bedacht werden.
Beim **Hausbau**[198] wurden unter Beachtung landschaftsgebundener Erfahrungen bzw. Bauweisen und nach überschlägiger Bedarfsermittlung (Bestimmen der Hausgröße und sich daraus ergebenden Anzahl der Dachsparren[199]) vor Beginn der Baumaßnahme Grundrisse von Gebäuden so abgesteckt, dass beim Bauen die Längen und rechte Winkel gesichert waren. Dass beim Bau ein Lot verwendet

195 Rösener: Bauern, S. 20. Vgl. S. 21.

196 Nach Jacques Le Goff: Geschichte ohne Epochen. Ein Essay, Darmstadt 2016, S. 91, war Lesen und Schreiben im Mittelalter weiter verbreitet als in der Antike; Rechnen klammert er aus. Auch habe, so Le Goff im Anschluss an Michael Clanchy, nur eine „schleppende Vermittlung des Lesens und Schreibens" stattgefunden, welche an der Wende vom 15. zum 16. Jahrhundert auch auf Frauen ausgedehnt wurde (S. 140).

197 Vgl. Kaunzner: Adam Ries im Spiegel, S. 11.

198 Vgl. Karl Baumgarten: Das deutsche Bauernhaus. Eine Einführung in seine Geschichte vom 9. bis zum 19. Jahrhundert, Berlin 1980, S. 49ff., 55f., jedoch ohne Hinweis auf Berechnungsgrundlagen.

199 Häufig sollten sich 12 Dachfelder ergeben; Hinweis von Ralf Horn, Schkölen, 21.09.2011.

worden ist, liegt nahe. Bei dem vielfach verwendeten und auf dem Boden vorbereiteten Fachwerk mit schrägen Versteifungen waren die Probleme der Nichtlotigkeit gemindert.
Auch die **in Bauernwirtschaften zu erledigenden Aufgaben führten zum Umgang mit Zahlengrößen**. Das betraf z. B. die Dauer der Bearbeitung von Boden beim Pflügen: die Zeit, die für eine bestimmte Fläche benötigt wurde, ein Morgen, wurde zum Größenmaß. Auch die Anzahl der benötigten Arbeitskräfte unterschiedlichen Geschlechts und der Arbeitstage z. B. bei Getreidemahd, Puppenaufstellen und Dreschen war zu bedenken. Zu berechnen waren ferner die Anteile der Ernte für Nahrung von Menschen und Vieh bzw. für die nächste Aussaat sowie die von den Bauern zu leistenden Abgaben. Die Ernteteilung ist sichtbar, wenngleich nicht vollständig nachvollziehbar, in Einkünfte-Registern.[200] Sie kennzeichnen Ansprüche bzw. Verpflichtungen. Wie sich das Herangehen an deren Erfüllung gestaltete, ist nicht dokumentiert. Die Übergabehandlung im Beisein der Betreffenden prägte vermutlich Symbolik wie bei Rechtsakten,[201] und Zweifel an der Richtigkeit und damit Nachrechnen waren ebenfalls ausgeschlossen. Widerstand der Bauern, so Streit um den Zehnt,[202] betraf nicht die Richtigkeit von berechneten Abgaben im Einzelnen, sondern vielmehr deren generelle Forderung. Jene der o. g. Hufen in Kühren werden als starr und für jede gleich angegeben.[203] In diesem Fall war also wiederkehrende Teilung (Drittelung) geradezu bedacht; mit der Rechnung waren die Nutznießer, der Bischof bzw. dessen Voigt und der Schultheiß, befasst.
Diese Verhältnisse nebst der Bemessungsgrundlagen und -weisen wurden anscheinend nach und nach **auch auf Sorben übertragen**:[204] So verlieh Kaiser Konrad II. am 24. Oktober 1031 dem Getreuen Szwizla, wohl einem slawischen Bevorrechteten, zwei Königshufen „in villa Ouszarin in pago Szhudizi in burgvardo Szholin“ (im Dorf Oetzsch in der Grafschaft Chutici [des Markgrafen Hermann] im Burgwart Schkölen).[205]
Größen spielten auch bei der Nahrungszusammensetzung (Verhältnis der Zutaten zueinander), bei der Zahl der Esser und dem Umfang der Nahrung, dem Bemustern selbst hergestellter Keramik, Gewebe usw. eine Rolle.

[200] Vgl. Quirin: Die deutsche Ostsiedlung, Nr. 11c.
[201] Vgl. Der Sachsenspiegel in Bildern, S. 118f.
[202] Vgl. Kötzschke: Quellen, Nr. 87.
[203] Vgl. Quirin: Die deutsche Ostsiedlung, Nr. 14b.
[204] Den zehnten Teil des Ertrages an Feldfrüchten, aus der Viehwirtschaft, Fischerei und Waldnutzung hatten sorbische wie deutsche Bauern zu entrichten; zu Sorben vgl. Blaschke: Geschichte Sachsens, S. 69, zu Deutschen Sachsenspiegel, Repertorium, S. 529.
[205] Vgl. Regesta imperii, 3. Salisches Haus 1024–1125 Teil 1. 1024–1056 Abt. 1 Die Regesten des Kaiserreiches unter Konrad II. 1024–1039, neubearb. [...] von Heinrich Appelt, Graz 1951, Nr. 180, S. 87.

Ebenso war **für möglichst konfliktfreies Verhalten und Zusammenleben die Kenntnis bestimmter Größen notwendig**. Das betraf z. B. das Verhalten gegenüber rechtserheblichen Tatsachen und Strafen. So sollten laut „Sachsenspiegel" Backofen, Abtritte und Schweinekoven drei Fuß vom Grenzzaun entfernt stehen.[206] Es war angedroht, „wer seiner Nachbarn Gemeindeland abpflügt oder gräbt oder umzäunt, wird er vor dem Bauermeister verklagt oder gerügt, er muß drei Schillinge wedden [als Strafgeld geben]. Verweigert er dieses vor dem Bauermeister und wird er vor dem Oberrichter verklagt, muß er dreißig Schillinge ihm wedden und den Bauern büßen und ihre Gewer [rechtskräftig gesicherten Besitz[207]] zurückerstatten."[208] Drei Äpfel durfte ein Vorbeigehender ungestraft am fremden Baume brechen, drei Rüben auf fremden Acker graben.[209] Auch heißt es: „zwei rüben darf man vom Acker stehlen: ein rüeb ist kein rüeb; zwei rüeben ist erst ein rüeb; drei rüeben sind a rüebendieb."[210] Unrechtes Maß wurde nach dem „Sachsenspiegel" vom Bauermeister bestraft: „Dit selue richte geit ouer unrechte mate. unde unrechte wage. unde ouer ualschen kop. of men des ouer wunnen wert" (Dies selbige Gericht geht über unrechte Maße und unrechte Waage, und über falschen Kauf, wenn man dessen überwunden wird).[211] Abzählen[212] als Vergleich zwischen Größen half oft, anstehende Probleme einzuschätzen und demgemäß zu handeln, wobei Rechnen meist nicht notwendig war. Berechnungen ergaben sich bei Gütertausch.[213] Auch Schätzen kam vor; die Ordnung der Gemeinde Prositz bestimmte noch um 1580: „Wenn einer dem andern freventlich in den Garten steigt, soll er den Schaden ersetzen, wie er geschätzt wird."[214] Inbesitznahme, Besitzstandswahrung und Verteidigung von Rechten **verstärkten Vorstellungen über bestimmte Größen**, vermutlich auch ausgedrückt in Zahlengrößen. Es entstand vermehrt die Aufgabe, Sachen und Leistungen zu messen. Anforderungen zum Bestimmen von Mengen und Leistungen kamen aber oft von außen, so bei Strafgeldern, beim Zu- und Ab-Zählen von Vieh und Ernteerträgen und deren Teilung, Zahlen von Abgaben (den zehnten Teil des Ertrages an Feldfrüchten, aus

[206] Vgl. Sachsenspiegel, Zweites Buch, Art. 51, § 2.

[207] Vgl. Lexer: Mittelhochdeutsches Taschenwörterbuch, S. 71.

[208] Sachsenspiegel, Drittes Buch, Art. 86, § 1.

[209] Vgl. Jacob Grimm: Deutsche Rechtsaltertümer, S. 554.

[210] Nach Karl Friedrich Wilhelm Wander: Deutsches Sprichwörter-Lexikon. Ein Hausschatz für das deutsche Volk, 3. Bd., Leipzig 1867, Nr. 1747.

[211] Sachsenspiegel oder Sächsisches Landrecht [...] mit Uebersetzung [...] von Carl Robert Sachße, Heidelberg 1848, S. 134.

[212] Zum Erkenntnisprozess des Zählens Georg Schupperer: Germanische Zahlwörter. Sprach- und kulturgeschichtliche Untersuchungen insbesondere zur Zahl 12, Leipzig 1996, S. 20–23.

[213] Vgl. Quirin: Die deutsche Ostsiedlung, Nr. 3b, 4c; Kötzschke: Quellen, Nr. 13c, 37b.

[214] Zit. nach Quirin: Die deutsche Ostsiedlung, Nr. 17b.

der Viehwirtschaft, Fischerei und Waldnutzung hatten die sorbischen und die deutschen Bauern zu entrichten).[215]

In den Bauernwirtschaften führte jedoch die lange Wirksamkeit einmal bestimmter Größen, die für alle Zeiten festgelegt schienen und höchstens durch Willkür verändert wurden, dazu, dass unter dem Großteil der Bevölkerung bis ins 15. Jahrhundert hinein **nur wenig Rechenbedarf** bestand. Tätigkeiten in Flur und Hausbau, Landwirtschaft und Hausbau und selbst frühen Handwerken, die ein Bemessen erforderten, erfolgten **mit Augenmaß, nach langer Gewohnheit bzw. Erfahrung** und keineswegs stets nach Neuberechnung. Ansätze zur Pflege von Mathematik bzw. Rechnen in den Lateinschulen bei Dom und Klöstern besaßen zunächst keine Beziehung zum Leben bzw. Rechnen des Volkes.
Das schließt nicht aus, dass für die bäuerliche Bevölkerung Objekt- und damit **Zahlengrößen im Alltag** eine Rolle spielten. Auch zum **Sprachschatz** des Mittelhochdeutschen gehörten Wörter wie *eines* (einzig und allein), *zwei*, *dri* (auch zur Bezeichnung einer unbestimmten Zahl), auch *vünf*, *zëhen*, *zwelf*, auch *hundert* und *tûsent* (etymologisch zurückzuführen auf „schwellen“).[216] Es weitete sich die Vorstellung von Zahlengrößen. Große Zahlen kannte man aus der Predigt des Pfarrers (Speisung der 5000). Ihnen haftete Märchenhaftes an, und die Menschen taten sich schwer mit ihnen.[217] Auch gab es Inschriften in (Dorf-)Kirchen und anderenorts mit Zahlen,[218] die aber vermutlich kaum im Blickfeld standen und schwerlich verstanden worden sind. Denn ob die tatsächliche Größenvorstellung über die Zahl der Finger an beiden Händen hinausging, sei dahingestellt.

[215] Zu Sorben vgl. Blaschke: Geschichte Sachsens, S. 69, zu Deutschen Sachsenspiegel, Repertorium, S. 529.

[216] Vgl. Lexer: Mittelhochdeutsches Taschenwörterbuch, a. a. O.; Georg Schuppener: Germanische Zahlwörter; Etymologisches Wörterbuch des Deutschen, a. a. O.

[217] Erika Uitz: Die Frau in der mittelalterlichen Stadt, Leipzig 1988, S. 98, verwies auf die „für das Mittelalter bekannte maßlose Übertreibung bei der Beschreibung großer Mengen“. Zum Gebrauch der Million vgl. Deubner: ... nach Adam Ries, S. 38f.

[218] So an Glocken deren Entstehungsdatum (Russdorf: kleine Glocke laut Inschrift im Jahre 1400 gegossen; vgl. Beschreibende Darstellung der älteren Bau- und Kunstdenkmäler des Königreichs Sachsen, 12. H., Amtshauptmannschaft Zwickau, bearb. von R. Steche, Dresden 1889, S. 55); (Hirschfeld: mcccccxiii; vgl. Beschreibende Darstellung, 12. H., S. 30), auf Kunstwerken deren Erschaffungsdatum (Langenhessen. 1502; vgl. Beschreibende Darstellung, 12. H., S. 36); über einem Pförtchen (Zwickau, St. Marien: mccccliii; vgl. Beschreibende Darstellung, 12. H., S. 82); am Turm (Meißen, Frauenkirche: xxx, 14. Jahrhundert?; vgl. Beschreibende Darstellung der älteren Bau- und Kunstdenkmäler des Königreichs Sachsen, 39. H., Meißen, bearb. von Cornelius Gurlitt, Dresden 1917, S. 23); im öffentlichen Raum auf Tafeln (Werdau, ursprünglich an einer Bastei der Stadtmauer, später am Rathaus: mccccIxxx (?); vgl. Beschreibende Darstellung, 12. H., S. 74). Eine systematische Analyse wird womöglich noch ältere Daten und weitere Platzierungen nennen.

Rechts im Bild die Ziffern „xxx“ am Turm der Frauenkirche in Meißen, wohl 14. Jahrhundert. Nach: Beschreibende Darstellung der älteren Bau- und Kunstdenkmäler des Königreichs Sachsen, 39. H., Meißen, bearb. von Cornelius Gurlitt, Dresden 1917, S. 23

Ferner kam es zur Verknüpfung der Zahlengrößen in einfachen Rechenverfahren. **Rechnen**, althochdeutsch *rehhanōn* (10. Jahrhundert), kam kaum vor; es meinte eigentlich ordnen [z. B. für das Abzählen], lenken, bereiten.[219] Im Mittelhochdeutschen drückte das Verb *zeln/zelen* sowohl zählen als auch rechnen/berechnen, ebenso vergleichen[220] und bloß erzählen[221] aus. Für das Rechnen im bäuerlichen Alltag, sofern es notwendig war, bildete tatsächlich abzählen[222] im genannten Sinn von „ordnen“ als Bestimmen von und Vergleich zwischen Größen die wichtigste, oft einzig angewandte Grundrechenart. Verändern von Werten geschah nicht mittels aller Grundrechenarten.[223] Rechnen erfolgte bei Additionsaufgaben, die wohl am häufigsten vorkamen, nicht wirklich. Die mittelhochdeutsche Sprache kannte für „das Teil“ bzw. „teilen“ klare Begriffe: „teil daz teil teil von einem ganzen stück [...] – der teil anteil, zugeteiltes, eigentum (ze teile od. enteil werden [...] zugeteilt, eigen werden; ze teile od. enteil tuon zuteilen, schenken)“ und „teile teilung; zugeteiltes eigentum“.[224] Zuteilung verlangt also Zerteilung.

Abzählen im Alltag, und darin eingeschlossen Addieren und Subtrahieren, geschah **mit einfachen Hilfsmitteln**. Man gebrauchte vor allem als Stellvertreter

[219] Vgl. Etymologisches Wörterbuch des Deutschen, S. 1095; Jacob Grimm/Wilhelm Grimm: Deutsches Wörterbuch, 8. Bd., bearb. von Moriz Heyne, Leipzig 1893, Sp. 347; Menninger: Zahlwort, Bd. 2, S. 188. Wedell: Zählen, S. 183–313.

[220] Vgl. Lexer: Mittelhochdeutsches Taschenwörterbuch, S. 331.

[221] Vgl. Jacob Grimm/Wilhelm Grimm: Deutsches Wörterbuch, 15. Bd., bearb. von Moriz Heyne u. a., Leipzig 1956, Sp. 47.

[222] Zum Erkenntnisprozess beim Zählen: Schuppener: Germanische Zahlwörter, S. 20–23.

[223] Als die neun „Species“ [Grundrechenarten] galten Adam Ries „Numeracio [Zählen], Addicio Subtractio, Duplacio [Zwiefachmachung], Mediacio [Halbmachung], Multiplicacio, Diuisio, Progressio [Fortzählung der Zahlen; vgl. Adam Ries: Coß. [Bd. 1], Faksimile, S. 38] Vnd Radicum extractio [Wurzelziehen]“ (Coß, [Bd. 1], Faksimile, S. 5).

[224] Matthias Lexer: Mittelhochdeutsches Taschenwörterbuch, 29. Aufl., Leipzig 1959, S. 225.

für Werte die **Finger**; noch Luther riet: „Man zele und rechne es an den fingern."[225] Man fügte hinzu, nahm weg und zählte neu ab. Auch das **Kerbholz** (der Kerbstock), in das man Kerben schnitzte und ggf. durchschnitt, diente als Informationsspeicher. Bei der einfachen Wirtschaftsführung im Alltag dürften aus Sicherheitsgründen gespaltene Kerbhölzer mit bedeutungsvollen Kerben die ersten Aufzeichnungsmittel für berechnete und zu fixierende Mengen (Vorräte) bzw. bilaterale Schuldverhältnisse (z. B. dem Dorfhirten der Gemeinde anvertraute Tiere, Leistungs- und Abgabenforderungen der Gemeinde, auch Forderungen des Grundherrn gegenüber einzelnen Bauern) gewesen sein.[226] Neben der Zahl der Kerben war womöglich deren wertmäßige Strukturierung mit Rechnen verbunden. Über das Nummerieren hinaus konnten keine Rechenarten auf Kerbhölzern durchgeführt werden.

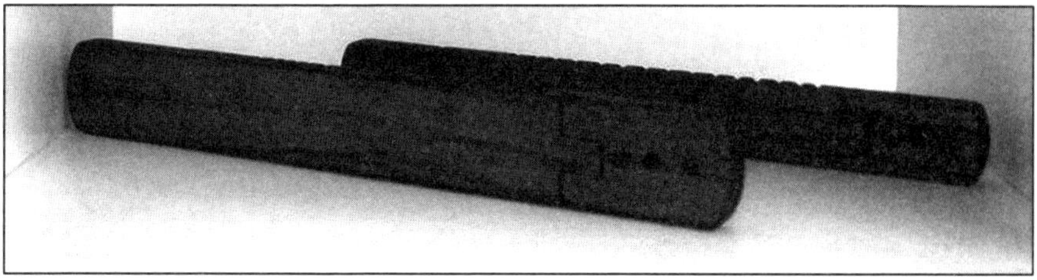

Kerbholz (Nachbildung), Adam-Ries-Haus Annaberg-Buchholz. Foto: Maik Häckel

Ein weiteres Hilfsmittel war die **Knotenschnur** (Rechen-, Knotenseil, Müllerknoten),[227] mit dem einfache numerische und geometrische Probleme gelöst und dargestellt werden konnten. Sie besaß dafür mehrere Knoten im Abstand von etwa

225 Martin Luther: Werke, 22. Bd., Weimar 1929, S. 415. Vgl. 32. Bd., Weimar 1906, S. 543; 50. Bd., Weimar 1914, S. 84; 51. Bd., Weimar 1914, S. 525. Adam Ries äußerte sich zu zehn Fingern in der Coß, [Bd. 1] Faksimile, S. 6. Vgl. Lüneburg: Leonardi Pisani liber, S. 49ff.; Hein: Die Mathematik, S. 97–99; Günther: Geschichte, S. 9–13; Wolfgang Kaunzner: Adam Ries – sein Leben und sein Werk, in: Heimatbeilage zum Amtlichen Schulanzeiger des Regierungsbezirks Oberfranken, Nr. 190, Bayreuth 1992, S. 3; Menninger: Zahlwort, Bd. 2, S. 21f.

226 Vgl. Ruth Schmidt-Wiegand: Kerbholz, in: Sachwörterbuch der Mediävistik, S. 425; Günther: Geschichte des mathematischen Unterrichts, S. 287; Rudolph Robert: A Short History of Tallies, in: Studies in the History of Accounting, London 1956, S. 75–85; Michael Chatfield: Tally Stick', in: The History of Accounting. An International Encyclopedia, hg. von Michael Chatfield, Richard Vangermeersch, New York/London 1996, S. 575 (= Garland reference library of the humanities, 1573); Axel Grandell: Karvstocken. En förbisedd kulturbärare, with an Engl. summary, Ekenäs 1982; K. Brunner: Kerbhölzer und Kaveln, in: Zeitschrift für Volkskunde, 22 (1912), S. 337–352; Ludolf Kuchenbuch: Kerbhölzer in Alteuropa – Zwischen Dorfschmiede und Schatzamt, in: B. Nagy/M. Sebök: ... The Man of Many Devices, Who Wandered Fully Many Ways. Festschrift für J. Bak. Budapest 1999, S. 303–325; Karl Weule: Vom Kerbstock zum Alphabet, Urformen der Schrift, Stuttgart 1915, S. 17.

227 Vgl. Michael Simon Karg: Am Anfang war der Knoten. [...], Springe 2023. Als Allegorie der Arithmetik unter den *artes* diente eine weibliche Person mit dem Knotenseil als Attribut.

der Breite einer Hand. Eine genügende Anzahl von Knoten in der Schnur war stets, vor allem für Multiplikation und Division, notwendig. Sie wurde auch beim Dombau eingesetzt. „Die Absteckung der Fundamente beziehungsweise des aufgehenden Mauerwerks war sicher sehr einfach mit Schnüren und Holzpfählen".[228]

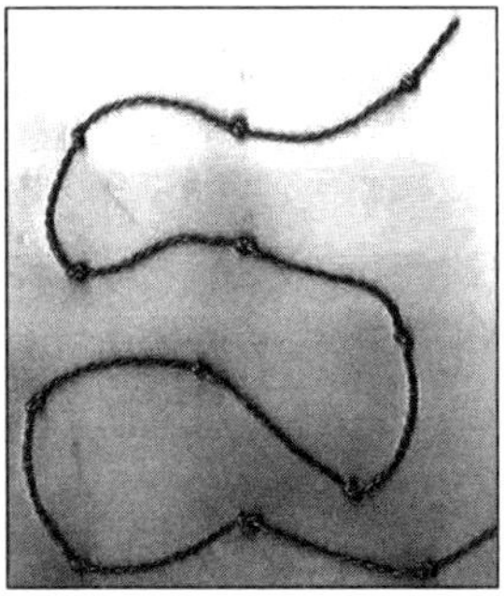

Knotenschnur (Nachbildung) mit angenommenen 20 Knoten nach der Zahl der Finger und Zehen. Die Aufgabe lautet: 3 × 4 (vier Kinder erhalten von der Mutter je drei Äpfel). Drei Knoten sind darum in 4 Reihen gelegt. Abgezählt ergibt sich: 12

Solche Hilfsmittel konnten leicht „gelesen" werden. Man fügte hinzu oder nahm weg und zählte neu ab. Wenn also Zeichen verwendet worden sind, so waren es Kerben bzw. Striche, den römischen Zahlzeichen analog. Bei geringer Verbreitung von Lesen und Schreiben ermöglichten die anschaulichen römischen Ziffern auch Illiterati, die dargestellten Größen zu verstehen. Die Auslegung der Hilfsmittel zum Abzählen kann man als Form des bäuerlichen Abakus verstehen. Das Kennen und Lesen von Ziffern erwies sich dabei nur bedingt als notwendig. Das war naives Rechnen, das zusammen mit der Volksgeometrie[229] dem Vergleichen, Maßnehmen und Schlussfolgern genügte.

Für Dorfschulen in der Markgrafschaft Meißen gibt es bis zum 14. Jahrhundert keine Belege.[230] Das **Erlernen des Rechnens erfolgte im Generationendialog** zwischen Eltern und Kindern vor allem während des Arbeitens. Der Bauernsohn musste lernen, wie der Ernteertrag jedes Jahr nach Bedarf für Mensch und Tier,

[228] Günter Donath/Matthias Donath: Zeugnisse mittelalterlicher Bauplanung und Bauprozesse an den Chorbauten von Naumburg, Schulpforte und Meissen, in: Der Naumburger Meister. Bildhauer und Architekt im Europa der Kathedralen. Ausstellungskatalog, Bd. 2, o. O. u. J. (Petersberg 2011), S. 1275 (= Schriftenreihe der Vereinigten Domstifter zu Merseburg und Naumburg und des Kollegiatstifts Zeitz, Bd. 4, hg. von Enno Bünz u. a.) Zu wenig differenziert scheint, wenn Joachim Herrmann: Zwischen Hradschin, S. 109, schreibt, dass es mit der Festigung feudaler Verhältnisse, der Gründung von Dörfern abhängiger Bauern auf Adelsland, anscheinend zur Parzellierung und Vermessung kam.

[229] Dass bei Messungen geometrische Verfahren angewendet worden sind, so bei der Teilung der Gesamtfeldfläche eines entstehenden Dorfs in drei Gewanne und deren Gliederung in Streifen nach der Zahl der Nachbarn, wurde aus den Schilderungen oben deutlich.

[230] Vgl. Müller: Die Anfänge, S. 2, 36–40; ders.: Quellenschriften, S. 325ff.

Abgaben und Saatgut zu teilen war. Töchter mussten Zutaten für Brot bzw. Kuchen unterscheiden und abmessen lernen ebenso wie Viehfutter.

1.
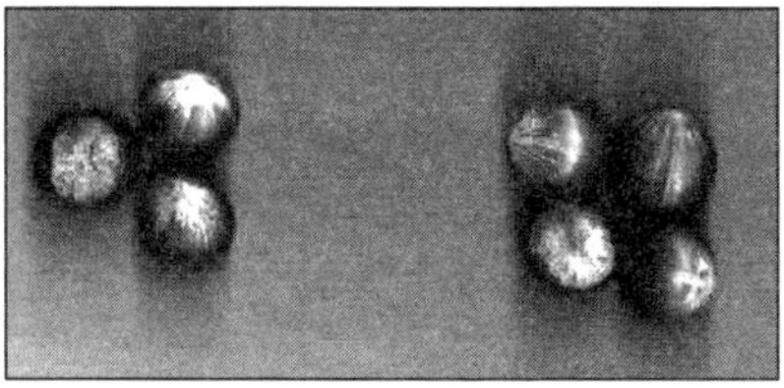
2.
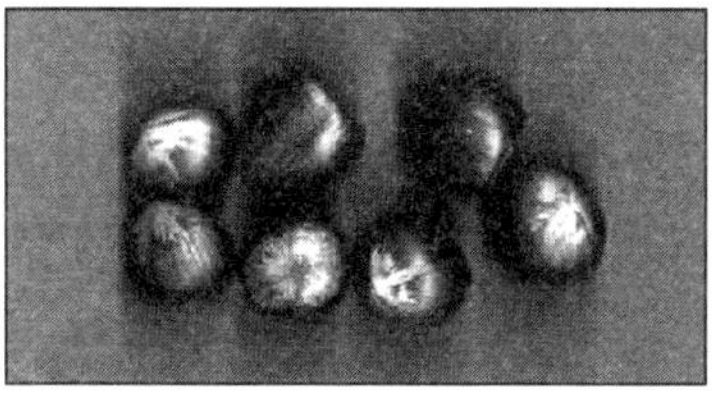

Zwei Mengen Objekte sind zusammenzuzählen. Dazu legt man sie nebeneinander. Aber sie werden nicht addiert, sondern vereint, und diese Menge wird neu ausgezählt

Hilfsmittel zum Lernen der Kinder bei Älteren im Haushalt oder mit Gleichaltrigen im Spiel konnten ebenfalls die Finger, Kieselsteine, Eicheln u. ä. sein. Man fügte hinzu, nahm weg und zählte neu ab. Auch die bei Jung und Alt beliebten, aber häufig verbotenen Würfel[231] eigneten sich zum Erlernen von Größenunterschieden. Denn sie wiesen keine Ziffern, sondern Augen auf (übrigens bis heute), deren Anzahl die Spieler vergleichen bzw. abzählen konnten. Beliebt waren sowohl reine Würfelspiele, aber auch Brettspiele wie das Wurfzabelspiel (bekannt unter der Bezeichnung Backgammon). Ein weiteres mittelalterliches Spiel ist „Das Glückshaus": Würfelt man die 7, muss man ein Geschenk zur Hochzeit mitbringen (eine Münze hineinlegen), darf aber nichts nehmen. Würfelt man die 12, darf man alle Münzen auf dem Brett nehmen, mit Ausnahme der 7 nicht. Würfelt man eine 2 – hat man Schwein gehabt und erhält den Inhalt der 7. Die heute übliche Verteilung der Würfelaugen, bei denen die Summe der gegenüberliegenden Seiten immer sieben ergibt, geht auf die von den Römern verbreitete Spielweise zurück.
Auch gab es eine „nördliche" mittelalterliche Variante, bei der die Würfelaugen aufsteigend gegenüber lagen (also der eins die zwei usw.). Oft waren aber die Augen unsystematisch verteilt.[232] Da die mittelalterlichen Knochenwürfel generell nur eine Größe von ca. drei bis 15 mm besaßen, stellte die Anbringung der Augen eine beachtliche handwerkliche Leistung dar.

[231] Vgl. für Leipzig 146 CDSR II 8, Nr. 364, S. 293; StadtA Leipzig, Richterstube, Strafakte Nr. 42, KuUfB 1555 und 1556; generell: Ignaz Vinzenz Zingerle: Das deutsche Kinderspiel im Mittelalter, Wien 1868, S. 155f.; Harald Froschauer: Brett und Würfelspiele als traditionelle Freizeitvergnügungen, in: Harald Froschauer/Hermann Harrauer: Spiel am Nil. Unterhaltung im Alten Ägypten, Wien 2004 (= Nilus. Studien zur Kultur Ägyptens und des Vorderen Orients, Bd. 10); Ulrich Vogt: Der Würfel ist gefallen – 5000 Jahre rund um den Kubus, Hildesheim u. a. 2012.

[232] Vgl. Marianne Erath: Die Würfelherstellung in Europa im Mittelalter und der frühen Neuzeit, in: Archäologie als Sozialgeschichte. Studien zu Siedlung, Wirtschaft und Gesellschaft im frühgeschichtlichen Mitteleuropa. Festschrift für Heiko Steuer zum 60. Geburtstag, hg. von Sebastian Brather/Christel Bücker/Michael Hoeper, Rahden 1999, S. 307–318 (= Internationale Archäologie, Studia honoraria, 9); Spielzeug in der Grube lag und schlief, hg. v. Andreas Pfeiffer, museo 5, 1993.

Umgang mit Zahlengrößen und Rechnen konnten Kinder ebenfalls durch Abzählreime erlernen:[233]

1 2 3 4 5 6 7	7 6 5 4 3 2 1
eine alte Frau kocht Rüben	geht das Hexeneinmaleins
eine alte Frau kocht Speck	Kinder tragen Blumenkränze
schneidet sich den Finger weg	Hexen dünne Rattenschwänze
kommt der Doktor Hampelmann	Hexenhaus hat gute Sachen
klebt den Finger wieder an.	du mußt jetzt die Hexe machen!

Noch in einer Straßburger Handschrift des 15. Jahrhunderts heißt es teils lateinisch:[234]

Unum dat zungel[235] [1], kruck [2] duo significabit,[236]
suswanczque [3] tria,[237] wuerstfuel [4] dat tibi fiere[238]
reffstab [?] [5] dat funfe, widder[239] [6] dat tibi sechse
Süben gesperre[240] [7] ethwe kette [8], nün colb[241] [9] significabit.
Ringel [0] cum zingel[242] [10] tibi decem significabit.
Si zingel [1] desit, ringel [0] nihil significabit.[243]

Dieser Vers war weit verbreitet. Er steht in der Handschrift C 80 lateinisch[244] und taucht etwas verändert um 1524 in Erfurt und bei Adam Ries auf; „Hiermit wollte er das Aussehen der neuen [indisch-arabischen] Ziffern leichter verständlich machen“[245]:

Vnum dat finger, brucke duo significabit
Tercia dat schweynZagel, quatuor burstbogil[246] signat
Quinque dat stebichen,[247] sex wedir dat, septem gesperre
Octo dat kethe, sed nouem schlepkeul signat
Ringel cum finger decem tibi significabit

[233] Vgl. Menninger: Zahlwort, Bd. 1, S. 133f.
[234] Ohne weitere Quellenangabe; vgl. Menninger: Zahlwort, Bd. 2, S. 257.
[235] Eins gibt das Zünglein. Die Erklärungen zu dem Vers nach ebd., Bd. 2, S. 257.
[236] Die Krücke bedeutet [bezeichnet] zwei.
[237] Der Sauschwanz [bedeutet] drei.
[238] Die Wurst [bedeutet] vier.
[239] Das Horn desselben.
[240] Mhd. *sperre* = Klammer, Riegel, Schloss (eines Buches); vgl. Lexer: Mittelhochdeutsches Taschenwörterbuch, S. 204.
[241] Einen Kolben.
[242] Mit dem Zünglein.
[243] Wenn das Zünglein fehlt, bedeutet das Ringlein nichts.
[244] Vgl. Folkerts: Die Handschrift, S. 357, 361.
[245] Kaunzner: Über das wissenschaftliche Umfeld, S. 162.
[246] Wohl zu mhd. *burst* = *borst*, d. h. Borste, und *boge*, d. h. Bogen; vgl. Lexer: Mittelhochdeutsches Taschenwörterbuch, S. 24.
[247] Stäbchen; vgl. Jacob und Wilhelm Grimm: Deutsches Wörterbuch, Bd. 17, Leipzig/Berlin 1960, Sp. 357.

Si finger desit ringel tibi nihil significabit.
Diese possige haben villeicht Zu erfurtt vrsprung gehabtt.[248]

Ein anderes einfaches Glücksspiel, das im „Renner" des Hugo von Trimberg (um 1230–nach 1313)[249] erwähnt ist, war „Gerad und ungerad",[250] bei dem eine Person kleine Gegenstände (z. B. Steinchen oder Bohnen) in die Hand nimmt, diese schließt und eine andere erraten lässt, ob deren Anzahl eine gerade oder ungerade Zahl ergibt. In allen Volksschichten waren außerdem Zahlen(größen) leicht beim Erzählen bzw. Hören von Zahlen- bzw. Rechenrätseln präsent.[251] Das gilt auch für Märchen mit darin enthaltenen Rätseln, Abzählreime oder auch (Kinder-)Spiele wie Würfeln.[252] Sie vermochten ebenfalls, Zählen-, vielleicht auch das Rechnen-Lernen der Kinder zu unterstützen.

Ob sorbische oder deutsche Bauern, sie lebten in ihren Dörfern weitgehend autark, der Bedarf an Rechnen zur Meisterung ihrer ureigenen wirtschaftlichen und politischen Aktionen war mithin sehr begrenzt. Ebenso spielten in Recht, Politik und Militärwesen des frühen Mittelalters Zahlen und Rechnen nur eine geringe, aber durchaus wachsende Rolle.

248 Adam Ries: Coß, [Bd. 1] Faksimile, S. 6. Fritz Deubner übertrug: „Der Finger eins, Die Brücke zwei bedeutet, Drei der Schweinezagel [Schweineschwanz], Vier das Burstborgil, Fünf das Stäbchen, Sechs Räder [bei Johannes Widmann: [Rechenbuch] Behende, S. 270, die Abbildung des Rades mit sechs Speichen], die Sieben Gesperre, Acht das Kettchen, Neun die Schlagkeule bedeutet, Ringel und Finger die Zehn, wenn das Ringel aber ohne Finger, so bedeutet es nichts." Nach Kaunzner: Über das wissenschaftliche Umfeld, S. 162f.

249 Vers 2695. Vgl. Rudolf Kilian Weigand: Der „Renner" des Hugo von Trimberg. Überlieferung, Quellenabhängigkeit und Struktur einer spätmittelalterlichen Lehrdichtung, Wiesbaden 2000 (= Wissensliteratur im Mittelalter, Bd. 35). Das zugrundeliegende mathematische Charakteristikum ist die Parität: Eine ganze Zahl heißt gerade, wenn sie ohne Rest durch zwei teilbar ist; andernfalls heißt sie ungerade. Die Menge der ganzen Zahlen wird dadurch in zwei gleichmächtige disjunktive Teilmengen zerlegt, was Parität bedeutet.

250 Vgl. Götzinger: Reallexikon, S. 494.

251 Vgl. Hein: Die Mathematik, S. 80–82; Ulrich Bentzien: Rat zu, was ist das. Rätsel und Scherzfragen aus fünf Jahrhunderten, Rostock 1975; Das deutsche Rähtselbuch, gesammelt von Karl Simrock, Frankfurt a. M. o. J., S. 5f.; Menninger: Zahlwort, Bd. 2, S. 92; Robert Petsch: Das deutsche Volksrätsel, Straßburg 1917, S. 15 (= Trübners Bibliothek, Bd. 6); Rentsch: Volkssitte, S. 357. Manches, was z. B. Johannes Widmann oder Adam Ries an Rechenexempeln in Textaufgaben in Rechenbüchern darstellten, kann auch als solche gesehen werden. Vgl. z. B. Widmann: Behende, S. 242f.; Ries: Coß, [Bd. 1], Faksimile, S. 259f.; Adam Ries: Rechenung […] Practica, Bl. 176a–b. Zu Gleichungen in Texteinkleidung, vgl. Günther: Geschichte des mathematischen Unterrichts, S. 32f. (z. B. von dem den Hasen verfolgenden Hund); Gustav Ehrismann: Geschichte der deutschen Literatur bis zum Ausgang des Mittelalters, Erster Tl. Die althochdeutsche Literatur, München 1918, S. 55f. (Rätsel bei Germanen), 374f. (althochdeutsche Zeit); Zweiter Tl., Schlussband, München 1935; S. 293 (Reinmar von Zweter), 352–354 (didaktische Kleindichtung).

252 Vgl. Ignaz Vinzenz Zingerle: Das deutsche Kinderspiel im Mittelalter, Wien 1868, S. 155f.; Historische Nachricht Von Dem Ursprunge und Wachsthum Des Heil. Rom. Reichs freyer Stadt Nurnberg […], Frankfurt a. M./Leipzig 1707, S. 254, für 1452.

2.4. Im Hochmittelalter (13./14. Jahrhundert)

Seit dem 12./13. Jahrhundert gerieten alle Bereiche der Gesellschaft der Mark Meißen verstärkt in Bewegung. Die **Landwirtschaft wurde produktiver**. Seit etwa 1100 verbreitete sich die Dreifelderwirtschaft, verbunden mit der Verbesserung der Arbeitsgeräte, zunehmend intensiverer Flächennutzung und Ausdehnung des Getreideanbaus. Als günstig erwies sich die geringe Ausbildung der Leibeigenschaft in der Mark. Die Bauern waren persönlich frei, ihre Abgaben auf den Grundbesitz bezogen. Oft erlangten sie günstige Besitzrechte an ihren Höfen. Zunehmend kam es zur Ablösung (Umrechnung) der Dienste und Naturalleistungen der Bauern gegen Geld[253] **(Geldrente)** sowie zur Fixierung ihrer Leistungen; damit kamen einfache arithmetische Verfahren zur Klärung gesellschaftlicher Beziehungen ins Spiel. Hinsichtlich der Ergebnisse reichten die steigenden Erträge aus Ackerbau und Viehwirtschaft nun aus, um Überschüsse über die einfachen Bedürfnisse hinaus zu erzeugen.[254] Das half, die Auswirkungen von Missernten und anderen Notfällen, wie Hungersnöte,[255] zu reduzieren und führte zur besseren Befriedigung bäuerlicher wie herrschaftlicher Interessen.[256] Es erwuchsen neue Möglichkeiten zur Lebensgestaltung. Der Ausbau der Dörfer und der Bauernhäuser,[257] die Errichtung von Burgen,[258] Kirchen und Burgkapellen sind Zeugnis dafür, dass sich die Gesellschaft auch derartiges zu „leisten" vermochte, was wiederum volksgeometrisches Wissen voraussetzte.

Zugleich kam es unter den Adligen zu scharfen **Auseinandersetzungen um Landbesitz** und zwischen Adel und den von ihnen abhängigen Bauern wegen der **Abgaben**. Die von den großen und kleinen Herren während der frühmittelalterlichen Feudalisierung erworbenen Landbesitze lagen häufig zerstreut und waren deshalb nicht gut zu verwalten und zu nutzen. Die Bemühungen, den Streubesitz zu arrondieren, ihn straffer zusammenzufassen, zu mehren und so seinen Nutzen zu erhöhen, verschärften Rivalität und Kämpfe zwischen Parteiungen des Hoch-

253 Vgl. Czok: Die Entwicklung, S. 236.

254 Vgl. Stern/Gericke: Deutschland, S. 6.

255 Vgl. Kay Peter Jankrift: Brände, Stürme, Hungersnöte. Katastrophen in der mittelalterlichen Lebenswelt, Ostfildern 2003, S. 109–124, und die Bemerkungen zu „hungernôt" (Vers 13164) und „hungerjâr" (Vers 8095, 13595, 13603, 13605) in dem Ende des 13. Jahrhunderts in Franken entstandenen Renner; vgl. Der Renner von Hugo von Trimberg, hg. von Gustav Ehrismann, Bd. 1–4, Berlin 1970 (= Deutsche Neudrucke, Reihe: Texte des Mittelalters).

256 Vgl. Stern/Gericke: Deutschland, S. 6.

257 Vgl. Karl Baumgarten: Das deutsche Bauernhaus. Eine Einführung in seine Geschichte vom 9. bis zum 19. Jahrhundert, Berlin 1980, S. 41–71.

258 Der Übergang zum Bau von Steinburgen erfolgte in den Gebieten nördlich der Alpen seit etwa dem 11. Jahrhundert; vgl. Martin Erbstösser: Die Kreuzzüge. Eine Kulturgeschichte, Leipzig 1976, S. 104. Vgl. auch G. Ulrich Großmann: Die Welt der Burgen. Geschichte, Architektur, Kultur, München 2013; Friedrich Wilhelm Krahe: Burgen und Wohntürme des deutschen Mittelalters, Köln 2014.

adels und mit dem niederen Adel. Ersterer strebte danach, Schwächere von sich abhängig zu machen und mit juristischen Mitteln sowie durch Verdrängung aus Interessengebieten oder Fehden um jene Güter und Rechte zu bringen, die störend zwischen eigenen Besitzungen lagen und eine Zusammenfassung zu einheitlichen Komplexen behinderten.[259] Dies zwang zur **Sicherung der Besitzstände** auch auf verbürgende Weise.
Ebenso schwerwiegend für die Masse der bäuerlichen Bevölkerung wie die Herren im Altsiedelland war, dass das die Ertragssteigerung begleitende Wachsen der Bauernfamilien[260] den Ackerboden dafür nicht ausreichend sein ließ, sodass Mitgliedern der nächsten Generation weniger davon erbten, als sie zum Leben benötigten. Darum erhöhten sich die Bemühungen zur **Gewinnung weiterer Landwirtschaftsflächen und neuer Herrschaftsbereiche** durch Rodungs- und Kolonisationstätigkeit östlich der Saale-Elbe,[261] wobei bislang unzugängliche Gebiete, so das Erzgebirge, erfasst wurden.[262]

Seit dem 12./13. Jahrhundert verstärkten sich auch Erscheinungen, die es teils bereits zuvor gab, jetzt aber **stärkeres Gewicht** in der Mark Meißen gewannen: **Handwerkliche Tätigkeiten**, die ursprünglich mit Ackerbau und Viehzucht verbunden waren, verselbständigten sich durch dafür besonders Befähigte. Von der Gesamtarbeit auf dem Bauernhof sich teilweise und schließlich gänzlich lösende handwerkliche Tätigkeit schuf Angebote für Tausch bzw. einen Nahmarkt. Wiederum zwang die Produktion des Handwerks zum ständigen Austausch mit Lebensmitteln der Bauern, die ihrerseits qualitätvolle handwerkliche Erzeugnisse erwerben wollten.[263] Nur **dieser Austausch machte Handwerkersiedlungen lebensfähig**.
Die Ansiedlung von Handwerkern an geeigneten Plätzen bildete die Basis für das Entstehen von **Städten**. Sie entstanden in der Mark Meißen zunächst vereinzelt im Rahmen der Ostkolonisation zwischen 10. und beginnendem 12. Jahrhundert als an Burgen gelegenen Stationen des Fernhandels und Orte für Nahmarkt mit regionalem Warentausch[264] (Meißen u. a.). In einer zweiten Phase nach 1150 wurden viele frühstädtische Marktsiedlungen[265] von gegenüber Grundherren zunehmend selbständigen Handwerkern und Kaufleuten neu angelegt, was mit einem Rechtsakt verbunden war (Freiberg, Zwickau, Leipzig, Dresden u. a.). 1400 gab

[259] Vgl. Stern/Gericke: Deutschland, S. 61.
[260] Vgl. Stern/Gericke: Deutschland, S. 6.
[261] Vgl. Stern/Gericke: Deutschland, S. 7.
[262] Vgl. künftig Bernd Rüdiger: Die Erschließung des oberen Erzgebirges und Abraham Ries' Beitrag durch Vermessungsarbeiten in Rübenau, in: JbARB.
[263] Vgl. Rösener: Bauern, S. 37.
[264] Vgl. Unger: Die Herausbildung, S. 214.
[265] Vgl. Naumann: Sächsische Geschichte, S. 11.

es in der Mark Meißen 100 Kommunen[266] – ein dichtes Netz mit vielen kleineren, aber insgesamt für die Entwicklung von Arbeitsteilung und Marktbeziehungen wichtigen Städten, auch befördert von den Interessen der Landesherren.[267]
In der Folge kamen hier auch **Kaufleute und der Fernhandel** aus ihren Anfängen heraus. Selbst in kleineren Städten traten sie nun auf; erwähnt ist z. B. 1259 Johannes *mercator* (Kaufmann) in Oschatz.[268] Der Fernhandel kam auch schon verschiedentlich über den Tausch („Stich das ist so man wahr vmb wahr gibt"[269]), der also nicht Geld-, sondern Gebrauchswerte gegenüberstellt,[270] hinaus und strebte Ware-Geld-Beziehungen an. Er brachte nicht nur bislang unbekannte Waren ins Land, sondern auch Handels- und Rechenpraktiken, ebenfalls infolge seiner intensivierten Beziehungen zu entlegenen, weiter vorangekommenen Handelspartnern und gab damit dem Wirtschaften auf Dauer merklich Impulse. Freiberg wurde zu einer großen Fernhandelsstadt; schon im 13. Jahrhundert sind Silberausfuhr nach Italien sowie Handelsverbindungen zu Hansestädten und Flandern bezeugt. Die Stadt war das Bankzentrum des Territoriums und Münzmeister und Bankier des Landesherrn.[271]
Besonders günstig für den Aufschwung der Mark Meißen war der **Bergbau auf Silbererz**, 1168 wurde der Raum nahe Christiansdorf (heute Freiberg) fündig.[272] Nachdem schon die Vorsiedlung von Freiberg (Sächsstadt) Marktrecht und ein ungeschriebenes Stadt- und Bergrecht hatte, erhielt etwa 1185/86 die mit dem Zulauf von Bergleuten, Handwerkern und Kleinhändlern rasch vergrößerte Siedlung Stadtrecht und den 1218 belegten Namen Freiberg.[273] Um 1300 zählte die Stadt etwa 5500 Einwohner.[274] Das Patriziat konnte dem Landesherrn eine große Zahl von Zugeständnissen und Rechten abringen,[275] Bezeugt ist mehrfach das

[266] Vgl. Unger: Die Herausbildung, S. 214f.
[267] Vgl. Rösener: Bauern, S. 21, 31–37.
[268] Vgl. CDSR II 4, Nr. 410, S. 310.
[269] Ries: Rechenung […] Practica, Bl. 46a; vgl. Bl. 102a, 163a, 164b–166b.
[270] Vgl. Bauke: „Das Problem", S. 177.
[271] Vgl. Unger: Die Herausbildung, S. 216.
[272] Vgl. Walther Hermann: Bergbau und Kultur. Beiträge zur Geschichte des Freiberger Bergbaus, Berlin 1953; ders.: Die Entwicklung der Stadt Freiberg im 12. und 13. Jahrhundert, in: SHtBll, 1964, H. 3, S. 189–202; Unger: Die Herausbildung, S. 215f.; Uwe Schirmer: Der Freiberger Silberbergbau im Spätmittelalter (1353–1485), in: NASG, 71. Bd., 2000, S. 25f.; Peter Langhof: Die mittelalterliche Berghauptstadt der Wettiner bis zum Übergang vom Feudalismus zum Kapitalismus 1307 bis 1470, in: Geschichte der Bergstadt Freiberg, hg. von Hanns-Heinz Kasper/Eberhard Wächtler, Weimar 1986, S. 77.
[273] Die Stadt selbst wird 1221 urkundlich genannt, der Rat ist seit 1223 belegt; vgl. Unger: Die Herausbildung, S. 216; Uwe Richter/Wolfgang Schwabenicky: Der Beginn des Freiberger Bergbaus, die Grenzbeschreibung des Klosters Altzelle und die Entstehung der Stadt Freiberg, in: Burg – Straße, S. 311–330.
[274] Vgl. Ufer: Die Stadtgemeinde Freiberg, S. 29f.
[275] Vgl. Ufer: Die Stadtgemeinde Freiberg, S. 31. Bis zur Mitte des 13. Jahrhunderts kontrollierte die Stadtgemeinde den Markt als das ökonomische Zentrum mit Handel und Gewerbe und den Berg-

Bergschreiberamt.[276] Ende des 13. Jahrhunderts besaß der Rat umfassende Privilegien, wie Vermessungsrecht der Bürgerlehn, Marktrecht, Steuerhoheit u. a. m.[277] Bergbau erfolgte auch in Ehrenfriedersdorf seit 1240 und in Wolkenstein seit 1300.[278] Noch vor 1200 entstanden in Oederan eine Kaufmanns- und im frühen 13. Jahrhundert eine Bergmannssiedlung.[279] Eisenerz, an dem Sachsen großen Mangel litt,[280] war für die Herstellung von Werkzeugen, Geräten und Waffen unverzichtbar; deshalb erwies es sich von großem Nutzen, als man im Raum Pirna fündig wurde. Die 1325 erneuerten Privilegienbriefe der Stadt („Pirnaer Zollrolle") nannten Eisen und daraus gefertigte Braupfannen, Pflugschare, Sicheln, Scheren und Schwerter als Waren, die von Pirna aus gehandelt wurden.[281] Über das Rechnen im Bergbau, bei der Verarbeitung der Erze und zur Ermittlung des Gewinns ist für jene Zeit wenig bekannt. Beim Bergbau ging es de Markgrafen als Regalherren jedenfalls vorrangig um die Gewinnung von Silber und damit um Staatseinnahmen.

Seit dem 11. Jahrhundert erfolgte die Betreibung von Wasser-[282] und seit dem 13. Jahrhundert auch von Wind-**Mühlen**.[283] Die Nutzung von Mühlen revolutionierte die Produktion durch den Übergang zu einer sich von der Landwirtschaft lösenden Tätigkeit und ebenso die Produktionsinstrumente durch Steigerung ihrer Produktivität, die Produktionsorganisation infolge zunehmend flexiblerer Eigentumsformen an Werkzeugen, Rohstoffen Fertigprodukten sowie bei Haus- und Grundbesitz und Produktionsflächen. Sie brachte auch Änderungen auf den Bauernhöfen, indem Arbeitskraft freigesetzt wurde, weil Frauen sich weniger an Handmühlen plagen mussten.[284] Um Wassermühlen muss es sich z. B. bei der 1236 vor den Mauern Leipzigs laufenden Angermühle und der 1293 genannten

baudistrikt mit den Gruben und Schmelzhütten vor der Stadt, was den Schutz bürgerlicher Eigentumsverhältnisse im Bergbau bezweckte. Um 1300 ist im Freiberger Stadtrechtsbuch die Bindung des Bergbaus an die Stadt abschließend formuliert worden; vgl. Manfred Unger: Die Herausbildung, S. 216. Zur Die schriftliche Fixierung von Stadt- und Bergrecht in Freiberg vgl. Ufer: Die Stadtgemeinde Freiberg, S. 31.

276 Vgl. Schmitt: Untersuchungen, S. 398.

277 Vgl. Ufer: Die Stadtgemeinde Freiberg, S. 31.

278 Vgl. Lexikon Städte und Wappen, S. 105, bzw. S. 502.

279 Vgl. Lexikon Städte und Wappen, S. 331.

280 Vgl. Uwe Schirmer: Öffentliches Wirtschaften in Kursachsen (1553–1631). Motive – Strategien – Strukturen, in: Öffentliches und privates Wirtschaften in sich wandelnden Wirtschaftsordnungen, hg. von Jürgen Schneider, Stuttgart 2001, S. 139.

281 Vgl. https://www.bergbaufreunde-sachsen.de/vom-erz-zum-metall/pirnisch-eisen/, 11.04. 2020.

282 Vgl. Hans-Jörg Gilomen: Wirtschaftsgeschichte des Mittelalters, München 2014, S. 69; Marcus Popplow: Technik im Mittelalter, München 2010, S. 79–81.

283 Vgl. Neues Denken, neue Welten. Geniale Erfindungen – grossartige Entdeckungen 1000–1600, 2. Aufl., Stuttgart/Zürich/Wien 2009, S. 46f.; Gilomen: Wirtschaftsgeschichte (wie Anm. 282), S. 70; Popplow: Technik (wie Anm. 282), S. 81f.

284 Vgl. Gilomen: Wirtschaftsgeschichte, S. 70.

Barfußmühle gehandelt haben.[285] Windmühlen haben die Prozesse vertieft. Die Windverhältnisse im sächsischen Flachland sind zwar weniger günstig als in Norddeutschland, reichen aber aus, sie wirtschaftlich zu nutzen. Die Bockwindmühle war der vorherrschende Mühlentyp.
Es gab Besonderheiten in der **Bauart der Mühlen**, so in der Lausitz den bis zum Erdboden heruntergezogenen Mühlenkasten. Später kamen steinerne Turmwindmühlen mit der für Sachsen markanten zwiebelförmigen Haube hinzu.
Beim Bau wurde vor allem die Volksgeometrie genutzt. Im Vergleich zum Hausbau ergaben sich aber kompliziertere Berechnungen vor allem in Bezug auf die Technik. Die Zahlenverhältnisse bei der Konstruktion von Mühlrädern erinnern durch die Anlage mit vier Flügeln, vier oder acht Speichen, vier- oder mehreckigem Mühlentrichter, Kammrad mit 72 Zähnen[286] an Orientierungen auf die Basis „4“ als Grobeinteilung, die leicht weiter untersetzt werden konnte. Die Müller benötigten bei Mühlenkonstruktion und -betrieb oft Hilfe, damit die Einrichtungen am Laufen blieben. Hierbei ergaben sich Material- und Lohnkostenberechnungen auch im ländlichen Bereich. Die Müllerei hatte die Erweiterung der Rechenaufgaben in den Dörfern auch insofern zur Folge, dass neben der alljährlichen Strukturierung des bäuerlichen Getreideertrages in Eigenbedarf, Saatgut und Abgaben[287] „der Zwang“ eintrat, in der herrschaftlichen Mühle zu mahlen, was den Bauern einzuplanende neue Lasten brachte und Herren eine Rendite ihrer Investition verschaffte.[288]
Im **Mühlenbetrieb** wurde Getreide von Kunden verarbeitet. Dabei waren nicht nur die verschiedenen Auftraggeber, sondern auch die Getreidearten auseinanderzuhalten.[289] Dafür dienten Zeichen, wie die Müllerknoten. Die Berechnung dessen, was der Kunde eingebracht hatte und was er davon Mehl und Spelzen erhielt, abzüglich des Müllerlohns bzw. gegen Mahlgeld, war eigentlich mit Dreisatz zu lösen. Es wurde berechnet, dass der feudale Mühlenherr von jeweils 10–12 Säcken einen für sich behielt.[290]

Bei **Staat und Bistum** zeigten sich früh **Geldbedarf und -gebrauch**[291] und damit neuartige Ansprüche an Rechnen und Berechnen. Es kam es zur Umstellung der Einnahmen von Naturalien auf Geld ebenso wie zur Ablösung (Umrechnung) von Diensten und Naturalleistungen der Bauern in Geldabgaben[292] usw. Nicht zuletzt,

[285] Vgl. CDSR II 9, Nr. 11, S. 8f. zu 1290: Nr. 33, S. 25f; zu 1293 CDSR II 8, Nr. 23, S. 18.
[286] Vgl. Johannes Mager/Günter Meißner/Wolfgang Orf: Die Kulturgeschichte der Mühlen, Leipzig 1988, S. 16ff., 25f.
[287] Vgl. Kulischer: Allgemeine Wirtschaftsgeschichte, S. 160f.
[288] Vgl. Gilomen: Wirtschaftsgeschichte, S. 70.
[289] Im Einzelnen vgl. Rüdiger: Adam Ries; S. 32f.
[290] Vgl. Neues Denken, neue Welten, S. 48.
[291] Zum wachsenden Geldbedarf von Adel und Geistlichkeit vgl. Stern/ Gericke: Deutschland, S. 49.
[292] Vgl. Czok: Die Entwicklung, S. 236.

um die Einkünfte zu erhöhen, erfolgte der **weitere Ausbau des Staats- und Verwaltungsapparates**. Zugleich festigte sich auch dadurch die markgräfliche Herrschaft. Der Adel war angesichts der Auseinandersetzungen um Landbesitz bestrebt, sich Rechte an demselben sicher bestätigen zu lassen. Rechtsakte, wie Besitzvergaben, sollten nun in **Siegelurkunden** festgehalten werden. Dass diese aber nur allmählich auftraten, lag neben Gewohnheit und dem Vertrauen in symbolische Handlungen bei den Laien vor allem an der noch ungenügenden und unzureichenden Ausbildung von Fachleuten; von halbwegs inhaltreichem Elementarunterricht und verfügbarem Wissen bei Klerikern als Reservoir für Verwaltungsbeamte kann selbst im 14. Jahrhundert nicht die Rede sein.[293]

Rechnen und Geometrie begannen nun im Vergleich zur Zeit der reinen Agrarwirtschaft **eine größere Rolle** zu spielen. Nicht mehr nur die annähernde Wiederholung der Produktions- und Verwaltungsprozesse und der Menge der Produkte kamen vor, sondern das Nachdenken über weitere Effektivierung der Prozesse, die Erzeugung eines Mehrproduktes in der Landwirtschaft wie im Handwerk sowie über Wege einer Erweiterung des Ware-Geld-Handels unter Kaufleuten. Förderlich war für das Geschehen in der Mark Meißen, dass hier der Bergbau die notwendige und dabei wachsende Menge des vermünzbaren Erzes bereitstellen konnte, um Geld in Umlauf zu bringen, das zur Ermittlung von Werten und als allgemeines Äquivalent diente. Denn **Angehörige aller sozialen Schichten waren an der Nutzung der neuen Möglichkeiten der Ware-Geld-Wirtschaft interessiert** sowohl wegen der Verlockungen der in den Marktsiedlungen erwerbbaren vielfältigen Güter, neben Dingen für den täglichen Bedarf, die feiner waren als die von den abhängigen Bauernfamilien gelieferten, auch Luxusgüter für die Familien der Herren,[294] als auch wegen der Bemühungen, Geld zu erwerben; das flache Land war davon berührt, indem die Bauern ihre Mehrproduktion auf den Markt bringen konnten. Damit musste sich auch zwangsläufig das Suchen nach begreifbarem Berechnen, Methoden des Abgleichens und Umrechnens von Werten der gehandelten Objekte zunehmen. Ein neuer, **nunmehr permanenter Bedarf an einfachem Rechnen** erwuchs daraus. Das **Geld führte aber nicht nur zu diesen Ansprüchen, sondern war zugleich darin Lehrer**, wie man sich vor schmerzlichen Verlusten hüten und durch genaue, wiederholte Beobachtung des Handelns anderer Menschen eigene Fähigkeiten verbessern konnte. Nur so waren die erlangten sozialen Besitzstände in komplizierten Umbruchzeiten zu sichern, wobei auch die Vertiefung des Glaubens vermutlich einen gewissen Rückhalt bot.

[293] Vgl. Müller: Die Anfänge, S. 5.
[294] Vgl. Stern/Gericke: Deutschland, S. 11.

Hierbei konnten Rechenaufgaben im Handwerk und Handel, im Bergbau, beim Mühlenbetrieb und in den staatlichen, kirchlichen, städtischen und anderen Verwaltungen zunächst durchaus mit traditionellen Varianten des Abzählens gelöst werden. Problem waren das Ungeübtsein bei der Masse der Bevölkerung, der Zwang, ständig ausloten zu müssen, welche Prozesse und auf welche Weise auch Rechenoperationen verlangten. Es wurde notwendig, vieles, Geld- u. a. Größen, schriftlich zu fixieren und mit mehr Grundrechenarten zu bearbeiten, wofür die Qualifizierung bei vielen Menschen keinesfalls gegeben war. Auch in Urkunden musste nun, unabhängig ihrer Provenienz, beim Umgang mit Geldmengen generell deren Höhe angegeben werden, z. B. war jetzt zwingend zu schreiben: „ducentarum marcarum" (200 Mark) und „x talenta" (10 Pfund).[295]

Wie bzw. durch wen wurde der steigende Rechenbedarf befriedigt? Wie war der Wissenserwerb organisiert und wie erfolgte er – und zwar in einem breiteren Umfang als bisher? Das lenkt auf das **Schulwesen**. Dessen **Ausbau** wurde vom Meißner Domkapitel und den Klöstern[296] **im 13. Jahrhundert** deutlich vorangebracht. Es sind **mehr Schulen nachweisbar,** und es hat wohl mehr Schüler gegeben. Aber die Entwicklung der Bildungslandschaft vollzog sich in engen Bahnen auch nach dem Wendepunkt in der westlichen Mathematik im 12. Jahrhundert, als „durch die Übersetzungen aus dem Arabischen fast schlagartig eine riesige Menge neuen Wissens zur Verfügung gestellt wurde".[297] Davon war im Meißnischen zunächst wenig zu spüren, vielleicht durch den Zuwachs an wissenschaftlichen Handschriften.

Die **Meißner Dom-(Kathedral-)schule** war bis zum 14./Anfang des 15. Jahrhunderts eine Chorschule. Jedoch änderte sich insofern etwas bei ihren Schülern, indem im 14. Jahrhundert drei Gruppen auftraten, die unter Leitung des Chor-Schulrektors standen: neben Gehilfen im Gottesdienst (*pueri*, *parvuli*, d. h. Kannben) und Chorschülern (*chorales* im engen Sinn als Vorstufe zu den Vikarien) die *scolares* als einzelne jüngere oder ältere Gehilfen bzw. Schreiber von Pfarrern und Kanonikern, die im Dom bzw. in Stiften von einem Schulmeister (dann auch in Pfarreien in der Regel vom Pfarrer) unterrichtet wurden.[298] An der Meißner Domschule erfolgte damit auch die Ausbildung des Personals für die bischöflich-meißnische und die markmeißnische Kanzlei.

Hinzu traten weitere **geistliche Schulen an kirchlichen Einrichtungen**. 1205 gründete Bischof Dietrich II. einen Konvent von Augustiner-Chorherren an der Kirche St. Afra zu Meißen und verordnete die Einrichtung einer Schule von zwölf

[295] Vgl. CDSR I 3, Nr. 409, S. 287 (1228).
[296] Im 12./13. Jh. erfolgten im Bistum 72 Klostergründungen; vgl. Müller: Die Anfänge, S. 1f.
[297] Bussard: Über die Entwicklung, S. 211.
[298] Vgl. Müller: Die Anfänge, S. 17–19.

weltlichen Knaben zur Gestaltung des Gottesdienstes.[299] Die Zahl der Schüler stieg im 13. Jahrhundert auf 24.[300] 1360 erscheint bei St. Afra ein *rector scolarium* (Schulmeister).[301] Für die Dom- und Stiftsschule zu Wurzen, wo 1114 der Bischof zu Meißen ein *monasteriolum* (kleines Münster) gegründet hatte,[302] nennt die Urkunde vom 26. März 1227 den ersten „scolasticus Wurcinensis" namens Heinricus (als Zeugen).[303] Die Schule diente nur gottesdienstlichen Zwecken.[304]
Die Schulen des 13. Jahrhunderts, Dom-, Stifts- und Klosterschulen, dienten also vorwiegend kirchlichen Zwecken, indem sie Jungen für die Unterstützung des Gottesdienstes ausbildeten. Das erfolgte in der *schola interior*, wo sie zu Mönchen erzogen wurden, bzw. in der *schola exterior*, die Weltgeistliche ausbildete und Söhnen von Laien, die sich einem weltlichen Dienst zuwenden wollten, die einzige Gelegenheit für Bürgerkinder bot, „zu einer [...] mehr oder weniger gelehrten Bildung" zu gelangen.[305] Der Unterricht bestand v. a. in Grammatik- und Bibelstudien[306] unter Einschluss einer der *artes*: Musik. Der neben Gesang erteilte Unterricht besaß geringe Bedeutung für das praktische Leben, er kam über einfachstes Lesen, Schreiben sowie Vermittlung der Ziffern meist nicht hinaus.[307] Das gepflegte Wissen entsprach kaum den neuen gesellschaftlichen Erfordernissen und hatte keinen direkten Einfluss auf die Bildung der Laien.[308]

Eine **Nonnenklosterschule** existierte bei dem von Hermann von Schönburg gegründeten und 1233 testamentarisch dotierten[309] **Benediktinerinnenkloster zu**

[299] Vgl. CDSR II 4, Nr. 147, S. 102–104.

[300] Vgl. Müller: Die Anfänge, S. 20f.; 102ff.; CDSR II 4, Nr. 167, S. 118. Scholaren sind auch 1406 erwähnt CDSR II 4, Nr. 138, S. 89, und Nr. 245, S. 194.

[301] Vgl. CDSR II 4, Nr. 213, S. 152; Müller: Die Anfänge, S. 21.

[302] Vgl. Schöttgen: Historie, S. 147ff, 85ff; Müller: Die Anfänge, S. 25.

[303] Vgl. CDSR II 1, Nr. 102, S. 95, wohl identisch mit „Heinricus scolasticus de Wrcin" vom 19. September 1233: CDSR II 4, Nr. 401, S. 304; Beyer: Das Cistercienserstift, S. 539; Müller: Die Anfänge, S. 25. Weitere Lehrende sind 1262 „Johannes scolasticus [...] Wurcinensis (CDSR II 1, Nr. 191, S. 154); 1266 „Jo[hannes] scolasticus Wurcinensis" (CDSR II 4, Nr. 11, S. 7); am 24. Juli 1266 „magister Johannes scolasticus Wurzinensis" (CDSR II 1, Nr. 198, S. 160; vgl. CDSR II 4, Nr. 11, S. 7). „Ot[to] scolast." am 4. Mai 1352 in CDSR II 1, Nr. 462, S. 384. Im Exemplar der SLUB: Johann Christian Schöttgen: Historie, S. 196, ist handschriftlich ergänzt: „1306 Hermannus"; Müller: Die Anfänge, S. 25.

[304] Vgl. Müller: Die Anfänge, S. 3.

[305] Vgl. Müller: Die Anfänge, S. 29.

[306] Vgl. Verger: Schule, Sp. 1583.

[307] Vgl. Posse: Die Lehre, S. 7; Kaunzner: Ein Weg, S. 175.

[308] Vgl. Müller: Die Anfänge, S. 33.

[309] Vgl. Anton Tobias: Regesten des Hauses Schönburg bis 1326, Zittau 1865, S. 11. Die päpstliche Bestätigung durch Georg IX. erfolgte am 29. Oktober 1238. Gottfried August Bernhardi: Beytrag zu einer Geschichte des Städtlein Geringswalda [...], Leipzig 1777, S. 54; Müller: Die Anfänge, S. 27.

Geringswalde. Beim vorübergehenden Auftreten einer *scholastica*[310] ging es vermutlich um die Unterrichtung von Mädchen, die Nonnen werden wollten, oder um die der Novizinnen und der Nonnen selbst an einer inneren Klosterschule. In der bekamen diese vor allem Lesen und Schreiben, etwas Latein, Psalter, Gebete, Lesungen (das Brevier), kanonische Vorschriften, asketische Übungen und Handarbeiten gelehrt.[311] Die Schule diente somit nur gottesdienstlichen Zwecken.[312] Als am 1. April 1280 Ritter Heidenreich von Lichtenwalde seine drei Töchter in das Kloster gab, vermutlich dass sie Nonnen werden möchten, und ihnen eine jährliche Rente von 6½ Pfund Silber aussetzte, die nach seinem Tod dem Kloster zufallen sollten, selbst wenn eine oder alle Töchter das Kloster wieder verlassen würden, verlautet von einer Schule nichts.[313] Eine **Nonnenklosterschule** wird auch in **Freiberg** vermutet,[314] weil eine kirchliche Stiftung vom 23 Juni 1384 anordnet, der Küsterin so viel zu geben wie einer Nonne, die die Schule besucht („custrici tantum quantum uni moniali scolas intranti")[315] Es ist aber unklar, wofür eine lernende Nonne etwas erhalten soll, und auch sonst ist von einer eigentlichen und ständigen Schule beim Freiberger Kloster im 13. und 14. Jahrhundert nichts bekannt.[316] Ebenso bemerkenswert ist beim Kloster der Nonnen zum Heiligen Kreuz in Meißen, warum 1383 eine lehrende mit einer, die nur die Glocke schlägt, gleich besoldet werden soll („custrici tantum, quantum uni moniali scolas intranti, ut melius pulset"),[317] vor allem aber deshalb, dass hier sogar das *quantum* unbestimmt bleibt, anders als in Meißen. Die Nutzung der Dotationen verlangte ja einen gewissen Umgang mit Zahlen und Rechnen durch Klosterinsassinnen.
Es ist aber **nicht sicher, dass jedes Kloster eine Schule besaß**. Bei vielen der zahlreichen Klöster der Markgrafschaft fehlt bis 1400 ein deutlicher Hinweis darauf, so in Chemnitz, Pegau, Freiberg, Dresden, Meißen, Löbau, Kamenz, Plauen, Grünhain, Crimmitschau, Grimma oder auch Großenhain.[318]

Eigenheiten weist die 1212 durch Markgraf Dietrich von Meißen gegründete **Schule beim Augustinerchorherrenstift St. Thomas in Leipzig** auf, die zuerst in einer Urkunde vom 20. Februar 1254 erwähnt ist. Die anscheinend erst kurz

[310] Vgl. Theodor Distel: Der Flacianismus und die Schönburg'sche Landeschule zu Geringswalde, Leipzig 1879, S. 5f.
[311] Vgl. Specht: Geschichte, S. 258f.; Müller: Die Anfänge, S. 28.
[312] Vgl. Müller: Die Anfänge, S. 3.
[313] Urkunde gedruckt in den Mitteilungen der deutschen Gesellschaft in Leipzig I, 1856, S. 162; Müller: Die Anfänge, S. 28f.
[314] Vgl. Müller: Die Anfänge, S. 35.
[315] CDSR II 12, Nr. 616, S. 413.
[316] Vgl. Müller: Die Anfänge, S. 267f.
[317] CDSR II 4, Nr. 433, S. 325.
[318] Vgl. Müller: Die Anfänge, S. 34f.

zuvor eingerichtete „schola exterior“[319] hatte einen vom Propst ausgewählten Schulmeister; der erste namentlich bekannte, der erste Leipziger Schulmeister überhaupt, trat 1295 als Zeuge auf: „Thidericus rector scolarium in Lypz“.[320] Diese Schule stand Laien wie Klerikern offen.[321] Vorwiegend diente sie zwar der Ausbildung von Weltgeistlichen (Leutpriestern),[322] aber auch Leipziger Bürgersöhne konnten hier Bildung (Latein, Singen, Schreiben) erwerben.[323] Das war ein Unterschied zu den nur für künftige Ordengeistliche und Kanoniker bestimmten „inneren“ (*interiores*) Schulen oder auch von den nur für den Chordienst eingerichteten Chorschulen anderenorts. Damit scheint diese Schule den neuen Bedürfnissen in einer Stadt mehr angepasst gewesen zu sein; sie übernahm im Ansatz die Funktion einer städtischen Lateinschule.[324] Inwiefern Leipziger die Möglichkeit, in der Schule ihren Kindern Bildung vermitteln zu lassen, genutzt haben, ist nicht ersichtlich. Von einer inneren Schule verlautet im 13. Jahrhundert nichts.

Es existieren verschiedene Hinweise auf **Ausbildung bzw. Kenntnisse im Rechnen** in Klosterschulen. So gab es unter erworbenen, bewahrten und abgeschriebenen **Handschriften** auch solche **über Mathematik**, d. h. was sich von dem in der Antike entstandenen Wissen erhalten hatte, z. B. im Kloster Altzella. Mit den Texten wurden jedoch nur wenige Klosterangehörige bekannt, wodurch sie kaum Praxiswirkung erlangten. Sie dienten vermutlich nur der Ausbildung von Schülern. Auf in der Klosterbibliothek vorhandene Texte zu Astronomie bzw. Astrologie, Algorismus, Computus und Musik, wurde schon hingewiesen.[325] Eine ostfranzösische Handschrift aus dem 12. Jahrhundert mit Darstellung wissenschaftlicher Fächer, darunter der Arithmetica war womöglich nun hinzugekommen: auf

319 Vgl. Müller: Die Anfänge, S. 270f., 2; Mundus: 800 Jahre, S. 7; zur Mitwirkung der Schüler bei Wechselgesängen im Gottesdienst um 1300: ebd., S. 11.

320 Vgl. CDSR II. 9, Nr. 45, S. 35. Er steht dort als drittletzter unter sieben Zeugen, die alle Laien sind; Müller: Die Anfänge, S. 30, 269; 800 Jahre Schola Thomana, S. 437.

321 Vgl. Müller: Die Anfänge, S. 3.

322 Vgl. Verger: Schule, Sp. 1583.

323 Vgl. Wejwoda: Die Artistenfakultät, S. 38; Kaemmel: Geschichte, S. 4f. Bekannt ist die Heranziehung der *schuler* oder *scolares* zu gottesdienstlichen Handlungen seit dem vorletzten Jahrzehnt des 14. Jahrhunderts, so 1383; vgl. CDSR II 9, Nr. 154, S. 131.

324 Vgl. Hoyer: Sachsen, S. 226f.

325 Vgl. Die Zisterzienser und ihre Bibliotheken. Buchbesitz und Schriftgebrauch des Klosters Altzelle im europäischen Vergleich, hg. von Tom Graber/Martina Schattkowsky, Leipzig 2008, S. 85f., 117, 121, 153f., 167, 183 (= Schriften zur sächsischen Geschichte und Volkskunde, Bd. 28). Zu Klosterbibliotheken im sächsischen Raum auch Christian Alschner: Die Chemnitzer Klosterbibliotheken, in: Beiträge zur Heimatgeschichte von Karl-Marx-Stadt, hg. vom Stadtarchiv Karl-Marx-Stadt, H. 23, Karl-Marx-Stadt 1979, S. 57–61 (ein Bücherverzeichnis mit ca. 600 Bänden von 1541 ohne Titel zum Rechnen (S. 58f.) im SHSTA Dresden, Loc. 8941, Haushaltungssachen des Benediktinerklosters zu Chemnitz, Bl. 79ff.); Christoph Mackert: Geist aus den Klöstern. Buchkultur und intellektuelles Leben in Sachsen bis zur Reformation. Katalog zur gleichnamigen Ausstellung [...], Leipzig 2017.

Bl. 3a erfolgt die Erwähnung der *artes*, welche auf einer Leiter angeordnet sind.[326] Die Darstellung könnte zum Unterricht in den Fächern angeregt haben. Ob jedoch über Euklid hinaus die überlieferten griechischen und neuartigen arabischen Quellen[327] nun Gegenstand der Beschäftigung in markmeißnischen Klosterschulen waren und ob das Interesse an Mathematik generell wuchs, ist nicht festzustellen.

Auch sind **honorierte Leistungen der Knaben für Chordienst** belegt. So erfolgte bei St. Thomas in Leipzig für die Verwendung von Schülern bei gottesdienstlichen Handlungen deren Entschädigung.[328] Also müssen die Jungen in der Lage gewesen sein, die ihnen zugesprochenen Dotationen – Geldsummen – in ihrer Richtigkeit zu erkennen. Lehrer wiederum waren Treuhänder dieses Geldes und wohl damit in der Lage, mit Gesamt- und Einzelbeträgen umzugehen und die jeweils notwendige Summe abzuteilen. Auch bei den Meißner Benediktinerinnen erscheinen 1395 neben einem Propst und Kaplan „schuler".

Vor der personifizierten Philosophie mit Buch und Szepter steht eine Leiter, die den Aufstieg zur Erkenntnis versinnbildlicht.[329]
UBL Ms. 1253, Bl. 3a

[326] Vgl. UBL, Ms. 1253, Bl. 3a. Die Handschrift ist im Gefolge der Reformation an die Leipziger Universität übergegangen. Vgl. UBL Ms. 1253.

[327] Vgl. Maß, Zahl und Gewicht, S. 189; Wolfgang Kaunzner: Zu den Rechenbüchern des Johannes Widmann, in: Zur Wirkungsgeschichte der Brotordnung; ders.: Adam Ries im Spiegel seiner algebraischen Handschriften. Im Anhang Abdruck von Buch II und III der „Algebra des Initus Algebras" aus der Feder von Adam Ries im Kodex Dresden C 349, Annaberg-Buchholz 1998, S. 164f. (= SARB, Bd. 10; zugl. Staffelsteiner Schriften, Bd. 8).

[328] Müller: Die Anfänge, S. 31.

[329] Eine ähnliche Darstellung der *artes* in einer Handschrift des 14. Jahrhunderts im Archiv der Universitätsbibliothek Erlangen-Nürnberg. Abb. in Hartmut Boockmann: Wissen und Widerstand. Geschichte der deutschen Universität, Berlin 1999, S. 33.

Das waren sicher Chorschüler oder Scholaren, die „zcu den vigilien vnd ouch zcu der messe gehen“ und dafür „I groschen“ erhalten.[330] Mit aller Vorsicht ist diese Situation für alle Stifts- und Klosterschulen anzunehmen.
Weiterhin ist die Rede von **Einkünften, die aus Zahlungen der Schüler einer äußeren Schule resultierten**. 1254 wies der Propst von St. Thomas zu Leipzig einen Teil („tria talenta“) der Einkünfte, die das Stift aus der „äußeren Schule“ bezog und welche der von ihm bestellte Schulmeister vierteljährlich zu zahlen hatte („annuatim singulis quatuor temporibus XV solidi, quos eiusdem scolae magister dabit et praesentabit alicui dominorum“), zur Verbesserung der Krankenpflege an.[331] Damit kann von Rechenkundigen im Stift bzw. in der Schule ausgegangen werden.

Ferner gab es **Mitarbeit von Lehrern beim Urkunden- und Rechnungswesen** von Bischof bzw. Domkapitel, Markgraf und Klöstern. Vermutlich musste der Meißner Domscholasticus solche Aufgaben wahrnehmen wie Diktat und Schreiben der Briefe und Urkunden für das Kapitel und (Vor-)Lesen und Aufbewahren der einlaufenden Urkunden.[332]
Dass es auch an der Schule St. Afra zu Meißen Leute mit Rechenkenntnissen gegeben haben muss, zeigt einmal die Tatsache, dass Papst Nicolaus III. 1280 den Propst zu St. Afra mit der Entscheidung über eine zwischen dem Domherrn Arnold von Jencho zu Zeitz und dem Ritter Heidenreich von Berke streitige Geldsumme beauftragte,[333] ferner, dass es Einkünfte des Afrastifts von drei Bauerngütern 1351 in Brockwitz gab (mit Festlegungen in Zahlen)[334] und Zinsregister des Augustiner-Chorherrenstifts 1402ff. (mit genauen Mengenangaben, z. B. „Donath Fryczss [schuldet] IIII vnd ein halp mandel korn“; Geld scheint noch keine Rolle gespielt zu haben) existierten.[335]
Auch die Dotation für das Nonnenkloster Geringswalde ist ein Zeichen dafür, das sich daselbst jemand auf Zahlen und Rechnen, wenngleich nur für den inneren Gebrauch, verstand, also Kenntnisse besaß, die in einer Schule erworben worden waren.
So ist aus den Vorgängen zu schließen, dass in Dom- und Klosterschulen auch Arithmetik als eine der sieben Künste gelehrt wurde.[336] Es gab aber **meist nur ei-**

[330] Vgl. CDSR II 4, Nr. 444, S. 336; CDSR II 4, Nr. 491, S. 397 (1495), wonach die Äbtissin des Klosters zum Heiligen Kreuz in Meißen für die Bestellung eines Seelgerätes jeder Nonne so viel geben soll, was ihr gebührt, während für den Probst exakt 3, den Kapellan 2 und Schüler 1 Groschen festgelegt sind. Für Leipzig 1470 vgl. CDSR II 9, Nr. 276, S. 295.
[331] Vgl. CDSR II 9, Nr. 17, S. 13; Müller: Die Anfänge, S. 29.
[332] Vgl. Müller: Die Anfänge, S. 10.
[333] Vgl. CDSR II 4, Nr. 169, S. 120.
[334] Vgl. CDSR II 4, Nr. 209, S. 147f.
[335] Vgl. CDSR II 4, Nr. 239, S. 179–189. Das Zitat auf S. 188.
[336] Vgl. Folkerts: Mathematik und Naturwissenschaften, S. 46.

ne elementare Ausbildung. Die Ansätze von Pflege wissenschaftlicher Mathematik in den Lateinschulen des frühen und hohen Mittelalters besaß zunächst jedenfalls keine Beziehung zum Leben bzw. Rechnen des Volkes. Wesentlich andere Belege zum Rechnen in jenen Schulen gibt es aus dem Hochmittelalter nicht.[337]

Etwas anders verhielt es sich mit **Pfarrschulen** in den Städten, die mit der wachsenden Zahl der Kirchengründungen daselbst im 12. Jahrhundert und mehr noch seit dem 13. Jahrhundert entstanden. 1225 gab es allein in Freiberg fünf Pfarrkirchen,[338] dazu seit 1243 ein Dominikaner-, seit 1248 ein Nonnen-[339] und wohl ebenfalls seit dem 13. Jahrhundert ein Dominikanerkloster.[340] 1304 erscheint ein „Ch. viceplebanus in Lesnitz [Lössnitz] sacerdos rector scholarum ibidem" (stellvertretender Pfarrer, Priester und Rektor der Schüler) als 1. Zeuge in einer Urkunde.[341] Er war offenbar Leiter einer Pfarrschule, „vielleicht einer, die sich schon zu einer Stadtschule erweitert hatte".[342] Von 1382 existiert das erste urkundliche Zeugnis der Schule bei der Pfarrkirche S. Marien in Freiberg, „darynne man die kyndere leret". Sie war vielleicht schon im 13. Jahrhundert begründet.[343] In Pegau gab es 1379 einen Streit zwischen zwei jungen Leuten, darunter „ein schuler", der in einen Zwist zwischen Abt Gottschalk und den Bürgern der Stadt mündete, obgleich die Schule eine unter dem Patronat des Klosters stehende Pfarrschule war.[344] Die Existenz der Schule zu Grimma ergibt sich aus einer Urkunde eines Bürgers daselbst zum Kloster Nimbschen vom 30. September 1357, wobei unter den Zeugen „Johans Mauricii der schulmeyster czu Grymme" steht. Dieser muss, da es beim dortigen Augustinerkloster keinen Hinweis auf eine Schule gibt, Leiter einer Pfarrschule oder einer aus einer solchen hervorgegangenen Stadtschule gewesen sein. 1389 gab es neben dem Schulmeister noch einen „vndir meyster" (Untermeister, Stellvertreter).[345]
Auch die Pfarrschulen entstanden zu gottesdienstlichen Zwecken, weshalb sie anfangs lediglich minimale kirchliche Unterweisung und neben Gesang etwas Unterricht für den Gottesdienst bzw. zur Seelsorge boten. Auch gewährten die Pfarr-

337 Zum Rechnen in Klosterschulen: Herrmann: Mathematik im Mittelalter, S. 409–413; Hein: Die Mathematik, S. 62–69; Unger: Die Methodik, S. 3, 24; Rüdiger/Lorenz: Quellen, Nr. 63, 71; Günther: Geschichte, S. 42–54, 127–130.
338 Vgl. CDSR II 12, S. XXI.
339 Vgl. CDSR II 12, Nr. 606, S. 402f.
340 Vgl. CDSR II 12, Nr. 492, S. 327.
341 Zit. nach Müller: Die Anfänge, S. 251, mit Verweis auf G. F. Oesfeld: Hist. Beschreibung einiger merkwürdiger Städte im Erzgebirge, insonderheit [...] Lössnitz I, Halle 1776, S. 184.
342 Müller: Die Anfänge, S. 251.
343 Vgl. Müller: Die Anfänge, S. 266; CDSR II 12, Nr. 129, S. 97.
344 Vgl. Müller: Die Anfänge, S. 266.
345 Vgl. Lorenz: Die Stadt Grimma, S. 511.

schulen zunächst nur einer geringen Schülerzahl Zugang[346] und waren auch deshalb keine Lösung für die Bildungsprobleme in den Städten. So konnte aus ihnen kaum das Personal kommen, das insbesondere Stadträte und Kaufleute benötigten. Jedoch standen Pfarrschulen zum praktischen Leben der Städte in größerer Nähe als Dom- und Klosterschulen und waren deshalb womöglich besser geeignet, wenigstens solche Bildungsträger für die Gesellschaft hervorzubringen, die offen waren für neue geistige Anforderungen ihrer Umwelt und fähig, sich geeignetes Wissen und Fähigkeiten auch im Selbststudium anzueignen. Vielleicht ist dies nicht einmal das Wichtigste, sondern die Tatsache, dass solche Schulen, weil sie in den Städten lagen, der Begehrlichkeit und dem Zugriff ihrer Führungen zur gewünschten Umgestaltung und Nutzung unterlagen. Aus einer Stiftung von 1389 sollten der Schulmeister 8, der Untermeister 4 Groschen erhalten.[347] Es hat den Anschein, dass über das ihre Bezahlung Schulmeister und Schule in Abhängigkeit von der Stadt kommen konnten.

Vermutlich sind in der Mark Meißen im späten 13. und im 14. Jahrhundert aus Pfarr- und Kirchenchorschulen dann **Stadtschulen** entstanden, die Bürgersöhnen eine sich nach und nach erweiternde Bildung vermittelten.[348] Das waren vermutlich Lateinschulen, die den neuen stadtbürgerlichen Bedürfnissen mehr angepasste Einrichtungen eines neuen Schultyps waren. Stadtschulen vermittelten mehr Schülern als die Klosterschulen eine sich erweiternde Bildung. Vier von ihnen standen unter rein städtischem Patronat, darunter die Kreuzschule zu Dresden[349] (1300) und die Schule zu Zittau (1310).[350] Aus einem Vertrag von 1352 geht hervor, dass diese der Rat als „vnsere stadtschule" bezeichnete und unter Wahrung seiner Rechte der Leitung des Johanniter-Komturs unterstellte, weil er

346 Vgl. Müller: Die Anfänge, S. 33.

347 Vgl. Lorenz: Die Stadt Grimma, S. 511, 355.

348 Vgl. Müller: Die Anfänge, S. 33. Zu den seit dem späten 13. Jahrhundert in der Markgrafschaf Meißen entstandenen städtischen Lateinschulen vgl. Sachsen. 1000 Jahre deutscher Kultur, Berlin /München o. J., S. 89–91; Günther: Geschichte des mathematischen Unterrichts, S. 131ff.; Bünz: Schulen, S. 18–23 (ohne Hinweise zu Rechenunterricht); Christoph Fasbender: Einleitung. Die Lateinschulen in der mitteldeutschen Bildungslandschaft, in: Lateinschulen im mitteldeutschen Raum, S. 1f., 3–5; ders.: Schulhandschriften der mitteldeutschen Schullandschaft. Bestandsaufnahme und Desiderate, in: ebd., S. 13; Unger: Die Herausbildung, S. 215.

349 Um 1100 erfolgte die Ersterwähnung der Kreuzkirche; vgl. Geschichte der Stadt Dresden, hg. von Karlheinz Blaschke/Uwe John, Bd. 1, Stuttgart 2005, S. 204; G. H. Müller: Die Kreuzschule zu Dresden vom 13. Jahrhundert bis 1926, Leipzig 1926; G. Anhardt: Die Kreuzschule zu Dresden im Wandel der Zeit, in: Karlheinz Blaschke/G. Anhardt/H. John/M. Herrmann: Dresden. Kreuzkirche, Kreuzschule, Kreuzchor. Musikalische und humanistische Tradition in 775 Jahren, Gütersloh/München 1991.

350 Diese unter rein städtischem Patronat erscheinende Schule dürfte aus einer Pfarr- und Kirchenchorschule hervorgegangen sein; vgl. Müller: Die Anfänge, S. 3, 251f.; Gustav Köhler: Codex diplomaticus Lusatiae superioris, Bd. II, Görlitz 1854, S. 98.

„sich besser verstehet, welch meister zu der schul tüchtig sey".[351] (Dass Schulmeister der Kreuzschule rechnen konnten, ergibt sich vielleicht daraus, dass z. B. einer um 1370 am Johannistag für seine Beteiligung an dem zu Ehren des heiligen Kreuzes gefeierten Feste vom Brückenamt ½ Pfund Heller erhielt.[352]) Unter städtischem Patronat standen auch die Schulen in Löbau (1359), die vermutlich aus einer Pfarr- und Kirchenchorschule hervorgegangen ist, aber schon früh ihre Umbildung erfahren hat,[353] und in Chemnitz (1399).[354] Bis zur Mitte des 16. Jahrhunderts war der Rektor der Schule Altendresdens zugleich dessen Stadtschreiber; seine Besoldung erhielt er allein von der Stadt.[355] Irgendwann ist also auch die Kommunalisierung dieser Schule erfolgt. Zwei Schulen standen vermutlich unter dem Patronat des Stadtrats und zugleich (noch) des Deutschordens: die zu Reichenbach (1315)[356] und Plauen (1319).[357] Die zu Freiberg (1382) stand unter dem eines Pfarrers, zwei unter dem eines Klosters: einmal die städtische Lateinschule in Zwickau,[358] die seit 1291 nachweisbar ist, wobei in einer Urkunde als Zeuge unter Zwickauer Priestern und Ratsherren „Heinricus rector scholae" erscheint.[359] „sie war wohl anfangs eine Pfarrschule, aus der sich [...] infolge der Verlegung des Benediktinerinnenklosters nach Eisenberg und der zunehmenden Macht des Magistrats ohne besondere Kämpfe die unter städtischem Patronat stehende Schule entwickelte".[360] Unter einem Kloster stand auch die Schule zu Pegau (1379), die zu Bautzen unter einem Stiftskapitel. Bei fünf Einrichtungen lässt sich nicht exakt bestimmen, ob es Pfarr- oder Stadtschulen waren; das trifft für die in

351 Zit. nach Müller: Die Anfänge, S. 251.
352 Vgl. Müller: Die Anfänge, S. 246.
353 Vgl. Müller: Die Anfänge, S. 3. Von dieser Schule erscheint am 4. November 1359 in einer Urkunde des Rates als Zeuge u. a.: „Marcus nostrarum scolarum informando gubernator" [Rektor]. Das zeigt, dass die Schule städtisch war. Vgl. CDSR II 7, Nr. 20, S. 233, und S. XXXIX
354 Vgl. CDSR II 6, Nr. 67, S. 57; Müller: Die Anfänge, S. 270; Vor- und frühreformatorische Schulordnungen und Schulverträge in deutscher und niederländischer Sprache, hg. von Johannes Müller, 1. Abteilung: Schulordnungen etc. aus den Jahren 1296–1505, Zschopau 1885, S. 32 (= Sammlung selten gewordener pädagogischer Schriften früherer Zeiten, 12).
355 Vgl. Schmidt: 500 Jahre, S. 104.
356 Den 28. Februar 1315 wird als Zeuge in einer das Deutschordenshaus betreffenden Urkunde an letzter Stelle nach den Ordensbrüdern, aber ohne die Bezeichnung „frater", ein H[einrich?] Priester und Rektor der Kleinen („sacerdos rector parvulorum ibidem") genannt.; zit. nach Müller: Die Anfänge, S. 252, mit Verweis auf ders.: Mitteilungen des Altertumsvereins zu Plauen IV, 1884, Urkunde Nr. 54.
357 Der erste bekannte Schulmeister in Plauen, „Mag. H[einricus?] rector parvulorum de Plawe", in einer Urkunde vom 24. Februar 1319; vgl. Müller: Die Anfänge, S. 252f.
358 Vgl. Michael Löffler/Norbert Peschke: Chronik der Stadt Zwickau, Zwickau 1993; Günter Meier: Geschichte der Stadt Zwickau, Gudensberg-Gleichen 2002; StadtA Zwickau: Schätze des Stadtarchivs Zwickau aus acht Jahrhunderten, Zwickau 2008.
359 Vgl. Müller: Die Anfänge, S. 32.
360 Müller: Die Anfänge, S. 33.

Lössnitz (1304),[361] Pirna (1317),[362] Grimma (1357), Bischofswerda mit „Stephan sculmeistir" (1392)[363] und Oschatz (schon 1365 habe hier ein Schulmeister gewirkt, der bei der Kirche wie auch der Schule das Singen besorgen musste,[364] und 1367 heißt es: „Magister Johannes de Ossacz rector parvulorum".[365] Er war, wie sein Titel sagt, Stadt- oder Pfarrschulmeister[366]) zu. Leipzig wiederum besaß keine städtische Lateinschule.

Die Mehrzahl der älteren Stadtschulen in der Mark Meißen waren vermutlich kleine Schulen (*scolae parvae* oder *minores*), die zur Ausbildung von Jungen zur Gottesdienstgestaltung gegründet worden waren[367] und dafür eine Unterweisung sowie etwas Vulgärunterricht boten. Er bestand – in unterschiedlicher Zusammensetzung – aus Lesen, Schreiben, Ziffernkenntnis, elementare lateinische Formenlehre nach der kleinen (in Frage und Antwort abgefassten) Grammatik des Donatus[368] und elementare lateinische Satzlehre, die „regulae pueriles Remigii",[369] Lektüre und Memorieren eines lateinischen einfachen religiösen Lesestoffs (des *pater noster*, *credo*, *ave Maria*), der lateinischen Sittensprüche des Cato († 149 v.) sowie des aus künstlich gebauten lateinischen Distichen bestehenden Kirchenfestkalenders „Cisiojanus",[370] dazu einfachen Kirchengesang.[371] **Stadtschulen setzten sich nicht das Ziel, die *artes* zu lehren**.[372] Damit besaßen sie ein geringeres Unterrichtsprogramm als Klosterschulen.[373] Neu war das Bemühen der Stadträte um die Existenz der Stadtschulen und um gewünschte Veränderungen, d. h. die Umwandlung kirchlicher in selbständige öffentliche Schulen.[374] Dies geschah, indem aufgrund stadtbürgerlicher Interessen und Einflüsse der Unterricht zunehmend über das für die Ausgestaltung des Gottesdienstes Notwendige hinausging.[375]

361 Vgl. Müller: Die Anfänge, S. 254.

362 Vgl. CDSR II 5, Nr. 196, S. 472; Reinhold Hofmann: Die kirchlichen Zustände der Stadt Pirna vor der Einführung der Reformation im Jahre 1539, Pirna 1887, S. 87 (= Realschulprogramme).

363 Vgl. Lexikon Städte und Wappen, S. 53.

364 Vgl. Johann Gottlob Hoffmann: Historische Nachrichten von der öffentlichen Stadt-Schule zu Oschatz, Friedrichstadt 1784, S. 8.

365 Zit. nach Müller: Die Anfänge, S. 265.

366 Vgl. Müller: Die Anfänge, S. 265; Hoffmann: Historische Nachrichten (wie Anm. 364), S. 8, 47.

367 Vgl. Müller: Die Anfänge, S. 4ff.

368 Älius Donatus, Grammatiker, Rhetor, lehrte Mitte des 4. Jahrhunderts in Rom, verfasste eine lateinische Grammatik („Ars"), auf der im Mittelalter der Grammatikunterricht beruhte.

369 Vgl. den Druck: Regula puerorum Remigii, Tübingen 1513.

370 Aus den Anfangssilben größerer Feste mit verbindenden Einschiebseln konstruierte Verse zum Auswendiglernen, um das Kalenderverständnis zu erleichtern; vgl. Hermann Grotefend: Taschenbuch der Zeitrechnung, [Reprint] Berlin 1984, S. 20; Borst: Computus, S. 97.

371 Vgl. Müller: Quellenschriften, S. 315ff., 215ff.; Specht: Geschichte, S. 249f.

372 Vgl. Müller: Die Anfänge, S. 1–4.

373 Vgl. Günther: Geschichte des mathematischen Unterrichts, S. 132.

374 Vgl. Müller: Die Anfänge, S. 3.

375 Vgl. Müller: Die Anfänge, S. 4, 27.

Aber diese Schulen lehrten noch im 15. Jahrhundert keine Mathematik, sondern nur gewöhnlichstes Ziffernrechnen, etwa zum Nachvollziehen der Dotationen für die Auftritte der Schüler und Lehrer. So war am 8. September 1335 in Pirna von „schulern" die Rede, mit denen arme elende Leute „czu der kirche vnd czu dem grabe" gebracht werden; „deme schulemeistir" sollen dafür von einem Stiftungskapital jährlich zehn Groschen gezahlt werden, außerdem zwei Groschen für seine Anwesenheit beim gestifteten Jahrgedächtnis für einen Pirnaischen Bürger und dessen Ehefrau.[376] Auch in diesem Fall legen Gelddotationen nahe anzunehmen, dass jemand in der Schule rechnen konnte, ebenso wie bei Folgendem: Die Schule zu Zittau, die damals eine beträchtliche Schülerzahl gehabt haben muss, darunter arme, erhielt 1397 ein Vermächtnis von Katharina Hoffmann, die 6 Schock Prager Münze legierte, davon fünf Stück Tuch zu kaufen und die mit einander auf einmal armen Schülern in der Schule nach bestem Gewissen und Verstande auszuteilen.[377] Der Grund dafür, dass die Rechenausbildung in den Schulen (wenn es eine solche überhaupt gab) nicht darüber hinauskam, lag im Fehlen geeigneter Kräfte. „Im nördlichen Deutschland dauerte es [...], bis allenthalben an den städtischen Schulen ein geordneter Unterricht in den Elementen der Mathematik zu den notwendigen Requisiten des Schulwesens überhaupt gerechnet wurde."[378] Der Weg dahin erfolgte wahrscheinlich direkt über die Interessen des Rates, wie in Plauen, wo 1382 der „Rector scolarum" Friedrich Eybanger aus Nürnberg, der sich 1388 „magister artium liberal." nennt, zugleich Stadtschreiber (*prothonotarius*) war.[379] Er legte auf Weisung des Bürgermeisters ein Privilegien- und Zinsbuch an,[380] was mit Zahlen und Rechnen verbunden war. Die Vereinigung von Stadtschreiber- und Schulmeisteramt ist bei Rektoren, welche die lateinisch ausgestellten Urkunden lesen bzw. anfertigen konnten, nicht selten, in der Markgrafschaft Meißen aber für das 14. Jahrhundert außer für Plauen nur noch für Löbau belegt. Auf den Unterricht war diese Konstellation sicher von Einfluss, denn vermutlich wurde durch einen solchen Lehrer mehr auf praktische Bedürfnisse eingegangen, indem er der *ars dictaminis* (Kunst des Schreibens etwa von Briefen und Urkunden)[381]

[376] Vgl. Müller: Die Anfänge, S. 254; CDSR II 5, Nr. 24, S. 350; Hofmann: Die kirchlichen Zustände, S. 87.

[377] Vgl. Müller: Die Anfänge, S. 252, unter Verweis auf Th. Gärtner: Die Zittauer Schule bis zur Gründung des Gymnasiums, in: Festschrift des Gymnasiums 1886, S. 7.

[378] Günther: Geschichte des mathematischen Unterrichts, S. 140. Vgl. S. 132–135.

[379] Er war ein an einer Universität rite promovierter Magister, „der erste sächsische Schulrektor dieser Art." Müller: Die Anfänge, S. 254.

[380] Vgl. Müller: Die Anfänge, S. 253, unter Verweis auf Mitteilungen des Altertumsvereins zu Plauen V, 1885, Urkunde Nr. DXXVIII.

[381] Vgl. Franz Josef Worstbrock/Monika Klaes/Jutta Bütten: Repertorium der Artes Dictandi des Mittelalters, Bd. 1: Von den Anfängen bis um 1200, München 1992 (= Münstersche Mittelalter-Schriften, 66); Franz Josef Worstbrock: Die Anfänge der mittelalterlichen Ars dictandi, in: Frühmittelalterliche Studien 23, 1989, S. 1–42; Hans Martin Schaller: Ars dictaminis, Ars dictandi, in: Lexikon des Mittelalters, Bd. 1, München/Zürich 1980, Sp. 1034–1039.

oder dem Formularschreiben, d. h. der Anleitung zur Anfertigung von Geschäfts- und sonstigen Briefen und Schriftstücken – und das in deutscher Sprache, der sogenannten deutschen Rhetorik –, mehr Raum gab. [382]
Womöglich entsprach oft schon ein solcher Zustand den Bedürfnissen der Bürger. Jedoch ist um den Einfluss auf die Schulen hart gerungen worden. Bei einer Schule in Leipzig, die der Rat unter seinem Patronat und Einfluss im Nikolaikirchspiel als städtische Lateinschule für Elementarwissen, die *artes* sowie den Gottesdienst zu errichten anstrebte und zwecks deren Gründung er 1395 ein Privileg Bonifaz' IX. erreichte, dauerte der Streit mit den Augustiner-Chorherren zu St. Thomas bis 1511, ehe sie ihre Tätigkeit aufnehmen konnte. Bemerkenswert ist die vermutlich auf den Rat zurückgehende Formulierung im Privileg, dass eine Schule nicht nur zur Vermehrung des Gottesdienstes dienen, sondern zum Unterricht „pro eruditione scolarium in grammatica et aliis primitivis scientiis ac artibus liberalibus“ (in Grammatik und anderen Anfangskenntnissen sowie in den freien Künsten)[383] entstehen sollte. Angestrebt wurde also eine neue Schule, die nicht mehr nur am Bedarf des Chordienstes, sondern wenigstens auch am praktischen Leben orientiert war und deren Absolventen mit Zahlen und nicht nur mit Zählen, sondern auch (anderen) Grundrechenarten und praktischen Berechnungen umgehen konnten.

Es existierten auch **Judenschulen**. In Meißen ist eine solche 1320 bezeugt, die Judensiedlung beim Neumarkt belegt Meißens Bedeutung als Handelsplatz; die Judenschule bei Nicolai erscheint 1377.[384] Weitere gab es in Leipzig 1352,[385] Dresden[386] sowie in Grimma.[387] Sie blieben aber anscheinend als Institutionen sämtlich Episoden,[388] sicher wegen der Verfolgungen.[389] Ohne einen Bezug zu hiesigen Schulen herstellen zu können, sei darauf verwiesen, dass an solchen Schulen ein hohes Niveau geherrscht haben kann, wurde doch beispielsweise Abu Kamils Algebra, die den al-Hwārizmī erwähnt, im 15. Jahrhundert auch ins Hebräische übersetzt.[390] Bemerkenswert der Name „pristere ern Johanni Jodinschuler“ 1418 in Pirna.[391]

[382] Vgl. Müller: Die Anfänge, S. 253; ders.: Quellenschriften, S. 358ff.
[383] Vgl. CDSR II 8, Nr. 106, S. 65; CDSR II 9, Nr. 377, S. 368f.; H. O. Zimmermann: Das Schulwesen der Stadt Leipzig, in: Schriften des Vereins für die Geschichte Leipzigs, I, 1872, S. 40.
[384] Vgl. CDSR II 4, Nr. 53, S. 34f.
[385] Markgraf Friedrich belehnt 1352 seinen Marschall Tymo von Colditz mit der Judenschule in Leipzig, SHStA Dresden, Cop. 25, Bl. 57a..
[386] Vgl. Geschichte der Stadt Dresden, Bd. 1, hg. von Karlheinz Blaschke unter Mitwirkung von Uwe John, Stuttgart 2005, S. 242.
[387] Vgl. Lorenz: Die Stadt Grimma, S. 418; Müller: Die Anfänge, S. 264.
[388] Vgl. Müller: Die Anfänge, S. 3f., 270f.
[389] Vgl. Geschichte der Stadt Dresden (wie Anm. 386), Bd. 1, S. 243–246.
[390] Vgl. Bussard: Über die Entwicklung, S. 215f.
[391] CDSR II 5, [Teil Pirna] Nr. 85, S. 394.

Mit dem **Ausbau des Schulwesens erweiterten sich die personellen Grundlagen für den Aufbau von Kanzleien**. So kamen aus den Lateinschulen die Mitarbeiter der bischöflich-meißnischen und markmeißnischen Kanzlei.
Zum **Ausbau der bischöflichen Kanzlei** wurde einige gelehrter Kleriker, vor allem Schulmeister, die selbst an der Domschule ihre Ausbildung erfahren hatten, in das Domkapitel aufgenommen, um in ihrem Dienst eine Spezialisierung auf Verwaltungstätigkeit eintreten zu lassen und zunächst anonym und dann auch namentlich im Bistum tätig zu werden.[392] D. h. die bischöflichen Schreiber kamen aus dem Kapitel und dessen Schreibschule.[393] Diese Herangehensweise war spätestens im zweiten Jahrzehnt des 13. Jahrhunderts ausgebildet.[394] In den **Urkunden des Bistums** kamen nun auch Zahlengrößen vor. Während Bischof Conrad 1243 beurkundete, dass der Verkäufer von Großranis den richtigen Empfang der Kaufsumme bekannt und erklärt habe, das dort zu entrichtende Forstkorn gehöre der dasigen Kirche,[395] heißt es bei Bischof Bruno II. von Meißen 1227 auch schon, dass er dem Augustinerchorherrenstift 16 Schock Zehnten im Dorf Krögis eigne.[396] In Urkunden finden sich aber generell **nur wenige zahlengestützte Aussagen, die auf vorhergehendes Rechnen schließen** lassen. Rechenvorgänge wurden im Unterschied zu Urkunden-Rechtstexten eher in mit Wachs beschichtete Tafeln eingegraben, weil Pergament als Schriftträger für jenen Zweck als zu wertvoll erschien. Deshalb sind sie in noch geringerem Umfang erhalten als Urkunden. Besser gestellt waren kirchliche Einrichtungen, die über eine Schule und Lehrer verfügten, wie die Dresdner Kreuzkirche.
Rechenarten bzw. -operationen zeigen die Urkundentexte so gut wie nicht. Beispielsweise erscheint „Johannes scriptor“ 1221/22 als Zeuge in einer Urkunde Bischof Brunos II. mit genau aufgezählten Hufen, ohne das seine Summe gezogen wird.[397]
Dass zu einer **landesherrlichen Kanzlei** zur Zeit Dietrichs des Bedrängten († 1221) Nachrichten existieren,[398] hängt mit dem Aufhören des Landdings zusammen, womit der Hof dessen Sachen an sich zog. Gegen Ende des 13. Jahrhunderts wurde auch die Herstellung der Urkunden durch den Empfänger seltener, er musste sich vielmehr zu ihrer Erlangung an den Hof wenden.[399] Damit stiegen die

[392] Zum Vergleich: Markus A. Denzel: Kurialer Zahlungsverkehr im 13. und 14. Jahrhundert. Servitien- und Annaten-Zahlungen aus dem Bistum Bamberg, in: Beiträge zur Wirtschafts- und Sozialgeschichte, 42, 1991.
[393] Vgl. Posse: Die Lehre, S. 12.
[394] Ludwig: Die Urkunden, S. 235.
[395] CDSR II 4, Nr. 157, S. 111.
[396] CDSR II 4, Nr. 154, S. 109. Vgl. Nr. 153, 155, 156.
[397] Vgl. CDSR II 4, Nr. 391, S. 294.
[398] Vgl. Posse: Die Lehre, S. 167f.; Blaschke: Kanzleiwesen, S. 307.
[399] Vgl. Posse: Die Lehre, S. 169.

Aufgaben der Kanzlei.[400] An deren Spitze stand ein Protonotar.[401] Auch die seit 1333 nachweisbaren Vorsteher der wettinischen Kanzlei waren zunächst Kleriker; ferner belegen einzelne Nachrichten, dass dazu der Markgraf Geistliche aus dem Domkapitel bzw. den in der Markgrafschaft gelegenen Klöstern[402] zur Kanzleiarbeit heranzog, denn nur sie konnten schreiben und verstanden die lateinische Sprache[403] wie die in der Zeugenreihe einer Urkunde Markgraf Dietrichs 1220.[404] Zunächst hatten die, solange alle (bekannten) von Markgrafen ausgestellten Urkunden von deren Empfängern herrührten nur die Aufgabe, die Schriftstücke zu prüfen und deren Siegelung zu überwachen. Doch in den **Urkunden der Markgrafen** wurden schon **im 13. Jh. Zahlen- und bedingt Recheninhalte fixiert**, was sich in der Folge noch verstärkte. Das betraf z. B. die Anzahl der Bürgen (12),[405] einzuhaltende Fristen (innerhalb von 6 Wochen),[406] die Größe übertragenen Besitzes (2 Hufen),[407] die Anzahl der Betroffenen (6 Töchter), die Höhe des Jahrzinses (8 Mark),[408] die Kaufsumme (1000 Mark)[409] und der Gegenstand eines Vergleichs (5 Talente).[410] Diesen Erfordernissen vermochten die zur Kanzleiarbeit herangezogenen Geistlichen offensichtlich zu genügen. Sie konnten als Zeugen des Rechtsaktes, als Schreiber und Ausführende der Verwaltungsaufgaben in Zahlen ausgedrückte Wertgrößen überprüfen.[411] Manche Geistlichen erstellten und kontrollierten Register (Besitz- und Abgabeverzeichnisse) und vermochten Urkunden aufzusetzen, in denen auch Zahlen eine Rolle spielten, und auch sonst Berechnungen durchzuführen.[412] Zu den markgräflichen Beamten gehörte 1371 auch „her Nicolaus Munczemeistir tůmhern",[413] ein Mann, der sicher rechnen konnte. Eine feste institutionelle und personelle Formierung der Kanzlei gab es aber bis zum 15. Jh. nicht. Die Schreiber arbeiteten dort meist nur wenige Jahre. Sicher wurden ortsansässige herangezogen, wo sich die Kanzlei gerade aufhielt.[414] Deren stabiles Element blieb der Kanzler (ehemals Protonotar).[415]

[400] Vgl. Vogtherr: Die Kanzlei, S. 187f. Er datiert die Kanzleientstehung auf 1235.
[401] Vgl. Blaschke: Kanzleiwesen, S. 307.
[402] Vgl. Posse: Die Lehre, S. 12.
[403] Blaschke: Kanzleiwesen, S. 310.
[404] Vgl. CDSR II 4, Nr. 388, S. 292; auch „Johannes scriptor": CDSR II 4, Nr. 391, S. 294.
[405] Vgl. SHStA Dresden, O. U. 555.
[406] Vgl. SHStA Dresden, O. U. 583.
[407] Vgl. SHStA Dresden, O. U. 850.
[408] Vgl. SHStA Dresden, O. U. 978.
[409] Vgl. SHStA Dresden, O. U. 1082.
[410] Vgl. SHStA Dresden, O. U. 1090.
[411] Vgl. Ludwig: Die Urkunden, S. 235.
[412] Zur Organisierung des Rechnungswesens an anderen Höfen jener Zeit: Stefan Weiß: Die Versorgung des päpstlichen Hofes in Avignon mit Lebensmitteln. Studien zur Sozial- und Wirtschaftsgeschichte eines mittelalterlichen Hofes (1316–1378), Berlin 2002, S. 83.
[413] Vgl. CDSR II 4, Nr. 52, S. 34.
[414] Vgl. Blaschke: Kanzleiwesen, S. 316.
[415] Vgl. Vogtherr: Die Kanzlei, S. 188.

Gegen Ende des 13. Jahrhunderts hatten die markmeißnische ebenso wie die bischöfliche Kanzlei festere Strukturen auch deshalb ausgebildet, weil **Schreibarbeit größere Bedeutung** gewann.[416] Die Kanzlei war treibend bei der weiteren „Verschriftlichung“ der Leitungsprozesse.[417] Neben der Ausstellung von Urkunden und damit zusammenhängendem Rechnen hatte **die markgräfliche Kanzlei das Rechnungswesen der Zentralverwaltung der Mark zu bewältigen**, das während des späten Mittelalters an Umfang zunahm. Seit Anfang des 14. Jahrhunderts musste die Kanzlei neue Aufgaben lösen, wie die Beschaffung und Verwaltung größerer Summen Bargeld sowie Meisterung von Geldbewegungen, insofern die „noch nicht voneinander getrennten Bereiche der Hofhaltung und der Zentralverwaltung Aufwendungen an Bargeld nötig machten und bei bestimmten [...] Anlässen große Summen aufgebracht werden mussten“. Das erfolgte meist durch Verpfändung von Gebietsteilen oder Städten, Belehnungsakte und Verkäufe. Weil die *bede*, eine von den Bewohnern zunächst „erbetene“ Geldsteuer, im Laufe des 14. Jahrhunderts zur Gewohnheit wurde, musste die Kanzlei auch die dadurch eingehenden Gelder verwalten. In der ersten Hälfte des 14. Jahrhunderts trug die Kanzlei zudem merklich zur Fixierung des Potentials des Landes bei. Belege hierfür sind die Bedeverzeichnisse von Ämtern.[418] Auch eine Hofhaltungsrechnung entstand Ende 1330 unter Verantwortung des Marschalls als Leiter der markgräflichen Hofhaltung.[419] Hintergrund für all dies war, dass die Geldwirtschaft für die Ausübung der Landesherrschaft immer wichtiger wurde, was auf lokaler Ebene ebenso wie in der Zentralverwaltung die Zunahme des schriftlich geführten Rechenwerkes herbeiführte.[420] Die Verwaltung schloss auch verstärkt Bergbau, Finanz- und Münzwesen ein, wo Rechnen und genaue Dokumentation eine besonders wichtige Rolle spielten. Das führte zu einer entsprechenden Verwaltungs- und Schriftlichkeitsgliederung mit zahlreichen Schriftgutformen, worunter das Rechnungsschriftgut eine beachtliche Rolle einnahm. Die Kanzlei wur-

[416] Vgl. Posse: Die Lehre, S. 12, 176.

[417] Vgl. Ernst Pitz: Schrift- und Aktenwesen der städtischen Verwaltung im Spätmittelalter. Köln – Nürnberg – Lübeck. Beitrag zur vergleichenden Städteforschung und zur spätmittelalterlichen Aktenkunde, Köln 1959 (= Mitteilungen aus dem Stadtarchiv von Köln, Bd. 45).

[418] Vgl. Blaschke: Kanzleiwesen, S. 309. Weitere entstandene Verzeichnisse siehe in: Das Lehnbuch Friedrichs, so eine Liste der Herren und Edlen in den drei Landesteilen Meißen, Osterland und Thüringen und in der wettinischen Niederlausitz – um 1347 – (S. 263–269), ein Heerwagenverzeichnis – 1347 – (S. 270–275). Vgl. Woldemar Lippert: Studien über die wettinische Kanzlei und ihre ältesten Register im 14. Jahrhundert, in: Neues Archiv für sächsische Geschichte, 24, 1903, S. 1–42; 25, 1904, S. 209–230.

[419] Vgl. Woldemar Lippert: Zur Geschichte Kaiser Ludwigs des Baiern, in: Mitteilungen des Instituts für österreichische Geschichtsforschung, 13, 1892, S. 598; Manfred Kobuch: Die Anfänge der meißnisch-thüringischen landesherrlichen Archivs, in: Beiträge zur Archivwissenschaft und Geschichtsforschung, hg. von Reiner Groß/Manfred Kobuch, Weimar 1977, S. 114f. (= Schriftenreihe des Staatsarchivs Dresden, Bd. 10).

[420] Vgl. Blaschke: Kanzleiwesen, S. 307–309.

de jedoch nicht von Grund auf reorganisiert.[421] So begann der Aufbau der **landesherrlichen Bergverwaltung**. Personen wie Zehntner, die den Silberzehnt zu vereinnahmen und weitere bergbauliche Rechte des Landesherrn wahrzunehmen hatten, Münzmeister, denen alles Silber abzuliefern war, und der Bergmeister waren die ersten markgräflichen Beamten,[422] sie mussten zu ihrer Amtsführung wenigstens über elementare Rechenkenntnisse verfügen. 1294 begann die schriftliche Fixierung von Stadt- und Bergrecht.[423] Damals sind sicher Vermessungen unter Nutzung der Geometrie vorgenommen worden als auch „Aufzeichnungen" der Fördermengen mit Hilfe von Kerbhölzern erfolgt.
Verstärkte Anforderungen wurden der Kanzlei mit den Ereignissen des Jahres 1349 und den Bedingungen nach dem Tod Markgraf Friedrichs II. auferlegt: Abrechnungspflicht des ältesten Sohnes gegenüber seinen Brüdern, verbunden mit sorgfältiger Rechnungsführung.[424] 1368 hieß es, dass eingetriebene Bußen den drei Brüdern Friedrich, Balthasar und Wilhelm gleicherweise zugutekommen sollten wie alle anderen Zinsen, Beten, Gefälle, Gulden, Geleite, Angefälle in Bergwerken, an der Münze, Vogteien usw.[425] **Im 14. Jahrhundert erfuhr** so die Tätigkeit der markgräfliche Kanzlei und die notwendigen **Rechenarbeiten einen weiteren Aufschwung**.[426]

Der den in naturalwirtschaftlichen Traditionen erzogenen Fürsten ungewohnte Umgang mit Geld erforderte umso mehr befähigtes **Personal**.[427] Da ein zum Jahre 1350 erwähnter Kammermeister sonst noch ganz vereinzelt genannt wurde,[428] waren wohl **Schreiber zugleich die Rechnungsbeamten**, wobei Rechnungsarbeiten besonderen Beamten anvertraut waren.[429] Eine Rolle konnten weiterhin **Notare** spielen. So erscheint unter den Kanonikern der Kirche in Bautzen 1218 ein „Johannes scolasticus"[430] an der Dom- und Stiftsschule, der 1221 von Bischof Bruno II. „Johannes notarius noster, scolasticus Budsinensis" genannt wurde[431]

[421] Vgl. Blaschke: Kanzleiwesen, S. 312f.
[422] So noch im 16. Jahrhundert; vgl. Ufer: Die Stadtgemeinde, S. 31.
[423] Vgl. Ufer: Die Stadtgemeinde, S. 31.
[424] Vgl. Blaschke: Kanzleiwesen, S. 309f.
[425] Vgl. Registrum dominorum, S. XXVI.
[426] Vgl. Hans-Stephan Brather: Die Verwaltungsreform am kursächsischen Hofe im ausgehenden 15. Jahrhundert, in: Archivar und Historiker. Studien zur Archiv- und Geschichtswissenschaft. Zum 65. Geburtstag von Heinrich Otto Meisner, Berlin 1956, S. 254–287 (= Schriftenreihe der Staatlichen Archivverwaltung, Bd. 7); Unger: Die Herausbildung, S. 214, 217; Rolf Goldfriedrich: Die Geschäftsbücher der kursächsischen Kanzlei im 15. Jahrhundert, Diss. Leipzig 1930, S. 19, 45; Hubert Ermisch: Eine Hofhaltsrechnung Markgraf Wilhelms I. (1386), in: NASGA, 18. Bd, 1897, S. 1–30.
[427] Vgl. Blaschke: Kanzleiwesen, S. 309.
[428] Blaschke: Kanzleiwesen, S. 314.
[429] Vgl. Posse: Die Lehre, S. 12, 176.
[430] Vgl. Beyer: Das Cisterciensersstift, S. 529; Müller: Die Anfänge, S. 21.
[431] Vgl. Müller: Die Anfänge, S. 23f.

und 1223 „Johannes notarius et scolasticus Budesinnensis" heißt.[432] „Johannes noster notar" erscheint als Zeuge in einer Urkunde Markgraf Friedrichs I. 1300 zu Geldzinsen.[433] Auch war „Nicolaus de Gyten notarius" und 1347 anwesend bei der Zueignung von Zinsen für das Afrastift in Meißen.[434] Erwähnt wurden ferner „Paulus mag., notar. episc. Misn.";[435] Notar „Heynricus Kusche de Sorabo, clericus Misnensis diocesis", 1383.[436] Ebenfalls scheinen **Advokaten** mit Rechensachen befasst gewesen zu sein. Seit dem 5. Jahrhundert waren sie in der Kirche Funktionsträger, deren Zuziehung im 8. Jahrhundert in weltlichen Streitigkeiten der Geistlichen vorgeschrieben wurde und deren Aufgabenkreis bis 1340 durch päpstliche Dekrete näher bestimmt war (als Berater und Vertreter einer Partei im Prozess Verfasser von Klageschriften und anderer Stellungnahmen und deren Vortrag vor Gericht).[437] So war Heinricus de Thechewytz Advokat des Markgrafen 1295.[438]

Mit dem bedeutendsten Kanzleivorsteher Konrad von Kirchberg-Wallhausen[439] **traten nunmehr akademisch Gebildete in den landesherrlichen Kanzleidienst**. Er entstammte einer niederadligen Familie aus dem Raum Jena und kam 1332 als Notar zum Kanzleidienst. 1344 ist er im Amt eines Landschreibers bezeugt. Schon vor seiner Bologneser Studienzeit besaß er reiche Pfründe, u.a. am Meißner Dom. An der um 1130 gegründeten Universität Bologna, die von Anfang an für Rechtswissenschaften berühmt war,[440] wurde er im Herbst 1345 immatrikuliert und am 6. Januar 1348 als „canonicus ecclesiae Misnensis" zum Procurator der deutschen Nation gewählt. Am 10. April des Jahres legte er die Schlussrechnung seiner Prokuratur vor, weil er nach Sachsen zurückgerufen worden war, wo er am 24. August als Protonotar bezeugt ist. An der Spitze der wettinischen Kanzlei stand er bis 1350, wurde aber in den folgenden Jahren weiterhin an der Ausfertigung markgräflicher Urkunden beteiligt, bis er sich vollends seinen Pflichten als Prälat des Hochstifts Meißen widmete. 1370 wurde er zum Bischof von Meißen gewählt.[441] Während seiner Tätigkeit in der Kanzlei lassen sich fünf verschiedene Arten von Kanzleibüchern nachweisen: 1. das *Registrum Perpetuum* (für dauernd wichtige Sachen wie Lehnbriefe, Schenkungen, Privilegien), 2. das *Registrum Temporale* (für Sachen von vorübergehender Bedeutung,

432 CDSR II 4, Nr. 153, S. 108.
433 Vgl. CDSR II 4, Nr. 187, S. 133.
434 CDSR II 4, Nr. 205, S. 146.
435 CDSR II 4, Nr. 200f., S. 142f. (1326 und 1327).
436 CDSR II 4, Nr. 224, S. 163.
437 Vgl. Köbler: Lexikon, S. 11.
438 CDSR II 4, Nr. 182, S. 129.
439 Vgl. Vogtherr: Die Kanzlei, S. 188f.
440 Vgl. Paolo Colliva: Bologna, in Lexikon des Mittelalters, Bd. 2, München/Zürich 1983, Sp. 381–387.
441 Vgl. Lippert: Studien, S. 13–29; Blaschke: Kanzleiwesen, S. 310.

z. B. Verpfändungen), 3. der *Liber Computationum* (mit dem noch ungeteilten Rechenwerk von Hofhaltung und Zentralverwaltung), 4. das *Copiale* (für Abschriften der eingegangenen Kaiser- und Königsurkunden), 5. das Lehnbuch Friedrichs des Strengen von 1349/50[442] (das älteste umfassende Verzeichnis aller von den Markgrafen von Meißen und Landgrafen von Thüringen ausgetanen Lehen für eine genaue Übersicht über alle Vasallen, die in regionaler Gliederung entsprechend der Vogteiorganisation aufgeführt wurden). Das Buch macht „die Bedeutung der Kanzlei für die innere Festigung des werdenden Territorialstaates sichtbar. Persönliche Bindungen der Vasallen an den Fürsten [durch die genannten rituellen symbolischen Handlungen] und mündliche Überlieferung der einzelnen Besitzstücke reichten nicht mehr aus."[443] 1378 wurde als „Glanzleistung spätmittelalterlicher Kanzleiarbeit" das „Registrum dominorum marchionum Missnensium" mit einer bis in die örtlichen Einzelheiten gehenden Aufstellung aller Einkünfte und Rechte der Wettiner zusammengestellt, indem es nicht die verlehnten Stücke (wie im Lehnbuch), sondern die unter unmittelbarer Verwaltung und Nutzung der Fürsten verbliebenen Ämter, Städte, Dörfer und sonstigen Besitzungen und Rechtstitel aufführt.[444] „Mit diesen beiden Büchern besaß die wettinische Zentralverwaltung am Ende des 14. Jahrhunderts einen ausgezeichneten Überblick und eine genaue Kenntnis über den gesamten wettinischen Herrschaftsbereich."[445] Ende des 14. Jahrhunderts traten die ersten Kanzleileiter auf, die keine Geistlichen waren, so 1353–64 Heinrich von Kottwitz, 1396–1407 Mag. Johannes Meltzer und 1426–28 Dr. Heinrich Leubing.[446]

Anstelle der aufgelösten Burgwarde traten Vogteien, die in Städten ihren Sitz hatten und aus denen sich die landesherrlichen Ämter entwickelten.[447] Die Amtleute wurden über Verwalter des unverlehnten Domanialbesitzes hinaus zu den örtlichen Trägern staatlicher Gewalt.[448] Auf der **lokalen** Ebene der **Verwaltung** nahm der **Umfang der Rechenarbeit** ebenfalls zu. Denn die Vögte bzw. Amtleute wurden bei der Wahrnehmung landesherrlicher Interessen in den örtlichen Bereichen immer häufiger zur Rechnungslegung veranlasst, weil die Bargeldeinkünfte der Ämter straffer erfasst werden sollten.[449]

[442] Ihm gingen überlieferte Bruchstücke älterer Lehnregister und verlorengegangene, nur in Quellen erwähnte „antiqua registra" voraus; vgl. Blaschke: Kanzleiwesen, S. 311.

[443] Vgl. Lippert: Studien, S. 2ff.; Blaschke: Kanzleiwesen, S. 311.

[444] Vgl. Registrum Dominorum Marchionum Missnensium. Verzeichnis der den Landgrafen in Thüringen und Markgrafen zu Meißen jährlich in den wettinischen Landen zustehenden Einkünfte, 1378, hg. von Hans Beschorner, Leipzig 1933; Blaschke: Kanzleiwesen, S. 312.

[445] Blaschke: Kanzleiwesen, S. 312.

[446] Vgl. Blaschke: Kanzleiwesen, S. 313; Vogtherr: Die Kanzlei, S. 191f.

[447] Vgl. Unger: Die Herausbildung, S. 219.

[448] Vgl. Blaschke: Kanzleiwesen, S. 315.

[449] Blaschke: Kanzleiwesen, S. 315.

Auch **unter Adligen gab es Fortschritte hinsichtlich der Schriftlichkeit unter Einschluss von Rechnen**. Als 1395 die Burggrafen Bertold und Heinrich der Frauenkirche und der Elbbrücke in Meißen Geldzinsen von drei Hufen in Diera eigneten, ist als Zeuge dabei „Valentinus vnser schriber", der Einzige unter allen, der wohl rechnen konnte, was „czwey schog groschin vnde vyr groschin ierligis czinsis" bedeuten.[450] 1398 ist für die Burggrafen Berthold und Heinrich von Meißen „Valentinus vnsir schriber" wegen Geldzinsen tätig.[451] Tyczeman von Lympach ist 1352 „obirstir schryber [...] des margrauyn",[452] 1373 „her Bertolt vnsir cappellan vnde schriber" der Burggrafen von Meißen[453] und „Bertoldo de Wissinze notario nostro" ebenfalls der Burggrafen von Meißen.[454] Heynrich Karas erscheint als burggräflicher Schreiber 1357.[455]

Zu den **Bestrebungen der Stadtbürger** nach Autonomie und deren Gestaltung **gehörte unabdingbar die Souveränität auf dem Gebiet der Finanzen**. So hieß es schon um 1165 bei den Verhandlungen zwischen den Bürgern Leipzigs und dem Markgrafen, „dass er gewiss keinerlei Abgaben erhebe, außer im Notfall [...], und dann würde er ohne Belastung der Bürger nur Mäßiges verlangen." Einnahmeerhebung und Ausgabenverpflichtungen der Kommune sollten sich in deren eigenen Händen befinden und das Handeln des Rates dokumentiert und jederzeit vor der Gemeinde belegbar sein (zunehmend gehörte das aber bei dessen Verselbständigung zu des Rats Heimlichkeiten).
Deshalb müssen die Städte spätestens mit dem Aufbau ihrer Selbstverwaltung auch über Schreib- und Rechenkundige verfügt haben. Hierbei kam die zentrale Rolle Stadtschreibern zu.[456] Der frühest seit 1335 tätige bzw. ab 1368 nachweisbare in Leipzig war der wichtigste Beamte der Stadt.[457] Er sollte (1472) „dem rate gewertig vnd anders nicht denn des rats gescheffte warten vnd noch befehill der bawemeister [ihnen oblagen neben den Bau- auch die Finanzsachen] des rats inname vnd ußgabe, ouch was sust von rats wegen not were, beschreiben."[458] Der

[450] Vgl. CDSR II 4, Nr. 64, S. 44. Ähnlich 1441, als Kurfürst Friedrich II. dem Rat und der Stadtgemeinde die Abtretung von 8 Schock Groschen jährlicher Zinsen zu einer ewigen Messe auf Wiederkauf gestattete. Vgl. CDSR II 4, Nr. 91, S. 61. Zinssachen: Nr. 134f., 137f., 142, 145, 163, 164 (Domherr Magister Walther 1268); 165, 187, 193, 195–197, 200, 202, 205, 210, 212f., 215–217, 219, 225–227, 229, 231, 233–237, 240f.

[451] CDSR II 4, Nr. 233, S. 172f.

[452] CDSR II 4, Nr. 41, S. 27.

[453] CDSR II 4, Nr. 219, S. 158. Zins- und Gütertausch

[454] CDSR II 4, Nr. 217, S. 156. Geldzinsen

[455] CDSR II 4, Nr. 210, S. 150. Jahreszins

[456] Zu den Stadtschreibern in Eilenburg, Leipzig, Grimma, Altenburg, Zwickau, Chemnitz, Freiberg, Rosswein, Oschatz, Torgau, Meißen und Dresden vgl. Schmitt: Untersuchungen, S. 349–451.

[457] Vgl. Harald Schieckel: Das Kanzleiwesen der Stadt Leipzig bis zum Jahre 1543, in: Archivmitteilungen, 1957, H. 2, S. 72, zum Kanzleipersonal S. 71–76; Walther Rachel: Verwaltungsorganisation, S. 49, Steinführer: Urkunden- und Kanzleiwesen, S. 164, 180f.

[458] CDSR II 8, Nr. 460, S. 386f.

erste bekannte Leipziger Stadtschreiber, Johannes, war „notarius“,[459] was eine Ausbildung vermuten lässt. Er stellte die „Polete“, eine Bescheinigung über die Bezahlung der Gebühr für das Brauen, und „Zeddel“ als Belege für die Bezahlung von Gebühren oder Käufen aus Ratsvorräten aus, hatte laut Baumeisterordnung Schoss, Wächtergeld und das Geld von den Gewandleuten[460] einzunehmen.[461] Er stand also wie in anderen Städten vor allem für Geldsachen und damit Berechnen bereit[462] und nahm so eine wichtige Position ein; mit den Baumeistern bildete er die oberste Finanzbehörde der Stadt. „Kein Geld darf ohne des Stadtschreibers Wissen vereinnahmt und ausgegeben werden, bei der Rechnungsablegung aller Amtleute vor den Baumeistern muß der Stadtschreiber zugegen sein.“[463]

Schreiber in Nürnberg 1438 (Johannes, ein Stuhlschreiber[464]). Nach: Deutsches Handwerk im Mittelalter. Bilder aus dem Hausbuch der Mendelschen Zwölfbrüderstiftung in Nürnberg. Mit einem Geleitwort von Friedrich Bock, Leipzig 1935, Tafel 20

1401 ist für Naunhof „Mathis Schriber“ im Zusammenhang mit Geldsachen erwähnt.[465] „Paulus der alde stadschribere“ zu Großenhain war 1417 anwesend bei der Zueignung von Geldzinsen aus Kleinthimig durch Burggraf Heinrich zu Meißen an kirchliche Einrichtungen.[466] Stadtschreiber Magister Caspar Sagner verfasste 1505 das Schoßregister von Torgau.[467] Nachweislich gab es um das Jahr 1300 beim Rat in Leipzig eine Kanzlei.[468] Im zweiten Drittel des 14. Jahrhunderts

459 Vgl. CDSR II 9, Nr. 120, S. 95.
460 Vgl. Rachel: Verwaltungsorganisation, Anhang 1.
461 Vgl. Rachel: Verwaltungsorganisation, S. 52.
462 Vgl. Ratsbuch 1, Eintrag Nr. 70 (1467).
463 Rachel: Verwaltungsorganisation, S. 52.
464 Nach: Das Hausbuch der Mendelschen Zwölfbrüderstiftung zu Nürnberg. Deutsche Handwerkerbilder des 15. und 16. Jahrhunderts, hg. von Wilhelm Treue u. a., 2 Bde., Bildband, München 1965, Tafel 99.
465 Vgl. CDSR II 10, Nr. 218, S. 151f.
466 Vgl. CDSR II 4, Nr. 457, S. 352; Johannes Arnoldi, 1444 „statschriber zcum Hayne“: CDSR II, 4, Nr. 273, S. 220.
467 Vgl. Jürgen Herzog: Das Schoßregister der Stadt Torgau des Jahres 1505, in: SHtbll 1992, H. 5, S. 287.
468 Vgl. Steinführer: Urkunden- und Kanzleiwesen, S. 173f.

bildeten sich feste Kanzleigewohnheiten aus. Im 15. Jahrhundert war das Kanzleiwesen der Städte vollständig entfaltet.

Im Innenlauf diente für zahlengebundene Vorgänge als Gedächtnisstütze wie als Beweismittel lange Zeit, noch Ende des 15. Jahrhunderts (s. u.) das u. U. zweigeteilte Kerbholz. Spätestens im 14. Jahrhundert nutzten die Räte intern wie extern auch die Schriftform. Sie setzte sich in fast allen Verwaltungsbereichen durch.[469]
Wurden anfangs nur wichtige rechtserhebliche Tatsachen in Urkunden durch Fremdaussteller mit geistlichen Schreibern fixiert,[470] so waren seit dem 14. Jahrhundert nicht mehr nur große politische Maßnahmen und Grundstücksachen ihr Gegenstand, sondern zunehmend bürgerliche Sachen.[471]
Als Gedächtnisstütze, erste vorrangig dem Rechnungswesen dienende Schriftstücke spielten Zettel, durch die „Amtlichkeit“ und die Tatsache, dass beide Seiten wie beim Kerbholz einen solchen erhielten,[472] mit Beweiskraft ausgestattet, im 15. Jahrhundert eine wichtige Rolle. So heißt es bei Geldzahlung für die Landesherren 1467: „do leit ouch eine czedile bei.“[473] Zettel dienten zur Abrechnung[474] bzw. als Quittungen[475] und besaßen Eigenschaften von Urkunden („heuptbriff“[476]), auf die man jedoch nicht (in Fremd- oder eigener Ausstellung) verzichten konnte, falls Zettel nicht ausreichend erschienen. Einzelne bis ins 14. Jahrhundert zurückgehende Rechnungen sind aus Dresden und Zwickau überliefert,[477] während in Rechnungsbuch- bzw. Stadtbuch-Einträgen in Leipzig einige Rechnungen u. a. von Handwerkern existieren.[478]

469 Vgl. Steinführer: Urkunden- und Kanzleiwesen, S. 174, 177, 184.
470 Vgl. CDSR II 8.
471 Vgl. Steinführer: Urkunden- und Kanzleiwesen, S. 177.
472 1469 nahmen Obermarschall Hugold von Schleinitz, Kanzler Johann von Mergenthal, Leipzigs Bürgermeister Hans Stockart und Stadtschreiber Mag. Johann Schober eine Abrechnung über sämtliche, detailliert aufgeführte städtische Forderungen gegenüber dem Landesherrn vor. Darüber haben beide Parteien entsprechende Zettel; vgl. Ratsbuch 1, Eintrag Nr. 190; CDSR II 8, Nr. 422, S. 348: 1469 „rechnungs zcedeln, also danne der Cantzler [des Landesherrn] der glichen zcedeln behalten hat“.
473 Ratsbuch 1, Eintrag Nr. 60.
474 In Annaberg heißt es (nach Abschrift in einem städtischen Rechnungsbuch) 1544: „7 [g] 4 [₰] Vor Nagel von Jacob storch Lauts Zettels“; StadtA Annaberg-Buchholz, Rechnungsarchiv, Rep. II, Lit. 8, Fach 1, Bl. 62b. Vgl. ebd., Rep. II, Loc. 1, Fach 1, Nr. 1, Bl. 31b (1508/09).
475 Vgl. Ratsbuch 1, Eintrag Nr. 132 (1467): „qwytbriff“; Nr. 133 (1469); Nr. 141 und Nr. 1e 77 (1468). 1544 in Annaberg: „die Quitantz [...] von freÿwergk [...] verschaffet“; StadtA Annaberg-Buchholz, Rechnungsarchiv, Rep. II, Loc. 8, Fach 1, Bl. 66b. 1467 gab Kurfürstin Margaretha von Sachsen wegen eines Darlehens „eyne recognitio“: Nr. 101. Quittungen in Zwickau: Steinführer: Urkunden- und Kanzleiwesen, S. 176.
476 Vgl. Ratsbuch 1, Eintrag Nr. 60.
477 Vgl. Steinführer: Urkunden- und Kanzleiwesen, S. 176.
478 Vgl. StadtA Leipzig, Einnahmestube, Teilrechnungen 1462–1519.

Im Laufe der Zeit kamen **zahlreiche Ratsbedienstete** hinzu, **die sich v.a. mit Einnahmen beschäftigten und rechnen mussten**. Zu ihnen gehörte der seit 1405 genannte Waagemeister[479] in der 1359 erstmals bezeugten städtischen Waage[480] als wichtiger Einnahmequelle des Rats. Dort prüften Bedienstete Qualität und Quantität der von ankommenden Kaufleuten mitgeführten Waren, verglichen sie mit den Vorschriften und erhoben Waagezoll, womit die Güter für den Messbetrieb zugelassen waren.[481] Die Waage erhob das Waagegeld von hier gewogenem Gut. Die Berechnung war 1464 und sicher auch früher einfach: vom Zentner 1 Pfennig, vom Stein 1 Pfennig von Fremden, 1 Heller von Bürgern. Schlagschatz wurde von der Ware erhoben, die in Leipzig eingeführt wurde. Blieb sie unverkauft, war sie von der Abgabe befreit. Anfangs war sie gering und ihre Berechnung einfach, insofern die Ware ihrem Wert nach ebenfalls mit 1 Pfennig vom Schock verschlagschatzt wurde.[482] Bis 1464 war eine Taxe gültig, deren Basis der Wert der Ware bildete, nicht aber ihre Art. Es befanden sich zum Verkauf „tafeln in der wage".[483] In den zwischen 1382 und 1401 und 1443 getroffenen Bestimmungen zur Kontrolle des Weinhandels ist von „wynmeistern" die Rede,[484] (Visierer sind zu jener Zeit nicht erwähnt.) v.a. die Messen stellten stets hohe Ansprüche an die Bediensteten.[485]

Woher kamen die für die Stadtverwaltung geeigneten Kräfte? Eine gewisse Zeit lang hat man **Kleriker** herangezogen. Aber Vorsicht und womöglich böse Erfahrung sprechen aus der Formulierung, dass der Stadtschreiber „dem rate gewertig vnd anders nicht denn des rats gescheffte warten" solle. Geeigneter erschienen **Kaufleute**, die neben Lese-, Schreib- und Rechenfähigkeit auch über geschäftliches Spezialwissen verfügten. Da sie ein tragendes Element bei der Konstituierung der Städte und Mitglieder deren Räte waren, konnte diese leicht auf solche Kenntnisse zurückgreifen. Das betraf angesichts des Münzwirrwars den geschickten Umgang mit Geld, um ständig neue Relationen herstellen zu können, als auch die Buchführung und Spezialoperationen, wie das Visieren von Fässern. Auch **Advokaten** spielten eine Rolle, so „Rulico de Belgirn advocat. provinciae" schon 1266 bei der Beurkundung der Verschenkung von Zinsen[486]

[479] Zur Aufnahme ins Ratsamt 1466–69 vgl. Ratsbuch 1, Eintrag Nr. 6.

[480] Zur Waageordnung 1464: CDSR II 8, Nr. 383, S. 311–316; Rachel: Verwaltungsorganisation, S. 91ff.

[481] Vgl. Helmut Bräuer: Von der Leipziger Teilung bis zum Westfälischen Frieden, in: Neues Leipzigisches Geschicht-Buch, S. 72.

[482] Vgl. Freytag: Die Wachstafelbücher, S. 223.

[483] Vgl. CDSR II 8, Nr. 383, S. 312, vgl. 314; Wolfgang Schneider: Leipzig. Dokumente und Bilder zur Kulturgeschichte, Leipzig/Weimar 1990, S. 76.

[484] Für 1382/1401 vgl. CDSR II 8, Nr. 84, S. 49; zu 1443: Nr. 220, S. 170.

[485] Vgl. CDSR II 8, Nr. 383, S. 311–316, Nr. 384, S. 316–318; Kroker: Handelsgeschichte, S. 35f., 38.

[486] CDSR II 4, Nr. 411, S. 311.

und „Heinricus, advocat." in Oschatz 1266.[487] Ebenso waren **Notare** tätig z.B. „Nicolaus de Vbegow notario civitatis Misne"[488] und „Mathiae notario civitatis Misnensis" 1395.[489]
Nach und nach traten **Lehrer** aus Stadtschulen als Schreiber-Rechner in die Dienste von Stadträten, so in Dresden und Altendresden, wo die Schulrektoren zugleich Stadtschreiber waren.[490] Manche leisteten zunächst im Einzelfall Hilfe: Der erste bekannte Schulmeister Zittaus, „Chunradus magister scole", trat am 21. August 1312 als Zeuge unter den 12 Geschworenen (*juratis*) der Stadt (als 6.) auf (noch 1327 ist er als magister scholarum nachweisbar).[491] Ein wichtiger nächster Schritt war die Festanstellung des Lehrers. So wurde 1395 Konrad Weissenbach, der früher in der Zittauer Schule als *Locat* (Unterlehrer) unterrichtet hatte,[492] dorthin als Stadtschreiber berufen, nachdem er ca. 1383–94 „rector scolae et notarius civitatis Loboviae" gewesen war.[493] Auch hat ggf. die Zentralverwaltung das Nötige veranlasst. Nach Ärger mit den Bäckern wegen Ungehorsams gegenüber dem Rat 1381 und Ausgleich[494] erließen die Markgrafen 1393 eine Ordnung u.a. zum Brotverkauf. Sie legte fest, „daz der voit mit dem siczinden rate gehen in dy brotbenke tag bie tag und sullen czu sehn, daz man backe phennigwert vmb eynen phennig, nach deme alz das getreide uf adir abe slet des markt tages an dem kouffe", wobei es um „zcu cleine brot" ging.[495] Hier erscheint ein Vorgehen, das auch in der Folge zu beobachten ist: Nicht ein falscher Preis (der Preis war gesetzt), sondern ein dem unangemessenes, nicht an den Unkosten orientiertes Gewicht, das Bäckern ihren Broten gaben, stand unter Maßregelung. Wie sie im Einzelnen aussah, ob sie, wie später bei Adam Ries, den Charakter beweglicher Preis-Gewicht-Relationen besaß, bleibt unklar.

Das Streben nach mehr Übersichtlichkeit, Vollständigkeit (Schutz vor Verlusten) und Unangreifbarkeit bei **Rechenschaftslegung über Einnahmen und Ausgaben** führten Ende des 14. Jahrhunderts zu **Wachstafelrechnungen** bei Leipzigs Rat.[496] Sie „bringen die Einnahmen, nach Titeln zusammengefaßt [...] Dazu folgen einzelne Notizen" zur Entlohnung der Ratsbediensteten oder fälligen Zinszahlung.[497] Sie dienten zunächst fast nur als Einnahmeregister der Stadtkasse, wa-

[487] CDSR II 4, Nr. 411, S. 311.
[488] CDSR II 4, Nr. 425, S. 320 (1340).
[489] CDSR II 4, Nr. 62, S. 42.
[490] Vgl. CDSR II 5, Nr. 167, S. 140 (1420); Gerhard Schmidt: 500 Jahre Geschichte der Dreikönigschule in Dresden-Neustadt, in: SHtBll. 1992, H. 2, S. 104.
[491] Vgl. Müller: Die Anfänge, S. 251f.; Köhler: Codex, Bd. II, S. 98.
[492] Vgl. Müller: Die Anfänge, S. 252.
[493] Vgl. Müller: Die Anfänge, S. 264f.
[494] Vgl. CDSR II 8, Nr. 82, S. 47f.
[495] Vgl. CDSR II 8, Nr. 101, S. 61f.
[496] Vgl. Freytag: Die Wachstafelbücher. Abb.: Wolfgang Schneider: Leipzig, S. 76.
[497] Schieckel: Das Kanzleiwesen, S. 75.

ren keine vollständigen Rechnungen, sondern zur kurzzeitigen Aufbewahrung bestimmte Notizen. Bei der Anlage dieser Journale wurde ein Schema befolgt, das „keine wesentlichen Veränderungen seiner einfachen Gliederung erfuhr, wogegen es […] 1470 eine viel mannigfaltigere Gestaltung erhalten hatte, die es dem in den [Jahreshaupt-]Rechnungen von 1472 an befolgten Schema sehr ähnlich machte“[498] Eine tabellarische Gliederung erleichterte die Übersicht. Unter verschiedenen Titeln wurden die einzelnen Posten nach Datum eingetragen. Vermutlich hielt man anfangs nur die Resultate auf Wachstafeln fest, während zu deren Berechnung weiterhin der Abakus diente. Kennzeichnend waren römische Ziffern[499] oder Ausschreiben der Zahlen (arabische und speziell die Null und damit ein dezimales Stellenwertsystem waren nicht im Gebrauch), narrative Darstellung und Fehlen von Symbolik; 1405 heißt es: einer „had […] gegebin dy hundert schog g[roschen]“.[500] Geschrieben wurden Rechnungen, wie gesprochen. Die Wachstafelrechnungen entstanden aufgrund von Einzelbelegen (Zetteln) z.B. der Waage. Dieser Verbund der Rechnungen war weder fälschungssicher noch für längeren Nachweis gedacht und wenig handhabbar.
Eine neue Stufe der Dokumentation wurde mit der Anlegung der **Stadtbücher** erreicht, erstmals 1292 erwähnt. Ab 1359 legte man in Leipzig Ratsbücher vermischten Inhalts an (bis 1566 verloren),[501] jedoch keine speziellen Rechnungsbücher; der Rat nutzte für Notizen und Rechnungen wohl weiter Wachstafeln. Das erste überlieferte Ratsbuch 1 (1466ff.) enthält dann zumeist Belege zu Geldsachen: Verwaltungsakte des Rats wie dessen Darlehen-[502] und andere Geldgeschäfte,[503] auch Abrechnungen zu Käufen[504] und Löhnungen[505] wurden festgehalten, ohne dass ein vollständiger Nachweis von Einnahmen und Ausgaben und deren Gegenüberstellung damit vorliegt. Solche Einträge nahmen gegenüber Siegelurkunden zu[506] und sollten das (auch mit Zahlen versehene) Wesentliche der Ratstätigkeit sowie bislang mündlich vollzogene Rechtsakte der Bürger bzw. zwischen Bürgern und Rat schriftlich nachweisbar und mit Sanktion des Rats auf Dauer fixieren. Wegen der Beweiskraft der Stadtbücher galten Einträge in sie als ebenso vollwertig wie Urkunden.[507]

498 Freytag: Die Wachstafelbücher, S. 214. Die folgenden Angaben nach S. 214f.
499 So auch in Leipzigs Harnischbuch (Steuerbuch) von 1466. Dabei hat ein „Schreiber bisweilen durch Zusetzen oder Auskratzen eines Striches eine 1 zu einer 2, eine 2 zu einer 3 gemacht und umgekehrt“; Gustav Wustmann, in: Quellen zur Geschichte Leipzigs, 1. Bd., S. 38.
500 StadtA Leipzig, Einnahmestube, Wachstafelrechnung Nr. 33, 4./3. Zeile von unten.
501 Vgl. Steinführer: Urkunden- und Kanzleiwesen, S. 176.
502 Für 1466–70 vgl. Ratsbuch 1, Eintrag Nr. 10, 12, 15, 20, 24, 28, 30, 38–40, 49f., 55, usw.
503 Vgl. 1466/67 Festlegung über die Landesherren betreffende Verschreibungen (RB1, Nr. 14); Mittler beim Verleih von Mündelgeldern (Nr. 42); Abzahlung von Ratsschuld (Nr. 84).
504 Vgl. zu 1466 Ratsbuch 1, Eintrag Nr. 17 (Hafer- und Kornkauf), Nr. 27 (Kauf eines Kalkofens).
505 Vgl. zu 1466/67 Ratsbuch 1, Eintrag Nr. 21–23, 25f., 54, 71, 79, 80 („uff rechnunge gegebin“).
506 Vgl. Steinführer: Urkunden- und Kanzleiwesen, S. 177.
507 Vgl. Ratsbuch 1, Eintrag Nr. 168 (1468), 242 (1469), 244 (1470), 249 (1476).

Kaufleute in ihrer eigentlichen Profession und deren Nachwuchs sahen sich damit konfrontiert, dass für Rechenunterricht nicht die Gemeinde, sondern der Privatmann sorgen musste. Das galt auch im fortgeschrittenen Nürnberg,[508] wohin mitteldeutsche Kaufleute, falls sie nicht gar aus dem oberdeutschen Raum stammten, früh enge Beziehungen besaßen. Mathematik befand sich bis zum Ende des 15. Jahrhunderts kaum unter den Lehrgegenständen süddeutscher Stadtschulen.[509] Änderungen traten erst im 16. Jahrhundert ein.[510] Wenn Kaufleute aus der Mark Meißen ihre Söhne auf externe Kloster- oder Pfarr- bzw. Stadtschulen schickten,[511] so erfuhren diese zwar eine allgemeinbildende, aber eben kaum praxisbezogene Ausbildung.[512]

Das reichhaltigere Wissensreservoir, das sich Kaufmannssöhnen anbot, **lag im Kontor** des eigenen Familien- oder eines fremden, befreundeten Unternehmens. Hier wurde der Nachwuchs angehalten, sich das geeignetste Wissen anzueignen. So spielte Unterricht in den Kontoren der Ravensburger Handelsgesellschaft eine große Rolle. Die deutsch-italienischen Handelsbeziehungen und der angestachelte Eifer zur Meisterung des Rechnens lassen sich bei ihr gut beobachten.[513] Auch in Nürnberg war man weiter als in Mitteldeutschland: Bekannt sind Gesellschaftsverträge, die zwischen den Teilhabern einer Nürnberger Großhandlungsfirma des 14. Jahrhunderts, d.h. zwischen Heinz Rummel und „den Kressen", Mitgliedern einer alten Patrizierfamilie, abgeschlossen worden waren. In das Geschäft wurden neue Kompagnons nicht selten für eine gewisse Zeit aufgenommen, und wenn ein solcher wieder austrat, musste er den richtigen Anteil von dem während seiner Mitwirkung erzielten Gewinns empfangen. 1407 heißt es: „vnd do die rechnung geschah, do zalt man Paulus forchtel sein gelt vnd wolten sein nit lenger in vnser gesellschaft haben." Dazu gab es Teilungsrechnung.[514] Sicher wurden mitteldeutsche Kaufmannssöhne zeitweilig zu Partnern nach Oberdeutschland geschickt, die einen Vorsprung bei der Beherrschung der notwendigen berufsspezifischen Rechenmethoden besaßen.[515] Man konnte dort Handelsgebräuche, Münz-, Maß- und Gewichtssysteme der Handelspartner kennenlernen, auch um nicht bei Geschäften mit ihnen übervorteilt zu werden.

508 Vgl. Günther: Geschichte, S. 135. Der Nürnberger Annalist bemerkte zum Jahre 1298: „Um diese Zeit fingen die Bürger zu Nürnberg an, in fremde Lande Kauffmanschaft zu treiben." Zit. nach J. F. Roth: Geschichte des Nürnberger Handels, 1. Tl., Leipzig 1800, S. 21.

509 Vgl. Günther: Geschichte des mathematischen Unterrichts, S. 135ff.

510 Vgl. Günther: Geschichte des mathematischen Unterrichts, S. 137, 141.

511 Vgl. Denzel: Die Bedeutung, S. 24.

512 Vgl. den Hinweis auf mögliche doppelte Buchführung und Unterstützung eines Staffelsteiner Kaufmanns durch dessen Sohn, Chorschüler in Bamberg bei Rüdiger/Lorenz: Quellen, S. 54f.

513 Vgl. Josef Kulischer: Allgemeine Wirtschaftsgeschichte des Mittelalters und der Neuzeit, I. Bd., Berlin 1954, S. 294f.

514 Zit. nach: Georg von Kress: Beiträge zur Nürnberger Handelsgeschichte aus den Jahren 1370 bis 1430, in: Mitt. des Vereins für Geschichte der Stadt Nürnberg, 2. H., 1880, S. 188. Vgl. S. 188f.

515 Vgl. Denzel: Die Bedeutung, S. 25f.

Letztlich befand sich die Wissensquelle für deutsche Kaufleute aber in den oberitalienischen Städten, wo zugleich die Möglichkeit gegeben war, deren Sprache zu erlernen.[516] „Für Nürnberger und Augsburger Kaufleute war im 14. Jahrhundert Venedig die Hohe Schule. Sie schickten ihre Söhne dorthin, um die ‚Kunst der Kaufmannschaft' zu erlernen." Diese wurden „mit dem Rechnen nach der welschen Art vertraut und übernahmen Fachausdrücke von Handel und Bankwesen".[517] Junge Kaufleute, die sich zu Hause die ersten Wissenselemente angeeignet hatten, sandte man deshalb immer öfter zur weiteren Ausbildung in den Süden. Vor allem von Augsburg aus, das unter allen bedeutenden süddeutschen Handelsplätzen mit der Lombardei intensiv Handelsverbindungen pflegte, gingen junge „Kaufgesellen" mit Vorliebe nach jenem Land als der „Scuola di Marchantani".[518] Denn im 13./14. Jahrhundert entwickelte sich durch das in italienische Kaufmannskreise eindringende muslimische mathematische Wissen und dessen Bezugnahme auf das alltägliche Leben eine eigene kaufmännische Arithmetik:[519] der Algorithmus, d.h. das schriftlich durchgeführte Rechenverfahren mit indisch-arabischen Ziffern für Kalkulation und Abrechnung, Kreditvergabe, Zinsberechnung u.a.m. Ergebnis war der „Codice antichissimo di Algorismo".[520] Belegt ist auch das Studium deutscher Kaufmannssöhne in Italien.[521]

Somit gab es neben dem Austausch von Waren und Menschen auf dem Markt, im Kontor und überhaupt beim Handel auch einen Wissenstransfer insbesondere auf rechnerischem und kaufmännischem Gebiet: aus Italien über Oberdeutschland in den mitteldeutschen Raum. Zunächst ging jedoch die Kette oft von Venedig über Nürnberg nach Erfurt;[522] sächsische Städte wie Freiberg und Leipzig waren aber nicht direkt berührt.

Auf Dauer bildete kaufmännische Ausbildung allein in den Schulen und Handelshäusern oberitalienischer Städte aber keine Lösung.[523] Es bedurfte mehr an mündlich wie schriftlich gegebenen Anleitungen zu den hiesigen Bedingungen, aber hinausgehend über die Erfahrungen einzelner Kontore und ihre Praktiken. Einen

516 Vgl. Alfred Weitnauer: Venezianischer Handel der Fugger. Nach der Musterhaltung des Matthäus Schwarz, München/Leipzig 1931, S. 9f.

517 Schröder: Das Bamberger Rechenbuch, S. 298.

518 Vgl. L. Greiff: Beiträge zur Geschichte der deutschen Schulen Augsburgs, Augsburg 1858, S. 26; Friedrich Ernst Ruhkopf: Geschichte des Schul- und Erziehungs-Wesens in Deutschland, 1, Bremen 1794, S. 142; Günther: Geschichte des mathematischen Unterrichts, S. 289.

519 Vgl. Günther: Geschichte des mathematischen Unterrichts, S. 288.

520 Inhaltsangabe unter Zugrundelegung von: Ein italienisches Rechenbuch aus dem 14. Jahrhundert, hg. und erläutert von Kurt Vogel, München 1977, S. 16–21.

521 Vgl. Günther: Geschichte des mathematischen Unterrichts, S. 156.

522 Vgl. Rudolf Endres: Die wirtschaftlichen Beziehungen zwischen Erfurt und Nürnberg im Mittelalter, in: Erfurt. Geschichte und Gegenwart, hg. von Ulman Weiß, Weimar 1995, S. 471–481.

523 Vgl. Schröder: Das Bamberger Rechenbuch, S. 299; Schneider: Ausbildung, S. 5.

Schritt in diese Richtung ging die Universität Erfurt, wo im 15. Jahrhundert auch das Visieren von Fässern gelehrt wurde.[524]

Auch für die Versorgung der **Handwerker, Krämer, Händler** bzw. ihrer Söhne mit Rechenwissen, für die Latein nicht der Ansatz zum Einstieg in Bildung darstellte, waren Lateinschulen, selbst die frühen Stadtschulen vor der Reformation, wenig geeignet. Für sie bestand am meisten eine Lücke im Angebot gemäßer Bildung. Die Masse der jungen Menschen auch in der Stadt, insbesondere Lehrlinge von Handwerkern, blieb weiterhin nur der **dürftige, kaum noch ausreichende Generationendialog** im Elternhaus, wie für Chemnitz gut belegt,[525] bzw. während der Ausbildung, um sich das nötigste Wissen zum Arbeiten und Leben anzueignen. Dieser Dialog war in den verschiedenen Berufen unterschiedlich intensiv und ergebnisreich. So haben regelmäßig Abmessende und Preise Berechnende, wie Bäcker, Fleischer und Müller,[526] mehr Rechnen benötigt und weitergegeben als jene, die mit Augenmaß und Schätzung auskamen.
Infrage kamen **Privatlehrer**, „wenn [...] die benachbarte Stifts- und Stadtschule nicht genügend erschien“,[527] als die sich seit dem 14. Jahrhundert **Wanderlehrer** anboten. Das waren Scholaren, Studenten, selbst Magister, oft Juristen oder Ärzte, Fass-Visierer und Stuhlschreiber, „kleine Leute, die lediglich als Handlanger der Wissenschaft angesehen wurden“.[528] Sie gingen dorthin, wo Bedarf für ihr Wissen existierte und sie ihren Lebensunterhalt fanden, und boten ihre Hilfe gegen Geld auf Märkten oder nach den Messen an, lasen etwas vor, maßen oder erläuterten ein Problem, eröffneten auch **Trivialschulen** (Winkelschulen[529]) oder verdingten sich in Kontoren von Kaufleuten, wo sie gegen geringes Entgelt der Schüler[530] Elementarwissen vermittelten,[531] dabei aber beargwöhnt wurden von Schulen[532] und anderen wegen des auch gegebenen Abgleitens ins **Gauklertum** z. B. mit Zahlen auf Volksfesten.
Die Masse der Menschen konnte sich **im Einzelfall**, wenn z. B. eine Erbschaft gelöst sein wollte oder die Teilung bzw. Umwechslung einer Geldsumme anstand, auch **Hilfe** bei Nachbarn holen, die sich in Lesen, Schreiben, Rechnen und Geldsachen auskannten, einem Kaufmann oder besonders interessierten Handwerksmeister, einem Steinmetz oder anderen Fachmann vom Bau, einem Münzmeister, Barbier, Notar, Apotheker,[533] Schreiber oder dem Pfarrer, die in ihrer Ausbildung,

[524] Vgl. Folkerts: Die Mathematik, S. 7.
[525] Vgl. Bräuer: Handwerk im alten Chemnitz, S. 64.
[526] Vgl. Rüdiger: Adam Ries, S. 32f.
[527] Günther: Geschichte des mathematischen Unterrichts, S. 293.
[528] Vgl. Günther: Geschichte des mathematischen Unterrichts, S. 134.
[529] Für Leipzig vgl. Mundus: 800 Jahre Thomana, S. 12.
[530] Vgl. Verger: Schule, Sp. 1584.
[531] Vgl. Hoyer: Sachsen, S. 227.
[532] Vgl. Günther: Geschichte des mathematischen Unterrichts, S. 293.
[533] Vgl. Rüdiger: Rechenkundige, S. 231f.

teils nicht in einer Schule, sondern im Generationendialog, ihr Wissen erworben hatten. Genau genommen, war ein solcher Dienst ein mehr zufälliger, nebenbei zur eigentlichen Berufstätigkeit geleisteter. Von Rechenmeistertätigkeit ist wegen des Fehlens der Hauptberuflichkeit nicht zu sprechen. Bis zum 14. Jahrhundert findet sich von Rechenmeistern keine Spur. Jedoch kamen aus den genannten Kreisen jene, die das System der **Rechenmeister in den Städten in der ersten Phase** aufgebaut haben; nach 1400 lassen sich solche Erscheinungen auch in der Mark Meißen bzw. im Herzogtum/Kurfürstentum Sachsen beobachten. Die Praktiken erschlossen sich für die Markgrafschaft vermutlich nicht erst durch zuwandernde Personen aus Süddeutschland sowie Handelsbeziehungen mit diesem Raum, wurden aber gewiss gefördert und gestärkt durch Personen-, Produkt- und Wissensaustausch.

Die **Lösung von Rechenaufgaben** war stets begleitet von einer Reihe **von Problemen**. Die Schwierigkeiten, die sich für Rechnungswesen und Buchhaltung selbst des Avignoneser Papsttums (1316–78) ergaben, das auf größeres intellektuelles Potential zurückgreifen konnte[534] als etwa die Meißner Bischöfe und Markgrafen, sind gut aufgearbeitet: Belastungen ergaben sich einmal aus den verwendeten Ziffern. Zwar findet sich schon die älteste abendländische Wiedergabe indisch-arabischer Zahlzeichen 976 in der spanischen Handschrift Codex Vigilanus,[535] und spätestens im 14. Jahrhundert waren sie im christlichen Europa bekannt und recht verbreitet.[536] Auch wurde das Rechnen mit ihnen an den entstehenden Universitäten gelehrt. Aber was das Rechnen so schwierig machte, hing vor allem damit zusammen, dass gerade in der Buchführung der Gebrauch der „heidnischen" indisch-arabischen Ziffern durch Verbote behindert war, denn man befürchtete, dass sie Betrügereien erleichterten, indem an eine Zahl eine Null angefügt werden könnte.[537] Auch in den Urkunden, welche die Bischöfe und Markgrafen zu Meißen ausstellten, lässt sich wie bei den Päpsten nur der Gebrauch lateinischer Ziffern nachweisen. „Selbst simple Additionen und Subtraktionen, ganz zu schweigen von Multiplikationen und Divisionen, wurden so

534 Zur Registerführung in der päpstlichen Kanzlei vgl. Das Lehnbuch Friedrichs, S. XX.

535 Vgl. Kropp: Geschichte, S. 68; Wußing: 6000 Jahre, S. 274.

536 Vgl. Arlinghaus: Zwischen Notiz, S. 23ff.; Wußig: 6000 Jahre, S. 274.

537 So verbot 1299 der Rat von Florenz wegen Fälschungsgefahr die Anwendung indisch-arabischer Zahlen im Rechnungswesen seiner Banken; deren Bankiers war vorgeschrieben, schräg gestellte römische Ziffern zu verwenden. Vgl. Schröder: Das Bamberger Rechenbuch, S. 298; Wußing: Vorlesungen, S. 121; Kropp: Geschichte, S. 68. Ein solches Verbot der neuen Ziffern muss auch am päpstlichen Hof existiert haben, denn, päpstliche Buchhalter haben bei ihren Berechnungen „sowohl in den Hauptbüchern als auch [...] in den anderen Kammerakten des Untersuchungszeitraums ausschließlich lateinische Ziffern benutzt." Weiß: Rechnungswesen, S. 194. Vgl. Menso Folkerts/Erwin Neuenschwander: Rechenkunst, -methoden, Rechenbücher, in: Lexikon des Mittelalters, Bd. VII, München 2002, Sp. 504–506.

zu aufwendigen und komplizierten Operationen."[538] Ein Notizzettel zeigt, wie der Schreiber der Avignoneser Kanzlei größere Additionen mit lateinischen Ziffern durchgeführt hat. Dafür teilte er das Blatt in Spalten auf, notierte in jeder als Überschrift eine Münzsorte und trug in jede Spalte dann untereinander einige Einzelbeträge in dieser Münzsorte ein. „Diese Einzelbeträge muß er dann addiert haben, jedenfalls hat er unten in den einzelnen Spalten die Summe der in der Spalte stehenden Beträge eingetragen."[539] Hinzu kam ein Münzwesen, das nicht auf dem Dezimalsystem aufbaute, sondern je zwölf Denare zu einem Solidus und zwanzig Solidi zu einem Pfund rechnete. Weiter erschwert wurde die Rechnungsführung durch das Nebeneinander verschiedener Währungen sowie von Gold- und Silbermünzen.[540] Umrechnungen zwischen verschiedenen Währungssystemen müssen erfolgt sein, ohne dass dies genauer angegeben ist.[541]

Im Unterschied zur Avignoneser Kanzlei sei es im 14. Jahrhundert vor allem nördlich der Alpen die Regel gewesen, dass vergleichbare **Rechnungen bestenfalls annähernd richtig** sind. Aber selbst in Italien, wo die Rechenkunst am höchsten entwickelt war, ist der Befund sehr unterschiedlich.[542] Außerdem erschwerte die **narrative Aufgabenentfaltung** das Rechnen, wie sie z.B. mit einer Urkunde 1284 erfolgte: Bischof Ludolf von Naumburg verkauft an Markgraf Heinrich für 1000 Mark das Schloss Tiefenau mit den zugehörigen Waldungen: die Gorischheide (*Lezene videlicet merica*) und den Wald Frauenhain (*Vrowenhain*), ferner für 10 Mark die Zinse in den Orten Frauenhain, Lautendorf (*Lobotendorf*), Raden, [Treuge-]Böhla, Lichtensee (je Hufe 1 Vierdung, ein Huhn und 10 Eier), Nauwalde, Spansberg (*Spansbrugge*), Nieska (*Nizcowe*) und im Vorwerk Tiefenau sowie das Patronatsrecht in genannten Orten. Es folgt die Zeugenreihe.[543] Ein Rechenproblem ergibt sich in diesem Zusammenhang schon: „Als der Bischof Ludolf [...] Markgrafen Heinrich [...] Grundstücke so verkaufte, daß für jedes Pfund Groschen oder jede Mark jährlicher Einkünfte 10 Mark Silbers gegeben

[538] Weiß: Rechnungswesen, S. 193, vgl. S. 29.

[539] Weiß: Rechnungswesen, S. 193. Ob der Rechnende zur Addition einen Abakus (vgl. Cantor: Mathematische Beiträge, S. 128ff.) verwendete, lässt sich nicht feststellen.

[540] Der große Einzugsbereich der apostolischen Kammer führte dazu, dass Münzen aus ganz Europa nach Avignon flossen und ihre Wertrelation zueinander ständig neu berechnet werden musste. Zudem hat die Kammer häufig die benötigten Waren nicht direkt eingekauft, sondern ließ dies durch Beauftragte erledigen, die ihre Auslagen von der Kammer ersetzt bekamen. Dabei war es „die Regel, daß die Einkäufe vor Ort mit der lokalen Währung erfolgten, die Auszahlungen der Kammer in einer anderen." Weiß: Rechnungswesen, S. 29f.

[541] Für die päpstliche Kammer ergaben Stichproben, „daß auch diese nicht eben einfachen Rechenoperationen in der Regel durchaus korrekt bewältigt worden sind." Weiß: Rechnungswesen, S. 30f

[542] Vgl. Weiß: Rechnungswesen, S. 31, Anm. 81; Becker: Beiträge, S. 121ff.

[543] Vgl. Regesten der Urkunden des Sächsischen Landeshauptarchivs Dresden, Bd. 1, 948–1300, bearb. von Harald Schieckel, Berlin 1960, Nr. 1325, S. 303 (= Schriftenreihe des Sächsischen Landeshauptarchivs Dresden, Nr. 6); vgl. Otto Dobenecker: Regesta diplomatica necnon epistolaria historiae Thuringiae; 4. Bd., Jena 1935, Nr. 2346, S. 336.

werden sollten, mußte doch eine Mark Silber und ein Pfund Groschen gleich viel seyn."[544]
Unbekannte Größen, die zu wissen notwendig war, konnte man im Allgemeinen nur durch Probieren (*Regula falsi*: Regel des Falschen) erschließen. Den Gebrauch von Symbolen wie + und - oder = gab es nicht.[545]
Kompliziert war und bleibt die **Kontrolle der Rechnungen**. Es zeigt sich, dass in den Hauptbüchern der apostolischen Kammer stets nur das Resultat von Berechnungen, nicht aber diese selbst vorliegen.[546] Das trifft auch für die Markmeißnischen Urkunden zu. Bei einer Zusammenstellung von Posten mit einem Ergebnis in Urbaren muss außerdem oft erst geprüft werden, ob es sich um Addition oder Subtraktion handelt. Sie enthalten nur Ergebnisse von Berechnungen. Nebenrechnungen wurden vermutlich nicht schriftlich durchgeführt, sondern mit dem Rechenbrett erledigt; sie sind dadurch verlorengegangen. Der Übergang vom Linienrechnen[547] zum schriftlichen Rechnen („mit der Feder") war dadurch, dass aus Sicherheitsgründen Ergebnisse schriftlich festgehalten wurden, keineswegs konsequent vollzogen.
Aber generell zeigt sich, was sich in der Folgezeit noch verstärken sollte: der Einfluss des Geldwesens in der Gesellschaft und damit verbundene Rechenaufgaben.[548]

[544] Friedrich Wilhelm Tittmann: Geschichte Heinrichs des Erlauchten [...], 2. Bd., Dresden/Leipzig 1846, S. 43.

[545] Auch der älteste bekannte deutsche Algebratext, der „Algorithmus Ratisbonensis", besitzt keine Symbolik; vgl. Folkerts: Johannes Regiomontanus, S. 24 und Anm. 4; Schröder: Ulrich Wagner, S. 32, 34f.; Kaunzner: Zur Bedeutung, S. 179; ders.: Das Rechenbuch, S. 39; ders.: Zur Bedeutung, S. 179. Bayerische Staatsbibliothek München, Kodex 14908, zitiert nach Vogel: Die Practica, S. 46f. [Bl. 72b] „Item: Es wolt ayner ayn mauer machen 20 ellen lang vnd 10 ellen hoch vnd 3 stain dick vnd 1 stain ist lang $^1/_3$ vnd ¼ prait vnd $^1/_8$ dick. Nu frag ich, wij vil er stain müeß haben. So multiplicir dy leng mit der hoch, erit 200 vnd darnach multiplicir dy dick mit 200, erit 600 vnd multiplicir $^1/_3$ ¼ $^1/_8$. Dic 3 [Bl. 73a] per 4 est 12 et 12 per 8 erit 96 stain; dy kümmen in ain ellen. Nunc multiplica cum 600 et erit 57600. Vnd alz vil stain kommen an dy maur."

[546] Vgl. Weiß: Rechnungswesen, S. 193.

[547] Mit einer Vorlesung Johannes Widmanns war Linienrechnen gegen Ende des 15. Jahrhunderts auch in der Lehre an der Leipziger Universität präsent; vgl. Martin Hellmann: Der Wertheimer Linienalgorismus (aus einer Handschrift des 15. Jahrhunderts), in: Visier- und Rechenbücher der frühen Neuzeit. Tagungsband [...], hg. von Rainer Gebhardt, Annaberg-Buchholz 2008, S. 238 (= SARB, Bd. 19).

[548] Blaschke: Kanzleiwesen, S. 315.

Einführungsblatt zum Buchhalten aus:
Heinrich Schreyber: Ayn new kunstlich Buech […], Nürnberg 1518/21, fol. M vj'.
Adam-Ries-Museum, Annaberg-Buchholz

3. Neue und umfassendere Ansprüche an das Rechnen in Sachsen in frühbürgerlicher Zeit (seit dem 15. Jahrhundert)

In der Mitte des 15. Jahrhunderts wirkten als treibende ökonomische Kräfte der Gesellschaft, die Neues hervorzubringen vermochten, unvermindert Städte, Geld, Bergwerke und Mühlen. Zwei Umstände waren neu: einmal gingen sie nun in einem **System auf, das frühbürgerliche und frühindustrielle Züge annahm** und sich zunehmend an den feudalen Verhältnissen rieb; zum anderen erfolgte dies unter neuen Rahmenbedingungen, von denen die mit der Gründung Universität Leipzig 1409[1] gegebene bessere Nutzung geistigen Potentials sowie die territorialen[2] und machtpolitischen Zugewinn bringende Erhebung der Mark Meißen zum Herzogtum Sachsen und seiner Herrscher zu Kurfürsten im Jahre 1423 besonders bedeutsam waren.

3.1. Frühbürgerliche und frühindustrielle Fortschritte der Gesellschaft und die neuen Rechenaufgaben

In Italien seit dem 14. Jahrhundert vor sich gehende **wirtschaftliche und geistig-kulturelle Umbrüche in der Gesellschaft mit Frühkapitalismus, Renaissance und Humanismus** begannen seit Anfang des 15. Jahrhunderts auch in Süddeutschland[3] um Nürnberg und Augsburg und vor 1500 in Mitteldeutschland um Erfurt, Leipzig und Zwickau.

Denn seit dem 13. Jahrhundert hatten sich, zuerst in Italien, **neuartige Elemente im Denken, in der Kultur und anderen Bereichen der Gesellschaft** verdichtet, bis sie zur Gesamterscheinung **einer frühen bürgerlichen Gesellschaft** wurden. Dazu gehörte, dass der Aufschwung des Geisteslebens zur Gründung Hoher Schulen als neuartigen Bildungseinrichtungen führte. Sie vermittelten das vor allem durch die Aristoteles-Rezeption vermehrte Wissen und lehrten nach dem Studium der traditionellen *artes* in der Artistenfakultät Theologie sowie die im 11. Jahrhundert neu aufgekommenen Disziplinen Medizin und Jurisprudenz. Mit der **Eröffnung von Universitäten** in Erfurt 1389/92, Leipzig 1409 und später in Wittenberg 1502 und Frankfurt a.O. 1506 **begann auch im mitteldeutschen Raum „das eigentliche, erste und fruchtbringende Studium der Mathema-**

[1] Vgl. die Niederschrift über die Gründung der Leipziger Universität in: Universitätsarchiv Leipzig, Matrikel A“ von 1440; Enno Bünz/Tom Graber: Die Gründungsdokumente der Universität Leipzig (1409). Edition – Übersetzung – Kommentar, Dresden 2010 [mit Aufstellung der ersten Magister]; Moritz Wilhelm Drobisch: Neue Beiträge zur Statistik der Universität Leipzig innerhalb der ersten hundertundvierzig Jahre ihres Bestehens, in: Berichte über die Verhandlungen der königlich sächsischen Gesellschaft der Wissenschaften, Phil.-hist. Klasse 1. Bd., S. 77ff.

[2] 1247 war bereits die Landgrafschaft Thüringen hinzugekommen; nun wurde u. a. das Herzogtum Sachsen-Wittenberg erworben.

[3] Vgl. Le Goff: Geschichte, S. 94.

tik."[4] Zunächst ging es meist nur „um Lernen und Aneignen bestehenden Wissens [also euklidische Geometrie elementar, Arithmetik, die vier Grundrechenarten mit ganzen Zahlen[5]], nicht um Hervorbringen wissenschaftlicher Ergebnisse".[6] Ob an der Artistenfakultät der Universität Leipzig wenigstens der ganze Kanon der *artes* „von Anfang an einen bescheidenen, aber einen festen Platz"[7] eingenommen hat, und damit das Bedürfnis nach höherer Bildung für akademische Berufe und letztlich die Praxis zufriedenstellend befriedigt wurde,[8] sei dahingestellt. Die im Hochmittelalter erreichten Produktionsverbesserungen und Ertragssteigerungen in der Landwirtschaft, Bestrebungen von Bauern, dem Druck der Grundherren auszuweichen und mehr Arbeitsertrag zu eigener Verfügung zu haben, der Aufschwung von Gewerbe und Handel infolge Arbeitsteilung und Spezialisierung sowie eine Bevölkerungszunahme[9] verbunden mit weiteren Landesausbau und Entstehung von Städten[10] setzten sich verstärkt fort. Sachsen wurde sogar führend beim umfassenden frühneuzeitlichen Landesausbau, wobei der Territorialstaat ab 1550 seine moderne Ausformung erfuhr.[11] „Unter den Bedingungen der politischen Ohnmacht des Reiches und ausgeprägter partikularer Verhältnisse waren weiterer Ausbau und Festigung der großen und einflußreichen deutschen Territorialstaaten jene Variante, die vor dem Sturz in die feudale Anarchie bewahrte."[12] All dies führte mit zahlreichen Fortschritten und zugleich schwierig zu meisternden Ab- und Umbrüchen in allen Bereichen der Gesellschaft **von der**

4 Verger: Schule, Sp. 1585. Vgl. Carl Immanuel Gerhardt: Geschichte der Mathematik in Deutschland, München 1877, S. 3.

5 Vgl. Wußing: 6000 Jahre, S. 284.

6 Kaunzner: Ein Weg, S. 178, im Anschluss an Friedrich Paulsen: Geschichte des gelehrten Unterrichts auf den deutschen Schulen und Universitäten vom Ausgang des Mittelalters bis zur Gegenwart, Bd. 1, 3. erweiterte Aufl., hg. und mit einem Anhang fortgesetzt von Rudolf Lehmann, Leipzig 1919, S. 36.

7 Kaunzner: Ein Weg, S. 178. – Nach Boethius war die Beherrschung des *Quadriviums* essentiell für Erlangung wirklichen Wissens. Mathematik zwischen Physik und Metaphysik (Theologie) besaß Bedeutung als dem Menschen eigentlich zugängliche Wissensform, da sie ihr Wissen aus der veränderlichen, wahrnehmbaren Materie extrahiere, aber unabhängig von sinnlicher Wahrnehmung operiere. Jedoch wurde solche in Nachantike und bei einigen Scholastikern geäußerte Hochschätzung der Mathematik (auch Gregor Reisch führte sie dann in seiner 1503 erschienenen „Margrita philosophica" unter der theoretischen Philosophie) bis ins 15. Jahrhundert hinein im Lehrbetrieb nicht reflektiert. Vgl. Sibylle Gluch: Geometria practica, S. 108.

8 Vgl. Folkerts: Die Mathematik, S. 4–9; Wejwoda: Die Artistenfakultät, S. 40f., 46. Ohne dem Quadriviumangebot der Universität Beachtung zu schenken, verwies er S. 42 darauf, dass die Kapazität der einzigen Leipziger Lateinschule St. Thomas nicht genügte, während Schüler in Dresden und Zwickau eine Ausbildung hoher Qualität bekamen, die es „erübrigte, noch die Artistenfakultät einer Universität zu besuchen, wenn man dort nicht zusätzlich akademische Grade erwerben oder an den höheren Fakultäten studieren wollte".

9 Vgl. Rösener: Bauern, S. 41.

10 Vgl. Rösener: Bauern, S. 21, 31–37.

11 Vgl. Czok: Die Entwicklung, S. 238.

12 Karl Czok in: Geschichte Sachsens, hg. von dems., S. 229.

mittelalterlichen zur Epoche der Frühen Neuzeit.[13] Feudale Verhältnisse mit dem Boden als wichtigstem Produktionsmittel sowie hauptsächlicher Eigentumsform und Landwirtschaft als herrschendem Produktionszweig wurden überlagert von effektiveren Produktionsformen, Verbesserungen und Ertragssteigerung in städtischen Gewerben, im Bergbau und Handel, die flexiblere Eigentumsformen entwickelten, welche sich zunehmend Grundherren entzogen.

Der **Bergbau** auf Silber, Kupfer und Eisen blieb der wichtigste Wirtschaftsfaktor Sachsens.[14]

Bergbaudarstellung Paul Specks d. Ä. in Freiberg am Haus Obermarkt 17 um 1528/30.
Foto: Sibille Goepel, Leipzig

Nach Schwächeln des deutschen Bergbaus seit 1350 bis 1470 kam es zu neuem Berggeschrei: schon 1461 in Oederan[15] und erneut um Freiberg.[16] Vor allem die Silbererzfunde 1469 am Schneeberg und 1491 am Schreckenberg[17] (Frohnau) erwiesen sich als folgenreich. Der Staat, seit der Leipziger Teilung 1485 die beiden wettinischen Territorien mit einem Kurfürsten bzw. Herzog an der Spitze, war

[13] Vgl. Sachwörterbuch der Mediävistik, S. 695.
[14] Vgl. Geschichte Sachsens, hg. von Karl Czok, S. 174; Martina Schattkowsky: Das Erzgebirge im 16. Jahrhundert, Leipzig 2013. Im Bergarchiv Freiberg liegen die Bestände 40006 Bergamt Altenberg (mit Berggießhübel und Glashütte 1512–1902); 40007 Bergamt Annaberg (mit Neundorf und Wiesa) 1490–1897; 40010 Bergamt Freiberg (mit Bergamt Seiffen) 1511–1868; 40011 Bergamt Geyer (mit Ehrenfriedersdorf) 1529–1863; 40013 Bergamt Marienberg (mit Wolkenstein) 1575–1891; 40014 Bergamt Scheibenberg (mit Hohenstein, Oberwiesenthal. Lößnitz, Elterlein) 1532–1854; 40015 Bergamt Schneeberg 1472–1861.
[15] Vgl. Bernd Rüdiger: Oderen-Oederan, Oederan, o. O. u. J. (1976), S.9f.; Lexikon Städte und Wappen, S. 331.
[16] Vgl. Uwe Schirmer: Der Freiberger Silberbergbau im Spätmittelalter (1353–1485), in: NASG, 71. Bd., 2000.
[17] Vgl. Emil Herzog: Chronik der Kreisstadt Zwickau, 2. Tl., Zwickau 1845, S. 130; Bräuer: Wider den Rat, S. 37.

wegen des Bodenregals Hauptnutznießer des Bergbaus, wobei der auf Silber eine ergiebige Geldquelle für den Staat bildete. Er wurde deshalb von ihm stets gefördert. Das ausgemünzte Geld führte auch zur vereinfachten Abwicklung vieler Vorgänge.

Im Schatten des Silberbergbaus stand der **Eisenbergbau** im Raum Pirna, der aber in der neuen Zeit eine wichtige Rolle spielte. Eisen war für die Herstellung von Werkzeugen unverzichtbar. Schon die 1325 erneuerten Privilegienbriefe der Stadt Pirna („Pirnaer Zollrolle") nannten Eisen und daraus gefertigte Braupfannen, Pflugschare, Sicheln, Scheren und Schwerter als Waren, die von Pirna aus gehandelt wurden. Der Berggießhübeler Eisenbergbau ist seit 1447 nachweisbar. Für die Jahre 1443/45 nannten Zinsabrechnungen der Burg Dohna und des Amtes Pirna 20 Hammerwerke (teilweise wüst liegend) bzw. Hammerwerksbesitzer. Umfang und Lage dieser Werke von der Müglitz (Schlottwitz, Glashütte) im Westen über die Gottleuba (Haselberg) und Bahra (Fichte, Kleppisch) bis zur Biela (Oberhütte, Mittelhütte im Osten verweisen auf ein ausgedehntes Revier der Eisenverarbeitung.[18]
Produktionsfortschritte brachte bei der Erzförderung statt der bisher benutzten Handhaspel der Pferdegöpel. Es wurde 1504 in Schneeberg erfunden und ermöglichte Bergbau bis in Tiefen von 250 Meter, die Handhaspel dagegen nur bis 40 Meter.[19] Hinzu kam das vermutlich von Nürnbergern zu großtechnischer Reife entwickelte und bald auch im Erzgebirge angewendete Verfahren der Saigerung von Silber und Kupfer.[20]

[18] Die Eisenerze waren Gemische aus Eisenoxiden, deren Eisengehalt bis zu 70 Prozent betrug, und Begleitstoffen. Bei der Aufbereitung wurden der Sauerstoff aus den Eisenoxiden und die Begleitstoffe entfernt und das Roherz in Eisen von hoher Reinheit überführt. Grundprinzip der Aufbereitung war das Herausschmelzen des Unbrauchbaren. Entscheidend dafür war die im Ofen erreichte Temperatur. Die ersten Hammerhütten im Pirnaer Land verfügten vermutlich über „Renn"öfen, in denen bei etwa 1.000–1.200°C die Eisenerze erhitzt wurden. Dies reichte nicht zur Herstellung einer flüssigen Eisenschmelze aus, da Eisen erst oberhalb von 1.500°C schmilzt. Jedoch verflüssigte das in den Erzen enthaltene taube Gestein, das zumeist als Schlacke aus Öffnungen am Boden des Ofens heraus„rann". Ein Teil der Schlacke verband sich mit dem schwammigen Eisen zur „Luppe". Durch wiederholtes, vorsichtiges Aufheizen im Schmiedefeuer wurde die Luppe von der Schlacke getrennt. Vgl. unter: https://www.bergbaufreunde-sachsen.de/vom-erz-zum-metall/pirnisch-eisen/; 11.04.2020.

[19] Vgl. Meltzer: Historia Schneebergensis, S. 190; Naumann: Sächsische Geschichte, S. 87f. Handhaspel und Pferdegöpel bei Georgius Agricola: De re metallica [Über den Bergbau, erstmals 1556 gedruckt], Basel 1657, S. 120, 125.

[20] Vgl. Lothar Suhling: Der Seigerhüttenprozeß. Die Technologie des Kupferseigerns nach dem frühen metallurgischen Schrifttum, in: Technology and Culture, 1979; Martin Luther und die Reformation in Deutschland. Ausstellung […], Frankfurt a. M. 1983, S. 20; Bernd Rüdiger: Quellen zu Abraham Ries, Nr. 200 [Darstellung des Verfahrens durch Ries].

Die Silbergewinnung in Verbindung mit dem erhöhten und nun besser zu deckenden Silberbedarf (der Edelmetallvorrat nahm rascher zu als der Warenvorrat)[21] trug dazu bei, dass **Sachsen seit Mitte des 15. Jahrhunderts** eine Blüteperiode erlebte und **eines der fortgeschrittensten deutschen Territorien** war. Entfaltungsmöglichkeiten existierten im Bergbau, in Städten und dessen Gewerben, auch in der sich auf die Erzeugung gewerblicher Rohstoffe orientierenden Landwirtschaft und nicht zuletzt im Fernhandel mit Anschluss an die großen Handelsrouten. Dabei besaßen jene, die gut rechnen konnten, zweifellos größere Chancen.

Die im Erzgebirge durch die Wasserkraft der Flüsse mit starkem Gefälle betriebenen **Mühlen**[22] wurden zu ersten kapitalistischen Unternehmen und in Verbindung mit dem Bergbau ein wichtiger Standortfaktor. Für den Hüttenbetrieb waren Pochwerke zum Zerkleinern des Erzes und Hammerwerke zum Schmieden des Roheisens unverzichtbar. Diese modernen und leistungsfähigen Produktionsstätten erwiesen sich als die innovativsten überhaupt. Zwei Zentren bildeten sich heraus: das eine seit den 1470er-Jahren zwischen Schneeberg und Zwickau an der Zwickauer Mulde und das andere seit den 1490er-Jahren im Annaberger Raum an der Sehma und Zschopau. Die dichte Abfolge von Wassermühlen an letztgenanntem Fluss ist für das 16. Jahrhundert gut belegt.[23]

Betreiber von Bergbau- und Hüttenbetrieben und Mühlen sahen sich schon vor deren Betriebsbeginn mit Schwierigkeiten beim Erwerb und Nutzen von Produktionsflächen konfrontiert, was zur **Nachfrage nach Vermessungstechnik und -methoden** führte. Auch benötigte der Bergbau selbst geometrisches (Mess-[24])Wissen für die Erschließung von Gruben und zum Streckenvortrieb. Damals erfolgte die Lösung der Trigonometrie von der Astronomie[25]. Auch beim

[21] Vgl. Walther Herrmann: Das Freiberger Bürgerbuch 1486–1605, Dresden 1965, S. I (= Quellen und Forschungen zur sächsischen Geschichte, 2. Bd.).

[22] Vgl. Otfried Wagenbreth: Wasserkraftmaschinen: Typen und Funktionsweise, Geschichte und Einsatzbedingungen, in: Wasserhistorische Forschungen. Schwerpunkt Montanbereich, hg. von Christoph Ohlig, Siegburg 2003 (= Schriften der Deutschen Wasserhistorischen Gesellschaft, Bd. 3); Neues Denken, neue Welten. Geniale Erfindungen – grossartige Entdeckungen 1000–1600, Stuttgart/Zürich/Wien 2009, S. 46–59.

[23] Vgl. Bernd Rüdiger: Philipp Wagners Bericht über die große Wasserflut im Annaberger Land 1565 und den Lebensretter Paul Ries, Annaberg-Buchholz 2015 (= Quellen zur Orts- und Familiengeschichte des Erzgebirges, hg. vom Adam-Ries-Bund Annaberg-Buchholz, H. 62).

[24] Zum Abschreiten 1525 beim Bergbau im Raum Buchholz (Frohnau, Schlettau) und Maß vgl. Christian Meltzer: Historische Beschreibung des St. Catharinenberges im Buchholz, hg. von H. Harms zum Spreckel, Annaberg o. J. (um 1928), S. 323 (= Mitteilungen des Vereins für Geschichte von Annaberg und Umgebung, 17. Jahrbuch, VI. Bd., 1. H).

[25] Vgl. Kropp: Geschichte, S. 72.

Abbau selbst erwuchsen Rechenaufgaben[26] ebenso wie im Hütten-[27] und Mühlenbetrieb. Die Unternehmen verlangten hohen Kapitaleinsatz zur Betreibung wie zur Bezahlung von Materialien und Lohnarbeitern, der teils durch den Erwerb von Kuxen durch Fremde gedeckt werden konnte.[28] „Nutzen" wie Kosten mussten für die Geldgeber belegt sein. Das verlangte beim Aufbau von Anlagen, ihrem Rohstoff-, Produktions- und Lieferregime sorgsamen und nachweisbaren Umgang mit den Ressourcen.

Da der Staat den hohe Einnahmen abwerfenden Bergbau wie das Hütten- und Münzwesen schärfster obrigkeitlicher Kontrolle unterwarf[29] und Ungenauigkeit bei der Abrechnung durch die Betreiber oder gar Betrug mit harten Strafen belegte, nahm das Rechnen in jenen Bereichen eine zunehmend größere Rolle ein. Grundlegendes verfügten die landesherrlichen Bergordnungen. Landesherrliche Urkunden legten für Begünstigte die Nutzung einer abgemessenen Schürffläche mit daraus erwachsenden Verpflichtungen, wie die Bedingungen für die Abgabe des geförderten Silbererzes, fest. Dazu benötigte der Landesherr befähigte Rechner. In den Bergämtern übten der Amtmann (Bergvogt, Hauptmann) die Oberaufsicht über den gesamten Bergbau in einem Revier aus. Sie verantworteten die Verwendung der Gelder, die Berichte über die Ausbeute, den Kauf und Verkauf von Kuxen usw. Der Bergmeister war neben dem Zehntner der eigentliche Finanzverwalter im Bergbau und Mitverwalter von Berg- und Gegenbuch. Berggeschworene als Gehilfen von Amtmann und Bergmeister hatten bei der Festsetzung der Löhne von Schichtmeistern, Markscheidern und Arbeitern mitzuwirken. Auf der Ebene des Bergamtes, von Amtmann und Bergmeister erfolgten die Vorlage, Kontrolle und Zusammenfassung der Daten vor allem zu Einnahmen und Ausgaben aus den Zechen des gesamten Reviers (sogenannte *Quatember*, d.h. Vierteljahrs-Abrechnungen der Schichtmeister). Die eigentliche Rechenarbeit leisteten hierbei Bergschreiber, Rezessschreiber und Gegenschreiber sowie Zehntner mit dem Zehntschreiber. Das waren Bürgerliche, Bergleute und aus dem Kaufleutemilieu Stammende. Auch die Fundgrübner, die Besitzer der Zechen, bedurften Wissen über Arbeitsergebnisse und Gewinn, notwendiges Kapital und Ausgaben für die Löhne der Arbeiter. Eine gewisse Bildungsbeflissenheit ist un-

[26] Vgl. Rüdiger/Lorenz: Quellen, Nr. 44, 58, 59.

[27] Vgl. Hanns-Heinz Kasper: Das Rechnungswesen im kursächsischen Hüttenwesen des 16. Jahrhunderts, in: SHtBll 1985, H. 1, S. 18–20.

[28] Zu Altenburg vgl. StadtA Altenburg, Cämmerei-Rechnung [...] 1497–98; XI. A. 2a Nr. 26b; zu Leipzig StadtA Leipzig, Ratsbuch 3, Bl. 22b, Ratsbuch 8, Bl. 127a. Die Nürnberger Imhoffs, seit 1376 im Italiengeschäft nachweisbar, handelten mit Edelmetallen und waren an Investitionen bei der Erschließung von Silbergruben im Erzgebirge beteiligt; vgl. Schröder: Ulrich Wagner, S. 29f.

[29] Vgl. Rüdiger: Annabergs Bergbau, S. 1–20. Adam Ries als Bergbeamter stand also mitten in einem der besonders vorwärtsweisenden Szenarien. Er erlebte, wie Geld in alle Bereiche der Gesellschaft eindrang und alte Verhältnisse unterhöhlte. So begriff er besonders gut die neue, umfassende Rolle von Geld, Zahlengrößen und Rechnen.

ter ihnen zu beobachten. Schichtmeister als Leiter der Produktion und Finanzen einer Grube hatten die genannten Vierteljahresberichte über ihre Geschäftsführung zu erarbeiten, wobei sie einfaches Rechnen beherrschen mussten. Den Steigern als Aufsicht Führende in den Gruben und den Häuern hat dagegen zur Dokumentation von erbrachten Leistungen wohl zumeist das Kerbholz gedient.
Für die Dokumentation des Kapitaleinsatzes bis hin zur Gewinnabrechnung und die Abrechnung der geförderten Erze war somit **geeignetes Rechenwissen** dringend nötig. Traditionelle Verfahren reichten vielfach nicht mehr aus. Zur Fixierung einer Leistung wie einer Schuld mit dem Kerbholz mittels belastender Kerben konnte insofern etwas größere Sicherheit für die Beteiligten erreicht werden, dass das mit Kerben versehene Holz anschließend der Länge nach gespalten wurde, wobei die Beteiligten je einen Teil empfingen. Zur Abrechnung mussten beide Teile aneinandergefügt und die bestimmte Werte dokumentierenden Kerben miteinander verglichen werden. Vermutlich enthielten solche „Aufzeichnungen" die Primärdaten auch für Adam Ries' Zehntrechnungen. Schriftliches Rechnen wurde zwar bei höherer Aggregation der Daten unverzichtbar, war aber in den neuen Bergsiedlungen nicht einfach abrufbar. Bedarf bestand an **fähigen Rechnern**.

Steiger mit Kerbholz zum Erfassen von Mengen, in: Georgius Agricola: De re metallica [Über den Bergbau, zuerst 1556 gedruckt], Basel 1657, UBL, Sign. Ökon. 85, S. 128[30]

[30] Vgl. Berechnungen im Bergbau, in: Georgius Agricola, De re metallica, Basel 1657. UBL, Ökon. 85, S. 90.

Der sächsische Bergbau, speziell der Annabergs mit seiner explosionsartig ansteigenden Ausbeute, erwies sich als ein fruchtbarer Platz für Rechenkundige. Hier wirkten u.a. die ehemaligen Mathematiker der Leipziger Universität Johannes Widmann und Ulrich Rülein von Calw, der Saydaer Deutschenschreiber Johann Wagner und Adam Ries.

Ähnlich dem Kerbholz konnte der Müller mit Hilfe der **Knotengestaltung** die Menge und Sorte des Mehls in einem zugebundenen Sack „anschreiben“: Das Maß knüpfte er als Knoten, die Mehlart als Schleife oder Zöpfchen.

Nützlich wie lebensbedrohlich konnten sich **Berechnungen von Baumaßnahmen** erweisen, zum Beispiel für steinerne Brücken und Kirchen. Das Wissen der antiken Baumeister war verloren gegangen und ein Neuanfang angezeigt. Das Abstecken von Fundamenten bzw. des aufgehenden Mauerwerks konnte mit Schnüren und Holzpfählen erfolgen.[31] Darüber hinaus mussten die Baumeister des Mittelalters viel improvisieren und mit einfachen Hilfsmitteln arbeiten. Vermessungen erfolgten unter Nutzung der Geometrie.[32] Das beim Kirchenbau gewonnene Wissen diente vermutlich beim Bau von Steinbrücken wie umgekehrt.[33]

Die bäuerlichen **Landwirtschaft**sbetriebe blieben sowohl hinsichtlich ihrer Zahl als auch ihres ökonomischen Potentials überragend, dabei die Macht der Herren dominant. Längst ging es auf dem Lande nicht mehr nur um die unmittelbare Bedarfsdeckung zum Leben, sondern auch mit Hilfe besserer Technik um die Erwirtschaftung von Marktprodukten[34] zur Befriedigung neuer Bedürfnisse und zur Begleichung der Rente in Geldform. So wurden landwirtschaftliche Höfe zu gewinnorientierten Betriebseinheiten, wobei der Gewinn zunächst noch nicht, anders als in Handwerks- und Handelsunternehmen, geplant werden konnte,[35]

[31] Vgl. Günter Donath/Matthias Donath: Zeugnisse mittelalterlicher Bauplanung und Bauprozesse an den Chorbauten von Naumburg, Schulpforte und Meissen, in: Der Naumburger Meister. Bildhauer und Architekt im Europa der Kathedralen. Ausstellungskatalog, Bd. 2, o. O. u. J. (Petersberg 2011), S. 1275 (= Schriftenreihe der Vereinigten Domstifter zu Merseburg und Naumburg und des Kollegiatstifts Zeitz, Bd. 4, hg. von Enno Bünz u. a.).

[32] Zu Feldvermessungen und Vermessungen im Bergbau benutzte Abraham Ries, Sohn Adam Ries', ein Winkelmessgerät, mit dem er auch Vertikalwinkel messen konnte. Diese Vertikalwinkelmessgeräte wurden auch Gradwaage, Kippregel oder Bergwaage genannt. Vgl. Egon Weißflog: Die Bergwaage des Abraham Ries, in: JbARB, Bd. 5, 2014, S. 76–88.

[33] Vgl. StadtA Grimma, „Des Raths der Stath Grym Mülda Brügken bahue. Anno domini 1548“ (die Akte ist laut Archivarin Jaqueline Forner vom 12. Dezember 2011 verloren); Uwe Erler/Helga Schmiedel: Brücken. Historisches, Konstruktion, Denkmäler, Leipzig 1988, S. 31f.

[34] Zum Markt nach Leipzig fahrende Bauern 1558: StadtA Leipzig, Ratsbuch 14, Bl. 97; zu kleine Butter auf dem Markt in Leipzig um 1576: StadtA Leipzig, Jahreshauptrechnung 1576–77, Bl. 294b.

[35] Vgl. Schulden von Bauern 1531, 1536: StadtA Leipzig, Ratsbuch 6, Bl. 52b, 274; Bauern schließen 1545 Kaufvertrag ab: Ratsbuch 8, Bl. 315.

sondern sich im Verlauf der Produktion ergab. Wohlhabende Bauern kamen vor[36] ebenso wie der Verkauf von Bauern- und Sattelhöfen.[37] Grund und Boden wurden zur Ware.[38] Die notwendige Großproduktion von Getreide veranlasste die Entstehung von Rittergütern, die auf Mehrerzeugung und Gewinn orientiert waren und gewerbliche Betriebe einrichteten.[39]

Viehkauf. Aus Adam Ries' 2. Rechenbuch von 1522, Ausgabe Frankfurt a.M. 1585, fol. 71'. Adam-Ries-Museum, Annaberg-Buchholz

Das belegt auch die Urkunde über den Verkauf des Sattelhofs Schkölen bei Markranstädt („sedilhoff zcu Sckolen") mit allem Zubehör durch Hans von Breythingen und dessen Sohn Albrecht an Bischof Thilo von Merseburg im Jahre 1484 für 1630 Gulden. In ihr ist von allen drei bäuerlichen Leistungsformen die Rede. Die Gründe für den Verkauf des Gutes und die Art der weiteren Verwendung der Kaufgelder, Umrechnungsverhältnisse und Rechenarten sind jedoch nicht mehr zu erkennen. Genannt sind die einzelnen Pflichtigen mit ihren Leistungen, wie

[36] Vgl. Alfons Dopsch: Herrschaft und Bauer in der deutschen Kaiserzeit. Untersuchungen zur Agrar- und Sozialgeschichte des hohen Mittelalters mit besonderer Berücksichtigung des südostdeutschen Raumes, Jena 1939, S. 218; Anders Wilhelm Abel: Geschichte der deutschen Landwirtschaft vom frühen Mittelalter bis zum 19. Jahrhundert, 3. Aufl., Stuttgart 1978, S. 109.

[37] Ein Bauer verkauft 1549 dem Rat Land für einen Steinbruch: StadtA Leipzig, Ratsbuch 9, Bl. 230; stückweiser Verkauf eines Ritterguts an Bauern um 1586: ebd., Richterstube, Strafakte Nr. 621; Verkauf eines verschuldeten Bauernguts 1591: Strafakte Nr. 42.

[38] Vgl. Czok: Die Entwicklung, S. 240.

[39] Vgl. Hoyer: Sachsen, S. 226; Czok: Die Entwicklung, S. 240.

„Pauwel Weber 2 groschen von 1 agker, Matthis Weddris 4 groschen, 1 caphann [Kapaun] von 1 fertel, Veith Bartholomeus 2 caphan von ½ fertel" usw.[40]

Rechnen war bei Bauern aber generell weniger auf große Summen gerichtet, sondern auf Genauigkeit und Sparsamkeit beim Umgang mit Geld; rechnen bedeutet bei ihnen: genau und sparsam wirtschaften. Der sogenannte Geiz der Bauern war sprichwörtlich und fand seinen Niederschlag in der Literatur.[41] Es galt aber auch, was Martin Luther als Effekt unter Bürgern wie Bauern beschreibt: „wenn die geld und gut haben, so sind sie mutig und stoltz."[42]

Dem Neuen sahen sich auch die **weltlichen und geistlichen Herren** ausgesetzt. Schon mit der Erhebung der Mark Meißen zum Herzogtum und dem damit verbundenen territorialen Zugewinn mussten ganze Leitungsbereiche auf neue Weise gestaltet werden. Seit der zweiten Hälfte des 15. Jahrhunderts erfolgte als zentrale und komplexe Aufgabe der staatlichen Leitung und Verwaltung der frühneuzeitliche Landesausbau, wobei Finanz-, Bergbauverwaltung und Gerichtswesen besondere Aufmerksamkeit genossen. „eine selbständige Kammerverwaltung [Finanzverwaltung] löste sich [...] in der zweiten Hälfte des 15. Jahrhunderts aus der allgemeinen Zentralverwaltung heraus."[43] Denn der Staat stellte sich immer mehr auf Geldeinkünfte und -ausgaben um. Er hatte nun mehr mit Geld und weniger mit Boden- und Privilegien-Vergabe seine Verpflichtungen zu erfüllen. Ziel war deshalb die Sicherung einer hohen finanziellen Ergiebigkeit des Territoriums. Impulse kamen aus der Tätigkeit des bisherigen Kanzlers Johann von Mergenthal als Landrentmeister seit 1469 durch Aufbau der kurfürstlichen Finanzverwaltung.[44] Die doppelte Hofhaltung der Brüder Ernst und Albrecht hatte zu enormem Geldbedarf geführt. Deshalb verbesserte Mergenthal die Kontrolle der Rechnungsführung in den Ämtern, indem er deren Rechnungslegung als Fachmann (statt des Landesherrn) zusammen mit einer Kommission zu fixen Terminen abhörte. Als Leiter der Kammerkasse zog er Überschüsse in den Ämtern ein und machte Vorschläge für Einsparungen und die Einführung einer sachgerechten Buchführung. Er konnte aber keine zentrale Kasse mit Gesamtstaatshaushalt schaffen.[45]

[40] Urkunde Nr. 627, in: Archiv des Domstifts Merseburg.
[41] Vgl. Der böse Advokat und andere Volkssagen um Stände und Berufe aus dem Sächsischen, Berlin 1989, S. 29 u. ö.
[42] Martin Luther: Werke, 28. Bd., Weimar 1903, S. 691.
[43] Vgl. Blaschke: Kanzleiwesen, S. 294. Als Kanzleischreiber dienten weiterhin Geistliche; vgl. CDSR II 5, Nr. 317, S. 235.
[44] Vgl. Vogtherr: Die Kanzlei, S. 192f.
[45] Vgl. Hans-Stephan Brather: Die Verwaltungsreformen am kursächsischen Hofe im ausgehenden 15. Jahrhundert, in: Archivar und Historiker [...] Festschrift Heinrich Otto Meisner, hg. von der Staatl. Archivverwaltung [...], Berlin 1956, S. 257.

Der Territorialstaat wuchs aus der mittelalterlichen Landesherrschaft in dem Maße heraus, wie es dieser gelang, die materiellen Grundlagen von der Natural- in die Geldwirtschaft zu überführen.[46] Die Vergabe von Geldleistungen statt Immobilien war jedoch deutlich auf kurze Fristen und Wiederholung angelegt, was den Rechenbedarf der staatlichen Verwaltungen enorm erhöhte. Hierbei erfuhren Einnahmen- und Ausgabenseite eine Stärkung wie auch Differenzierung der quantitativen Elemente. Faktisch wuchs auch die Rolle des Schuldenwesens; wegen einer hohen Schuldenlast arbeiteten die kurfürstlichen Räte ein umfassendes Steuerprogramm aus. Da die Finanznot blieb, wurde 1469 in dem noch einheitlichen Kurfürstentum eine zentrale Behörde, das Rentmeisteramt, eingerichtet.[47] 1482 wurde für beide Teile des wettinischen Gesamtbesitzes (Sachsen und Thüringen) eine Landesordnung erlassen, die in viele Bereiche von Wirtschaft und Gesellschaft (Münze, Preise, Handwerk u.a.) eingriff.[48] Nach der Leipziger Teilung 1485 baute Jacob Blasebalg die zentrale Finanzverwaltung für das Herzogtum Sachsen weiter auf. Es wurde die Einheit der Gesamtkassenführung erreicht.[49] Herzog Georg (seit 1500) erzielte beim Versuch, die Finanzen des Landes in Ordnung zu bringen und durch Reformen die gravierendsten Schäden in der Verwaltung zu beseitigen, nur teilweise Erfolg. Unter Herzog Moritz entstand 1543 eine neue allgemeine Landesordnung. 1547 wurde er Kurfürst; das Land gewann territorial, auch die Universität Wittenberg gehörte nun zu ihm.[50] Zwischen 1550 und 1618 wurde der Staat weiter ausgebaut.[51] Zugleich wuchs die Anzahl der Unterlagen mit Rechnungssachen an. Anscheinend ging alles so fort wie gehabt. Kanzleien fertigten weiter Urkunden mit römischen Ziffern auf Pergament und zur Schreib- und Platzersparnis mit Abbreviaturen; beispielsweise schrieben sie „&" für „et" (und), „=" für „esse" (sein) usw., ohne das auch beim Rechnen zu tun.

Auch die **Ausweitung und Kontrolle des Bergbaus erforderten den Ausbau des Staatsapparates** zur Sicherung des Ertrags. Es erfolgte die Formierung der dem Oberbergamt in Freiberg als Zentralbehörde untergeordneten Bergämter.[52]

[46] Vgl. Blaschke: Kanzleiwesen, S. 314f.
[47] Vgl. Naumann: Sächsische Geschichte, S. 76.
[48] Vgl. Hoyer: Sachsen, S. 223ff.
[49] Vgl. Naumann: Sächsische Geschichte, S. 84; Alexander Puff: Die Finanzen Albrechts des Beherzten, Leipzig 1911, S. 40.
[50] Vgl. Hoyer: Sachsen, S. 230–234.
[51] Vgl. Czok: Die Entwicklung, S. 238.
[52] Von 1402 datiert die erste gemeinschaftliche Ausfertigung von Amtleuten, die jedoch erst spät als Behörde bezeichnet werden; als Ortsbezeichnung taucht der Begriff Bergamt zuerst 1554, als Behördenname erst 1609 in den Quellen auf

Deren Kompetenzen legte z.B. die Annaberger Bergordnung von 1509 fest.[53] Danach bestanden sie aus einem Bergmeister, den Berggeschworenen, dem Bergschreiber, dem Gegenschreiber, dem Austeiler, zwei Hüttenreutern und zwei Zehntnern. Als vermittelnde Instanz zwischen den Bergbautreibenden vor Ort und dem Oberbergamt oblag ihnen die unmittelbare technische, personelle und finanzielle Aufsicht über die Gruben ihres Reviers, die sich u.a. in der Entgegennahme und Prüfung der Zechenregister, regelmäßigen Inspektionen der Gruben, Festsetzen der Arbeiterlöhne und der Entscheidungshoheit über Investitionen in den Gruben niederschlug. Der Bergmeister nahm ferner die Verleihungen der Bergbaurechte vor, die der Bergschreiber in ein Bergbuch und der Gegenschreiber in ein Gegenbuch, das die bergbautreibenden Gewerken aufführte, eintrug. In den Gruben gab der Häuer seine Daten an den Steiger, dieser an den Schichtmeister, der vierteljährlich vor Bergmeister und Amtleuten in den Quatemberrechnungen über seine Geschäftsführung Rechenschaft abzulegen hatte. Die Bergordnungen zeigen, wie ausgebildet das System der Abrechnung der abgebauten Erze war.[54] Die Grenzen der Reviere waren aber zwischen den einzelnen Bergämtern bis 1784 oft umstritten.[55]

Münzschlagen. Aus Adam Ries' 2. Rechenbuch von 1522, Ausgabe Frankfurt a.M. 1585. Adam-Ries-Museum, Annaberg-Buchholz

Der erzgebirgische Silberbergbau hat Wesentliches für die Prägung und den notwendigen erweiterten Umlauf von Münzen getan. Das **Münzwesen**, engstens mit dem Finanzwesen verbunden, wurde modernisiert. 1500 erfolgte mit der Leipziger Münzordnung die Einführung der Talerwährung (Guldengroschen) in Sachsen.

[53] 1509 gedruckt, wurde die Annaberger Bergordnung Basis weiterer Bergordnungen; vgl. Adolf Laube: Der Weg zur Annaberger Bergordnung von 1509 – ein Weg der Bewältigung gesellschaftlicher Interessenkonflikte durch die Landesherrschaft, in Rechtsbücher und Rechtsordnungen im Mittelalter und früher Neuzeit. Sächsische Justizgeschichte, Schriftenreihe des Sächsischen Staatsministeriums der Justiz, Bd. 9, Dresden 1999, S. 161–185.

[54] Vgl. Rüdiger: Annabergs Bergbau, S. 4–20.

[55] Vgl. Bergarchiv Freiberg, Bestand 1.5.5.2.

Nicht mehr nur der in Verfügung der **Herren** befindliche Boden, sondern ebenso von Städtern produzierte und angebotene gewerbliche Produkte waren Quellen von Eigentum, Reichtum und Begehrlichkeit, jedoch nicht ohne weiteres dem Zugriff des Adels ausgesetzt. Wenn Adam Ries von ihnen schrieb, geschah das so, dass sie für gewünschte Gewerbeprodukte zahlen müssen.[56] Nicht mehr Herrschaftsverhältnisse bestimmten Ansprüche auf solche Güter, sondern Bedürfnisse, die aufgrund von Ware-Geld-Beziehungen befriedigt werden konnten. Auffällig war die Ersetzung von mit Boden und Dörfern ausgestatteten Rittern, die Ries nicht beschrieb, durch besoldete Landsknechte, die er beschrieb.

Auch bei der **Kirche** machte sich hoher Geldbedarf bemerkbar, der u. a. über Zolleinnahmen,[57] vor allem aber mit dem Ablasshandel gedeckt werden sollte und Gläubige die Berechnung ihrer Sünden und der dafür zu leistenden Zahlungen erleben ließ. Selbst die Zeit, die ein Sünder einst im Fegefeuer verbringen würde, war zu berechnen[58] und gegen Geld ablösbar. Dafür bekam er sogar wie sonst kaum bei Steuerzahlungen Quittungen.[59] Für Zisterzienserklöster wurde festgestellt, dass der aus vielen Klosteraktivitäten erwirtschaftete Gewinn „einen wesentlichen Bestandteil der Klosterökonomie [bildete]. Die zahlreichen Einschränkungen in der zisterziensischen Handels- und Gewinnorientierung aus der Frühzeit des Ordens bildeten bereits seit dem 14. Jahrhundert kaum noch Orientierungsrichtlinien für das wirtschaftliche Handeln der Ordensklöster vor allem im ostdeutschen Raum." So zeigt das Handeln der Grünhainer Zisterze, dass Einkünfte aus Kreditgeschäften mit Zinssätzen von etwa 5–6 Prozent, teils auch darüber, „einen nennenswerten Bestandteil" seiner Einnahmen bildete. Für die Klöster wurde Kreditgeben im 15./16. Jahrhundert zur lukrativen Einnahmequelle.[60]

Der in Gang gekommene **Urbanisierungsprozess** entwickelte große Kraft sowohl für gewerbliche Produktion als auch Konsumtion in bislang unbekanntem Umfang. Freiberg zählte 1300 rund 5.000 und 1550 7.359 Einwohner und Leipzig

56 „Ein Herr gibt einem Goltschmidt 4 marck 11 lott 3 quenten golt [...] daraus sol er jme machen zwei trinckgeschir"; Ries: Rechenung [...] Practica, Bl. 143a.

57 Vgl. „Welcher Gestalt der Probst zu Sanct Thomas oder sein Befehlshaber den Zoll zu den grünen [frischen] Fischen auf dem Markt allhier in Leipzig nehmen möge", Leipzig um 1597; UBL, Hist. Sax. 1107–k.

58 Vgl. Erasmus von Rotterdam: Das Lob der Torheit. Mit einer Einleitung von Claus Träger, 3. Aufl., Leipzig (1959), S. 74.

59 Vgl. z. B. UBL, Sondersammlungen, 75-4-88.

60 Vgl. Uwe Friedmann: Das Zisterzienserkloster Grünhain. Die wirtschaftliche Tätigkeit unter besonderer Berücksichtigung des nichtagrarischen Bereichs, in: Zisterziensische Klosterwirtschaft zwischen Ostsee und Erzgebirge. Studien zu Klöstern in Vorpommern, zu Himmelspfort in Brandenburg und Grünhain in Sachsen, hg. von Winfried Schich, Berlin 2004, S. 392 (= Studien zur Geschichte, Kunst und Kultur der Zisterzienser, Bd. 19).

1300 ca. 3.000 und 1550 8.481 Einwohner,[61] während Nürnberg[62] mit fast 30.000 Einwohnern um 1520[63] zu den größten Städten im deutschsprachigen Raum gehörte. Aber die Pleiße-Stadt lag in einem Raum, dem albertinischen Sachsen, in dem um 1550 fast ein Drittel der Bevölkerung, rund 140.000 Menschen, nicht mehr in Dörfern, sondern in den unterschiedlich großen 137 Städten wohnte.[64] Diese waren recht gleichmäßig über das Territorium verteilt[65] und bildeten ein großes Potential für weitere Fortschritte. Zwar nahm Nürnberg schon lange wegen zahlreicher innovativer Gewerbe (für den Export sehr geeignete Produkte kamen aus Eisenverarbeitung[66] und Feinmechanik[67]) wie seines weitausgreifenden Handels einen herausragenden Platz unter den deutschen Städten ein,[68] aber Mitteldeutschland begann aufzuholen.

Die Ratsgeschlechter, welche die **Stadtverwaltungen** dominierten, versuchten, oft in Streit mit dem Landesherrn, alle wichtigen in den Kommunen ablaufenden politischen, präventiven, rechtlichen, wirtschaftlichen, logistischen und im Privaten ablaufenden Prozesse unter ihre Kontrolle zu bringen, um sie fiskalisch abzuschöpfen, aber auch, um den sozialen Frieden in der Stadt und ihre Herrschaft zu sichern. Bei Zunahme der Einwohner und Gebäude sahen sich die Räte mehr kommunalpolitischen Aufgaben gegenübergestellt. Deshalb statteten sie sich bzw. die Verwaltung etwa seit der zweiten Hälfte des 15. Jahrhunderts mit deutlich komplexerer Kompetenz aus, die mit Rechnen verbunden war. Dazu gehörten: Einnahmen aus fälligen Leistungen und Mahnwesen,[69] aus Waage, Markt und Messe, Geldverwaltung in mehreren Händen (für sie waren in Leipzig die Baumeister, Mitglied des Rats, verantwortlich und ihm gegenüber rechenschafts-

[61] Vgl. Blaschke: Bevölkerungsgeschichte, S. 139 und 140.

[62] Für Johann Cochläus, später Hoftheologe Herzog Georgs von Sachsen war Nürnberg 1512 der Maßstab unter den Städten; vgl. Siegfried Bräuer: Nachwort, in: Historien von Thomas Müntzer, hg., transkrib. und mit einem Nachwort versehen von Siegfried Bräuer, Weinheim 1988, S. III.

[63] Vgl. Michael Peters: Geschichte Frankens. Vom Ausgang der Antike bis zum Ende des Alten Reiches, Gernsbach 2008, S. 185.

[64] Vgl. Blaschke: Bevölkerungsgeschichte, S. 162, 190; Geschichte Sachsens, hg. von Karl Czok, S. 179; Bräuer: Wider den Rat, S. 33.

[65] Vgl. Czok: Die Entwicklung, S. 237.

[66] Vgl. Historische Nachricht Von […] Nuͤrnberg, Frankfurt a. M./Leipzig 1707, S. 137f.; Die Nürnberger Hausbücher. Die schönsten Handwerkerbilder aus dem Mittelalter, hg. von Christine Sauer/ Elisabeth Sträter, Leipzig 2012, S. 207.

[67] Vgl. Rudolf Bergau: Henlein, Peter, in: ADB, Bd. 11, Leipzig 1880, S. 762; Johannes Willers: Der Nürnberger Uhrmacher Peter Henlein. In: Fränkische Lebensbilder, Bd. 11, Neustadt a. d. Aisch 1984, S. 80–90; Nürnberger Künstlerlexikon, hg. von Manfred H. Grieb, Bd. 2, München 2007.

[68] Vgl. Beiträge zur Wirtschaftsgeschichte Nürnbergs, hg. vom Stadtarchiv Nürnberg, Bd. 1–2, Nürnberg 1967.

[69] Vgl. StadtA Leipzig, Jahreshauptrechnung 1555–56, Bl. 178 [Rubrik]: „Vor Cost vnd Collocien derer die vber dem schoss vnd schult manen Sitzen."

pflichtig) und -ausgabe (einschließlich Steuerlast,[70] Bauwesen[71]), Geldgeschäfte mit Zinsnehmen (seit 1405 nachweisbar[72]), und Geldausgabe zu verschiedenen, zunehmend vorausschauend festgelegten Zwecken, Lebensmittelversorgung und deren Planung,[73] Materialversorgung, Kontrolle der Mengenverhältnisse (z.B. mittels Brotordnungen[74]), Maße, Gewichte,[75] Volumina (durch Visieren, d.h. Fass-Volumen-Bestimmung mit der Visierrute[76]) und Personen (beim Passieren der Stadttore mit Messung von Wareneinfuhren nach Gewicht[77] Volumen und

[70] Im 15. Jahrhundert entwickelte sich Leipzig hinsichtlich seiner Einwohnerzahl, seines Steueraufkommens und der Stellung seiner Märkte zur „reale[n] Hauptstadt" Sachsens; Brigitte Streich: Zwischen Ratsherrschaft und Residenzbildung. Der wettinische Hof im späten Mittelalter, Köln/ Wien 1989, S. 528 (= Mitteldeutsche Forschungen, 101). Es übertraf nun die bislang bedeutendste sächsischen Stadt Freiberg an Wirtschaftskraft; vgl. Uwe Schirmer: Der Freiberger Silberbergbau im Spätmittelalter (1353–1485), in: NASG, 71. Bd., 2000, S. 25f.; Peter Langhof: Die mittelalterliche Berghauptstadt der Wettiner bis zum Übergang vom Feudalismus zum Kapitalismus 1307 bis 1470, in: Geschichte der Bergstadt Freiberg, hg. von Hanns-Heinz Kasper/Eberhard Wächtler, Weimar 1986, S. 77.

[71] Vgl. Richard Hoffmann: Die Augsburger Baumeisterrechnungen von 1320 bis 1331, in: Zeitschrift des historischen Vereins für Schwaben und Neuburg, 5. Jg., 1878, S. 1–220.

[72] Hermann Freytag: Die Wachstafelbücher, S. 235ff., 244 244, hier ein Zinsgeschäft vor 1405 (14. Jahrhundert?) nach einem Palimpsest erwähnt.

[73] Zu Erhebungen zur Ermittlung wegen der zu versorgenden Bevölkerung: Rüdiger/Lorenz: Quellen, Nr. 61.

[74] Bereits nach dem Freiberger Stadtrecht (Ende 12. Jahrhundert) wurde bestraft, wer „zu kleine [Brote] beckit"; vgl. Hubert Ermisch: Das Freiberger Stadtrecht, Leipzig 1889, S. 242.

[75] Als der Rat 1518 die in Leipzig und im Umland verwendeten Fleischergewichte teils zu schwer, teils zu leicht befunden hatte, legte er ein Leipziger Kram- und Fleischergewicht (Leipziger Zentner = Nürnberger Zentner = 110 Pfund) fest. Ungleiche Gewichte wurden eingezogen und auf Kosten des Rats angeglichen. 1535 erfolgte ein Vergleich des Leipziger Gewichts mit dem von Torgau, Dresden, Zwickau, Annaberg, Glauchau, Freiberg und Halle; StadtA Leipzig Ratsbuch 4, Bl. 225. Aufgrund der Prüfung der Gewichte der Kramer durch zwei Waagherren und dabei festgestellter Unzulänglichkeiten ordnete der Rat 1527 die Herstellung neuer Gewichte und Abgabe der alten an: Ratsbuch 5, Bl. 197.

[76] Der Handel nutzte Fässer als Transportmittel für Güter wie Wein, Bier, Fisch und Bücher. Für die komplizierten Volumenberechnungen entwickelte man spezielle Visierverfahren mittels der Visierrute, die aus dem Kerbholz abgeleitet sein wird. Vgl. Folkerts: Die Faßmessung (Visierkunst), S. 1–36; Menso Folkerts: Praktische Geometrie: Fassmessung, in: Zählen, Messen, Rechnen, S. 103; Rüdiger: Städtische Lebensmittelversorgung, S. 135–148; Norman Bitterlich: Über das Visieren bei Adam Ries, in: Zur Wirkungsgeschichte, S. 149–158; Gunthild Storeck: Zahlentafeln in der Fassmessung des 15. Jahrhunderts, in: Arithmetik, Geometrie und Algebra der frühen Neuzeit. Tagungsband, hg. v. Rainer Gebhardt, Annaberg-Buchholz 2014, S. 130–138 (= SARB, Bd. 23). Zur Annahme von Wein-Visierern in Leipzig 1536 vgl. Johann Jacob Vogel: Leipzigisches Geschicht-Buch Oder Annales […], 2. Aufl., Leipzig 1756, S. 126f. Die Angaben blieben oft vage, so wenn 1468 Kurfürst Ernst und Herzog Albrecht dem jüdischen Wundarzt „meister Waruch" „eyn vas weyn […] reichin lassenn"; vgl. CDSR II 5, Nr. 334, S. 243. Vgl. CDSR II 5, Nr. 447, S. 325 (1540).

[77] Zur Gewichtkontrolle vgl. Rüdiger/Lorenz: Quellen, Nr. 56, 57; zu Strafgeldern Nr. 60.

Abgabenrelevanz), Auftragsvergabe und -abrechnung,[78] Ämtervergabe,[79] nunmehr über Verbote sich hinwegsetzende Kreditnahme und -vergabe, Kontrolle von Erbschaftssachen,[80] des kostenintensiven Bauwesens[81], speziell des Kirchenbaus,[82] usw. Steinerne Brücken konnten nicht mehr wie Holzstege durch Leistungen abhängiger Bauern errichtet werden. So genehmigte im Jahre 1436 Kurfürst Friedrich II. auf Ersuchen des Rats zu Meißen die Erhöhung des bisher gültigen Elbbrückenzolls in Höhe von 4 Heller auf die Dauer von 15 Jahren, um die Brücke baulich erhalten zu können, für Reiter um 2 Heller und für Fußgänger um 1 Heller.[83] Ein solcher Antrag setzte Kostenkalkulation und dafür Fähige im Rat voraus, um Chancen bei der Bewilligung zu haben. Schließlich mussten die Baukosten abgerechnet werden.[84]

Angestrebte Wirksamkeit der Maßnahmen verlangte Kontrolle nach außen und Überprüfung im Inneren. (Wiederum setzte 1494 die Gemeinde Zwickau eine alljährliche Finanzkontrolle gegen den Rat durch.[85]) Das ließ sich nur mit durchgehender, differenzierter und stets vorlegbarer Schriftlichkeit sowie Personen sichern, die in der Lage waren, nicht nur wie bisher mehr zufällig einzelne Rechnungsbelege für kurze Fristen aufzusetzen, sondern die nun entstehenden Zahlenmengen inhaltlich zu bewerten, zu ordnen, systematisch in Dokumenten als Eingänge oder Ausgänge zu erfassen und ein Resümee (Rechnungsabschluss) aus ihnen zu ziehen. Gefragt war die Fähigkeit, verschiedenste Operationen sicher

[78] Vgl. Rüdiger: Rechenkundige, S. 222f.

[79] Zum Betreiben der Stadtwaage vgl. Rüdiger/Lorenz: Quellen, Nr. 46; zum Visieren Nr. 50.

[80] Ein Auswärtiger, in dem Fall ein Nürnberger, der die Tochter eines Einheimischen – Leipzigers – heiratete und „Heirat guth bekommen", das er ausführen wollte, musste 1564 nach Nürnberger Vorbild „den Zehenden pfennig" entrichten; vgl. StadtA Leipzig, Ratsbuch 19, Bl. 79b.

[81] Einnahmen aus dem Bergregal förderten die Bautätigkeit der Landesfürsten trotz deren hoher Verschuldung; so war Sache der landesherrlichen Amtleute zu Meißen die Berechnung der Kosten des Neubaus der Albrechtsburg 1470–80; vgl. CDSR II 4, Nr. 139, S. 90–97. Da die wirtschaftlich erstarkte Bürgerschaft, reiche Adelsgeschlechter und hoher Klerus beim Bauen nicht zurückstanden, kam es zu einer Phase intensiven öffentlichen und privaten Bauens ansehnlicher Landschlösser, Rathäuser, so in Leipzig (vgl. Wolfram Günther: Hieronymus Lotter – bedeutender Architekt der deutschen Renaissance [...], Norderstedt 2009, S. 146ff.), Meißen, Plauen, Zwickau, von Kornhäusern, Mühlen, Bürgerhäusern (Leipziger Kaufleute bauten stattliche Durchgangshäuser zum Wohnen und Arbeiten mit von Holzgalerien umgebenen Innenhöfen), Elb-Brücken und Kirchen, so der St. Annenkirche in Annaberg.

[82] Für einen Kirchenbau mussten zahlreiche Einnahmequellen erschlossen und die gesamte Bürgerschaft an den Baukosten beteiligt werden. Vgl. Stefan Bürger in Geschichte der bildenden Kunst in Deutschland, Bd. 3: Gotik, hg. von Bruno Klein, München/Berlin/London/New York 2007, S. 293; Dietrich Conrad: Kirchenbau im Mittelalter. Bauplanung und Bauausführung, 6. Aufl. Leipzig 2011, S. 126–132. Wie sich womöglich im Verlauf der Herausbildung des Renaissance-Denkens die Gebebereitschaft für derartige Unternehmen und damit der Aufwand zur Beschaffung der benötigten Gelder veränderte, wäre noch zu prüfen.

[83] Vgl. CDSR II 4, Nr. 84, S. 58.

[84] Eine Bauabrechnung in StadtA Leipzig, Jahreshauptrechnung 1471–72, Bl. 36a.

[85] Vgl. Hoyer: Sachsen, S. 225f.

und flott durchführen sowie mit großen Zahlen umgehen zu können. Dies verlangte den Aufbau leistungsfähiger Finanzverwaltungen in den Städten.[86]

Vom Rat bzw. dessen Beamten waren bislang meist **Rechenaufgaben mit Nummerieren, Addieren und Subtrahieren zu lösen**. So bestimmte die 1470 der Stadt Dresden von Kurfürst Ernst und Herzog Albrecht erteilten neuen Ratsordnung: „Es sal auch itzlich rat getrewlich alle sachen handeln, stewer, geschos vnde ander gulde glich uff die burger legen ane annemunge der person [...] der stad gelt durch die kemmerer bestellen getrewlich intzunemen vnde ußzcugeben. Vnde [...] sal der alde rat dem nawen rate gute rechnunge thun aller ynnome vnnde ußgabe von pfennigen vff den groschen, von groschen uff das schogk vnde von schogken uff schogk biß vff den groschen, von groschen uff das schogk vnde von schogken uff schogk bißzcu pfennigen vnde hellern."[87] Die Aufgaben waren aber tatsächlich sehr kompliziert, und die **Kenntnisse reichten häufig nicht mehr aus**. Im Freiberger Stadtbuch heißt es um 1470, die Schwierigkeiten andeutend: „Item eyn gemessen meile sal halden sechczig gewende und ein gewende sal haben sechczig ruten und igliche rute sal behalden 7$^1/_2$ elle und dy meil sal gemessen [werden] noch der gemeynen straße und nicht noch dem richtsteige addir obir qwer felt."[88] Erschwert wurden Rechenoperationen weiterhin dadurch, dass die **römischen Ziffern Verwendung** fanden, außerdem ohne Symbolik und deshalb in narrativer Darstellung der jeweiligen Aufgabe. Problematisch war ferner die **geringe Nachweisbarkeit der Rechenvorgänge** über Einnahmen und Ausgaben bzw. Kassenstand.

Zunächst haben in Stadtverwaltungen (wie bei Kaufleuten und Handwerkern) solche Rechen- bzw. Dokumentationsmittel weiterhin Verwendung gefunden, wie Abakus, Knotenschnüre bzw. Kerbstöcke und -bretter (wovon in Sachsen sich nichts erhalten hat[89]). Beim Übergang zu schriftlichem Rechnen dienten meist die billigen und wiederverwendbaren, nach Abschluss des Vorgangs bald gelöschten Wachstafeln als Informationsträger.[90] Ihr Gebrauch ist in Leipzig gegen Ende des 14. Jahrhunderts zu vermuten und ab 1405 nachweisbar.[91] Sie dienten dem Rat als Manual oder Journal (fast ausschließlich als Einnahmeregister) der Stadtkasse.

[86] Für Leipzig vgl. Rüdiger, Rechenkundige, S. 217–229.

[87] CDSR II 5, Nr. 344, S. 250.

[88] Die alte sächsische Elle entsprach 56,6 cm; danach wäre eine Rute 424,5 cm lang. Zitiert nach Alfred Meiche: Der alte Zellwald an der Freiberger Mulde. Ein Beitrag zur Geschichte der ostmitteldeutschen Kolonisation und einer Nebenuntersuchung über die fränkische Hufe, in: NASGA, 41. Bd., 1920, S. 10.

[89] Dass noch Anfang des 15. Jahrhunderts in Frankfurt a. M. die Rechnungsführung durch Kerben üblich war, zeigt das Statut der Barchentweberknechte-Bruderschaft: „Item so wil auch die gemeyn geselschaft, das alle rechenmeyster nit sollenn die kerbenn oder das gelt eynem andern leyhen, das eynem wirt zusteet." Zit. nach Georg Ludwig Kriegk: Deutsches Bürgerthum im Mittelalter, Frankfurt 1868, S. 194.

[90] Vgl. Günther: Geschichte des mathematischen Unterrichts, S. 70; Lalou: Wachstafel, Sp. 1890f.

[91] Vgl. Freytag: Die Wachstafelbücher, S. 212.

Sie waren keine vollständigen Rechnungen, sondern Notizen, und nicht zur dauernden Aufbewahrung bestimmt. „Bei der Anlage dieser Journale wurde im ganzen ein festes Schema befolgt, das während der ersten drei Jahrzehnte des [15.] Jahrhunder[t]s keine wesentlichen Veränderungen seiner einfachen Gliederung erfuhr, wogegen es bereits 1470 eine viel mannigfaltigere Gestaltung erhalten hatte, die es dem in den Rechnungen [auf Papier in Buchform] von 1472 an befolgten Schema ziemlich ähnlich machte“[92]:

Titel der „ursprünglichen“ Verzeichnung der Einnahmen	**Wachstafeln von 1470 Nur drei Überschriften sind beibehalten:**
1. *communia percepta*[93]	*percepta de cellario*
2. *percepta de vino*[94]	*percepta de jure civili*
3. *percepta de lateribus*[95]	*percepta communia*[100] [davon wegen ihrer Wichtigkeit getrennt:]
4. *percepta de jure civili*[96]	*percepta de libra et theoloneo,*[101] *de nundinis,*[102] *von großen Leitern und kleinen Leitern.*[103]
5. *percepta de pena*[97]	Unter die *percepta communia* aufgenommen sind dagegen wohl die Einnahmen *de pena*[104].
5a *percepta de cellario civitatis*[98] [ab 1425]	Weggefallen sind die übrigen Kapitel *de lateribus* und *de vino*, die erst wieder in den Rechnungen ab 1472 erscheinen.
6. *hi tenent civitatem*	
7. *hos tenet civitas*[99]	

92 Freytag: Die Wachstafelbücher, S. 214. Die folgenden Angaben nach S. 214f.

93 Sehr verschiedene Einnahmen, teils regelmäßig wiederkehrende, teils mehr zufällige, auch auf rechtlicher Verpflichtung der Zahlenden beruhende oder aus kaufmännischen Geschäften, forst- und landwirtschaftlichen Betrieben usw. fließende (z. B. *exactio* = Geschoß, *pecunia vigilum* = Wächtergeld, Grabengeld, *pecunia vaccarum* = Kuhgeld oder Hirtenpfründe, Brückengeld, Torgroschen, Floßzoll, Einnahmen von Gericht, Wald und Wiesen, verkauften Pferden, aus Rentengewährungen auf Wiederkauf S. 233ff., aus aufgenommenen Darlehen sowie Schuldentilgungen und Ablösungen S. 235ff.); vgl. Freytag: Die Wachstafelbücher, S. 227ff.

94 Einnahmen des Rats aus dem Schlägeschatz, nicht Erlös aus dem Weinschank des Ratskellers; vgl. Freytag: Die Wachstafelbücher, S. 216f.

95 Einnahmen des Rats von Ziegeln; vgl. Freytag: Die Wachstafelbücher, S. 217.

96 Ratseinnahmens vom Bürgerrecht; vgl. Freytag: Die Wachstafelbücher, S. 217f.

97 Ratseinnahmen an Strafgeldern; vgl. Freytag: Die Wachstafelbücher, S. 218ff.

98 Ratseinnahmen aus dem Ratskeller; vgl. Freytag: Die Wachstafelbücher, S. 221f.

99 „Hierauf folgen in allen Wachstafelbüchern [...] Eintragungen, die streng genommen in ein Einnahmebuch nicht gehören, [...] aber Notizen enthielten, die man jederzeit zur Hand haben wollte, wie die Namen der Stadthauptleute, sowie der Geschworenen, der Bäcker und Fleischer, oder die man bei der Übergabe der Geschäfte an den neuen Rat nicht übersehen wollte“; Freytag: Die Wachstafelbücher, S. 215.

100 Einnahmen vom Handel; vgl. die Angaben links daneben und Freytag: Die Wachstafelbücher, S. 222ff.

101 Ratseinnahmen von Waage und Zoll; vgl. Freytag: Die Wachstafelbücher, S. 223ff.

102 *Percepta de pergolis in nundinis*: Einnahmen von den Mess-Buden; vgl. Freytag: Die Wachstafelbücher, S. 225f.

103 Einnahmen von Schrotleitern, wohl eine Abgabe, die beim Ein- und Ausschroten von Bier und Wein in die Keller bzw. aus den Kellern bezahlt werden musste; vgl. Freytag: Die Wachstafelbücher, S. 226f.

104 Sie wurden in einer Summe vom Richter abgeliefert; vgl. Freytag: Die Wachstafelbücher, S. 215.

Unter den verschiedenen Titeln wurden die einzelnen Posten nach dem Datum eingetragen. Vermutlich erfolgte anfangs nur die Niederlegung der Resultate auf den Wachstafeln (bis 1470/71 nutzte Leipzigs Rat weiter nur sie für seine Rechnungen), während zum Berechnen der Werte weiterhin ein Rechenbrett diente. Es gab keine Probleme, wenn vom Rat einer Stadt bzw. dessen Beamten Aufgaben zu lösen waren, für deren Lösung man nur nummerierte, addierte und subtrahierte. Kennzeichnend waren auch hier römische Ziffern oder Ausschreiben derselben, narrative Darstellung und Fehlen von Symbolen; 1405 heißt es: „dy hundert schog g[roschen] dy man yme uff das holcz czu Warin[105] hadde gegebin“[106] (die 100 Schock Groschen, die man ihm für das Holz zu Waren gegeben hatte). Rechnungen wurden also geschrieben, wie sie gesprochen worden sind. Die tabellarische Gliederung erleichterte die Übersicht.
Angestellte des Rates mussten neben Kenntnissen in Latein für das Lesen und Aufsetzen von Urkunden über die Fähigkeit verfügen, gut deutsch zu schreiben und sich darin auszudrücken; für die Finanzverwaltung sollten sie während ihrer Ausbildung in den *artes*, speziell Arithmetik, unterrichtet worden sein.[107] Davon gab es grundsätzlich zu wenige; zu beobachten ist vielmehr die **geringe Qualifizierung vieler im Rechnen**.[108] Das belegen „die recht häufig vorkommenden **Rechenfehler**“.[109] So sind vom Schreiber gemachte Fehler bei „Percepta de jure civili“, d.h. Einnahmen vom Bürgerrecht 1405 und 1406, in der Summierung verbessert.“[110] Fehler sind „auch in den Rechnungen anderer Städte zu finden“.[111] Für das 16. Jahrhundert ist in Zwickau auch eine „gewisse Grosszügigkeit“ in Finanzsachen bei allen Ratsherren festgestellt worden.

[105] Wahren, Dorf nö. Leipzigs.

[106] StadtA Leipzig, Einnahmestube, Wachstafelrechnung Nr. 33, 4./3. Zeile von unten.

[107] Generell, auch über die inhaltlichen Begrenzungen, ohne Belege aus Mitteldeutschland, Günther: Geschichte des mathematischen Unterrichts, S. 61ff. Brod: Rat, S. 28, schreibt, dass Stadtschreiber in größeren Städten die ersten akademisch gebildeten Beamten gewesen seien.

[108] Die Wiedergabe des Sachverhalts um den ungebildeten Wenczlaw durch den Stadtschreiber zu Leipzig (s. u.) verdeutlicht auch, dass das Rechnen im Denken von Ratspersonen keine Größe darstellte.

[109] Zu Rechenfehlern der Leipziger und Dresdner Stadtverwaltungen: Freytag: Die Wachstafelbücher, S. 215. Rechenfehler in der Besoldungsliste des Rates zu Leipzig für Prediger, Kirchen- und Schuldiener, um 1553: In der Summe ergibt sich „2004“ statt angegebener „2400“: StadtA Leipzig, Stift VIIIB 2a Vol. I, Bl. 52a–b. „Hans Trautmann [der scheidende Hospitalmeister zu St. Georg in Leipzig] hat seine Rechnung des Hospitals Zu S. Georgen dem Rath wider vbergeben, vnd zugesagt, do einiger mangel daran, das er den guttun wolle. Actum den 9 Nouembris a° lvij.“; StadtA Leipzig, Ratsbuch 13, Bl. 159a.

[110] Vgl. Freytag: Die Wachstafelbücher, S. 218.

[111] Freytag: Die Wachstafelbücher, S. 215.

StadtA Leipzig, Wachstafelrechnungen, 1405, Bl. 1

Es gab also z. B. beim **Leipziger Rat Schreib- und Rechenkundige.**[112] Aber eine Qualifizierung besaßen vermutlich oft nur graduierte Stadtschreiber,[113] weshalb das Rechnungswesen ihnen mit übertragen war. Zur von der Stadt besorgten landesherrlichen Steuereinnahme 1467 heißt es: Dicz gelt [...] ist dem cancziler bezalt [...] durch den stadtschryber."[114] Seit 1482 wirkte der Stadtschreiber sogar nur noch als Kanzlei- und speziell Kassenbeamter. Er war an der Erstellung der Teilrechnungen und deren Zusammenfassung zu Jahreshauptrechnungen beteiligt, hierbei sogar als Hauptperson.[115]

Neben Klerikern[116] konnten seit 1379 bzw. 1409 auch **Absolventen der Universitäten** Erfurt und Leipzig mit unterschiedlicher Graduierung, selbst unfertige Studenten, aushilfsweise, direkt oder nach beendeter Ausbildung angestellt werden. Aber manche Studenten wiesen enorme Wissenslücken auf, wie die Geschichte eines von ihnen 1463 zeigt: „Am fritage noch exaudi [4. Juni] hat man einen gehangen, wenczlaw gnant, der ein student was, [...] er hat auch nichts gestudirt, er konnde auch nichts, wedder schryben noch leßen. Er hat In der statt gar vehl gestolen."[117] Auf Rechenkenntnisse ist nicht eingegangen.

„von der dritten vnd vierden weysenden kunst die seind aritmetica vnd geometria",
in: Rodericus: Spiegel des menschlichen Lebens, Augsburg 1477, Bl. LXXXIIIIa.
Abdruck nach: Albert Schramm: Der Bilderschmuck der Frühdrucke, Bd. 2, Leipzig 1920, Tafel 98, Abb. 737

Verallgemeinern darf man den Fall aber wohl nicht. Generell aber blieben die Wege des mathematischen Wissens über **Universitäten** und Lateinschulen zu sächsischen Kauf- und Geldleuten, zu Handwerkern wie zu den Ratsstuben viel

112 Vgl. Henning Steinführer: Das älteste erhaltene Leipziger Ratsbuch (1466–1489) und seine Vorläufer. Ein Beitrag zum spätmittelalterlichen Kanzleiwesen der Stadt Leipzig, in: Archiv für Diplomatik, 44, 1998, S. 43–88; Rüdiger/Lorenz: Quellen, Nr. 52. Freytag: Die Wachstafelbücher, S. 242, verweist auf den mit der Führung des Wachstafelbuches betrauten Beamten.

113 Vgl. Rüdiger: Rechenkundige, S. 218f.

114 Ratsbuch 1, Eintrag Nr. 66. Vgl. Nr. 68f. (1467), 178 (1469). Brod: Rat, S. 56, verweist darauf, dass Stadtschreiber mit der Steuerverwaltung befasst. waren.

115 Vgl. Rachel: Verwaltungsorganisation, S. 52f, 57, 219.

116 Für Leipzig vgl. StadtA Leipzig, Urkunden-Kasten 82,11; Rachel: Verwaltungsorganisation, S. 57. – Generell war das Problem bei ihnen, dass sie Angestellte der Stadträte und nicht gleichzeitig in geistlichen Einrichtungen sein und nicht primär Aufgaben eines Klerikers, sondern eines städtischen Beamten wahrnehmen sollten. Sie mussten das Vertrauen des Rates auch wegen der Geld- und Rechnungssachen genießen. Tatsächlich kam es zu Interessenkonflikten.

117 In: Das älteste Leipziger Urfehdenbuch. 1390–1480, mit einer Einleitung von Gustav Wustmann, in: Quellen zur Geschichte Leipzigs, 2. Bd., S. 24. Vgl. Wustmann: Geschichte, S. 325f.

zu umständlich und wenig praxisbezogen Vieles hatten sich die Absolventen erst während nachfolgender Tätigkeiten angeeignet. Das betraf ehemalige Lehrer der Stadtschulen, Apotheker, Geistliche und Juristen. Sie hatten während ihres Studiums der *artes* allerdings eine Arithmetik-Ausbildung erfahren und vermochten Deutsch und Lateinisch zu schreiben. Hierbei war die Ausbildung in den mathematischen Fächern der *artes* an den Universitäten wohl konsequenter als in Lateinschulen. Dies ermöglichte die „Verschriftlichung" und das „Berechnen" vieler Verwaltungsaufgaben. Seit den 1470er-Jahren gab es Juristen im Leipziger Rat, die eine Ausbildung im Quadrivium erfahren hatten.[118] Die Rechenkenntnisse waren gewiss gut bei dem aus Arnstadt zugezogenen Stadtschreiber Conrad Beer, der seit 1403 an der Universität Erfurt studiert hatte[119] und 1420 Magister heißt.[120]

Enge Verbindungen des Leipziger Rates zur hiesigen Universität sind seit der zweiten Hälfte des 15. Jahrhunderts nachweisbar.[121] Mit wenigen Ausnahmen waren die Stadtschreiber seit dem 1452 tätigen Johannes Scheibe *Magistri artium liberalium*.[122] Allerdings verzeichnet der älteste Katalog der Bücher der *artes*-Fakultät in Leipzig unter 213 Bänden, abgesehen von einem Exemplar von Euklids Elementen (Nr. 191), keine spezifisch mathematische Schrift. Auch unter den überlieferten Handschriften, die nachweislich aus der Bibliothek der *artes*-Fakultät stammen, enthalten nur wenige mathematische Texte.[123] „Dies deutet darauf hin, dass bis 1480 die mathematischen Studien an der Leipziger Universität keinen besonderen Stellenwert hatten."[124] Die neue Wissenschaftseinrichtung gelangte bereits im 15. Jahrhundert wegen der Komplexität des **angebotenen Wissens** deutlich über das Niveau der Klöster und der wenigen ihrer Insassen hinaus, die sich mit Wissen befassten. Das resultierte vor allem daraus, dass flexiblere Universitätsangehörige sich bei ihrer Beschäftigung mit Mathematik **neue Quellen zu erschließen** und diese weiterzuentwickeln vermochten.[125] Auch in anderen Städten dienten Gebildete im Stadtrat. So waren in Dresden und Altendresden (das bis 1549 selbständig war) die Rektoren der Lateinschule zugleich Stadtschrei-

118 Vgl. Steinführer: Der Leipziger Rat, S. 18.
119 Vgl. Akten der Erfurter Universität, 1. Tl., Halle 1881, S. 67.
120 So Rachel: Verwaltungsorganisation, S. 50. Er ist genannt in StadtA Leipzig, Richterstube, Schöppenbuch, Bl. 1b.
121 Vgl. Steinführer: Der Leipziger Rat, S. 18f; zu den Genannten S. 76f., 89, 65.
122 Vgl. Rachel: Verwaltungsorganisation, S. 50, 224f. Zu Scheibes akademischem Weg CDSR II 18, S. 751; Steinführer: Urkunden und Kanzleiwesen, S. 182f. Ähnlich verhielt es sich mit dem 1466–73 tätigen Johann Schober; vgl. Steinführer: Die Leipziger Ratsbücher, 1. Halbbd., S. XLVI; CDSR II 18, S. 772.
123 Vgl. Folkerts: Die Mathematik, S. 9f.
124 Folkerts: Die Mathematik, S. 10. Hier auch Bemerkungen zu den notwendigen Vorlesungen für das Baccalaureats- und für das Lizentiats-Examen; letzteres die wichtigste Voraussetzung für den Magister-Titel, der zur Lehre berechtigte.
125 Vgl. Folkerts: Die Mathematik, S. 2f.

ber.[126] Sie konnten lateinisch und deutsch lesen, schreiben, teilweise auch etwas rechnen. 1473 erfolgte ein Vergleich zwischen dem Stadtrat zu Meißen und dem Pfarrer zu St. Nicolai Sigemund Newstadt, wonach die Stadtgemeinde pflichtig war, von den Äckern auf dem Martinsberge jährlich zu Martini dem genannten Pfarrer 13$^1/_2$ (bzw. 15) Scheffel Roggen zu reichen. „Sulcher ausproch denne gescheen ist in keginwertigeyt der erhaftigen meister Michaels Hartmann official der probistey vnde Valentin Nicolaskow schulmeisters zu Meißen, vnde der erßamen burgermeister vnde rathmanne [...], die auß follir macht des raths zu Meißen [...] verwilligt haben vnde der pfarrer von seynent wegen."[127] Valentin Nicolascho, auch Val. de Misna, war im SS 1462 an der Universität Leipzig immatrikuliert worden und wurde im SS 1464 Baccalaureus und um 1480 *lic. in utr. Iurec*[128] (Lizenziat beider Rechte, d.h. des römischen und des kanonischen). Er hatte also die Artistenfakultät absolviert, war damit in den *artes* ausgebildet und Schulmeister in seiner Heimatstadt. Sicher hat man ihn wegen seiner Rechenkenntnisse zum Zeugen gemacht. Fast treffen auf ihn beide Tätigkeitsmerkmale eines Rechenmeisters zu: Unterricht zu erteilen und Dienstleistungen zu verrichten.

Endlich **erschienen gedruckte Hilfen**, so 1488 ohne Autorangabe beim Leipziger Buchdrucker Konrad Kachelofen ein Text mit dem Titel: „Jn disem puchlein vint man wie man eim ieczlichen schreiben sol". Es enthält als direkte Hilfestellung Briefmuster, wie sie Kaufleute bzw. Schreiber für ihre Korrespondenz benötigten.[129]

Aber Stadtschreiber und Bedienstete waren oft überfordert. Es gab zu wenige, und niedere Stadtbedienstete konnten anscheinend auch in den 1470er-Jahren nicht rechnen oder doch nur sehr wenig, wie die Heranziehung von Schülern der Thomasschule in Leipzig belegt. Es heißt um 1473/75: „viii d. [Pfennige] den schulern geben, dy mit den zcirckelern noch geschoß vmbgangen vnd dy zcedeln vm geschoß vnde schulde gelesen."[130] Und 1487: „iiij schulern mit den thorwartn vmbgangen, die schoßzedeln gelesen, 1 g.[roschen] 3 d."[131] Auch erhielten Schüler dafür Geld, dass sie Bier und Malz, gebrannten Wein, die bösen Feuermäuern,

[126] Für Dresden vgl. Matthias Meinhardt: Die Erforschung der Geschichte Dresdens von den Anfängen bis zum Ende des 16. Jahrhunderts. Forschungsgeschichte, Literaturbericht und Bibliographie, in: Arbeits- und Forschungsberichte zur Sächsischen Bodendenkmalpflege, Bd. 39, Stuttgart 1997, S. 122; für Altendresden Gerhard Schmidt: 500 Jahre Geschichte der Dreikönigschule in Dresden-Neustadt, in: SHtBll, 1992, H. 2, S. 104.

[127] CDSR II 4, Nr. 129, S. 84.

[128] Vgl. CDSR II 18, S. 601.

[129] Vgl. Gärtner: Johannes, S. 47, vgl. S. 262f.

[130] StadtA Leipzig, Jahreshauptrechnung 1473–1475, Bl. 83a. Vgl. Wustmann: Geschichte, S. 325f.

[131] StadtA Leipzig, Jahreshauptrechnung 1487–1489, Bl. 79b.

Hausgenossen und die Schweine der Bäcker beschrieben,[132] das heißt wohl: zählten. Vermutlich wurden auch in anderen Orten für solch untergeordnete Aufgaben Kloster- oder Pfarrschüler herangezogen.

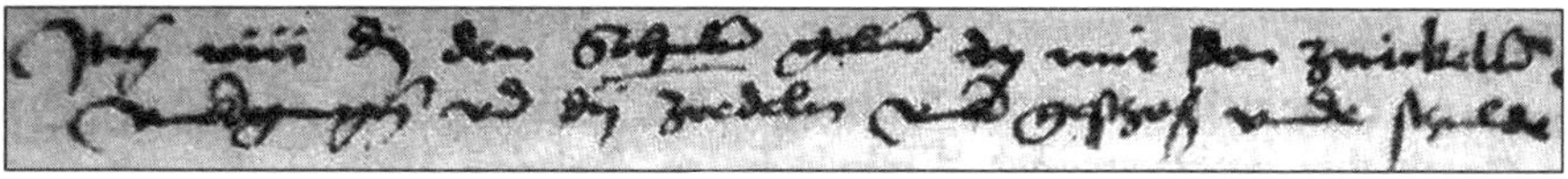

Bezahlung von Schülern, die für die Stadtverwaltung Leipzigs tätig waren. StadtA Leipzig, Jahreshauptrechnung 1473–75, Bl. 83a (Ausschnitt)

Notwendig war nun sogar die **Fähigkeit, zu multiplizieren und zu dividieren**. Sofern dies geschehen musste, wurde jedoch oft mehrfach addiert bzw. subtrahiert. Es bot auch nur begrenzt Nutzen, wenn bei Flächenangaben in Leipzig 1469 lediglich die nicht ausmultiplizierte Länge und Breite genannt wurde: Dem Steinbrecher „sall der rath ye von eyner ruthen lang und breit zcu brechin gebin ii ß und xx gr hoer möntz. Doruff gegeben j ß xxx gr hoer."[133] (soll der Rat je zu brechender [Fläche] von einer Rute Länge und Breite geben 2 Schock und 20 Groschen hiesiger Münze). Dabei musste man zugleich den versprochenen Lohn entsprechend der erbrachten Leistung teilen. Kaum Multiplikation, eher Addition löste die folgenden Aufgaben: Der Lohn des Zimmermanns und seiner Gesellen soll je Tag berechnet werden; auch erhält einer Fuhrlohn je Fass.[134] Wenigstens auf Verständnis für Teilung verweist die Stundung der Zinszahlung von Dörfern 1467 für die „helffte irer zcinße".[135] Die Darstellung von halb erfolgt mittels Durchstreichung der letzten Ziffer, z. B. bei 222½: „ij^{c} vnd xxiij̶".[136] Die Rückzahlung von lxx rh fl und xiiij̶ [13½] gr soll 1467 in 10er-Schritten erfolgen, „solange, daß sie ym die lxx fl beczalt haben" (vom Rest ist keine Rede).[137]
Zuweilen wurde Rechnen mit Unbekannten notwendig. So hatte der Rat zu Leipzig 1467 folgende Aufgaben zu lösen: „Item es hat der rath Nickel Webir [...] czu einem zcigeler uffgenomen und hat ym gelobet von einem j m [1000] czigel x gr hoer were und zwene s[cheffe]l korn. Item Hanßin Kol uffgenommen zcu einem czigelstricher [...] und der rath gibbet ym vom tusent ix gr hoer were und zcwene sl korn. Item so hat der rath Jacoff Czigeler zcu den dachczigeln [...] und gibbet ym von dem tusent xiii gr hoer ware item zcwene sl korn."[138] Zu erkennen ist die

[132] Vgl. Wustmann: Geschichte, S. 325f.
[133] Ratsbuch 1, Eintrag Nr. 209 [Ziffern nach Original].
[134] Vgl Ratsbuch 1, Eintrag Nr. 200.
[135] Ratsbuch 1, Eintrag Nr. 53.
[136] Ratsbuch 1, Eintrag Nr. 40; vgl. StadtA Leipzig, Ratsbuch 1, Bl. 4a.
[137] Ratsbuch 1, Eintrag Nr. 96; vgl. StadtA Leipzig, Ratsbuch 1, Bl. 18f. Vgl. Eintrag Nr. 124 (1467).
[138] Ratsbuch 1, Bl. 14; vgl. Eintrag Nr. 143, Bl. 30: „der rat sall ym ye vom tusenth czygel gebin xiii gr. hoer were und dorczu 2 sl korne"; „auch vom 1000 Ziegel 10 gr." Gleiche Probleme ergaben sich beim Ziegelverkauf des Rates an Bürger 1475; vgl. CDSR II 8, Nr. 478, S. 399.

Verwendung der Grundrechenarten: Addition war notwendig beim Auftreten des Mehrfachen von 1000 Ziegeln („zcusampne gerechent"[139]). Addition löste auch folgende Aufgaben: Der Lohn des Zimmermanns und seiner Gesellen soll je Tag berechnet werden; auch erhält einer den Fuhrlohn je Faß.[140] Zur 1469 erfolgten Indienstnahme von zwei Kalkbrennern heißt es etwa: „ye vor 1 sl kalks geben und bczalen xi hoche gr".[141] Zwar konnten die Leistungen des Rates auch durch Multiplikation berechnet worden sein. Bei einem „Rest" von weniger als 1000 Ziegeln ist eigentlich eine Dreisatzrechnung denkbar, es sei denn, man zergliederte ihn nach 100er-, 10er- und 1er-Größen, was auch die Division des Geldbetrags (mit Umrechnung Groschen / Pfennige) verlangte. Dass solche Mehrfachen oder Reste vorkamen, verdeutlicht folgende Stelle, die zeigt, wie sich ähnliche Probleme bei der Löhnung von Ratsbeschäftigten ergaben, so 1469: „des rats bretsnider und man hat im zcugesagt, vor j ß bruckenbreth Zcwej ß hoer muntz und vor j ß futerbreth iiii ß hoer muntz zcu geben, als vil er [...] antworten wirdet."[142]

Wie es auch gewesen sei: Solche neuen Aufgaben der Praxis verdeutlichen, dass sie Rechnen über die Grundrechenarten hinaus verlangten. Mochte auch elementares Rechnen in den Grundrechenarten für viele Aufgaben ausreichen, manche neue Aufgabe aus der Praxis **konnte nicht gut im Kopf** und mit Hilfe des Rechenbrettes **gelöst werden**; er spielte zwar weiterhin eine große Rolle und wurde sogar verfeinert, und zunehmend kamen Rechensteine bzw. -pfennige in Gebrauch, die das Rechnen unterstützen sollten. Aber Multiplikation und Division konnte nur sehr umständlich mit dem Abacus erfolgen[143] und führte zu Fehlern. Für die Lösung von Gleichungen war er überhaupt nicht brauchbar. Die Situation signalisierte Bedarf wie auch die Unfähigkeit zum Rechnen mit Unbekannten. Das war wohl oft der Fall. Zum Beispiel äußerte sich Adam Ries entrüstet über den „waradein Von Nurmbergk scheurlein genantt [der] sich vil Rechens vormessenn Vnd das geringste exempel der x [= Coß] nichtt hett machen mugenn [können]".[144]

Auch bei **amtlichen Gewichts- und Preisberechnungen** von Lebensmitteln, besonders Brot, zwecks Anfertigung von Brotordnungen und anderen Lebensmitteltabellen waren neben neuartigen Produktstückelungen mehrere Faktoren, wie Getreidepreis,[145] dessen Steigen oder Sinken, Brotgröße, Kosten des Bäckers, dessen Geschick beim Getreideeinkauf u. a. m., zu beachten und zu berechnen. In

[139] So hieß es bei Einnahme landesherrlicher Steuergelder 1467: „Das alliß zcusampne gerechent, machet an einer summa tusent fl."; Ratsbuch 1, Eintrag Nr. 74.

[140] Vgl. StadtA Leipzig, Ratsbuch 1, Nr. 200.

[141] Vgl. Ratsbuch 1, Eintrag Nr. 207; StadtA Leipzig, Ratsbuch 1, Bl. 66.

[142] Ratsbuch 1, Eintrag Nr. 200; StadtA Leipzig, Ratsbuch 1, Bl. 64b.

[143] Vgl. Hein: Die Mathematik, S. 105f.

[144] Ries: Coß, [Bd. 1], Faksimile, S. 204.

[145] Vgl. z. B. das Verfolgen der Bewegung des Getreidepreises 1539 durch den Rat zu Leipzig StadtA Leipzig, Ratsbuch 7, Bl. 125a.

Chemnitz, das im Jahre 1300 rund 2000 und 1550 3901 Einwohner zählte,[146] ergab sich für den Rat noch 1537 die Unlösbarkeit eines Dreisatzes[147] bei der Erstellung einer Brotordnung.[148] Erst 1560 entstand auch in Borna eine Bäckerordnung.[149]

Der Marktplatz in Zwickau im Jahre 1813 weitgehend geprägt durch Gebäude der Frühen Neuzeit

Darlehensgeschäfte verlangten ferner das Beherrschen des **Zinsrechnens**, so als der Rat Leipzigs 1467 beim Rat zu Altenburg die Zinszahlung auf eine ausstehende Summe von „Tusenth, Newn Hundert vnd funffzig fl xxxi swert gr iii alde d“ (1950 Gulden, 31 Schwertgroschen und 3 alte Pfennige) wegen einer „vorschrybunge“ (Verschreibung) anmahnte; die Rückzahlung sollte zwölf Mal jährlich 162½ fl. betragen, worin wohl die Zinsen enthalten waren.[150] Schwierigkeiten beim Rechnen dürfte stets der Zinssatz bereitet haben, der 1405/6 und 1409 zehn Prozent betrug. Doch gab es auch den von $9^1/_{11}$, 1409 von $11^1/_9$, 12½, 1426 zwi-

[146] Vgl. Blaschke: Bevölkerungsgeschichte, S. 138.

[147] Beim Dreisatz (*Regula Detri*, Schlussrechnung) wird aus einem bekannten Größenpaar (a_1; b_1) und der bekannten ersten Größe (a_2) eines weiteren Größenpaares (a_2; x) auf die unbekannte Größe x geschlossen. Benötigt wurde der Dreisatz zum Erstellen gleitender Brotordnungen, wobei das Verhältnis von verändertem Getreidepreis und Brotgewicht, „das recht sey“, zu lösen war; rechnerisch war es die Behandlung von Dreisatzaufgaben mit umgekehrtem Verhältnis.

[148] Vgl. StadtA Chemnitz, IX, Bc 1 Bl. 24; Bernd Rüdiger: Von Adam Ries beeinflusste Brotordnungen in Chemnitz und Altenburg, in: JbARB, Bd. 2, 2011, S. 107.

[149] Abb. in: Staatsarchiv Leipzig, o. O. u. J. (Leipzig 1986). Eine Zusammenstellung der für Sachsen nachweisbaren Brotordnungen bei Rainer Gebhardt: Übersicht über die Ries'schen Brotordnungen, in: Zur Wirkungsgeschichte der Brotordnung von Adam Ries. Beiträge [...], hg. von Rainer Gebhardt, Annaberg-Buchholz 2006, S. 280 (= SARB, Bd. 18).

[150] Vgl. Ratsbuch 1, Eintrag Nr. 104; StadtA Leipzig, Ratsbuch 1, B. 20f.

schen $7^{17}/_{20}$ und 12½ Prozent usw.[151] 1469 war ein Darlehen in Höhe von 100 Gulden mit 5 Gulden jährlich zu verzinsen.[152] 1468 sollte man für 105 rh[einische] fl Darlehen jährlich 7 rh fl Zins geben.[153] Fünf Prozent dürfte aber um 1460 der übliche Zinssatz geworden sein, weshalb im Ratsbuch 1 nur von „ire zcinße“ und „helffte irer zcinße“ die Rede ist.[154] Zur Berechnung der Zinssumme gibt es keine Hinweise; vermutlich wurden einfach je Jahr auf 100 Gulden 5 berechnet. Bürgermeister und Ratmannen zu Dresden bekannten 1502, dass sie mit Genehmigung von Herzog Georg an die Artistenfakultät der Universität Leipzig 95 Gulden jährlicher wiederkäuflicher Zinsen für 1900 Gulden Hauptsumme, die sie von der Fakultät empfangen, verkauft haben und die Zinsen jedes Mal am 7. August zu entrichten sind.[155]

Städte wiesen **Handwerk und Handel**[156] und dazu ein durch Bannmeilenpolitik erschlossenes Umland auf,[157] das viele, aber längst nicht mehr alle benötigten nichtagrarischen Produkte selbst herstellte. Es gab **zahlreiche Produzenten und** viele sicheren Absatz garantierende **Konsumenten.** Verlangt wurden unterschiedliche Produkte für den täglichen Gebrauch in wachsender Zahl.[158] Das führte zu arbeitsteiliger Spezialisierung. Neben neuen **Gewerben,** wie Metallverarbeitung,[159] trug das weitverbreitete Textilgewerbe v.a. im Raum Chemnitz[160]/Zwickau[161] und in Dörfern zwischen Chemnitz und dem Vogtland, z.T. in Form des Verlagswesens, zur wirtschaftlichen Stärke des Territoriums bei. Die Textilproduktion weitete sich teilweise bis in die zweite Hälfte des 16. Jahrhunderts aus.

[151] Vgl. Freytag: Die Wachstafelbücher, S. 239f.; Ratsbuch 1, Eintrag Nr. 89, (1467).

[152] Vgl. Ratsbuch 1, Eintrag Nr. 240.

[153] Vgl. Ratsbuch 1, Eintrag Nr. 127.

[154] Ratsbuch 1, Eintrag Nr. 53, S. 18: 1467.

[155] Vgl. Urkundenbuch der Universität Leipzig, Nr. 224.

[156] Vgl. Bräuer: Wider den Rat, S. 33.

[157] Vgl. Rüdiger: Rechenkundige, S. 214–217; CDSR II 8, Nr. 2, S. 1; Ernst Kroker: Handelsgeschichte der Stadt Leipzig. Die Entwicklung des Leipziger Handels und der Leipziger Messen von der Gründung der Stadt bis auf die Gegenwart, Leipzig 1925, S. 11–14, 77f.; K. Fr. von Posern-Klett in: ebd., S. XXVII; Hoyer: Wirtschaft, S. 58.

[158] 1466 stimmte der Rat zu Leipzig jedoch nicht dem Ansuchen Leipziger Schuhmacher zu, Schnabelschuhe herstellen zu dürfen, wofür es vermutlich Nachfrage gab. Vgl. Ratsbuch 1, Eintrag Nr. 43. Gleiches Gebot Kurfürst Friedrichs II. 1460 für Dresdens Schuhmacher; vgl. CDSR II 5, Nr. 296, S. 223.

[159] Eine differenzierte Berufs- und Vermögensstatistik Leipzigs für 1481, 1506, 1529, 1554 und 1558 bei Joachim Prochno: Beiträge zur Wirtschaftsstatistik Leipzigs 1470 bis 1570, in: Schriften des Vereins für Geschichte der Stadt Leipzig, 16 (1933), S. 26–35.

[160] Vgl. Helmut Bräuer: Handwerk im alten Chemnitz. Studien zur Sozial- und Wirtschaftsgeschichte des Chemnitzer Handwerks von den Anfängen bis zum Beginn der industriellen Revolution, Chemnitz 1992, S. 29ff.

[161] Vgl. Bräuer: Wider den Rat, S. 33.

Handwerker produzierten für den unbekannten Fernmarkt, aber hauptsächlich für starke Nahmärkte, wo sich Erzeuger und Verbraucher persönlich kannten, vermutlich vielfach in kleiner Stückzahl, bei Kapitalmangel und dadurch bedingtem maßvollen Kostenansatz sowie geringer Produktions- und Verkaufsdokumentation. Dabei **drängte die Verknüpfung von Angebot und Nachfrage über den Tausch hinaus weiter zur Ware-Geld-Wirtschaft**.
Dem Rat zu Leipzig beispielsweise waren Rechnungen für geleistete Dienste zu stellen, so durch Plattner-„meyster Jorg plamer" (1497/98), nachdem er „dem ratte hie aüs gewischt xiij stücke Harnisch".[162] (Das Papier hat er aber sicher nicht selbst aufgesetzt.) Es genügte auch nicht mehr, bei Grundstücken und Sachen festzuhalten: „Mit allem Zubehör" oder „wie es steht und liegt", wobei derartiges vorkam.[163] Man musste umgehen mit Abgaben, Steuern, Gebühren und Strafgeldern.[164] Beim Bauen und Vermessen[165] kam man nicht mehr mit Abschätzungen aus. Wenigstens bedurfte es geometrischer Kenntnisse.[166] Bauen verlangte finanzielle Berechnungen.[167]

Eine vermutlich mit Pfandsachen handelnde Frau nimmt ein Kleidungsstück entgegen, Holzschnitt aus Hans Hofmann: Historie von vier Kaufleuten, Nürnberg o. J. (1490?). Nach Albert Schramm: Der Bilderschmuck der Frühdrucke, Bd. XVIII, Leipzig 1935, Abb. 647

[162] StadtA Leipzig, Einnahmestube, Teilrechnungen 1, Nr. 9/11, unbez. Bl. Solche Rechnung z. B. von Rademacher Greger Hermann 1472/73, mit einer Summenberechnung wohl durch den Ratsbediensteten: „ten.. [hat umfasst] [...] ii ß [...] xviii g vj ₰", ebd., Nr. 9/12. Gebraucht wurden bei den Rechnungen lateinische Formulierungen wie „Item" und „Sum᷑a" und Abbreviaturen, wie sie von Berufsschreibern verwendet werden.

[163] Vgl. Ratsbuch 1, Eintrag Nr. 161 (1468), 241 (1469), 246 (1476).

[164] Vgl. Ratsbuch1, Eintrag Nr. 11, 94f., 117, 135, 53, 163; Schneider: Leipzig, S. 82, 104, 106.

[165] Vgl. Ratsbuch 1, Eintrag Nr. 116 (1467): Vermessen der Wassergräben der Stadt zum Bestimmen der Fläche.

[166] Vgl. Rüdiger: Paul, S. 68–70.

[167] Vgl. Ratsbuch 1, Eintrag Nr. 228, und die Reaktion der Rechenmeister, z. B. die Rechnung zum Bauen, in: Widmann: Behende, S. 283ff.; Bauabrechnung, in: StadtA Leipzig, Jahreshauptrechnung 1471–72, Bl. 36a ff.

Ob Leipzigs Handwerker, Kramer oder Gastwirte, die auch die Abrechnungen ihrer Gäste auf der Waage kontrollieren mussten,[168] Mitte des 15. Jahrhunderts lesen, schreiben und rechnen konnten, wie das für italienische und süddeutsche Städte z.T. bereits zum 14. Jahrhundert nachweisbar ist,[169] ist nicht sicher. Sie mussten aber Preise,[170] Messen und Wägen[171] z.B. der Zutaten beim Brotbacken (laut Brotordnungen),[172] Visieren (per Beauftragung[173]) Lohnberechnung[174] oder das Aufstellen von Inventaren[175] rechnerisch beherrschen und sich mit Problemen, die aus dem Währungs-, Maß- und Gewichtswirrwarr,[176] zu leichten Gewichten[177] und Münzumrechnen[178] resultierten, auseinandersetzen. Als schwierig erwies sich immer wieder die mit vielen Aspekten versehene Preis-Leistungs-Berechnung z.B. beim Brotbacken[179] und Fleischverkauf (Einkaufspreis eines Schlachttieres und dessen Fleischmasse, Preis der verkauften Kleinmengen mit Unterscheidung von gutem und minderwertigem Fleisch,[180] weitere Kosten des Fleischers).

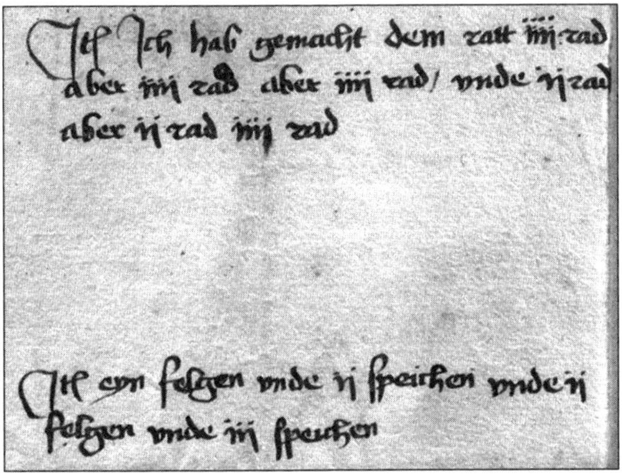
Item Ich hab gemacht dem ratt iiij rad
aber iiij rad aber iiij rad / unde ij rad
aber ij rad iiij rad

Item eyn felgen unde ij speichen unde ij
felgen unde iiij speuchen

Rechnung von Rademacher Greger Hermann 1472/73. StadtA Leipzig, Einnahmestube, Teilrechnungen 1, Nr. 9, Bl. 3

[168] Vgl. CDSR II 8, Nr. 383, S. 313; Kroker: Handelsgeschichte (wie Anm. 157), S. 34.
[169] Vgl. Spufford: Handel, S. 24.
[170] Vgl. Ratsbuch 1, Eintrag Nr. 188, 200, 203, 207, 289; Schneider: Leipzig, S. 96f., 106.
[171] Vgl. Ratsbuch 1, Eintrag Nr. 209, 212, 227 (1469).
[172] Vgl. Ratsbuch 1, Eintrag Nr. 174 (1468).
[173] Der Visierer soll „burgern" helfen: StadtA Leipzig, Ratsbuch 1, Eintrag Nr. 117 (1467).
[174] Vgl. Schneider: Leipzig, S. 92, 107.
[175] Vgl. Schneider: Leipzig, S. 94f.
[176] Vgl. Schneider: Leipzig, S. 80, nach StadtA Leipzig, Gelbes Buch, Bl. 55; generell: Wußing: 6000 Jahre, 1. Bd., S. 311f.
[177] Vgl. StadtA Leipzig, Ratsbuch 6 (1530–37), Bl. 188b.
[178] Vgl. Ratsbuch 1, Eintrag Nr. 200 (1469).
[179] Vgl. Ratsbuch 1, Eintrag Nr. 172 (1468).
[180] Vgl. Ratsbuch 1, Eintrag Nr. 227, den Ratsbeschluss zum Fleischverkauf von 1469 nur noch nach dem Pfund; der Preis für gutes und minderwertiges Fleisch wird festgelegt.

Handwerker, andere Produzenten, Verleger und Händler stießen wegen unzureichender Kenntnisse bei Rohstoffeinkauf und Verkauf von Waren, bei Kreditaufnahme und -tilgung sowie Geldtausch teilweise an Grenzen ihrer Handlungsfähigkeit. Immerhin zeigen Leipziger Innungsbücher und Rechnungen von Handwerkern, dass die Leute, wenn auch etwas unbeholfen, ganz erträglich schrieben; dass sie etwas rechnen konnten, forderte das tägliche Leben.[181]

Schulden, Kredit, Wucher und Zinsen konnten schmerzhaft Geld- und Rechenprobleme vor Augen führen. Handwerker mussten damit umgehen, dass die Rohstoffkosten in der gewerblichen Produktion meist höher als die Arbeitskosten lagen, was zu sparsamem Umgang mit Rohstoffen und deren umfassender Verwertung zwang. Löhne und Nahrungsmittelpreise befanden sich in einer oft wechselnden Relation; seit dem letzten Quartal des 15. Jahrhunderts stiegen die Preise der Grundnahrungsmittel generell an, und es kam im zweiten Viertel des 16. Jahrhunderts sogar zu Teuerung und Hungersnöten,[182] was den Absatz von Gewerbeprodukten beeinträchtigte.

Gewandberechnung. Aus Adam Ries' 2. Rechenbuch von 1522 in der Ausgabe Frankfurt a.M. 1585. Adam-Ries-Museum, Annaberg-Buchholz

[181] Vgl. Wustmann: Geschichte, S. 326.

[182] Vgl. Reinhold Reith: „Köstlich oder schlecht". Wirtschaftliche und soziale Entwicklung des Handwerks, in: Handwerk im Mittelalter, hg. von Christine Sauer, Darmstadt 2012, S. 17.

Nicht alle Probleme konnten durch kluges Wirtschaften gelöst werden. Handwerksmeistern in Leipzig machte Kapitalmangel zu schaffen, was deren Bedarf an kleinen Krediten belegt.[183] Ries thematisierte das generell bestehende Problem in Gesellschaftsaufgaben, wonach mehrere ihr Geld zusammenlegen, um ein Geschäft abzuwickeln.[184] „Die Lösung wird vollzogen durch soviel einfache Regeldetri-Aufgaben, als Gesellschafter vorhanden sind. Ist ein Gewinn auf verschiedene Anteile zu zerlegen, so multipliziert man den Gesamtgewinn mit je einem Anteil und dividiert durch die Summe der Anteile. Die dabei heute üblichen Rechenvorteile, statt der Anteile kleinste Verhältniszahlen zu nehmen oder die Division vor der Multiplikation auszuführen, um so eine gemeinsame Vorarbeit für alle Dreisätze zu erledigen, ließ man sich fast stets entgehen."[185]

Schon Lehrlinge mussten mit der Herstellung und dem Verkauf spezieller und verfeinerter Produkte lernen, mehr Größen zu berechnen. Deshalb umfasste der Generationendialog im Handwerk und Handel nun grundsätzlich Rechnen.[186] Erwiesen sich aber Dreisatz und Rechnen mit Unbekannten z. B. bei der Preisberechnung von Waren nötig, so entsprachen die Herangehensweisen im Handel und in Handwerken oft nur einfachem Rechnen. Das Bestimmen von Fassvolumina, Visieren, war sogar für Gastwirte, Wein- und Bierhändler, auch auf dem flachen Lande, so schwer, dass sie generell die Hilfe von Spezialisten in Anspruch nahmen.

Allmählich orientierten sich hiesige exportorientierte Gewerbe und der Handel auf den im Vergleich zum Nahmarkt ertragreicheren **Fernmarkt**.[187] Aber noch längere Zeit war der von Nürnberg führend. Indem sich dessen Kaufleute am Handel italienischer beteiligten, beherrschten sie das Geschäft mit deren Waren in Deutschland. Das war für die Geschäfte der sächsischen Kaufleute mit geringerem Fachwissen beschwerlich. Erst langsam löste der Tauschhandel,[188] der „Stich", den Ware-Geld-Handel (auch nach Verstärkung des Geldumlaufs) ab. „Solange man Ware gegen Ware tauschte, war eine Rechnung nicht erforderlich; erst mit der Einführung des Geldes als Zahlungsmittel machten Maß- und Gewichtvergleichungen und Preisberechnungen die Operationen mit den Zahlen nötig,"[189] auch um nicht übervorteilt zu werden. Bedeutung erlangten so Warenkenntnis und Buchführung. Der Handel bedurfte nicht nur aller vier Spezies, sondern auch der Zins-, Prozent-, Mischungs- und Geldwertrechnung.[190] „Mathema-

[183] Vgl. Rüdiger: Rechenkundige, S. 215.
[184] Vgl. z. B. Ries: Rechenung […] Practica, Bl. 162b–163a.
[185] Johannes Tropfke: Geschichte der Elementar-Mathematik, 1. Bd., Leipzig 1902, S. 118f.
[186] Vgl. Unger: Die Methodik, S. 3.
[187] Vgl. Bräuer: Wider den Rat, S. 33.
[188] Vgl. Kaunzner: Beitrag, S. 1.
[189] Unger: Die Methodik, S. 3.
[190] Vgl. Günther: Geschichte des mathematischen Unterrichts, S. 287f.

tisch gesehen handelte es sich [bei Währungsumrechnungen im Geldwesen und kaufmännisches Rechnen überhaupt] im Wesentlichen um Proportionen und lineare Gleichungen; Art und Zahl der speziellen Aufgaben waren freilich beträchtlich."[191] Es war Verständnis für Vergleichen gefragt.

Das Ausgreifen der Nürnberger trug dazu bei, dass die seit der zweiten Hälfte des 15. Jahrhunderts um Leipzig, Zwickau/Chemnitz und Freiberg/Dresden aufblühenden Stadtlandschaften zusätzliche Impulse bekamen. Gegenüber Oberdeutschland und dem Rheingebiet holte der mitteldeutsche Raum in wirtschaftlicher Hinsicht deutlich auf und begann, den Hanseraum hinter sich zu lassen, ohne Nürnbergs Stellung zu erreichen. Eine beachtliche Rolle spielte nun der hier ansässige Fernhandelskaufmann. Zunächst war Erfurt, das um 1500 ca. 20.000 Einwohner[192] hatte, ein wichtiger Umschlag- und Stapelplatz.[193] Es wurde aber zunehmend von Leipzig in seiner Stellung als mitteldeutsche Metropole bedrängt.[194]

Geldwechsel. In: Adam Ries' 2. Rechenbuch von 1522 in der Ausgabe Frankfurt a.M. 1585. Adam-Ries-Haus Annaberg-Buchholz

[191] Kropp: Geschichte, S. 62.
[192] Vgl. Matthias Gretzschel: Auf den Spuren von Martin Luther, Hamburg 2015, S. 38.
[193] Vgl. Geschichte der Stadt Erfurt, hg. im Auftrag des Rates der Stadt Erfurt von Willibald Gutsche, 2. bearbeitete Aufl., Weimar 1989, S. 93–95, 105.
[194] Vgl. Manfred Straube: „Ein Furschlack, wie die Straße von Norinbergk uf Zwickau zu bringen und in Zwickau eine Niederlage einzurichten. Anno 1519", in: Burg – Straße, S. 251–268.

Als Leipzig 1458 zu den Jahrmärkten zu Ostern und Michaelis einen Neujahrsmarkt erhielt,[195] erreichte es die Dominanz gegenüber den Fernhandelsmärkten in Erfurt, Naumburg[196] und Halle.[197] Seit etwa 1450 übernahmen Leipziger zunehmend den Zwischenhandel v.a. mit Osteuropa.[198]
Neben dem Ost-West-Handel orientierte man sich auf den Süd-Nord-Handel, was zum verstärkten Auftreten von Kaufleuten aus Oberdeutschland führte und den Anschluss an Norditalien und die Levante brachte. Zwischen 1490 und 1530 gab es einen relativ hohen Anteil von Zuzügen oberdeutscher Kaufleute nach Leipzig; ein Fünftel aller zwischen 1471 und 1550 zugezogenen Handelsherren, deren Herkunft bekannt ist, kam aus Nürnberg.[199] Oberdeutsche Handels- und Bankhäuser errichteten Faktoreien, die Fugger 1495, in Leipzig. Ebenso kamen „Gäste" aus dem Ostsee- und dem rheinisch-niederländischen Raum hierher.[200]
Verbunden war damit die Einfuhr zahlreicher Innovationen. Nicht nur bislang unbekannte Rohstoffe und Waren, sondern auch Geldsorten und Geschäftsarten (Kuxe) drängten auf den hiesigen Markt.[201] Zum Warenhandel trat das Geldgeschäft. Es verstärkte sich die Anhäufung von Geldvermögen (aber auch der Geldlohn) als Einnahmequelle. Frühkapitalistische Züge zeigte das Kapital, als es begann, durch den Erwerb von Kuxen in die Produktion einzudringen. Leipziger Kapital griff bis in den Mansfelder und Annaberger Raum aus.[202] Vermögenszuwächse[203] und Betrug[204] konnten zwar den Kapitalmangel[205] Einheimischer verringern, aber ein weniger attraktives eigenes Warenangebot machte Leipziger gegenüber oberdeutschen Kaufleuten weiterhin unterlegen.[206] Deren Einfluss auf

[195] Vgl. Geschichte der Stadt Leipzig, Bd. 1: Von den Anfängen bis zur Reformation, hg. von Enno Bünz, Leipzig 2015, S. 329.

[196] Vgl. Wieland Held: Der Messeplatz Naumburg. Seine Geschichte und sein Verhältnis zur Leipziger Messe am Anfang des 16. Jahrhunderts, in: Leipzigs Messen 1497–1997. Gestaltwandel – Umbrüche – Neubeginn, Teilbd. 1: 1497–1914, hg. von Hartmut Zwahr/Thomas Topfstedt/Günter Bentele, Köln/Weimar/Wien 1999, S. 82–86.

[197] Vgl. Naumann: Sächsische Geschichte, S. 72.

[198] Vgl. Ratsbeschluss zur Beschränkung des Verkaufs ausländischer Weine durch Nürnberger und andere Kaufleute 1443 in CDSR II 1, Nr. 220, S. 170; Kroker: Handelsgeschichte, S. 48f.

[199] Vgl. Gerhard Fischer: Aus zwei Jahrhunderten Leipziger Handelsgeschichte 1470–1650. Die kaufmännische Einwanderung und ihre Auswirkungen, Leipzig 1929 [Neudr. 1978], S. 13.

[200] Vgl. Hoyer: Wirtschaft, S. 65; Kroker: Handelsgeschichte, S. 41–47.

[201] Vgl. Kroker: Handelsgeschichte, S. 40f., 54.

[202] Vgl. Friedrich Beck/Manfred Unger: Mit Brief und Siegel, Leipzig 1979, S. 69; StadtA Leipzig Ratsbuch 3, Bl. 22b.

[203] Anhaltspunkte bei Gustav Wustmann: Leipziger Stadtbücher. 1466–1529, in: Quellen zur Geschichte Leipzigs, 1. Bd., S. 69, 72f., 97f.

[204] Vgl. Ratsbuch 1, Eintrag Nr. 236 (1469): Verkauf gefälschter Gewürze. Zur juristischen Verfolgung von Betrügern vgl. Rudolf His: Das Strafrecht des deutschen Mittelalters, 2. Teil, Weimar 1935, S. 266f., 272, 291, 296, 318–322.

[205] 1467 sprach der Rat vom „gelde, daß ym die kouffluthe schuldig sint"; Ratsbuch 1, Eintrag Nr. 85. Vgl. Kroker: Handelsgeschichte, S. 51.

[206] Steinführer: Urkunden- und Kanzleiwesen, S. 168.

lukrative Routen nach Westen und Süden blieb dominant. Im Handel mit den Oberdeutschen bestimmten diese die Bedingungen.
Als eigene Basis für den Handel trat zu den Produkten des einheimischen Handwerks vor allem Metall aus dem Erzgebirge, an dessen Gruben Leipziger beachtliche Anteile besaßen und aus denen sie so mehrfach Gewinn zogen. Auf den Märkten wurden vor allem Wolle, Tuche, Leinwand, Leder, Fisch, Gewürze, Wein, Vieh, Getreide, Holz und Bücher, Zinn, Kupfer und Silber[207] sowie Waid,[208] Krapp[209] und Felle, umgeschlagen. „Leipzig als Handelsplatz für Zinn sowie Sachsen als einziges Land des Kontinents mit eigener Zinngewinnung waren [...] von herausragender Bedeutung für den aufkommenden Buchdruck [den Marsilio Ficino 1492 als *die* Leistung Deutschlands in jener Zeit hervorhob[210] und der schon seit 1481 in Leipzig präsent war], denn Zinn verwendete man für den Guss der Schriften."[211]
Im Verlauf des 16. Jahrhunderts wurde der vom sächsischen Raum ausgehende **Fernhandel** inhaltlich wie geografisch komplexer. Leipzig nannte der Humanist Johannes Cochläus 1533 eine berühmte Stadt und einen stark besuchten Handelsplatz, wo von allen Seiten Kaufleute der verschiedenen Nationen alljährlich zu drei Märkten zusammenkommen.[212] Die Einnahmen der Leipziger Waage verfünffachten sich zwischen 1540 und 1620 von 4.000 auf 20.000 Gulden.[213] Hierbei hatten Besitzende mit dem Rat und untereinander zahlreiche Geschäfte abzuschließen, die des Rechnens bedurften. Außer wenigen Urkunden[214] haben sich aber „kaum Zeugnisse über [...] die wirtschaftliche Tätigkeit Leipziger Bürgerfamilien im Mittelalter erhalten [...] So ist kein Rechenbuch eines Leipziger Kaufmanns überliefert."[215] Dessen Wirtschaften ist nur im Schriftgut des Rats mit fassbar: Bürger, die etwas zu beurkunden hatten, nutzten dafür gern den Eintrag in ein Ratsbuch, weil er hinsichtlich seiner Beweiskraft einer Siegelurkunde gleichkam und im Ratsdepot sichere Aufbewahrung erfuhr. Auch gab es beim Rat Bedienstete, die rechnen und einen Geschäftsakt richtig aufsetzen konnten. Mindestens ein Rechenkundiger, der Schreiber, war am Eintrag des Akts in ein Ratsbuch beteiligt.

207 Vgl. Bräuer: Von der Leipziger Teilung bis zum Westfälischen Frieden, in: Neues Leipzigisches Geschicht-Buch, S. 74f.
208 Zum Blaufärben von Textilien benutzte Pflanze.
209 Pflanze, aus deren Wurzeln eine leuchtend rote Farbe für Textilien gewonnen wird.
210 Vgl. August Buck: Humanismus. Seine europäische Entwicklung in Dokumenten und Darstellungen, Freiburg 1987, S. 126 (= Orbis Academicus. Problemgeschichten der Wissenschaft in Dokumenten und Darstellungen).
211 Raack: Die Geldgeschäfte, S. 3f.
212 Nach: Seifert: Die Reformation, S. 4.
213 Vgl. Hoyer: Sachsen, S. 238.
214 Vgl. Henning Steinführer: Leipziger Bürgerurkunden des späten Mittelalters, in: Leipzig, Mitteldeutschland und Europa. Festgabe, hg. von Hartmut Zwahr u. a., Beucha 2000, S. 23–33.
215 Steinführer: Der Leipziger Rat, S. 17. Gemeint sind rechnerische Geschäftsaufzeichnungen.

Über Jahrhunderte verhinderte das kanonische **Zins**verbot weitgehend, dass Christen als Kreditgeber (nicht aber Kreditnehmer) auftreten konnten. Da der Kreditbedarf im 15./16. Jahrhundert wuchs, nahm, zunächst oft illegal, das Volumen der Kreditgeschäfte, damit von Kreditvergabe und Zinsnehmen zu. Eine frühe Schuldberechnung mit Zinseszins ist in Breslau zum Jahre 1417 nachweisbar.[216] Zinsgeschäfte wurden mit der Tarnklausel des möglichen Wiederkaufs versehen.[217] Die Umgehung des Zinsverbotes bestand auch in der Entwicklung des Rentenwesens; Zins- und Leibrenten (Leibzucht) kamen aus Oberitalien nach Deutschland und dienten zur Zinsverschleierung. Die Vorausberechnung solcher Bezüge setzte das Zuschlagen des jeweils aufgelaufenen Zinses zum Kapital und damit, Kenntnis der geometrischen Progressionen voraus; „leider sind wir über den dazu verwendeten Kalkul gänzlich im Unklaren."[218] Dagegen richtete sich der Eifer der Juristen offenbar nur deshalb nicht, weil arithmetische Unkenntnis übersah, das hierbei sogar noch eine weitere Steigerung des Zinsfußes angestrebt wurde.
Mit dem faktischen Fallen des kanonischen Zinsverbotes wurde es möglich, sich große und kleine Geldbeträge zu verschaffen oder zu vergeben. In jedem Fall war, bei Berücksichtigung der Höhe des Kapitals, der Zeitdauer und des Zinssatzes (-fuß) ein nicht überall gleichmäßiger, aber recht hoher und hinsichtlich seiner Wertgröße oft bizarrer Zins zu berechnen und zu entrichten, der 1405f. und 1409 10 oder $9^1/_{11}$ Prozent betrug, 1409 $11^1/_9$, 12½, 1426 zwischen $7^{17}/_{20}$ und 12½ Prozent usw.[219] Im 14. und 15. Jahrhundert kamen auch Prozentsätze zwischen $21^2/_3$ und $66^2/_3$ Prozent vor.[220] 1470 bewilligte der Rat zu Leipzig dem Fleischerhandwerk 400 rh. fl. Darlehen zum Viehkauf und legte als Zins 24 fl. fest.[221] Zum Umrechnen verschiedener Währungs-, Gewichts- und Maßeinheiten war Wissen zum Dreisatz notwendig. Oft ließ sich das Resultat der Umrechnung nicht in ganzen Zahlen, sondern nur in Brüchen fassen, deren Darstellung man kennen musste.[222] Auch gab es Sonderfälle wie Annuitätendarlehen (Ratenzahlung). Als Paul Speck d. Ä. 1545 erneut als Ratsmaurermeister angenommen wurde, ver-

[216] Vgl. Otto Stobbe: Die Juden in Deutschland während des Mittelalters in politischer, socialer und rechtlicher Beziehung, Braunschweig 1866, S. 237.

[217] Z. B. Kauf von 7 Schock guter schildichter Groschen Freibergischer Münze unter Vorbehalt des Wiederkaufs in Chemnitz 1441: CDSR II 6, Nr. 131, S. 105; Verkauf einer auf ein Haus gelegten Rente von ½ Schock Groschen für 5 Schock Groschen auf Wiederkauf in Dresden 1456: CDSR II 5, Nr. 283, S. 213.

[218] Vgl. Günther: Geschichte des mathematischen Unterrichts, S. 290, Anm. 2.

[219] Vgl. Freytag: Die Wachstafelbücher, S. 239f.

[220] Vgl. Stobbe: Die Juden (wie Anm. 216), S. 106ff., mit Übersicht der vorkommenden Zinsfüße S. 106ff., 234ff.

[221] Vgl. Ratsbuch 1, Eintrag Nr. 255.

[222] Vgl. Stefan Deschauer: Ein Beitrag zur Geschichte der Dezimalbrüche in Europa, in: JbARB, Bd. 11, 2020, S. 37–45.

kaufte ihm der Rat zu Leipzig ein Haus auf dem Barfüßerkirchhof für 300 Gulden gegen 20 Gulden jährliche Ratenzahlung.[223]
Dass Schuld- und Zinssachen Schwierigkeiten beim Berechnen brachten, zeigte sich z.B. in Leipzig 1509 bei Vereinbarungen zwischen Dr. Wildes Witwe und Erben sowie dem Rat über Guthaben der Witwe und ihr zukommenden Zins. Falls man sich bis zum Ostermarkt nicht einige, wolle der Rat die Hauptsumme und den Zins auf bestimmte Zeit ablegen und die „schulde“ davon abziehen oder die Zinsverschreibung von 6 auf 5 Gulden pro Hundert ändern.[224]
Überhaupt schwer zu verstehen war für manche, wie eine Geldsumme sich durch Zins veränderte.[225]

Es war unter allen mit Geld befassten Akteuren der **Kaufmann**, der besonders **auf exakte Abrechnung und Dokumentierung seiner Geschäfte** namentlich im Fernhandel **achten musste und achtete**, denn darin bestand die eigentümliche Stärke seiner Profession. Vor allem dadurch waren Gewinnchancen und Reichtum von ihm und seinen möglicherweise beteiligten Partnern allein zu sichern oder gar zu erhöhen.[226] Dafür war er auch bereit, **neue, auch geistige Anstrengungen auf sich zu nehmen und andersartige Wege als bisher zu beschreiten**. „Die große Anzahl von verschickten und erhaltenen Briefen sowie [...] der [...] Geschäftsbücher erforderte vom gesamten Unternehmerstand Schreib- und Rechenfähigkeit.“[227] Alle unternehmerischen Aktivitäten wie Kauf, Verkauf, Einnahmen und Ausgaben, Ansprüche, Gewinn und Anhäufung von Geldvermögen mussten und konnten zwecks exaktem Nachweis und der Übersichtlichkeit wegen in einem Medium, dem Geld, ausgedrückt und aus Sicherheitsgründen durch eine eigene Buchführung des jeweiligen Kontors verwaltet werden. Auch weitere neue und teils sehr komplizierte Sachverhalte verlangten nach geeigneten Kenntnissen und Arbeitsmethoden, wie Münzumrechnen,[228] sicheres Umgehen mit Maßen[229] und Größen im Tausch- und geldgestützten Handel,[230] Kuxbesitz,[231] Metallhan-

[223] Vgl. StadtA Leipzig, Ratsbuch 8, Bl. 288b–289a.
[224] Vgl. StadtA Leipzig, Ratsbuch 3, Bl. 236b–237a.
[225] Vgl. Rüdiger/Lorenz: Quellen, Nr. 45.
[226] Zu den Dokumentationsformen in diesem Zusammenhang vgl. Markus A. Denzel: Handelspraktiken als wirtschaftshistorische Quellengattung vom Mittelalter bis in das frühe 20. Jahrhundert. Eine Einführung, in: Kaufmannsbücher und Handelspraktiken vom Spätmittelalter bis zum 20. Jahrhundert, hg. von Markus A. Denzel/Jean Claude Hocquet/Harald Witthöft, Stuttgart 2002, S. 11–22 (= VSWG, Beih. Nr. 163).
[227] Peter Spufford: Handel, Macht und Reichtum. Kaufleute im Mittelalter, Darmstadt 2004, S. 23.
[228] Vgl. Ratsbuch 1, Eintrag Nr. 194 (1469); Nr. 115 (1467) das Problem „nuwer wahir“ [Währung].
[229] Vgl. Ratsbuch 1, Eintrag Nr. 72 (1467).
[230] Vgl. Ratsbuch 1, Eintrag Nr. 199 (1469).
[231] Kuxbesitz von Leipzigern auf dem St. Annenberg 1502: StadtA Leipzig, Ratsbuch 3, Bl. 22b f.; in St. Donat auf dem Annenberg 1503: ebd., Bl. 65b; in St. Aßwalt zu Buchholz 1505: ebd., Bl. 137b; auf St. Oswald 1505: ebd., Bl. 140b. Der „gegenschreiber vf S: Annaberge“, wohl Adam

del,[232] Aufnahme von Inventaren und Testamenten, Erbteilungen,[233] Fassvisieren, Pfandleihen,[234] Kreditgeschäfte mit dem bislang verpönten Zins,[235] Zinseszins[236], Zinsberechnen[237] und Wucher.[238] Der Kaufmann musste Visieren, Bezahlen von Abgaben wie dem Schlagschatz, der z. B. bei den verschiedenen Weinen sehr differierte[239] und bei deren Verkauf zu berücksichtigen war, sowie Buchführung meistern. So erhöhte sich, durch Geschäfte erzwungen, vor allem für Kaufleute der Druck, zur Beherrschung der Wirtschaftsprozesse das **Rechen-Instrumentarium** über die Arithmetik hinaus zu erweitern, waren sie längst die am meisten am Rechnen Interessierten.[240] Viele neuartige und komplizierte Sachverhalte bei Ware-Geld-Beziehungen waren nicht mehr gut auf traditionelle, recht simple Weise zu handhaben, z.B. Geschäfte als Stich (Warentausch) abzuschließen, rechnerisch zu lösen und zu dokumentieren, oder sie mit Fingerrechnen internationale Handelsgeschäfte abzubilden. So waren Relationen zwischen unbekannten Größen (Gelder, Warenwerte in Abhängigkeit von Zeiteinheiten) im Dreisatz zu berechnen.

Die Zahlung von Lohn, Steuern u. a. verlangte zusammen mit sonstigen Ausgaben und den Einnahmen nach Wissen über Kalkulation und Abrechnung. Vermögen rückten große Zahlen mehr in den Rechenbereich.[241] Dringend notwendig wurde die Überwindung des Rechnens mit römischen Zahlen, die nicht einmal rationelle

Ries, hatte für die Erben des Leipziger Bürgers Augustin Volckmar „Die geteilte kuck abezuschreibenn“: Ratsbuch 11, Bl. 13b.

232 Verrechnen in der Waage beim Metallhandel in Leipzig 1557: Caspar Pollerts Antrag, das in Freiberg gekaufte Zinn in der Waage unverrechnet durchgehen zu lassen, wird abgelehnt: StadtA Leipzig, Ratsbuch 13, Bl. 62.

233 Ein Beispiel aus dem Jahre 1562: StadtA Leipzig, Ratsbuch 18, Bl. 61a–62a.

234 Zu 1559 vgl. StadtA Leipzig, Ratsbuch 15, Bl. 10b.

235 Vgl. Ries' Belege in Rüdiger/Lorenz: Quellen: Nr. 45, was ihn auch selbst betraf (Nr. 260, 265, 270 [Hausverpfändung]), andere Geldsachen (Nr. 43, 48–50).

236 Nachdem in Mainz 1457 Juden das Nehmen des Zinses vom Zins untersagt worden war sah man sich noch im gleichen Jahr gezwungen, das Verbot zurückzunehmen; vgl. Günther: Geschichte des mathematischen Unterrichts, S. 290.

237 Vgl. Lüneburg: Leonardi Pisani liber, S. 183ff.

237 Vgl. Ries' Belege in Rüdiger/Lorenz: Quellen: Nr. 45 (Adam Ries: Coß, [Bd. 1] Faksimile, S. 259).

238 Angesichts des Zorns von Bauern und anderen hat Luther Wucherzinsen angeprangert, wie man sie z. B. im Leipziger Handel nahm; vgl. Martin Luther: Werke, 51. Bd., Weimar 1914, S. 365; Heinrich Bornkamm: Die Einführung der Reformation in Leipzig. [...], Berlin 1939, S. 3f. Ein Mann, wie Luthers Vater, sich aus Verhältnissen ländlichen Lebens zum Bergwerksbesitzer hochgearbeitet hatte, musste ein am Materiellen wie Geistigen entbehrungsreiches Leben führen und sich mit Widrigkeiten herumschlagen, wie Abgaben für die Erteilung von Schürfrechten, Wucher u.a.m. Vgl. Wolfgang Landgraf: Martin Luther. Reformator und Rebell, Berlin 1981, S. 10–12.

239 Vgl. Ratsbuch 1, Eintrag Nr. 46.

240 Vgl. Jean Favier: Gold und Gewürze. Der Aufstieg des Kaufmanns im Mittelalter, Hamburg 1992, S. 63–66, 74, 275–295; Rüdiger: Rechenkundige, S. 229.

241 Vgl. Fritz Deubner: ... nach Adam Ries, 2. Aufl., Taucha 1992, S. 39.

Kaufleute. Nach: Jost Amman: Stände und Handwerker, Frankfurt a.M. 1568 [Reprint, München 1896], Seite J

Addition erlaubten. Auch im 16. Jahrhunderts war es vielfach Gewohnheit, **kaufmännische Rechnungen** auf dem Rechenbrett mit Rechenpfennigen auszuführen.[242] **Wanderhändler** kamen auch um 1500 mit gebräuchlichen, aber nicht problemlosen römischen Ziffern und einfachen Rechenverfahren aus.[243] Bei allem zeigte sich **ein Rückstand süddeutscher Kaufleute gegenüber den italienischen und sächsischer** gegenüber jenen in Städten mit größerer Nähe zu Italien wie Nürnberg oder Ravensburg. Lesen, Schreiben und Rechnen sind in der ersten Hälfte des 15. Jahrhunderts bereits selbstverständliches Allgemeingut aller Nürnberger Kaufleute und des gehobenen Personals.[244]

Im Privatleben vieler Menschen[245] zeigte sich das Neue mit der Erwerbung von Haus-[246] und Grundbesitz und Produktionsflächen bei Handwerkern und Kaufleuten (alles deutlich kleiner als auf den Dörfern, und der Standort bestimmte den Preis), dem Empfang von Geldlohn, Kauf und Verkauf als Alltagsereignissen. Der Wert aller Waren und Leistungen wurde anhand ihres Geldeswerts gut miteinander vergleichbar. Äquivalente- (Gleichwertigkeits-) Bestimmung war das Grundlegende, Massenhafte, faktisch bei jeder Tätigkeit von Handwerkern, Händlern, Kaufleuten oder zu Markte fahrenden Bauern bzw. Hausfrauen und anderen Einkäufern zum Berechnen des Wertes der von ihnen erbrachten Leistungen bzw. Erzeugnisse und des von ihren Partnern im Wesen eben nicht gleichen zu erbringenden Gegenwertes in Geld, Sachen oder Leistungen. Manche Einwohner mussten mit Kreditnehmen, Aufnahme von Pfandleihen, Schulden und Zins[247] richtig operieren können. „Anno 1531 hat Mauritius Wagner von Heinichen, bei

[242] Vgl. für Dresden StadtA Dresden, Rechnungsarchiv, Kämmerer-Rechnungen (Altstadt), Sign.: 2.5 (1.1), 1579, Bl. 23a.
[243] Vgl. Kaunzner: Adam Ries im Spiegel, S. 11; Deubner: Adam Ries (wie Anm. 241), S. 13.
[244] Vgl. Kaunzner: Ein Weg, S. 183.
[245] Zu Rechenproblemen von Leipzigern vgl. Bernd Rüdiger: Rechenkundige, S. 229–231.
[246] Vgl. Ratsbuch 1, Eintrag Nr. 33f., 48, 85, 98, 112, 147, 222, 257.
[247] Vgl. Ratsbuch 1, Eintrag Nr. 99, 192, 8 44, 83, 93.

George Schmidten zu Schellenberg, 3 Schock zu fordern gehabt, dafür hat er, George Schmidt, jenem, Mauritius Wagner, seinen Krautgarten verpfändet, der bei der Kapelle am Dorf-Schellenberger Wege gelegen." Das Geldgeschäft wurde anscheinend ohne Rechenmeister abgewickelt.[248] Es war aber möglich, dass man von einem Notar eine Urkunde aufsetzen ließ,[249] der über Rechenkenntnisse verfügte. Und Ratsangehörige,[250] auch Visierer waren anscheinend früh Rechner-Dienstleister gegen Entgelt.[251] Sie sind in dieser Funktion in Leipzig früher als Rechenmeister nachweisbar: erwähnt im Wachstafelbuch von 1472.[252] Visierer erscheinen jedoch hauptsächlich in städtischen Diensten[253] Schulden, oft drückender Zins, Zinseszins und Wucher (1641 wurde in Leipzig des Schlosstrabanten Jacob Petzold Ehefrau Maria wegen Wucherkontrakts angeklagt[254]) machten zu schaffen. Man musste ggf. größere oder kleinere Geldmengen als Erbe aufgliedern,[255] u. U. durch fünf teilen,[256] um Erbstreit zu verhindern.[257] Inventare und Testamente beim Erblassen[258] bzw. Erbnehmen[259] und -teilen[260] größerer und verzwickterer Erbschaften wurden gewöhnlich. Das hatte eine Erweiterung des er-

248 Johann Gottlieb Harnisch: Chronik über Schellenberg-Augustusburg, Schellenberg 1860, S. 17.

249 Vgl. CDSR II 9, Nr. 259, S. 285. Notare als Zeugen: CDSR II 9, Nr. 13, S. 10 (1240); Nr. 14, S. 11 (1245), Nr. 16, S. 13.

250 Vgl. Ratsbuch 1, Eintrag Nr. 192 (1469): Wegen Güterstreits unter Eheleuten ist der Rat „vlissiglich gepeten, [...] zcu raten und zcu helffen, dadurch solch irrunge und gebrechen weg gelegt mochten werden." Auch wirkten der Stadtschreiber und ein Baumeister an der Vergabe von Darlehen mit; vgl. Ratsbuch 1, Eintrag Nr. 123 (1467), ähnlich Nr. 99 (1467).

251 Der Visierer soll „burgern" helfen: Ratsbuch 1, Eintrag Nr. 117 (1467).

252 Vgl. Freytag: Die Wachstafelbücher, S. 216.

253 Vgl. Freytag: Die Wachstafelbücher, S. 216. Er spricht, S. 242, nur von dem mit der Führung des Wachstafelbuches betrauten Beamten.

254 Vgl. StadtA Leipzig, KuUfB 1641–42.

255 Vgl. Ratsbuch 1, Eintrag Nr. 122, 246, 270, 317.

256 Vgl. Ratsbuch 1, Eintrag Nr. 246 (1476).

257 Vgl. Ratsbuch 1, Eintrag Nr. 86f., 102, 108, 113f., 126, 134, 151f., 154, 185, 194, 197 usw.

258 Das seit dem 14. Jahrhundert geltende Prinzip der Testierfreiheit gestattete jeder voll geschäftsfähigen Person, über ihr Vermögen einseitig und letztwillig zu verfügen. Bei der sich mehrenden Anhäufung von (oft nur kleinen) Vermögen wurden Besitzverzeichnung durch Aufnahme eines Inventars oder Testamentes und Verteilung des Besitzes (Erbes) notwendig. Genau mussten im Testament die einzelnen Posten aufgelistet sein, um Streit unter Erben zu vermeiden. In Leipzig bedienten sich Ratsherrn, Kaufleute, Akademiker und Handwerker dieses Rechts. Vgl. Rüdiger/Hommel: Kriminalität, S. 68; Testament des Leipziger Bürgers Hans Lunzenau, 1510, in: StadtA Leipzig, Tit. LIX Nr. 25 Paket 1.

259 Vgl. Ries: Coß, [Bd. 1], Faksimile, S. 161, 208f., 228, 235

260 1490 tauchte Martin Behaim in Nürnberg auf, um das Erbe seiner Mutter Agnes zu regeln. Durch Behaims lange Abwesenheit war seine Familie in eine peinliche Situation geraten, da sie bei mehreren Gläubigern aufgelaufene Schulden begleichen musste. Durch diese Umstände lassen sich kritische Bemerkungen seiner Geschwister über die Erbteilung erklären, so seines jüngsten Bruders Wolf, „das ich michsen [mich seiner] schem, ich woltz gar gern, das wir gantz ledig von ym werden." Da sich die Geschwister über die Erbaufteilung aber nicht einigen konnten, wurde eine Schiedskommission eingesetzt. Bis das Erbe 1491 ausgezahlt wurde, befand sich Martin Behaim

lebten Zahlenbereichs zur Folge. Vage Vorstellungen von (großen) Zahlen waren nicht (mehr) am Platz.[261] Der Zwang zur Beherrschung der Zahlen-Schreibweise wuchs; manche benutzten Wachstafeln zur Fixierung z.B. von Reisekostenrechnungen.[262] Vielen bereiteten selbst einfache Rechenoperationen Probleme, sogar Zählen, worauf das älteste gedruckte deutsche „Rechenpuchlein", Heinrich Petzensteiners „Rechnung in mancherley weys" (Bamberg 1483) hinweist: „Auch ein iglicher im teutschen lesen vnd in ciffren erfaren mag an [ohne] alle vntterweysung von im selbs sölichs gelernen".[263]

So spielten **seit dem 15. Jahrhundert** überall in der Gesellschaft **Zahlen und Rechnen eine wichtigere Rolle**. Die neuen Anforderungen verlangten dringend, sich auf den einfachen, aber für viele Menschen zunächst unbegreiflichen Algorismus, d.h. schriftliches Rechnen mit indisch-arabischen statt der römischen Ziffern einschließlich der Null auf der Basis des Zehnersystems, und große Zahlen, d.h. eine Erweiterung des Zahlenbereichs, umzustellen.[264] Das Schreiben römischer Ziffern stellte, genau genommen, wenigstens in den häufig benutzten niederen Bereichen, ein Behandeln von Strichen dar, dem Kerbholzschneiden nicht unähnlich, weshalb viele daran hingen. Aber echte Rechentätigkeit verlangte und förderte es kaum.

Veränderungen insbesondere in der Ökonomie[265] **erschienen Angehörigen aller Schichten** in erster Linie und sehr nachhaltig, ja zwingend, weil oft mit merklichen persönlichen Konsequenzen verbunden, **als Folge des Wirkens des Geldes**.[266] Thema von Rechenbüchern war: „Ein kauffman hat gelt / legt das an gewint."[267] Es wurde nunmehr nicht nur eingenommen und ausgegeben, sondern

in finanziell bedrängter Lage; er konnte Dienstbotenlöhne und Schuldscheine nicht begleichen. StadtA Leipzig, Ratsbuch 5 (1521–29), Bl. 89a–b. Erbteilung Georg Kreutziger, in: StadtA Leipzig, Ratsbuch 8 (1542–46), Bl. 133.

261 Vgl. Rüdiger/Hommel: Kriminalität, S. 68; frühes Testament des Leipziger Bürgers Hans Lunzenau, 1510, in: StadtA Leipzig, Tit. LIX Nr. 25 Paket 1. Vgl. ebd., Ratsbuch 11, Bl. 276a–277b.

262 Vgl. Posse: Die Lehre, S. 188.

263 Auf Bl. 1a im Register; vgl. Müller: Quellenschriften, S. 334.

264 Vgl. Kurt Vogel: Zur Geschichte der Null, in: ders.: Kleinere Schriften, S. 467–474; Willy Roch: Adam Ries. Ein Lebensbild, S. 36, 42–46; Deubner: ... nach Adam Ries, S. 38f.; Hein: Die Mathematik, S. 106–109.

265 Jean Delumeau: Une histoire, sprach von der wirtschaftlichen Dynamik der Renaissance, wogegen sich Le Goff: Geschichte, S. 86, deutlich positionierte.

266 Vgl. Bernd Rüdiger: Die Welt des Adam Ries. Der Alltag der Menschen im 16. Jahrhundert aus der Sicht des Rechenmeisters. Mit Bildern aus historischen Rechenbüchern, Annaberg-Buchholz 2014, S. 5f. (= SARB, Bd. 24).

267 Vgl. Ries: Rechenung […] Practica, Bl. 169a. Viele Bezüge auf Geld auch in Ries: Coß, [Bd. 1], Faksimile. So heißt es: „Wiuil der Vater geldes gehabt" (S. 129), „eyner Zeucht genn leiptzigk legt an sein gelt gewint" (S. 248); „eyner hat dreÿ Segk mit geldes" (S. 294); „vier geselln [...] haben geltt" (S. 441); „Drej geselln haben gewunnen, eyn Suma geldes" (S. 445); „Vier habn Zu teiln ein Suma gelts" (S. 445); „Eyner hat geltt" (S. 446); „Vier geselln [...] habn geltt" (S. 447); „A B C habn geltt" (S. 448).

ermöglichte den Lauf der Produktion (Kauf von Rohstoffen und Arbeitskräften), deren Verbindung mit der Zirkulation (Handel) und damit die Konsumtion. Die Spezialisierung der Produktion führte dazu, dass niemand mehr mit Tauschhandel auskam. Handwerke, auch der Nah- wie der teils in Gesellschaften organisierte kompliziertere Fernhandel, Staats-, städtische wie auch private Haushalte wurden handlungsunfähig ohne Verfügung über Geld. Die zunehmend alle gesellschaftlichen Bereiche durchdringende Ware-Geld-Wirtschaft war keine Besonderheit von Sachsen, sondern das alle Bereiche der Gesellschaft durchdringende und gestaltende Element. Dies galt auch für Denken und Wünschen vieler Menschen an ihr Leben.

All **das Neue überlagerten auch in Sachsen die Feudalverhältnisse**, es festigte und schwächte sie zugleich, ohne sie zu zerstören. (Das war bei Erörterungen über Wesen und Merkmale des Humanismus dessen weitgehend ignorierter Boden.) Eine vor allem auf Agrarwirtschaft beruhende, von Feudalen und Bauern besetzte, stark autark funktionierende und kulturell von einer schmalen Schicht der Geistlichkeit sowie hinzudrängenden Universitätsangehörigen bestimmte Gesellschaft wurde, wenn nicht zerstört, so doch bereichert und damit beeinfluss- und veränderbar gemacht.

Den Menschen wurden große Umstellungen abverlangt. Martin Luther berichtete über schwere Mühsal seiner Eltern und damit deren Generation im Vergleich zur nachfolgenden.[268] Die Menschen mussten nicht nur neue Zahlen und Rechenverfahren erlernen, sondern es galt auch, mit dem reichen Warenangebot, den Verlockungen des Kreditwesens und den Problemen des Zinses umzugehen. So waren zwar neuartige und zugleich höhere Erfordernisse an die Rechenfähigkeiten gestellt, aber die Fähigkeit des Volkes, **rechnen zu können, entsprach insgesamt keineswegs den gewachsenen Aufgaben** – und wahrscheinlich bestand diese mangelnde Qualifizierung nicht nur hinsichtlich des Rechnens. Im 15. und auch noch im 16. Jahrhundert mussten nördlich der Alpen Lebende oft Spott wegen ihrer angeblichen Rückständigkeit ertragen. Luther klagte deshalb, „das wyr deutschen muͤssen ymer […] tolle thier seyn und bleyben, wie uns denn die umbliegende lender [er meinte die italienischen Humanisten] nennen und wyr auch wol verdienen“.[269] Um 1500, als man anderwärts einen Aufschwung des wissenschaftlichen Strebens und rege Entwicklung des Schulwesens bemerkte, sei die Elbgegend und die Gegend um Leipzig eine barbarische gewesen.[270] Dabei scheint der Zustand generell unzureichenden Wissens durch. Was Rechnen und

[268] Martin Luther: Werke. Tischreden 3. Bd., Weimar 1914, S. 51.

[269] Martin Luther: Werke, 15. Bd., Weimar 1899, S. 36.

[270] Vgl. Müller: Die Anfänge, S. 5, mit Verweis auf dens.: Die Zwickauer Schulordnung, ein Beitrag zur Geschichte des dreisprachigen Unterrichts, in: Fleckeisen/Masius, Neue Jahrbücher für Philologie und Pädagogik, Bd. 120, 2. Abt., Leipzig 1879, S. 608.

Zahlenlesen des Volkes angeht, ist bezeichnend, dass auf Tafeln, die zur Orientierung dienten, vielfach statt Schrift Bilder angebracht waren. So forderte „bei der Koburg im Stocke" nahe Leipzig 1478 ein Bild zur Zahlung des Brückenzolls auf.[271]

In der von reformatorischen Tendenzen geprägten Zeit stürmten zugleich immer wieder Fragen des Seelenheils und des Ablasses[272] auf die Menschen ein und konnten die Meisterung des Alltags und des Rechnens auch einmal in den Hintergrund treten lassen. „Bergbau, Fernhandel und Gelehrsamkeit waren [...] zugleich Faktoren eines höher entwickelten gesellschaftlichen Lebens, in dem die Künste des Rechnens und Schreibens, die Fähigkeit zu sachlich-rationaler Geschäftsführung und Verwaltung und der Umgang mit Geld und Schriftwerk gedeihen konnten."[273]

271 Vgl. Wustmann: Geschichte, S. 326.

272 Vgl. Siegfried Bräuer: Nachwort, in: Historien von Thomas Müntzer, hg., transkribiert und mit einem Nachwort versehen von dems., Weinheim 1988, S. III.

273 Blaschke: Kanzleiwesen, S. 305f.

3.2. Zu neuem Rechnen in der Ware-Geld-Gesellschaft

Zugleich reichten die eigenen Erfahrungen bei vielen nicht aus, um neue Schritte beim Suchen nach Lösungen und beim Lernen zu gehen; für einfache Leute änderte sich kaum etwas. **Das engagierte Suchen sowohl von Praktikern als auch Gelehrten** auf sehr unterschiedlichen Wegen **nach dem notwendigen Wissen zeigte den Weg aus der Krise.** Es gab vielfach **Aufbruchstimmung**, die insbesondere vom Interesse der aus Fesseln sich befreienden und in größerem Maßstab wirtschaftenden und rechnenden **Kaufleute** nach konzeptioneller Unterstützung ihrer Geschäfts- und Buchführung wie auch von der Begeisterung der **Gebildeten** über Ideen der Renaissance und des Humanismus für die Schaffung einer neuen, der Antike nachempfundenen Welt beeinflusst und getragen wurde.[274] Die Handlungsstränge waren nicht identisch, überschnitten und förderten sich jedoch vielfach gegenseitig. Sie gewannen bei ihrem eigenen Fortschreiten Einfluss auf andere Bereiche der Gesellschaft wie **städtische und Staatsverwaltung** sowie die **Bildung des Volkes**.

Das Problem, Partnern, insbesondere italienischen, die zugleich Konkurrenten waren, fachlich unterlegen zu sein, berührte die deutschen Fernhandelskaufleute enorm. „Die über die Länder und Kontinente reichenden Handelsbeziehungen italienischer und deutscher [und anderer] Kaufleute hatten Währungsumrechnungen im Geldwesen und kaufmännisches Rechnen überhaupt auf sichere und gewandte Weise zur Voraussetzung."[275] Zugleich waren es die **wirtschaftlichen Beziehungen zu jenen Partnern, die den deutschen das nötige Wissen vermittelten**. Belehrt wurden die deutschen durch italienische Geschäftspartner in „Welscher Praktik",[276] all' dem an Rechnen und Wissen über Handel, Handelswaren, deren Eigenschaften und Maße, was der Kaufmann benötigte (Adam Ries verstand unter „Practica": „[Rechen-]forteil vnd behendigkeit durch die Proportiones"[277]; sie beinhaltete aber mehr). So konnten die süddeutschen Fernhandelskaufleute bei ihren Kontakten mit italienischen Geschäftspartnern[278] und die mitteldeutschen mit ihren Nürnberger, Augsburger usw. Partnern die neuen Handels- und Abrech-

[274] Vgl. Rüdiger: Rechenkunst, S. 33–42.

[275] Kropp: Geschichte, S. 62.

[276] Practic bezeichnet nach Denzel: Die Bedeutung, S. 25: Buchhaltung, deutsche = einfache, welsche (italienische) = doppelte. Vgl. Unger: Die Methodik, S. 3; Stefan Deschauer: Zur Behandlung von Dreisatzaufgaben mithilfe der Welschen Praktik im 3. Rechenbuch von Adam Ries, in: JbARB, Bd. 13, 2022, S. 48–61.

[277] Adam Ries: Rechenung nach der lenge/auff den Linihen vnd Feder. Darzu forteil vnd behendigkeit durch die Proportiones/Practica genant, o. O. (Leipzig) 1550.

[278] Vgl. Philippe Braunstein: Wirtschaftliche Beziehungen zwischen Nürnberg und Italien im Spätmittelalter, in: Beiträge zur Wirtschaftsgeschichte Nürnbergs, Bd. I., S. 377–406; Das Kaufmannsbuch des Johan Blasi (1329–1337). Ausgabe mit sprachlichem und wirtschaftsgeschichtlichem Kommentar, 2 Bde., hg. von Dietrich Hauck, Diss. Saarbrücken 1965.

nungsweisen kennenlernen und sich darauf einlassen. Das **kaufmännische Rechnen** mittels indisch-arabischer Methoden gelangte allmählich **auch in Kontore Deutschlands**[279] – zunächst in dessen Handelsstädte im Süden[280] und dann auch Sachsens. Es zeigte sich „in der im Aufschwung befindlichen [...] Gesellschaft eine immer deutlicher hervortretende Aufnahmebereitschaft für Wissenschaft und Bildung".[281] Fernhandelskaufleute waren t**reibende Kräfte beim Eindringen** wenigstens einiger Elemente zunächst in ihre Kontore in den Städten. In dem Maße, wie das gelang, sank die Gefahr, übervorteilt zu werden. Damit verbesserten seit dem Ende des 14. Jahrhunderts in Süd- und West- und im 15. Jahrhundert in Mitteldeutschland Kaufleute ihre Geschäftstätigkeit, sie drängten auf exakte Abrechnung und Dokumentierung ihrer Geschäfte,[282] erstrebten die Kontrolle über Einnahmen und Ausgaben, über Schuldner und Gläubiger insbesondere durch doppelte Buchführung, die im 15. Jahrhundert ebenfalls in Italien erfunden worden war.[283] Der **Vorsprung Italiens im kaufmännischen Rechnen wurde in Deutschland Ende des 15. Jahrhunderts aufgeholt**.[284] Es kam zum „Ausfluss italienischer Lehren auf süddeutschen Boden", weil auf Dauer kaufmännische Ausbildung in Schulen und Handelshäusern oberitalienischer Städte keine Lösung gewesen war.[285] Die Menschen lernten Gleichungen zu behandeln die durch das Gleichheitszeichen symbolisierte Gleichheitsbeziehung zwischen mathematischen Größen.

279 Vgl. Günther: Geschichte des mathematischen Unterrichts, S. 288. – Norddeutschland bleibt hier unberücksichtigt; vgl. Mark Mersoiwsky: Die Anfänge territorialer Rechnungslegung im deutschen Nordwesten. Spätmittelalterliche Rechnungen, Verwaltungspraxis, Hof und Territorium. Residenzenforschung 9, 2000.

280 Vgl. Folkerts/Neuenschwander: Mathematik, Sp. 386; Kredit im spätmittelalterlichen und frühneuzeitlichen Europa, hg. von Michael North, 1991, S. 25–37 (= Quellen und Darstellungen zur hansischen Geschichte, Neue Folge, 37); Handwörterbuch des Rechnungswesens, hg. von Erich Kosiol, Stuttgart 1970; Wolfgang Hess: Rechnung legen auf Linien. Rechenbrett und Zahltisch in der Verwaltungspraxis in Spätmittelalter und Neuzeit, in: Städtisches Haushalts- und Rechnungswesen, 12. Arbeitstagung in Überlingen, 9.–11. November 1973, hg. von Erich Maschke/Jürgen Sydow, 1977, S. 69–82 (= Stadt in der Geschichte, 2).

281 Wußing: 6000 Jahre, S. 281.

282 Vgl. Kaufmannsbücher und Handelspraktiken vom Spätmittelalter bis zum 20. Jahrhundert, hg. von Markus A. Denzel/Jean Claude Hocquet/Harald Witthöft, Stuttgart 2002 (= VSWG, Beih. Nr. 163). Zur Rolle der Kaufleute als Vermittler zwischen Italien und Deutschland speziell auch in Rechensachen: Kurt Vogel: Das Aufleben mathematischer Studien in Deutschland unter dem Einfluss italienischer Mathematiker der Renaissance, in: Kurt Vogel: Kleinere Schriften, S. 538f. Zur Rolle von Klerikern ebd., S. 540. Was dem elsässischen Kaufhandel an unterweisenden Texten zur Verfügung stand, siehe bei Stefan Deschauer: Einige Bemerkungen zu den mathematischen Quellen für den elsässischen Kaufhandel im 16. Jahrhundert, in: Kaufmanns-Rechenbücher und mathematische Schriften der frühen Neuzeit. Tagungsband, hg. von Rainer Gebhardt, Annaberg-Buchholz 2011, S. 61–70 (= SARB, Bd. 22).

283 Kaiser/Nöbauer: Geschichte, S. 37; Denzel: Die Bedeutung, S. 24.

284 Vgl. Denzel: Die Bedeutung, S. 25f.

285 Vgl. Schröder: Das Bamberger Rechenbuch, S. 299; Schneider: Ausbildung, S. 5.

Aber offensichtlich bereitete selbst manchem **Gebildeten** allein das Merken von Zahlen Schwierigkeiten; darauf ging der italienische Jurist Pietro Tommai (1448–1518) ein, der sich auch mit der Gedächtniskunst befasste und in Leipzig ein Merkbüchlein drucken ließ.[286] Sein Beruf hatte ihn gezeigt, dass ein Anwalt in der Lage sein musste, eine große Menge an Fakten in ordentlicher Gliederung aus dem Gedächtnis vorzutragen. Um das zu erleichtern, ersann er ein Verfahren zum besseren Merken von Zahlen, indem er für jede eine bildliche Entsprechung festlegte: So standen für „2“ der Schwan, für „3“ die Schlange, für „6“ die Schnecke und zwei Schwäne mit verschlungenen Hälsen für „22“ oder eine in einen Stab beißende Schlange für „13“. Auf 15 Tafeln des Werkes ist dies anschaulich dargestellt.[287]

Die in **städtischen Verwaltungen Tätigen** konnten sich das benötigte neue **Wissen zu schriftlichem Rechnen, Geldumtausch, Zinsberechnen und Visieren**[288] usw. teilweise aus ihren eigenen Reihen holen. Denn oft saßen Kaufleute im Rat einer Stadt und dienten zunächst als Visierer.[289] Schon 1471/72 erhielt der (in jenem Jahr nicht als Mitglied im sitzenden Rat von Leipzig wirkende) Apotheker Johansen Konige Honorar dafür, „daß er deme Rate am geschosse vnd In merckten Stetgelt Inczufurdern willig vnd gewertig“ gewesen sei, „Item [der in jenem Jahr nicht dem sitzenden Rat angehörende] fritzen pfister diß Jar ober am geschoß gesessen vnd mit noch Stetgelde In allen mercken“.[290] Beide hatten die Lösung von Rechenaufgaben als Dienstleistung übernommen. Es ist denkbar, dass sie dies auch im Auftrag von Privatpersonen getan haben. In der Folge übernahmen das Visierer, die nicht im Rat saßen. Viele mit solchen Kenntnissen in den

[286] Vgl. Pietro Tommai: Artificiosa memoria [Kunstvolles Gedächtnis], Leipzig um 1503/1504; UBL, libri sep. 5117-vd.

[287] Vgl. Thomas Thibault Döring: Leipziger Buchkultur um 1500. Katalog zur gleichnamigen Ausstellung in der Bibliotheca Albertina Leipzig 2012, S. 54f.

[288] Der Visierstab (vgl. Folkerts: Die Faßmessung, S. 9–12) war wohl dem Kerbholz nachgebildet. Man konnte mit ihm nummerieren. „Für [...] umfänglichere Rechnungen, mochten dieselben auch wesentlich blos aus Additionen und Subtraktionen sich zusammensetzen, reichte selbstverständlich dieses schwerfällige Auskunftsmittel nicht hin“; vgl. Günther: Geschichte des mathematischen Unterrichts, S. 287.

[289] Visierer sind in Leipzig erstmals 1467 erwähnt, als die Ordnung über den Weinhandel „vorandert“ und das Buch des Visierers genannt wurde; vgl. Ratsbuch 1, Eintrag Nr. 117. Der erste namentlich erwähnte war Claus Gieße, Kaufmann unbekannter Herkunft; vgl. Ratsbuch 1, 1467, Eintrag Nr. 52: Übertragung einer Kaufkammer an ihn „von vleissig vorbethe willin [...] deß burgermeisters“ mit Nachtrag: „Claus Gieße, der visirer“. Weitere Nennungen: zu 1474: Nr. 358, 373 (hier auch Gläubiger). Er war wenigstens bis 1485 im Amt; vgl. Nr. 534.

[290] StadtA Leipzig, Jahreshauptrechnung 1471–72, Bl. 110b. Zur Ratsmitgliedschaft beider: Steinführer: Die Leipziger Ratsbücher, 2. Halbbd., Leipzig 2003, S. 657, 659.

städtischen Verwaltungen Ausgestattete kamen aus Süddeutschland,[291] so die ersten Generationen der Visierer in Sachsen. Das lässt sich zuweilen anhand des Namenbefundes erkennen; z. B. stammen die in Leipzig 1495 bzw. 1503 auftretenden Brüder Bernecker[292] aus Nürnberg, vielleicht aus dem nördlich davon gelegenen Berneck. Hans Bernecker erscheint 1513 in Leipziger Quellen als Visierer[293] und Paul Bernecker 1519 als Unterwaagschreiber.[294] Der Eid, den Visierer in sächsischen Städten vor dem Rat abzulegen hatten, könnte dem Nürnberger Eid von 1397 nachgebildet sein.[295] Träger des Rechnens im Wirtschaftsleben der Städte wurden Visierer auch am Bau,[296] Waagemeister[297] bzw. -schreiber,[298] Mäkler,[299]

[291] Vgl. Ulman Stromer: „Půchel von meim geslecht und von abentewr" mit dem ältesten mittelalterlichen Beleg zum Fassvisieren (Nürnberg, um 1390–1403), in: Die Chroniken der deutschen Städte vom 14. bis ins 16. Jahrhundert, 1. Bd., hg. von Karl Hegel, Leipzig 1862, S. 105f.

[292] Hans Pernecker erwarb Leipziger Bürgerrecht 9. Oktober 1495: StadtA Leipzig, Jahreshauptrechnung 1495, Bl. 9b; Ernst Müller: Leipziger Neubürgerliste 1471–1501, Dresden 1969, S. 51, Paulus Bernecker 23. April 1503: StadtA Leipzig, Bürgerbuch 1, Bl. 417a.

[293] Vgl. StadtA Leipzig, Ratsbuch 4, Bl. 47a–b.

[294] Vgl. StadtA Leipzig, Ratsstube, Ratsbuch 4, Bl. 239f. Paulus Bernecker ist im Landsteuerbuch 1506 auf der alten Burg vorm Rannischen Tor erwähnt; vgl. Ernst Müller: Leipziger Neubürgerliste 1502–1556. A–M, bearb. von Annelore Franke, hg. vom Stadtarchiv Leipzig 1981, S. 13.

[295] Der Nürnberger Eid in: Rüdiger/Lorenz: Quellen, S. 56.

[296] „Von eÿner visirunge Zw der wage geben j ß xxxvj g meher vor model Zw den thurm an der wage geben x g"; StadtA Leipzig, Jahreshauptrechnung 1555/56, Bl. 124a (alt 110a). Zu einer anderen Ausgabe für Visierung des Neubaus der Waage, wofür die Stadt 1 Gulden und 41 Groschen zahlte, leider ohne Angabe an wen, vgl. Günther: Hieronymus Lotter, S. 167. Vgl. Rüdiger: Paul, S. 70.

[297] Der Rat zu Leipzig erhob zwei Abgaben: Das Waagegeld betraf alles Gut, das in der Waage gewogen wurde; die Rechnerei war 1464 einfach: vom Zentner 1 Pfennig, vom Stein 1 Pfennig von Fremden, 1 Heller von Bürgern. Der Schlägeschatz wurde von Ware erhoben, die in Leipzig eingeführt und nicht wieder unverkauft ausgeführt wurde, während sie, wenn sie unverkauft blieb, von der Abgabe frei war. Ausführliche Bestimmungen wurden in späterer Zeit nötig, um dem Rat die Einnahme vom Schlägeschatz zu sichern. Anfänglich war die Abgabe sehr gering und ihre Berechnung einfach, insofern die Ware ihrem Wert nach mit 1 Pfennig vom Schock verschlägschatzt wurde; vgl. Freytag: Die Wachstafelbücher, S. 223. Erst 1464 wurde eine ausführliche Taxe, bei der nicht ausschließlich der Wert der Ware die Grundlage bildete, sondern auch ihre Art, gültig; vgl. CDSR II 8, Nr. 384, S. 316ff.

[298] Der Rat hatte eigene Waageschreiber (vgl. StadtA Leipzig, Ratsstube, Ratsbuch 4, Bl. 239f.), Kornschreiber (vgl. Schieckel: Das Kanzleiwesen, S. 72) und Kellerschreiber (vgl. StadtA Leipzig, Ratsbuch 5 (1521–29), Bl. 1a–2b; Steinführer: Urkunden- und Kanzleiwesen, S. 177f.). Bei ihnen kann etwas Schreib- und Rechenkenntnis vorausgesetzt werden; vermutlich kamen sie wie Visierer aus Kaufmannskontoren. Oder sie waren Studenten bzw. Absolventen der hiesigen Universität; vgl. Steinführer: Der Leipziger Rat, S. 19. Zu Hilfsarbeiten dienten Thomasschüler (s. o.), auch Apotheker; vgl. StadtA Leipzig, Jahreshauptrechnung 1471–72, Bl. 110b.

[299] Aufsichtsbeamte; sie besaßen ähnliche Aufgaben wie Visierer. Darauf verweist ein Ratsbeschluss zu Honig- und Heringstonnen, die oft zu klein seien. Wer die vom Rat vorgegebenen Maße nicht einhält, ist von den Mäklern nach alter Gewohnheit zu strafen; vgl. Ratsbuch 1, Eintrag Nr. 72 (1467); Kroker: Handelsgeschichte, S. 36; Ratsbuch 1, Eintrag Nr. 6 (1466), 72 (1467).

Einnehmer und andere Stadtbedienstete;[300] sie dürften vielfach aus anderen Berufen stammende Autodidakten gewesen sein.
Zunehmend erfolgten in den Städten mit der Zurückdrängung des kanonischen Zinsverbotes **Zinsgeschäfte**.[301]
Städtische Bedienstete profitierten nicht nur vom Wissen der Kaufleute, sondern stellten eigene Überlegungen zur Verbesserung der Verwaltungsarbeit an. Dazu gehört, dass sie wie die Kaufleute und Landes- und kirchliche Verwaltungen **Wachstafeln durch Papier ersetzten**, das seit dem 14. Jahrhundert[302] verfügbar war und relativ dauerhafte Bewahrung der Daten ermöglichte. Vor allem erfolgte in Leipzig die grundlegende **Qualifizierung des Rechenwerks der Stadt durch Anlegung von Jahreshauptrechnungen** unter Bürgermeister Hans Stockart.[303] Ihn hatte Kurfürst Friedrich II. als Münzmeister aus Mainz nach Leipzig berufen, wo er 1455 nachweisbar ist.[304] In der 1451 wiedereröffneten Münze sollte der erfahrene Münzmeister Stockart aus Mainz Goldmünzen prägen.[305] Ihr Anteil an

[300] Vgl. Liste der Amtsinhaber und städtischen Bediensteten im Geschäftsjahr 1519. Als Ratsmitglieder waren verantwortlich: Waageherrn (vgl. Kroker: Handelsgeschichte, S. 37; Steinführer: Der Leipziger Rat, S. 23), ferner Bierherrn (die „die Rechnungen [es waren zur Sicherheit zwei bestellt; vgl. StadtA Leipzig, Ratsbuch 5, 1521–29, Bl. 1a] halten [...] vnd ein lad Zum gelde haben"; der Biermeister (1434 erstmals erwähnt, Einnahmen aus dem Ratskeller gehörten zu den wichtigsten Finanzquellen der Stadt; vgl. Henning Steinführer: Der Leipziger Rat, S. 22), Zehntner (der „mit den weinschencken alle virten [viertel] Jare rechen solle"; sie „seint [...] zum Schlegeschatz und Zcehenden verordennt"; StadtA Leipzig, Ratsbuch 8, 1542–46, Bl. 1b) und Bäckermeister (die „auff ⌈die⌉ vorbottene muntz achtungen geben"; vgl. StadtA Leipzig, Ratsbuch 5, Bl. 1b), die Baumeister (sie kontrollierten Geldsachen der Waagemeister und Visierer; vgl. Rachel: Verwaltungsorganisation, S. 59).

[301] Zu Zinskauf vgl. CDSR II 8, Nr. 504, S. 419, zu Geschäften auf Wiederkauf s. S. 133, Anm. 217.

[302] In Fabriano (Italien) entstand Mitte des 13. Jahrhunderts die erste Papiermühle Europas. Die erste deutsche Papiermühle nahm 1390 der Nürnberger Handelsherr Ulman Stromer (1329–1407) in Betrieb. Vgl. Ernst Mummenhoff: Ulman Stromer, in: ADB, Bd. 36, 1893, S. 617f.; Schmitt: Untersuchungen, S. 140.

[303] Noch am 18. Juni 1474 erfolgte u. a. durch „Hanßen Stockart den alden burgermeister" ein Schiedsspruch (vgl. UB Leipzig, 3. Bd., Nr. 241; Ratsbuch 1, Eintrag Nr. 309). Bald danach wird er verstorben sein (also nicht 1473, wie Gina Klank/Gernot Griebsch: Lexikon Leipziger Straßennamen, hg. vom StadtA Leipzig, Leipzig 1995, S. 202, schrieben); er wird zwar auch 1475 „der alde burgermeister" genannt, aber in einer Aufzählung nicht erwähnt, in die er bei Lebzeiten gehört hätte (vgl. CDSR II 8, Nr. 479, S. 400–402). So ist er um 1410 geboren, könnte aus Südwestdeutschland stammen. „Stöcker, Stocker" kommt als Familienname oberdeutsch oft vor; vgl. Hans Bahlow: Deutsches Namenlexikon. Familien- und Vornamen nach Ursprung und Sinn erklärt, Bindlach 1988, S. 492. Stuttgart, schwäbisch „Stockart", ist als Herkunftsort neben Mainz anzunehmen; vgl. Steinführer: Der Leipziger Rat, S. 22. Für ein Studium existiert kein Beleg, er wird nie „Magister" genannt.

[304] CDSR II 8, S. 297, Anm. a, verweist auf die Bestallungsurkunde im SHSTA; Stockart stand also zunächst in landesherrlichen Diensten, bevor er Bürgermeister wurde; vgl. Steinführer: Der Leipziger Rat, S. 22, 81.

[305] Vgl. Raack: Die Geldgeschäfte, S. 9.

den Staatseinnahmen blieb zwar gering,[306] doch vollzog Stockart die erste große städtische Verwaltungsreform. Bereits 1453 gehörte er dem hiesigen Rat an.[307] Münzmeister waren stets für den Rat interessant.[308] 1463 stiftete Stockart dem willigen Almosen.[309] Zuvor mit dem Schöppenamt bedacht,[310] wirkte er wiederholt als Bürgermeister.[311]
Legte der Rat bis 1471 nur einfache Vorstufen für Jahreshauptrechnungen mit den Wachstafel-Rechnungen an,[312] so zeigte sich trotz des Aufwandes für sie, dass so die Vorgänge kaum beherrschbar waren. Stockart erkannte die Notwendigkeit, eine rationelle Dokumentation der Einnahmen und Ausgaben und damit der Nutzung der Finanzen der Stadt zu schaffen, um zugleich gegenüber Kassendefekten und Vorwürfen der Bevölkerung erfolgreich reagieren zu können. Seit 1471/72 begann man deshalb, Jahreshauptrechnungen zu führen. Es erfolgte die Umstellung der Ratsrechnung von Wachstafeln auf Buchform (Jahreshauptrechnung).
Erst die z. B. für Altenburg ab 1437[313] und Leipzig ab 1471 überlieferten, hier von Stockart initiierten Jahreshauptrechnungen sind „vollständige Rechnungen im heutigen Sinne".[314] Sie waren der Anfang einer ordnungsgemäßen Finanzbuchführung. Dazu wurde für jedes Geschäftsjahr des Rates, beginnend mit dem jährlichen Ratswechsel zu Invocavit,[315] und zur Dauerbewahrung ein neues Buch angelegt. Es handelte sich aber nicht nur um den Austausch der Schriftträger; ein-

[306] Vgl. Uwe Schirmer: Die finanziellen Einkünfte Albrechts des Beherzten [...], in: Herzog Albrecht der Beherzte (1443–1500). Ein sächsischer Fürst im Reich und in Europa, hg. von André Thieme, Köln/Weimar/Wien 2002, S. 153.

[307] Vgl. CDSR II 8, Nr. 301, S. 240.

[308] Vgl. K. Fr. von Posern-Klett in: CDSR II 8, S. XXXI.

[309] Vgl. CDSR II 8, Nr. 366, S. 299; Nr. 479, S. 400–402.

[310] 1464, 1465, 1467; vgl. Steinführer: Der Leipziger Rat, S. 81.

[311] Vgl. Karin Kühling/Doris Mundus: Leipzigs regierende Bürgermeister vom 13. Jahrhundert bis zur Gegenwart. Eine Übersichtsdarstellung mit biographischen Skizzen, Beucha 2000, S. 15.

[312] Vgl. Rüdiger: Rechenkundige, S. 221–227. Datenmengen des Rates konnten sich auf einzeln (StadtA Leipzig, Tit. LXIV, Nr. 15, Bd. 2, Bl. 1 ff., 23 (1468), S. 37b ff. (1557)) oder massenhaft auftretende einzelne Vorgänge (z. B. Festlegung von Beträgen im einzelnen Geschäftsfall (wie in KuUfB), auf Fallsituationen (Festlegung wiederkehrender Abgaben und Verpflichtungen, z. B. im ältesten überlieferten Geschäftsbuch des Stadtgerichts Leipzig, dem Urfehdenbuch [1390–1480], in Steuerbüchern des Rates wie dem Harnischbuch [1466] und mit zunehmend mehr Angaben in anderen Steuerbüchern: im Türkensteuerbuch [1481], in Landsteuerbüchern [1499, 1502, 1506], einem weiteren Türkensteuerbuch [1529] usw.) und sogar auf Kombination solcher Einzeldaten (z. B. bei der Aufstellung von Brotordnungen, die in Zahlen ausgedrückte Sachverhalten miteinander verbanden) beziehen. (Die Quellen sind ediert in: Quellen zur Geschichte Leipzigs, 1. und 2. Bd.) Verkleinert traf das auch für Kaufleute und Handwerker zu, für Führung ihrer Bücher oder Papiere, für die Berechnung einzelner Posten (z. B. Lohn und Kost eines Bäckerknechts 1556; vgl. StadtA Leipzig, Tit. LXIV, Nr. 15, Bd. 2, Bl. 27 b).

[313] Vgl. StadtA Altenburg, Cämmerei-Rechnung [...] 1437; XI. A. 2a, Nr. 1; zu Torgau: Herzog: Das Schoßregister, S. 287.

[314] Freytag: Die Wachstafelbücher, S. 214.

[315] Erster Passionssonntag und erster Sonntag der Fastenzeit, d. h. der Sonntag nach Aschermittwoch.

gangs heißt es im Band 1, hier „findet man alle Inname des Rats vnde daentkegen alle vßgabe des Rats" anders als auf den Wachstafeln.[316]
Die Rechnung hält zunächst fest, „was disser Rat von dem forigen [...] an Barschafft vnd anbereytem gelde entpfangen hat" (Bl. 25a). Im Unterschied zum Ratsbuch, das sehr unterschiedliche vom Rat zu behandelnde und zu dokumentierende Sachverhalte chronologisch reihte, wurde die Jahreshauptrechnung nach Einnahmen (Buch 1: Bl. 25–76) und Ausgaben (Bl. 80–160) und innerhalb derer sachlich gegliedert (Übernahmen vom vorhergehenden Rat, Einnahmen der Waage, der Märkte und Buden, des Kellers, des Schosses, der Zinsen aus den Dörfern, aus Geldverleih, Bürgerrecht usw. bzw. Kosten für Raschwitz, die Hausleute auf beiden Türmen, die Nachtzirkler, die Bediensteten des Kurfürsten und andere, für Pferde, Waffen, Holz, Bauarbeiten, solche außerhalb des Bauwesens, wiederkäufliche Zinse usw.).[317] Es handelt sich somit um die mehrstufige Einordnung von Einzelposten. Zugleich erfolgte eine verbale Gesamtabrechnung der Einnahmen wie Ausgaben, die jährlich dem Rat vorlag. Dies alles, v. a. die breitere und tiefere Gliederung sollte wohl eine
Nichtdokumentation oder Veränderung bzw. Beseitigung von Einträgen verhindern. Die Gliederung erfolgte jedoch nicht so, dass ein bestimmter Ausgabenposten gegen einen Einnahmeposten steht (z. B. Einnahme aus Holzverkauf | Wert-Abgang vom Holzvorrat). Es ist nur eine einfache, keine doppelte Buchführung geschaffen worden. Immerhin war das der Anfang für die Aufstellung städtischer Haushalte. Auch begann man mit statistischen Erhebungen.[318]
In den Jahreshauptrechnungen stehen weiterhin römische Zahlzeichen, das Rechnen geht nicht über die Grundrechenarten hinaus. Es gab keine Verwendung mathematischer Symbole. Die Angabe der Summe erfolgte am Ende der Seite. Es gibt keine tabellarische Schreibung von Zahlenaufstellungen. Auch sind sie keine „Berechenbücher", in denen ausgerechnet wurde. Das geschah anscheinend mit anderen Mitteln. Aber „ganz" usw. ist durch genaue Abmaßung der Objekte und Leistungen ersetzt.

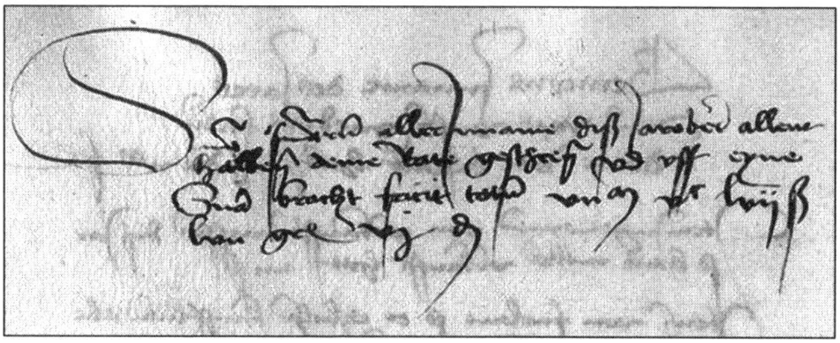

StadtA Leipzig, Jahreshauptrechnung 1471/72, Bl. 34b.

[316] StadtA Leipzig, Jahreshauptrechnung 1471–1473, Bl. 1a.
[317] Vgl. StadtA Leipzig, Jahreshauptrechnung, 1471–72, 1472–73.
[318] Wie S. 113, Anm. 73.

Der Rat baute also mit dem Beginn einer Wachstumsphase der Stadt eine effektivere, praktikablere und geordnete Einnahme- und Ausgabe-Dokumentation auf. Sie erfolgte aufgrund von Einzelbelegen aus der Waage („als das der wagmeister [...] stuckweiß geantwort hat"), dem Ratskeller usw.[319] Dabei können Zettel verloren gegangen oder manipuliert worden sein. Die Endfassung der Jahreshauptrechnung stellt eine Reinschrift dar. Zugleich waren in sachlich differenzierten Büchern Geld- und Rechnungssachen festgehalten.[320] Über die erste vorgelegte Abrechnung kam es zu Streit im Rat.[321] In dessen Beschluss zur Trennung der Ämter von Stadt- und Schöppenstuhlschreiber heißt es: „der ergangen sach halben, darinne vast vnd vil vorsewmligkeit gescheen." Aus dem Kontext ergibt sich, dass es um „des rats inname vnd ußgabe" ging.[322] Vermutlich hatte die neue Form im Vergleich zur den Wachstafelrechnungen bessere Kontrolle ermöglicht. Ob Rechenfehler eine Rolle spielten, ist nicht zu beurteilen.
Einige weitere Maßnahmen unter Stockart seien erwähnt: Wirksam zog er Fachleute, wie Waagemeister oder einen Kaufmann als Visierer des Rats heran. Auch trafen die Räte neue Beschlüsse zu Schlagschatz, Weinhandel und Visieren.[323] Das war kein Zufall. Er besaß als Münzmeister die nötigen Rechenkenntnisse und begriff die Rolle exakter Nachweise des Geldes des Rats. Gewiss ist Stockart nicht als Rechenmeister zu bezeichnen, aber als Rechenkundiger durchaus.
In anderen Städten erfolgte der Übergang zu Jahreshauptrechnungen später. Für Annaberg ist zum Amtsjahr 1508/09 das Führen einer „JahrRechnung" belegt,[324] für die „Stadt Mitweyde" legte Stadtschreiber Johan Bayer 1550 ein „Rechenn Register nochm Brannde Anno Domini 1498" an.[325]

319 Bl. 25b, Bl. 2–4. Vgl. Steinführer: Urkunden- und Kanzleiwesen, S. 164: „Vorrechnungen"-Reste liegen im StadtA Leipzig, Teilrechnungen (1462–1519).

320 Vgl. Schieckel: Das Kanzleiwesen, S. 75f.; das Schuldbuch des Rats: Ratsbuch 1, Eintrag Nr. 186 (1468), StadtA Leipzig, Jahreshauptrechnung 1471/72, Bl. 25a, und das Buch des Visierers.

321 Vgl. Steinführer: Urkunden- und Kanzleiwesen, S. 163.

322 Vgl. CDSR II 8, Nr. 460, S. 386f.; Ratsbuch 1, Eintrag Nr. 309.

323 Zum Visieren 1467, als die Ordnung über den Weinhandel verändert wurde; vgl. Ratsbuch 1, Eintrag Nr. 117. Nach Ratsbuch 1, Eintrag Nr. 199 (1469), war Lagern von Wein durch fremde Kaufleute in Leipzig und jeder Handel mit Wein dem Visierer zu melden, der die Menge in seinem Buch vermerkte (er soll jedes Jahr ein neues Buch anlegen). Jeder Bürger soll einmal im Jahr mit dem Rat den Schlagschatz abrechnen. Weine, die hier verkauft und abtransportiert werden, soll der Visierer mit seinem Zeichen versehen; auch unverkaufter Wein sei zu melden mit Streichung aus dem Buch.

324 Vgl. Rüdiger/Gebhardt: Rechenkundige, S. 19–21 bzw. StadtA Annaberg-Buchholz, Rechnungsarchiv, Rep. II, Loc. 2, Fach 1, Bl. 8a (Einlage).

325 Vgl. SHSTA Dresden, Geheimer Rat (Geheimes Archiv), Loc. 9893/21, Umschlag und ungez. Bl. 1a.

Marktgeschehen. Aus Adam Ries' 2. Rechenbuch von 1522, Ausgabe Frankfurt a.M. 1585. Adam-Ries-Museum, Annaberg-Buchholz

Auch erarbeiteten Stadtverwaltungen neue **Kontrollinstrumente**, wie **Brotordnungen** zur Festlegung der Brotgewicht-Preis-Relation.[326] Eine sehr frühe im sächsischen Raum ist die 1468 unter Stockart geschaffene,[327] der offensichtlich das dazu notwendige Dreisatzrechnen beherrschte. Der Vorgang besaß eine Vorgeschichte: Nach Ungehorsam der Bäcker gegenüber dem Rat im Jahre 1381[328] hatten 1393 die Markgrafen eine Ordnung für die Bäcker zum Brotverkauf erlassen. Darin war festgelegt, „daz der voit mit dem siczinden rate sal gehn in dy brotbenke tag bie tag und sullen czu sehn, daz man backe phennigwert vmb eynen phennig, nach deme alz das getreide uf adir abe slet des markt tages an dem kouffe", wobei es um „zcu cleyne brot" ging.[329] Hier erscheint ein Vorgehen, das auch in der Folge zu beobachten ist: Nicht ein falscher Preis (der Preis war gesetzt), sondern ein dem unangemessenes, nicht an den Unkosten orientiertes Gewicht, das Bäckern ihren Broten gaben, stand in der Kritik. Wie die Regelung im Einzelnen aussah, ob sie, wie später bei Ries, den Charakter beweglicher Preis-Gewicht-Relationen besaß, bleibt unklar. 1466 „haben die rethe [...] rede [...] gehalden der becker halben", und wiederum kam es nur zur Änderung der alten

[326] Vgl. Rüdiger/Lorenz: Quellen, Nr. 51.

[327] Vgl. Rüdiger/Lorenz: Quellen, Nr. 284. Ries verwies in seinem Bericht zur Leipziger Brotordnung 1557 auf Stockart und dessen Brotordnung.

[328] Vgl. CDSR II 8, Nr. 82, S. 47f.

[329] Vgl. CDSR II 8, Nr. 101; S. 62.

Bestimmung zur Bestrafung der Bäcker, „die das broth zcugeringe vnde cleyne gebacken haben".[330]

Der Hinweis auf althergebrachte Bestimmung bestätigt, dass schon lange Normen zum Gewicht, des Brotes in Leipzig existierten. Doch schon am 15. Oktober 1468 wurde Bäcker Veitz „von des wegen, das er sein brot zcu cleyne gebacken und dem gemeynen mann zcu geringen kauff geben", nach genauer Prüfung des Sachverhaltes das Bürgerrecht aberkannt und er aus der Stadt verbannt.[331] Wohl in diesem Zusammenhang entstand die neue Brotordnung. Ries schrieb dazu: „Auß [...] Stockarts Ordnung so Anno 1468 vffgreichtt fint sich In Rechenung clar. Das ein Becker an Jedem schoffel Weitz 7 g an Jedem schoffel Korn 4 g durchauß, zu den cleien zugewinst gehobt."[332] Griff Ries hier auf Stockart hinsichtlich der Kalkulation der Bäcker zurück, so ging er auf die Methodik der Preis-Leistungs-Berechnung nicht ein. Einiges ist der Bestrafung eines Bäckers am 4. Oktober 1468 wohl in Verbindung mit der vom Rat initiierten Maßnahme zu entnehmen: Es ging um „ungehorsam, den Mattes Lybichen zcweyen des rats, die [...] gesant waren, zcu besehen bei allen beckern der stat, was sie an mel, korn und weise bei in hetten, nachdem die zceit sich swer [macht] und vast clag vorhanden ist, mit sinen groben [...] wortten erczeigt und sich des widdersetzcig gemacht hat".[333] Übrigens erlangte die Brotordnung Stockarts bald Vorbildwirkung; schon 1469 erbaten die Naumburger Ratsherren von denen Leipzigs deren Regelungen, um die der Stadt an der Saale danach auszurichten.[334]

Weiterhin bemühten sich vielerorts Stadträte um **Einrichtung und Kontrolle von Stadtschulen bzw. um die Umwandlung von kirchlichen in selbständige öffentliche Schulen**,[335] wobei Vergleiche mit dem Geschehen an den Universitäten Erfurt und Leipzig zu vermuten sind. Während Rechnen in geistlichen Schulen selbst gegen Ende des 15. Jahrhunderts die Ausnahme war, boten seit dem Spätmittelalter gegründete städtische Lateinschulen (deren aber z. B. Leipzig noch keine besaß) zunächst auch nur – wenn überhaupt[336] – nicht mehr als Elementar-

[330] Vgl. Ratsbuch 1, Eintrag Nr. 16. Zur Anwendung von Strafbestimmungen vgl. Nr. 41 (1466), 111 (1467), 120 (1467), 172 (1468).

[331] Vgl. Ratsbuch 1, Eintrag Nr. 174; Quellen zur Geschichte Leipzigs, 2. Bd., S. 43.

[332] Vgl. Rüdiger/Lorenz: Quellen, Nr. 284, Bl. 56a.

[333] StadtA Leipzig, Urfehdenbuch, zit. nach Quellen zur Geschichte Leipzigs, 2. Bd., S. 43. Kleine Varianten und richtige Datierung in Ratsbuch 1, Eintrag Nr. 172.

[334] Vgl. Held: Der Messeplatz Naumburg (s. S. 131, Anm. 196), S. 82.

[335] Vgl. Müller: Die Anfänge, S. 3.

[336] Vgl. das Fehlen von Hinweisen in Schulhandschriften Sachsens (mit Ausnahme von Musikunterricht, S. 30f.) bei Christoph Fasbender: Schulhandschriften der mitteldeutschen Schullandschaft. Bestandsaufnahme und Desiderate, in: Lateinschulen im mitteldeutschen Raum, S. 14f., 22–25, 28f. „Wie aber das Curriculum aussah, was [in mitteldeutschen Schulen] gelesen und gelehrt wurde, ist weitgehend unbekannt." Ebd., S. 28.

rechnen[337] und wohl kaum die septem *artes* insgesamt[338] bzw. mit dem Eindringen des Aristotelismus deren Wissensinhalte in neuen Hauptfächern.[339] „Die Mathematik wurde nur am Rande behandelt. Welche mathematischen Kenntnisse konnte man an den Stadtschulen des ausgehenden Mittelalters erwerben? Vereinfacht ausgedrückt: höchstens das, was in den gängigen lateinischen Lehrbüchern der Zeit niedergelegt war, also die Grundlagen der Arithmetik, d.h. die Schreibweise der Zahlen in römischen und arabischen Ziffern und die Grundrechenarten; ferner die Grundbegriffe der Geometrie und elementare Flächen- und Inhaltsbestimmungen. Das schließt [...] nicht aus, dass einzelne Lehrer mit Universitätsbildung auch andere Themen behandelten.“[340] Wahrscheinlich kamen zum Nummerieren das Addieren und Subtrahieren hinzu, Multiplizieren und Dividieren sicher nicht, denn letztere galten als „hohe Rechenarten, die man nur bei besonderem Fleiß erlernen konnte.“[341] Während Auftritte im Gottesdienst laut Ordnung der Zwickauer Schule um 1415 („Ditz svnt der schule gesetze [...]“[342]) weiterhin belegt sind, enthält sie keine Aussagen zu Lerninhalten.
Es ging aber den Stadträten um eine neue Art Schule, die nicht mehr (nur) am Bedarf des Chordienstes, sondern wenigstens ebenso an dem des praktischen Lebens orientiert war, und deren Absolventen mit Zahlen, nicht nur mit Zählen, sondern auch (anderen) Grundrechenarten und praktischen Berechnungen umgehen konnten. In dem Maß, wie es gelang, dies gegen Widerstände des Klerus durchzusetzen, kam es auch zu einer breiteren Ausbildung von Kadern. Doch gab es wenigstens **in einigen Schulen Veränderungen**, so in der Schule des **Leipziger Thomasstifts** (seit 1212), für die 1254 eine *schola exterior* erwähnt ist, welche Leipzigs Bürgersöhnen offenstand.[343]

Lohnend ist ein Blick auf deren **Schulmeister im 15. Jahrhundert**.[344] Die Biografien jener, die an der Leipziger Artistenfakultät studiert und dort Prüfungen

[337] Vgl. Günther: Geschichte, S. 132–136; Deubner: ... nach Adam Ries, S. 36. Über die Schwierigkeiten, Bildungsinhalte feststellen zu können, Christoph Fasbender: Einleitung. Die Lateinschulen in der mitteldeutschen Bildungslandschaft, in: Lateinschulen im mitteldeutschen Raum, S. 6.

[338] Vgl. Kaunzner: Ein Weg, S. 177. Die Professoren Joannes Agricola und Hermannvs Tvlichivs der Eisleber Schule zum Unterricht in Mathematik 1525 in: Friedrich Lorenz Hoffmann: Der älteste, bis jetzt bekannte Lehrplan für eine deutsche Schule (in Eisleben) im Jahre 1525, Hamburg 1865 (vgl. Rüdiger/Lorenz: Quellen, Nr. 101). Willy Roch: Adam Ries. Ein Lebensbild, S. 34f., urteilte, dass in Lehrplänen der Lateinschulen sogar des 16. und 17. Jahrhunderts Mathematik überhaupt nicht erschien.

[339] Vgl. Frank-Joachim Stewing: Vier studentische Belegzettel aus der Frühzeit der Leipziger Artistenfakultät, in: NASG, 80. Bd., 2009, S. 82.

[340] Folkerts: Die Mathematik, S. 14. Zum Mathematikkanon und dessen Realisierung in Erfurt und Leipzig vgl. Stewing: Vier studentische Belegzettel (Anm. 339), S. 84, 87–89, 92, 94f, 97–100.

[341] Kaunzner: Adam Ries – sein Leben, S. 4. Vgl. Menninger: Zahlwort, Bd. 2, S. 21.

[342] StadtA Zwickau, Stadtbuch I, Bl. 80b–82b.

[343] Vgl. Wejwoda: Die Artistenfakultät, S. 38; Kaemmel: Geschichte, S. 4f.

[344] Die folgenden Daten trug zusammen Wejwoda: Die Artistenfakultät, S. 51–54.

abgelegt hatten und dann als Lehrer an der Lateinschule des Leipziger Thomasstifts wirkten, zu einer Zeit, als deren Schüler für den Rat zu Leipzig mit Rechnen verbundene Aufträge zur Eintreibung des Schosses (s. o.) erledigen konnten, lassen Unterricht in Arithmetik an der Schule vermuten

Thomaskirche zu Leipzig und (links daneben) die Thomasschule in deren ältester Darstellung 1547. Nach: Leipzig und seine Bauten, Leipzig 1892, neben S. 68

Petrus Seehausen aus Leipzig, war Notar und Kleriker der Diözese Merseburg und wurde im WS 1422 an der Leipziger Universität immatrikuliert, aber erst im SS 1428 zum Baccalaureus artium und im WS 1438 zum Magister artium 1438 sowie 1443 zum Decretorum baccalarius[345] promoviert.
Es folgten die Ämter Vizekanzler im WS 1445, Rektor der Universität im WS 1455 und Dekan deren Artistenfakultät im SS 1456. 1456 war er Dekan, vermutlich der Juristenfakultät, der er als Ordinarius angehörte. Auch war er aktiver Universitätslehrer 1445–60, zweifellos an der Artistenfakultät.[346] Angesichts des damals herrschenden Rotationssystems per Los bei der Übernahme der üblichen Fachvorlesungen[347] müsste er wenigstens hin und wieder auch über mathematische Themen gelesen haben. Hinzu kommen Tätigkeiten 1441–60 als öffentlicher Notar in Leipzig[348] (in dieser Eigenschaft sicher mit der Beglaubigung von in Zahlen ausgedrückten Geldsachen befasst) sowie seit 1443 bis 1460 Rektor der Thomasschule.[349] Er gehörte zum Freundeskreis des Dietrich III. von Bocksdorf, 1463–1466 Bischof von Naumburg,[350] und starb 1464 in Altenburg.[351]

[345] Vgl. Bernhard Tönnies: Die mittelalterlichen Handschriften der Electoralis-Gruppe, Wiesbaden 2002, S. 220 (= Die Handschriften der Thüringer Universitäts- und Landesbibliothek Jena, 1).

[346] Vgl. CDSR II 18, S. 800. Aber schon für 1441 vgl. Stewing: Vier studentische Belegzettel, S. 75.

[347] Vgl. Folkerts: Andreas Alexander, S. 53f.

[348] Vgl. z. B. CDSR II 9, Nr. 259, S. 285.

[349] Vgl. CDSR II 9, Nr. 276, S. 295; CDSR II 10, S. 404; St. Thomas zu Leipzig. Schule und Chor. Stätte des Wirkens von Johann Sebastian Bach. Bilder und Dokumente zur Geschichte der Thomasschule und des Thomanerchores mit ihren zeitgeschichtlichen Beziehungen, hg. von Manfred Mezger/Bernhard Knick, Wiesbaden 1963, S. 46.

[350] Vgl. Marek Wejwoda: Spätmittelalterliche Jurisprudenz zwischen Rechtspraxis, Universität und kirchlicher Karriere: Der Leipziger Jurist und Naumburger Bischof Dietrich von Bocksdorf (ca. 1410–1466), Leiden 2012, S. 164.

[351] Vgl. Kaemmel: Geschichte, S. 6.

Gregor Weßnigk (*Tabernatoris*) aus Kirchhain wurde im SS 1451 in Leipzig immatrikuliert, im SS 1456 Baccalaureus artium, im WS 1469 Magister artium, dann Baccalaureus decr. und im WS 1485 Rektor.[352] Als Universitätslehrer ist er 1479 bezeugt und zugleich als *rectore scole* bezeichnet.[353] Vermutlich fiel in seine Zeit der Umgang von Schülern wegen des Schosses (s. o.). Der gebrauchten Ausdrucksweise *scolarium in Lypz* zufolge muss er der einzige Schulmeister in der Stadt gewesen sein.[354]

Johannes Fabri aus Forchheim, in Leipzig immatrikuliert im SS 1452, wurde Baccalaureus artium im SS 1453 und Magister artium im WS 1457[355] und ist als aktiver Universitätslehrer 1462 und 1469 nachweisbar.[356] Zuvor, 1460, ist er als *rectore parvulorum in Lipczk* bezeichnet[357] und im SS 1472 als Rektor.[358]

Johannes Reinhardt aus Zöbigker, einem Dorf südlich Leipzigs, hat wohl selbst die Schule in der Stadt besucht. Er wurde an hiesiger Universität im WS 1455 immatrikuliert und im WS 1458 zum Baccalaureus artium sowie im WS 1462 zum Magister artium promoviert. Dann wurde er Baccalaureus decr. um 1473 und Dr. decr. vor 1489 sowie Rektor im WS 1489.[359] Aktiver Universitätslehrer war er 1469–74 und noch einmal 1500,[360] 1468 erscheint er als Rektor der Thomana[361] und war dies vermutlich bis 1475, als er als Pfarrer von Zwenkau nachweisbar ist. Dann fiele auch in seine Zeit nachweisbarer Umgang von Schülern wegen des Schosses. 1504 ist er als Collegiat des großen Fürstenkollegs an der Universität nachweisbar, indem er eine Summe Geldes für Seelenmessen nach seinem Tod aussetzte.[362]

„Der scolasticus versicht die schůl", in: Rodericus: Spiegel des menschlichen Lebens, Augsburg 1477, Bl. CXXXVIIIb, nach: Albert Schramm: Der Bilderschmuck der Frühdrucke, Bd. 2, Leipzig 1920, Tafel 100, Abb. 751

Johannes Conradi aus Kaltenbrunn wurde im SS 1474 immatrikuliert, im WS 1475 Baccalaureus artium, dann vermutlich Magister artium, denn er wurde im

[352] Vgl. CDSR II 18, S. 938.
[353] Vgl. CDSR II 17, S. 266.
[354] Vgl. Müller: Die Anfänge, S. 30.
[355] Vgl. CDSR II 18, S. 177.
[356] Vgl. CDSR II 17, S. 188, 219.
[357] Vgl. CDSR II 9, Nr. 259, S. 285.
[358] Vgl. CDSR II 18, S. 177.
[359] Vgl. CDSR II 18, S. 697.
[360] Vgl. CDSR II 17, S. 216, 219, 223, 237, 241, 376, 587f.
[361] Vgl. 800 Jahre Schola Thomana, S. 78.
[362] Vgl. CDSR II 11, Nr. 504, S. 625f.

WS 1491 in das Konzil der Artistenfakultät aufgenommen. Als aktiver Universitätslehrer und Mitglied der Artistenfakultät ist er WS 1491 bis 1506 nachweisbar.[363] Er war vermutlich 1498–1500 Rektor der Thomasschule.[364]

Heinrich Höfler aus Leipzig wurde im WS 1476 immatrikuliert, im SS 1480 Baccalaureus artium, im WS 1483 Magister artium.[365] Als Universitätslehrer ist er im SS 1487 bezeugt,[366] als Schulmeister 1488–1490.[367]

Nicolaus Zeler aus Breslau wurde im WS 1477 immatrikuliert, im SS 1483 Baccalaureus artium, im WS 1484 Magister artium und u. a. im WS 1489 in das Konzil der Artistenfakultät aufgenommen. Er war im WS 1493 und im WS 1495 Dekan der Artistenfakultät sowie im WS 1498 Rektor. Als Universitätslehrer und Mitglied der Artistenfakultät ist er 1490–1515 nachweisbar (mit Lücke 1500–1510[368]), als *magister scolarium* 1494.[369]

Vitus Heyner aus Eilenburg wurde im SS 1489 immatrikuliert, im SS 1491 Baccalaureus artium, im WS 1499 Magister artium. Er war um 1510 Rektor der Thomana.[370]

Blasius Hentschel aus Mittweida wurde im SS 1491 immatrikuliert, im SS 1498 Baccalaureus artium und im WS 1505 Magister artium. Er besaß dann Funktionen in der Theologenfakultät und war 1507–1514 aktiver Universitätslehrer (es ist jedoch unklar, an welcher Fakultät).[371] Er soll auch 1513–16 die Thomasschule geleitet haben.[372]

Der **Wechsel von Lehrenden zwischen** der Artistenfakultät **der Universität,** wo Arithmetik Gegenstand der Ausbildung war, **und Thomasschule** verweist auch darauf: der Lernstoff „war im Prinzip an beiden Einrichtungen der gleiche: die Vermittlung der aus der Spätantike überkommenen ‚septem artes liberales‘."[373] An der Artistenfakultät herrschte jedoch durchweg ein höheres Niveau, da eine große Anzahl von Lehrkräften tätig war. Teilweise handelte es sich um promovierte Magister, die für einige Jahre an ihrer bisherigen Ausbildungsstätte lehren mussten.[374]

[363] Vgl. CDSR II 18, S. 423.
[364] Vgl. 800 Jahre Schola Thomana, S. 78.
[365] Vgl. CDSR II 18, S. 337.
[366] Vgl. CDSR II 18, S. 298.
[367] Vgl. 800 Jahre Schola Thomana, S. 78.
[368] Vgl. CDSR II 18, S. 976.
[369] Vgl. 800 Jahre Schola Thomana, S. 78.
[370] Vgl. 800 Jahre Schola Thomana, S. 78.
[371] Vgl. CDSR II 18, S. 315.
[372] Vgl. 800 Jahre Schola Thomana, S. 78.
[373] Hoyer: Sachsen, S. 227. Zur mathematischen Unterrichtsliteratur vgl. Günther: Geschichte, S. 175ff., zur Methode des akademischen Unterrichts: ebd., S. 192ff.
[374] Vgl. Hoyer: Sachsen, S. 227.

Die Thomasschule genügte offenbar, wie die Heranziehung ihrer Schüler durch den Rat vermuten lässt, dem Bildungsbedürfnis der Bürgerschaft (nicht nur Leipzigs, denn die Schüler kamen auch von auswärts), soweit deren Söhne einen akademischen Beruf anstrebten, über längere Zeit.[375] Der Nutzen der Schule zeigt sich nicht schlechthin darin, dass der Rat lange Zeit darauf verzichtete, eine städtische Latein-Schule zu gründen; er konnte sich einfach gegenüber dem Stift nicht durchsetzen[376] (erst 1512 erfolgte die Eröffnung der städtischen Nikolaischule in Leipzig[377]). Bemerkenswert ist aber, dass – nachweisbar für die zweite Hälfte des 15. Jahrhunderts – die Rektoren der Thomasschule eine hohe Qualifikation aufweisen, alle genannten neun Personen einen artistischen Magistergrad besitzen, sechs außerdem einen Grad einer höheren Fakultät.[378] Genauer belegbar ist deren wissenschaftliche Interessenlage jedoch nicht, weil keine Manuskripte von ihnen überliefert sind, auch kein Buch oder Verzeichnis einer Schulbibliothek bzw. eines Schülers.[379] „Auch wenn wir über die Inhalte des Unterrichts an der Thomasschule nichts wissen, liegt die Annahme nahe, dass hier [in der zweiten Hälfte des 15. Jahrhunderts] ein hohes Niveau geboten wurde, das mit den angesehensten sächsischen Lateinschulen in Zwickau und Dresden etwa, ohne Weiteres mithalten konnte. [...] Die Thomasschule profitierte [...] ganz offensichtlich erheblich von der Ansiedlung der hohen Schule“[380] und dem Wechsel ihrer Lehrkräfte an die Thomasschule.

Jedenfalls lernten Schüler der Thomasschule im 15. Jahrhundert so viel Rechnen, dass sie eben dem Leipziger Rat beim Einziehen von Abgaben dienen konnten. Ein weiterer Beleg für Arithmetik-Unterricht wären auch hier Dotationen von Schülern für Chorgesang.[381] Jedoch wies das Wissen vermutlich kaum Fortschritte im Hinblick auf neue gesellschaftliche Erfordernisse auf.

Auch die **Schulen zu Chemnitz** unter Rektor Magister Paul Niavis (Schneevogel; bis 1490) **und Zwickau**[382] unter Rektor Magister Valentin Strödel (1472–90) besaßen Ende des 15. Jahrhunderts einen guten Ruf. Beide waren Stadtschulen.[383]

[375] Vgl. Kaemmel: Geschichte, S. 6; Wejwoda: Die Artistenfakultät, S. 47.

[376] Vgl. Wejwoda: Die Artistenfakultät, S. 39f.

[377] Vgl. Kaemmel: Geschichte, S. 7–9, 16; Müller: Die Anfänge, S. 269; CDSR II. 9, Nr. 377, S. 368f.

[378] Vgl. Wejwoda: Die Artistenfakultät, S. 45f.

[379] Vgl. Wejwoda: Die Artistenfakultät, S. 37.

[380] Wejwoda: Die Artistenfakultät, S. 46.

[381] Der „schulmeister zw sant Thomas“ hatte auch an der Kirche St. Nikolai die Vigilien und Messen etc. mit „etzlichen schülern“ zu singen; vgl. CDSR II 9, Nr. 210, S. 186 (1437).

[382] Vgl. Metzler: Einige Bemerkungen, S. 75–91.

[383] Vgl. Müller: Die Anfänge, S. 5. – Zu Lateinschulen im sächsischen Raum und Studienaufzeichnungen Stephan Roths zur Mathematik vgl. Regine Metzler: Stephan Roth 1492–1546. Stadtschreiber in Zwickau und Bildungsbürger der Reformationszeit, Leipzig/Stuttgart 2008, S. 173ff.

Niavis, geboren um 1460 in Eger,[384], studierte ab 1475 in Ingolstadt, wo er Baccalaureus wurde, und ab 1479 in Leipzig[385] (hier ab WS 1480 auch Johannes Widmann aus Eger[386]), wo er im WS 1481 den Magistergrad erwarb.[387] 1485 (1486?) wurde er als Rektor an die Chemnitzer Lateinschule berufen[388] und reformierte deren Lateinunterricht. Mit dem um 1489 erschienenen Lehrwerk „Dialogus parvulis scholaribus ad latinum idioma perutilissimus" (an 20 verschiedenen Orten im Druck erschienen) bekämpfte Niavis das übliche sture Auswendiglernen grammatischer Regeln und realitätsferner Texte, indem er Themen aus dem Schüleralltag in Dialogform aufbereitete und zur Grundlage des Unterrichts machte. Von Bedeutung ist die Schrift „Iudicium Iovis" (in der Vision eines Eremiten bezichtigt die Erde den Menschen des Raubbaus; nachdem Jupiter als Richter in dem Streit zu keinem Urteil gelangt ist, gibt Fortuna dem Menschen Recht, wenngleich sie die Klage der Erde für richtig hält), die als erstes literarisches Werk über den Bergbau im Erzgebirge gilt,[389] (um 1495 in Leipzig gedruckt). 1488 war er wieder in Leipzig, um sich der akademischen Laufbahn zu widmen,[390] was misslang. 1490 wurde er deshalb Stadtschreiber in Zittau, 1497 Oberstadtschreiber in Bautzen.[391] Zwischen 1508 und 1514 saß er im Bautzner Rat; in diesem Jahr erscheint sein Name letztmals in den Ratsakten.[392]
Valentin Strödel ist wahrscheinlich ein Sohn Paul Strödels, der seit 1463 in Zwickau Bürgermeister war und ein Bruder Lucas Strödels, der 1494 ins Amt des Bürgermeisters kam. Das unterstreicht die personellen Beziehungen zwischen Rat und Schule. Damals soll die Schule 800–900 Schüler gezählt haben.[393] Strödel studierte vom SS 1470 bis SS 1472, als er Baccalaureus wurde, in Leipzig.[394] Wichtiger war aber wohl Stephan Roth (* 1492), der zu den vereinzelten Lehrern mit Universitätsbildung gehörte, die unter Mathematik auch andere Themen behandelten als die traditionellen, nachdem er Zwickaus höhere Schule 1517 über-

[384] Zur Biographie: A. Bömer: Paulus Niavis. Ein Vorkämpfer des deutschen Humanismus, in: Neues Archiv für Sächsische Geschichte und Altertumskunde, 19 (1898), S. 52ff.
[385] „Paulus Snefogel de Egr,a bacc. studii Ingelstaviensis [Ingolstadt] [dedit] III [gr.]"; CDSR II 16, S. 317 [B 67].
[386] Vgl. CDSR II 16, S. 323 [B 31].
[387] Vgl. CDSR II 17, S. 275: „Paulus Sneevogil".
[388] Vgl. Hyacinth Holland: Niavis, Paul, S. 567.
[389] Vgl. Paulus Niavis: Iudicium Iovis oder Das Gericht der Götter über den Bergbau: ein literarisches Dokument aus der Frühzeit des deutschen Bergbaus, übersetzt und bearbeitet von Paul Krenkel, Berlin 1953 (= Freiberger Forschungshefte, D 3).
[390] Nachweislich hier im SS 1489 tätig; vgl. CDSR II 17, S. 311.
[391] Vgl. Hyacinth Holland: Niavis, Paul, S. 567.
[392] Vgl. Hyacinth Holland: Niavis, Paul, S. 567. Auch aus einer Chronik von 1518 ist zu schließen, dass er bald darauf in Bautzen verstorben ist; vgl. Joachim Knape/Ursula Kocher: Niavis, Paul, in: NDB, Bd. 19, Berlin 1998, S. 195f.
[393] Vgl. Allgemeine Schulzeitung [Zwickau], Nr. 71 vom 4. September 1824, Sp. 622.
[394] Vgl. CDSR II 16, S. 278 [M 9]; CDSR II 17, S. 230.

nommen hatte. Während seines Studiums in Leipzig (1512–17) hatte er Zugang zur der in jener Zeit gewachsenen mathematischen Sammelhandschrift Codex C 80 gehabt, Teile davon exzerpiert und weitere Bücher aus der Zeit von Johannes Widmann, die in Leipzig gedruckt worden waren, gekauft, so Widmanns Rechenbuch von 1489.[395]

Konzepte und neue Angebote zur wissenschaftlichen Durchdringung und wirksamen Lösung der mit Rechnen zusammenhängenden Probleme in der Praxis konnten eigentlich nur aus dem universitären Bereich kommen. Aber anscheinend hat sich im 15. Jahrhundert die Hohe Schule auf die Ausbildung von Kadern für die Praxis beschränkt.

Nun wurde mathematisches und Rechenwissen, das schon länger existierte, zur Lösung neuer Aufgaben aktiviert. Das von Griechen geschaffene mathematische (im Wesentlichen geometrische) Wissen war von muslimischen Gelehrten zusammen mit Erkenntnissen der Inder – deren Ziffernschreibung einschließlich der Null [396] – aufgegriffen worden: 662 ist das voll ausgebildete dezimale Positionssystem in Syrien erwähnt, und 773 hat es in Bagdad ein indischer Mathematiker eingeführt. Im Bait al-Hikma, dem aus Bibliothek und Forschungsinstitut bestehenden Wissenschaftszentrum in Bagdad, war dieses Wissen weiterentwickelt und auf eine höhere Stufe, zur Algebra, gehoben worden.[397] Vor allem der im 9. Jahrhundert lebende Gelehrte Muhammad ibn Mūsā al-H̱wārizmī leistete Bedeutendes zur Verbreitung der indisch-arabischen Ziffern und zur Entwicklung der Algebra (Auflösung linearer und quadratischer Gleichungen).[398] Um 830 stellte er in seinem mathematischem Lehrbuch die sechs Gleichungstypen auf und rechnete sie (ohne Verwendung von Symbolik) durch.[399] Die „Algebra“ des

[395] Vgl. Folkerts: Die Mathematik, S. 14f

[396] Existierte schon in der Antike mit dem attischen (herodianischen) Zahlensystem ein durch ein Fünfersystem überlagertes Dezimalsystem (vgl. Lexikon der Antike, 10. Aufl., Leipzig 1990, S. 638), so lagen Ursprung und Frühgeschichte des voll ausgebildeten Dezimalsystems jedoch in Indien. Hier war im 6. Jahrhundert ein System mit neun Ziffernzeichen verbreitet, und im 7. Jahrhundert kam als wesentlicher Fortschritt das Zeichen für die Null in Form eines Punktes oder kleinen Ringes hinzu; vgl. Hans Wußing in: Ries: Coß, [Bd. 2], Kommentar, S. 24; Kay Peter Jankrift: Europa und der Orient, Darmstadt 2007, S. 100.

[397] Vgl. Oswald Ashton Wentworth Dilke: Mathematik, Maße und Gewichte in der Antike, Stuttgart 1991, S. 118ff.

[398] Vgl. Kurt Vogel: Wie wurden al-H̱wārizmīs mathematische Schriften in Deutschland bekannt? In: ders.: Kleinere Schriften, S. 787–791; Hans Wußing in: Ries: Coß, [Bd. 2], Kommentar, S. 24–26; Menso Folkerts: Die älteste lateinische Schrift über das indische Rechnen nach al-H̱wārizmī, München 1997; Kaunzner: Adam Ries – sein Leben, S. 14; Jankrift: Europa (wie Anm. 396), S. 100; John Freely: Platon in Bagdad, Stuttgart 2012, S. 103f.

[399] Vgl. Kaunzner: Johannes Widmann, S. 42. al-H̱wārizmī wurde vor 800 in Chiwa geboren, verfasste u. a. Werke zur Gleichungs- und Zahlenlehre, starb nach 847 in Bagdad; vgl. Gehringer:

Abu'l Fath Umar ibn Ibrahim al-Hayyami (um 1048–um 1130) ging noch über al-Ḫwārizmīs Werk hinaus, indem sie kubische Gleichungen einbezog.[400] Fakt ist, „dass der eigentliche Aufschwung der europäischen Mathematik kausal an die Bekanntschaft mit der islamischen Mathematik gebunden war, die grundlegende Werke der griechisch-hellenistischen [...] und die Errungenschaften der islamischen Mathematik in Übersetzungen zugänglich machte."[401] Diese Texte waren mit dem Strom des Wissens der Muslime bis nach Spanien gezogen,[402] wo seit dem 10. Jahrhundert in der muslimisch-jüdisch-christlichen Kontaktzone in Córdoba europäische Gelehrte damit in Berührung kamen,[403] vieles im 12./13. Jahrhundert ins Lateinische übersetzten und mit nach Italien nahmen.[404] Mit den Darlegungen des al-Hwārizmī über die indisch-arabischen Ziffern und neue Methoden zur Ausführung der Grundrechenarten zum Quadrat- und Kubikwurzelziehen und zu einfachen Eigenschaften arithmetischer Reihen[405] stand ein weit über Euklids Lehren hinausgehender Stoff bereit. Es setzte sich die Bezeichnung „Algorismus" für das neue indisch-arabische Rechnen durch.[406] Auch entstanden in Anlehnung an al-Hwārizmī im 12./13. Jahrhundert zahlreiche ähnliche Algorismus-Traktate, darunter der verbreitete „Algorismus vulgaris" von Johannes de Sacrobosco, der ebenfalls den Umgang mit den neuen Ziffern, den Grundrechenarten, Wurzelziehen und Reihenlehre behandelte. „Die Regeln werden nicht hergeleitet, sondern anhand von Beispielen eingeübt." Diese Schriften wurden an den jungen Universitäten benutzt und dienten als Lehrbücher für den Arithmetikunterricht in der *artes*-Fakultät.[407] „Für die mittelalterliche westliche Mathematik bedeutet das 12. Jahrhundert einen Wendepunkt, jenes Jahrhundert, in dem durch Übersetzungen aus dem Arabischen fast schlagartig eine riesige Menge neuen Wissens zur Verfügung gestellt wurde."[408] In Italien bearbeiteten einige das Wissen weiter und bereiteten es z.B. für die Bedürfnisse der (Fern-

Personentafel, S. 281. Adam Ries sah „Algebram", also al-Ḫwārizmī, als Begründer der Arithmetik und der Gleichungslehre an; Coß, [Bd. 1], Faksimile, S. 1.

400 Vgl. Freely: Platon (wie Anm. 398), S. 123.

401 Wußing: 6000 Jahre, S. 276.

402 Vgl. Jankrift: Europa, S. 97.

403 Vgl. Loris Sturlese: Die Philosophie im Mittelalter. Von Boethius bis Cusanus, München 2013, S. 50–53; Jankrift: Europa, S. 100; Buck: Humanismus (s. S. 132, Anm. 210), S. 102f.

404 Vgl. Folkerts: Die älteste lateinische Schrift (wie Anm. 398); Freely: Platon, S. 166, 174. Zur Übersetzertätigkeit: S. 170.

405 Vgl. Maß, Zahl und Gewicht, S. 189.

406 Vgl. Menso Folkerts/Karin Reich in: Maß, Zahl und Gewicht, S. 189.

407 Menso Folkerts/Karin Reich in: Maß, Zahl und Gewicht, S. 189. Vgl. Kaunzner: Zu den Rechenbüchern, S. 242.

408 Bussard: Über die Entwicklung, S. 211. Zu den Übersetzern, die mit eigenen Adaptionen des Stoffes auftraten, gehörte auch Johannes de Sacrobosco (um 1207–um 1256). Sein „Tractatus de algorismo" diente bis ins 16. Jahrhundert als Lehrbuch an Universitäten. Darin stellte er die Grundlagen der Arithmetik mit ganzen Zahlen von den Grundrechenarten bis zum Wurzelziehem dar und entwickelte als erster eine Multiplikationstabelle auf der Basis von zehn natürlichen Zahlen.

handels-)Kaufleute auf. Im Wesentlichen leistete das Leonardo da Pisa, genannt Fibonacci (um 1170–nach 1240), ein Rechenmeister in Pisa. Sein auf Reisen gewonnenes Wissen über arabische Mathematik verarbeitete er 1202 in dem Werk „Liber abbaci" (Buch der Rechenkunst; Überarbeitung 1228).[409] Das kaufmännische Rechnen umfasste v.a. die Algorithmen, d.h. sowohl die arithmetischen Rechenanleitungen, die al-Hwārizmī zusammengestellt hatte, und ihre in Europa entstandenen Folgeschriften (*Algorismus de integris*, *Algorismus de minutiis*, *Algorismus de datis*, *Algorismus de surdis* usw.).[410] Das ging aber nicht sofort und vollständig in die Praxis ein, sondern beschäftigte vor allem die Gelehrten an den Universitäten.

Vor allem der **Markt** führte zur Erweiterung des Bildungshorizonts vieler Menschen. Er machte einmal ihre Wissensdefizite, große Ungeübtheit, ja Unsicherheit im Umgang mit Geld, Zahlen und Rechnen bei Befriedigung elementarer materieller Bedürfnisse deutlich, andererseits **war die Brotbank für viele die erste Schulbank**: hier ergab sich wiederholter und damit gut einprägender Umgang mit Produkt- und Geldmengen, wobei Fehler persönlichen Nachteil und Hunger bringen konnten. Der objektive Bedarf an Wissen über Rechnen und Mathematik war in der neuen Situation sicher auch viel größer, vielleicht auch gewichtiger als das Interesse für literarische Disziplinen.
Jetzt ging es darum, dass mehr Menschen als bislang die Grundrechenarten zu nutzen wussten. Manche aufmerksam Beobachtenden haben die entstandene Bildungsnot erkannt und ihr, ohne Rechenmeister zu sein, entgegenzuwirken versucht. Dabei scheint zunächst **deutsches Schreiben** in den Focus getreten zu sein: Gregor von Heimburg, († 1472 in Dresden),[411] der erst Nürnberger Ratssyndikus, später Rat der sächsischen Fürsten war, formulierte, „das ein yetklich tütsch: das vß gůten zierlichen vnd wol gesatzten latin getzogen vnd recht vnd wol getranßferyeret wer: ouch gůt zierlich tütsch vnd lobs wirdig heißen vnd syn mủst".[412] Zu bedenken bleibt, ob nicht auch Ziffernschreiben, zumal die römischen Ziffern lateinischen Buchstaben entsprachen, darin eingeschlossen war.

Es war nicht diese und jene ökonomische oder andere Tatsache, sondern das Geschehen insgesamt und dazu das gewachsene Selbstverständnis und Aktivwerden

409 Vgl. Arlinghaus: Zwischen Notiz, S. 28–30; Norbert Kamp: Vom Kämmerer zum Sekreten. Wirtschaftsreformen und Finanzverwaltung im staufischen Königreich Sizilien, in: Probleme um Friedrich II., hg. von Josef Fleckenstein, Vorträge und Forschungen, 16 (1974), S. 43–92; Folkerts/Neuenschwander: Mathematik, Sp. 386.

410 Vgl. Kaunzner: Zu den Rechenbüchern, S. 242, mit Hinweis auf Editionen S. 243, Anm. 4; Wußing: 6000 Jahre, S. 314f.

411 Vgl. Allgemeine Encyklopådie der Wissenschaften und Kủnste [...], hg. von J. S. Ersch/J. G. Gruber, 2. Sektion, 4. Tl., Leipzig 1828, S. 177f.

412 Zit. nach: Müller: Quellenschriften, S. 276f. Vgl. S. 335; Georg Müller: Die Anfänge (wie Anm. 10 auf S. 14), S. 273.

aufmerksam Beobachtender in der Frage nach Beweisbarkeit der Handlungen durch Dokumente, weshalb dem **schriftlichen Federrechnen** mit möglicher Bewahrung der Aufzeichnungen „auf Dauer“ durch Verwendung von Papier als Informationsträger sowie der arabischen Ziffern bei der Lösung anstehender Aufgaben die Zukunft gehörte. Im Einzelnen trat einmal dieser, einmal jener Aspekt zuerst hervor, aber insgesamt begann der Übergang zu einer stärker mathematisch- bzw. **rechengestützten Gesellschaft** und zum **Aktivwerden von Rechenkundigen in speziellen Berufen** mit der Wirkung, dass **Handlungen** in der Praxis durch (teils theoretisch noch nicht erschlossene) Zahlen- und Rechenaspekte **erleichtert wurden**:

In den ersten Jahrzehnten ihres Bestehens im 15. Jahrhundert hat die Leipziger Artistenfakultät wie in anderen Hohen Schulen vermutlich eher das traditionelle, auch an Lateinschulen unterrichtete Wissen, d. h. die Arithmetik mit einigen Grundrechenarten, vermittelt. Nur im WS 1502/03 wurden alle vier mathematischen Vorlesungen zur Geometrie, Arithmetik, Musik und Astronomie angeboten.[413] Mindestens einige Angehörige müssen diesen Stoff beherrscht haben, sonst wären Urkunden für sie, in denen Schenkungen u. a. mit Zahlen und Berechnungen ausgedrückt waren, kaum richtig zu nutzen gewesen. Auch jene Beziehungen von Universitätsangehörigen zur Thomasschülern und deren „Rechen“-Tätigkeit für den Leipziger Rat legen Arithmetik-Kenntnisse nahe. Laut der Vorlesungsverzeichnisse von Universitäten im deutschsprachigen Raum fand im 15. Jahrhundert in das Quadrivium als neuer Vorlesungstitel der „Algorismus“ Aufnahme (an der Wiener Universität bereits 1395). „Gemeint war damit das Rechnen mit den indisch-arabischen Zahlen.“[414]

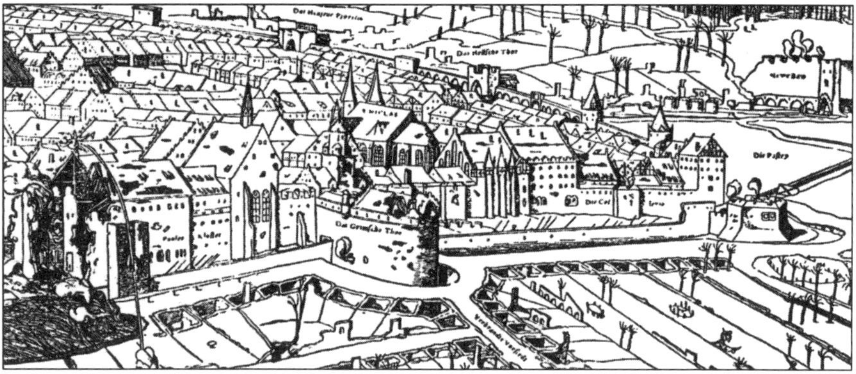

Leipzig 1547, Ausschnitt. Rechts der Bastei der frühe Standort der Universität. Holzschnitt. Nach: Leipzig und seine Bauten, Leipzig 1892, neben S. 68

413 Vgl. Schmidt-Thieme: Konrad Tockler, S. 96.
414 Wagner: Das Bamberger Rechenbuch, S. 298.

„Ein ganz anderes Problem bestand darin, **die schriftlichen Rechenverfahren selbst durchzubilden** und ihnen einen genügend großen Grad an **Beherrschbarkeit und Übersichtlichkeit zu geben**“[415] und sie dadurch – weg vom Zeitvertreib Gebildeter – praxistauglich zu machen. Das geschah nicht auf geradem Wege an den Universitäten. Wiederum war *Ad fontes* Methode des Erkenntnisgewinns und brachte „eine gänzliche Neuorientierung und Umgestaltung der Mathematik“.[416] Hierbei spielten ehemalige Klosterschüler und andere Lateinschüler eine wichtige Rolle. Sicher gab es Grenzen der Kloster-(Latein-)schulen; weiterhin standen praktisches Lesen, Schreiben und Rechnen[417] im Vergleich zu Disziplinen wie Latein und Singen am Rande. Aber ehemalige Schüler zeigten sich, auch aufgrund ihrer Sprachausbildung, **an Bestrebungen der Renaissance**[418] **interessiert** und einige davon **auch an griechischen mathematischen Handschriften**.
Zu ihnengehörte Johann **Regiomontanus** (d.i. Hans Müller, 1436–76). 1450 wurde er, vermutlich nach einem Lateinschulbesuch, an der Wiener Universität immatrikuliert, deren Artistenfakultät damals eine der bedeutendsten mathematisch-(astronomischen) Schulen war.[419] 1452 wurde er Baccalaureus und 1457 Magister und lehrte dann bis 1561 Mathematik und Philologie im Rahmen der *artes* in Wien. Die von ihm in den 1450er-Jahren begonnene und als „Wiener Rechenbuch“ bekannte Sammelhandschrift enthält neben eigenen Texten die Abschriften und Exzerpte fremder Werke, u.a. den von Magister Gernardus im 13. Jahrhundert verfassten „Algorismus demonstratus“ zum Erwerb von Grundkenntnissen in Ziffernrechnen und Arithmetik. Prägend wurden für Regiomontanus in Wien der Einfluss des Humanismus sowie die Beziehungen zu Georg von Peuerbach und Kardinal Bessarion, der sich 1461 in Wien aufhielt. Er hatte von Reisen eine Sammlung griechischer Handschriften nach Italien mitgebracht, unter ihnen des „Almagest“ von Ptolemaios, wovon er selbst eine lateinische Übersetzung begonnen hatte.

415 Wußing: Vorlesungen, S. 122f.
416 Wußing: 6000 Jahre, S. 301, vgl. S. 309.
417 Zum Fingerrechnen an Klosterschulen vgl. Rüdiger/Lorenz: Quellen, S. 62, Günther: Geschichte des mathematischen Unterrichts, S. 11.
418 Die in Klosterbibliotheken liegenden mathematische Handschriften (dazu Kaunzner: Johannes Widmann, S. 37) wurden anscheinend beim einsetzenden Wissensdrang wirksam, indem sie zur Ausbildung von Schülern beitrugen. Das trifft vielleicht zu auf Johannes von Gmunden (1380–1442), der vermutlich in der Benediktinerabtei Kremsmünster lernte, und Georg von Peuerbach (1423–61), der vermutlich im Stift Klosterneuburg zur Schule ging und dort mathematische Studien trieb; vgl. Christa Binder: Die erste Wiener Mathematische Schule (Johannes von Gmunden, Georg von Peuerbach), in: Rechenmeister und Cossisten, S. 4, 12.
419 Vgl. Menso Folkerts: Johannes Regiomontanus – Algebraiker und Begründer der algebraischen Symbolik, in: Rechenmeister und Cossisten, S. 19.

Regiomontanus nach einem Holzschnitt in Hartmann Schedels Weltchronik 1493, Exemplar UBL, G 2071. GW M 40796, Bl. CCLVa

In der in Verbindung mit Regiomontanus stehenden Sammlung gibt es nicht nur zwei Fälle, in denen im Gleichungsansatz negative Zahlen[420] auftreten (weil Gesellschafter kein Vermögen, sondern Schulden einbringen) – „ein für das 15. Jahrhundert ungewöhnlicher Vorgang" –, v.a. wurden unter der Überschrift „Regule de cosa et censo sex sunt capitula per que omnis computatio solet calculari" die sechs Gleichungstypen angegeben,[421] die auch in der ‚Algebra' des al-Ḫwārizmī stehen.[422] Vermutlich hat Regiomontanus, das Werk des al-Ḫwārizmī, wie es im Kodex Dresden C 80 enthalten ist, gekannt.[423]

Weitere wichtige Arbeit zur Algebra leistete Regiomontanus, nachdem er sich 1461 mit Bessarion nach Italien begeben hatte. Bei einem Aufenthalt 1463 in Venedig entdeckte er eine griechische Handschrift mit den Büchern 1–3 und 8–10 der „Algebra" des Diophantos von Alexandria (um 250?), der gebrochen rationale Zahlen als Lösungen algebraischer Gleichungen mit mehreren Unbekannten gefunden hatte; „seine algebraischen Studien dürften durch das Auffinden dieser Handschrift beeinflußt worden sein".[424] 1462–1464 verfasste Regiomontanus die Schrift „De triangulis omnimodis" (gedruckt 1533), mit der er die neuzeitliche Trigonomie begründete.

[420] Zu deren Gebrauch vgl. Wußing: 6000 Jahre, S. 317.

[421] Vgl. Codex New York, Columbia University, Plimpton 188, Bl. 85a.

[422] Diese Aufzählung und die Beispiele, die Regiomontanus bringt, sind auch in der ältesten deutschen Algebra, der „Regensburger Practica" (Hs. München, Clm 14908), vorhanden, die Fridericus Amman in St. Emmeram bei Regensburg 1461 schrieb und teilweise verfasste; vgl. Folkerts: Johannes Regiomontanus (wie Anm. 419), S. 22, 24. „Die Aufgaben stehen in seinem Algorismus Ratisbonensis, in den aus Italien stammenden Regule dele cose und der daran anschließenden Aufgabensammlung." Vogel: Ein italienisches Rechenbuch, S. 22f. Zur Bibliothek im Kloster St. Emmeram vgl. Wußing: 6000 Jahre, S. 328.

[423] Vgl. Wappler: Zur Geschichte, S. 1; Folkerts: Die Handschrift, S. 371, 370.

[424] Folkerts: Johannes Regiomontanus, S. 20.

Es waren aber noch einige **Voraussetzungen zu schaffen, bevor das schriftliche Rechnen effektiv durchgeführt werden konnte**. Auch daran war Regiomontanus beteiligt. Die Grundrechenarten(-verfahren) gewannen hinsichtlich ihrer Verwendung eine bedeutende Ausweitung, Neben **Nummerieren**, also Zählen, Lesen der nötigen (größeren) Zahlen und damit die Basis aller Rechenvorgänge, war **Addieren**[425] wohl das häufigste angewendete Verfahren; es erfuhr nun geradezu revolutionäre Veränderungen dadurch, dass die Summanden für das tatsächliche Rechnen nicht mehr wie erzählende Texte nebeneinander, sondern zum vorteilhaften Rechnen als arabische Ziffern genau nach Stellenwert untereinandergeschrieben wurden. Indem nun zunächst die Einer, dann erst ggf. die Zehner, Hunderter usw. zusammengezählt wurden, zerlegte man die Aufgabe in einfach zu gehende Schritte, machte sie dadurch kontrollierbarer und sicherer. Die in den einzelnen Schritten erzielten Ergebnisse (einschließlich von Ziffernübertragungen) hielt man schriftlich fest. Dazu war das Verfahren für mehr als zwei Summanden anwendbar.

$$\begin{array}{r} 329 \\ +\ 79 \\ \mathit{11} \\ \hline 408 \end{array}$$

Entsprechende Vorgehensweisen wurden auch für die **Subtraktion** (zur Berechnung von Differenzen), **Multiplikation** (vor allem Doppeln, Duplizieren) und **Division** (vor allem Halbieren) entwickelt. „Am schwierigsten erwies sich natürlich die Division;[426] es hat jahrhundertelang gedauert, bis sich unser heutiges Verfahren des Unterwärtsdividierens durchsetzen konnte. Noch im 17. Jh. war die Bruchrechnung an Universitäten ein Stoffgebiet, das nur mit allergrößter Mühe gemeistert werden konnte."[427]

So wurden Methoden (Algorithmen) entwickelt, um die Grundrechenarten auf Papier oder einem ähnlichen Beschreibstoff mit einem Stift **rationell und überprüfbar** (Probe!) durchführen zu können. Hinzu kamen die Ausbildung und Nutzung besonders der folgenden Kenntnisse und Methoden: die **exakte Fixierung von Objekten und Prozessen in Zahlengrößen** und der **Gebrauch arabischer statt römischer Ziffern für schriftliches Rechnen**. Gegen alle Widerstände[428] wollten die Algorithmiker dem Ziffernrechnen zum Durchbruch verhelfen.[429]

425 Vgl. auch Lüneburg: Leonardi Pisani liber, S. 58–61.

426 Relativ häufig kam vor „das dritte theill"; vgl. z. B. CDSR II 5, Nr. 366, S. 265 (1474). Halb wurde im gleichen Jahre weiter mit „J" dargestellt; vgl. CDSR II 5, Nr. 368, S. 267. Auch ¼ trat öfter auf; vgl. CDSR II 5, Nr. 168, S. 452.

427 Wußing: Vorlesungen, S. 122f.

428 Die Einführung des schriftlichen Rechnens begegnete Schwierigkeiten, vor allem wegen der Ansprüche an das Verstehen der damit verbundenen tatsächlichen Rechenoperationen, aber auch wegen des Papierpreises.

429 Vgl. Kropp: Geschichte, S. 68.

Doch stellten sich dem weiterhin Misstrauen und Vorbehalte in den Weg. „Aus heutiger Sicht darf man [...] nicht die Schwierigkeiten unterschätzen, die sich [bei Gebrauch der indisch-arabischen Ziffern] dem Verständnis des Positionssystems entgegenstellten, insbesondere dem Gebrauch der Null. Es wurde als Widersinn empfunden, für das Nichts noch ein Zeichen einzuführen, wobei von der Stellung dieses Nichts der Wert der anderen Ziffern abhängen sollte.[430] Außerdem scheinen sich die Menschen mit dem Erlernen der neuen Ziffern schwer getan zu haben, zumal sie erst allmählich einheitliche Gestalt gewannen.[431] Vor allem hielt sie die Obrigkeit für nicht fälschungssicher. Deshalb legte Herzog Georg 1509 erneut in der Schreckenberger Bergordnung fest, dass im Bergbau nur deutsche (d. h. römische) Zahlen zu verwenden seien.[432] Das hatte Folgen für die Praxis generell. So wurden beim schriftlichen Rechnen weiterhin vielfach die römischen Ziffern benutzt. Üblich war dann, jede letzte Ziffer einer Zahl verlängert zu schreiben, also nicht ii, sondern ij, und bei v und x eine Unterlänge anzubringen. (Auch Adam Ries musste sich bei seinen Zehntrechnungen der römischen Ziffern bedienen.) Das behinderte die Ausbildung und Anwendung von Algorithmen in den Grundrechenarten und damit flottes Rechnen.
Aufgrund solcher Widrigkeiten setzte sich erst allmählich das schriftliche Rechnen mit indisch-arabischen Ziffern durch. Die Entscheidung fiel in den Handelskontoren und in den Schreib- und Rechenstuben der Kaufleute; dort trat am deutlichsten zutage, dass man mit diesen Ziffern gut rechnen und Bücher führen konnte.[433] Ab 1494 finden sich in den Kontobüchern der Medici nur noch arabische Zahlzeichen,[434] so wie es auch in der Buchhaltung der Fugger geschah.[435] Privat und in seinen Rechenbüchern benutzte Adam Ries als einer der ersten ebenfalls die indisch-arabischen Ziffern **im 10er-Positionssystem** (also einschließlich der Null).[436]

Doppelte Buchführung existierte nicht. Selbst die Addition zahlreicher Darlehen und Geldzahlungen an Mehrere 1469 unterblieb im Leipziger Ratsbuch 1,[437] was

430 Wußing: Vorlesungen, S. 121.
431 Vgl. den von Wußing: Vorlesungen, S. 121, erwähnten Vers aus dem 15. Jahrhundert.
432 Vgl. Rüdiger/Lorenz: Quellen, S. 97. Die erste Schreckenberger Bergordnung entstand zwischen 1. August 1499 und 12. September 1500, vgl. Johannes O. Sehm: Der Silberbergbau zu Annaberg im Erzgebirge bis zum Jahre 1500, Annaberg 1933, S. 34.Womöglich ein Beleg für den Gebrauch indisch-arabischer Ziffern im Raum Leipzig um 1440 in Bernd Rüdiger: Indisch-arabische Ziffern insbesondere auf mittelalterlichen und frühneuzeitlichen Grabsteinen, in: JbARB, Bd. 10, 2019, S. 21.
433 Vgl. Wußing: Vorlesungen, S. 122.
434 Vgl. Kropp: Geschichte, S. 68.
435 Vgl. Wagner: Das Bamberger Rechenbuch, S. 299.
436 Zum Erfolg des Algorismus' mit indisch-arabischen Ziffern gegenüber dem Abakus mit den römischen vgl. Wagner: Das Bamberger Rechenbuch, S. 302f.
437 Vgl. Ratsbuch 1, Eintrag Nr. 209.

Korrektheit und Kontrollmöglichkeiten zu Einnahmen und Ausgaben erschwerte. Auch die Verwaltung von Mündelgeldern durch den Rat und deren Weiterverleihung gegen Zins an Dritte[438] ist dort so unübersichtlich dargestellt, dass es geradezu zu Konflikten oder einer speziellen Buchführung drängte. Unzureichend erscheint auch 1467 die Buchung von Geldern Eilenburgs zur Begleichung von Schulden des Rats.[439] Die Abrechnung 1469 mit den Landesherren „vmbe alle scholde gulde inname ußgabe gelyhen gelt angewiste stewer vnd alle andere stucke" erwies sich als sehr kompliziert. In der Folge heißt es: „Vnnd was vnsere gnedige hern dem rate hinfur vffs nawe abborgen, schuldig werden ader gelt zcuweysen wurden sall man ernoch vffs nawe schriben, domit disse rechnunge bei macht bleibe vnd nicht geirret werde."[440] Beim Darlehen für die Landesherren sollte die Abzahlung durch das erfolgen, was die Städte geben müssen; „Und die 500 ß sint yn die forige rechnunge nicht geczogen".[441] Möglicher Probleme war man sich also bewusst.

Auf Rechenfehler könnten Formulierungen hinweisen, wie folgende: 1469 hatte der Rat Jahrzinse gegen Zahlung abgelöst und die eingelöste Verschreibung sowie landesherrliche Gunstbriefe an sich genommen, und zu anderen abgelösten Briefen gelegt. „und disse abelossunge ist in des raths register nicht beschreben nach [noch] gerechent, denn es hat der rath sollich gelt [der Ablösung] von Lucas Bosen gelde gelihen und nicht von sinem eigen gelde gelößet. Wellich rath abir sollich gelt [...] Bosen widdergebin und beczalen wert, deme rat sal die ablösunge zcugeschreben und gerechent werden, und ditz ist wol zcu merken umme irrthums wille, der doruff entstehen möchte".[442] Ob es sich hier nur um Probleme der Buchführung handelte, sei dahingestellt. 1471 kam es zur Vereinbarung zwischen Paul Keiser und Caspar Wißgerber sowie Büchsenmeister Balthasar aus Magdeburg wegen Schulden und die „irrunge, so sie umbe die beczalunge [...] nach lut irer zcedeln gehobt haben".[443] Es ist nicht zu erkennen, ob es solche Irrungen über die genannten Fakten und Grundlagen für Berechnungen, die bestritten wurden, gab oder wegen der daran geknüpften Berechnungen, die für falsch gehalten wurden. Beides ist möglich.

438 Vgl. Ratsbuch 1, Eintrag Nr. 42 (1466): 193 (1469).
439 Vgl. Ratsbuch 1, Eintrag Nr. 75. Nr. 73 (1467).
440 CDSR II. 8, Nr. 422, S. 348, 349.
441 Ratsbuch 1, Eintrag Nr. 184; StadtA Leipzig, Ratsbuch 1, Bl. 40f.
442 Ratsbuch 1, Eintrag Nr. 210.
443 Ratsbuch 1, Eintrag Nr. 269. Vgl. Nr. 328 (1472), 307 (1472).

Auch schrieb man alles bis auf die Zahlen aus,[444] so heißt es 1467 in Leipzig zur Einnahme von Steuergeldern: „Das alleß zcusampne gerechent".[445] Symbolik wurde nicht verwendet, die Rechenoperation anscheinend verbal gedacht und dargestellt; bei Subtraktion heißt es 1466 in Leipzig zur Abrechnung von Hafer- und Kornkauf: „vii gr minus iii d"[446] (7 Groschen weniger 3 Pfennige). Auf eine historisch frühe Art beim Rechnen, Ausmessen und Darstellen von Ergebnissen weisen der Gebrauch von Formulierungen wie „alles", „ganz" bzw. die Nennung einer Sache ohne quantitative Beschreibung durch Zahlenwerte. Bei einem 1476 geschlossenen Erbvertrag wurden Formulierungen verwendet wie: „wie das allis namen hat, ußgeslosßen das huß".[447]

Das ist der Stand etwa Mitte der 1460er-Jahre in Leipzig. Aber Derartiges war allgemein üblich; auch der älteste bekannte deutsche Algebratext, der „Algorithmus Ratisbonensis", nutzte ja keine Symbolik. Nachdem aber Regiomontanus um 1456 seine Studien griechischer Mathematik-Handschriften in Italien begonnen hatte,[448] wobei er – höchstwahrscheinlich durch sinnvolle Umsetzung des Abbreviatursystems (Abkürzungssystems) der mittelalterlichen Schreiber von Urkunden und Handschriften[449] – einen speziellen Beitrag zur Algebra durch die Begründung und Benutzung der algebraischen Symbolik leistete und sich seitdem darum bemühte, die Lehre von den algebraischen Gleichungen in der heute üblichen Form darzustellen,[450] begann sich auch die neuartige, rationelle Darstellungsweise der Rechenaufgaben mit Symbolen durchzusetzen,

[444] „Durch die Jahrhunderte hindurch war dieses auf [...] Muhammad ibn Mūsā al-Ḫwārizmī [...] zurückgehende, aber in Europa nur spärlich behandelte Wissensgebiet fast ausnahmslos sehr unhandlich weitergegeben worden: Man schrieb bis auf die Zahlen alles aus," weshalb „Algebra [...] – vor allem bei der Behandlung der quadratischen Gleichungen mit den Fachwörtern [...] – bis dahin zu einem nur schwer durchschaubaren lateinischen Satzgemenge geführt hatte" (rhetorische Darstellung). Kaunzner: Über das wissenschaftliche Umfeld, S. 159.

[445] Ratsbuch 1, Eintrag Nr. 67.

[446] Ratsbuch 1, Eintrag Nr. 17; vgl. StadtA Leipzig, Ratsbuch 1, Bl. 4. Ähnlich Nr. 209 zum oben zitierten Steinbrecher.

[447] Ratsbuch 1, Eintrag Nr. 246; vgl. Nr. 109, 158 (1468), 223 (1469).

[448] Vgl. Folkerts: Johannes Regiomontanus, S. 19ff. – Johannes Müller (1436–76) aus Königsberg in Franken, wie Ries Müllersohn (Deubner: Adam Ries, S. 14), wurde zum „bedeutendsten Fachmann der Mathematik und der Astronomie im 15. Jh." Seine Dreiecklehre „De Triangvlis omnimodis Libri qvinqve", Nürnberg 1533, war Maßstab für Lehrbücher der beiden folgenden Jahrhunderte.

[449] Vgl. Rüdiger: Rechenkunst, S. 83–87.

[450] Die algebraische Symbolik ist vor ihm nicht nachweisbar. Vgl. Armin Gerl: Regiomontanus, Bianchini und die Winkeldreiteilung, in: Wege zu Adam Ries. Tagung zur Geschichte der Mathematik, Erfurt 2002, hg. von Hartmut Roloff/Manfred Weidauer, Augsburg 2004, S. 117ff. (= Algorismus, H. 43); Menso Folkerts: Die mathematischen Studien Regiomontans in seiner Wiener Zeit, in: Regiomontanus-Studien, hg. v. Günther Hamann, Wien 1980, S. 175ff. (= Veröffentlichungen der Kommission für Geschichte der Mathematik, Naturwissenschaften und Medizin, H. 28–30); Wolfgang Kaunzner: Regiomontanus als Mathematiker, in: Regiomontanus-Studien, S. 127f., 135ff. und Abb. 2–6.

Nun diente beispielsweise ein großes R mit Abkürzungshaken für die Quadratwurzel (*Radix*) und ein hochgestelltes Zeichen für die Unbekannte *x*, offenbar ein Minuskel-r (für: *res*) mit Abkürzungshaken.[451] Manchmal benutzte Regiomontanus für die Unbekannte aber auch ein großes R mit Abkürzungshaken, so dass die Verwechslung mit dem Wurzel-Symbol möglich ist; und zuweilen wird *res* durch ‚re' abgekürzt.
Manche Symbole gab es jedoch zu der Zeit noch nicht. So wurde für die Addition keine Abkürzung verwendet, sondern das Wort *et* geschrieben.[452] Es gab auch nur eine verkürzte Form für „minus" (ein *i* mit dem *us*-Haken; darüber der Strich, mit dem man generell ein *m* oder *n* abkürzte. Gegenüber der üblichen Schreibweise für „minus" fehlt also nur das *m* am Anfang des Wortes).[453] Auch waren teilweise *p* (für plus) und *m* (für minus) üblich.[454] Ein langgezogener Strich stand für das Gleichheitszeichen. Den Multiplikationspunkt verwendete Regiomontanus in einer Schrift 1464.[455] Erst Johannes Widmann hat in seinem 1489 erschienenen Buch „Behende [...]" zum ersten Mal die Operationszeichen + und – in dieser Form zum Druck gebracht.
Auch wenn Regiomontanus also Abkürzungen zunächst noch nicht systematisch benutzt hat,[456] wurde es möglich, die schriftlichen Rechenverfahren bei ihrem massenhaften Auftreten in Kontoren usw. zunehmend effektiver zu gestalten. (1471 ging Regiomontanus im Auftrag König Matthias' nach Nürnberg, um die Tafeln der Planetenbewegungen zu verbessern. Wegen des florierenden Instrumentenbaus blieb er zunächst als Gesandter des Königs, später aus eigener Entscheidung in der Stadt.[457] bis er sich wieder auf den Weg nach Rom machte, währenddessen er aber starb.)

Nachweislich „hat Regiomontanus die Algebra beeinflußt, die in den 80er-Jahren des 15. Jahrhunderts [an der Universität] in Leipzig gelehrt wurde. Dies erkennt man z. B. daran, daß Regiomontanus in seiner Algebraschrift 24 Gleichungstypen in einer Reihenfolge anführt, die sonst nur noch aus der *Deutschen Algebra* in der [...] Handschrift Dresden, C 80, bekannt ist, die eng mit der Leipziger Universität

[451] „Regiomontanus [...] verwendete [...] Symbole, um Potenzen der algebraischen Unbekannten und ihres Quadrats auszudrücken"; Kaunzner: Johannes Widmann, S. 44. Vgl. auch ders.: Über das wissenschaftliche Umfeld, S. 159f.

[452] Zu Entsprechendem in der *Deutschen Algebra* des Kodex C 80 vgl. Kaunzner: Das Rechenbuch, S. 39.

[453] Zur weitergehenden Minus-Symbolik im Kodex Dresden C 80, Bl. 288a f., Kaunzner: Johannes Widmann, S. 44ff.

[454] Kropp: Geschichte, S. 63.

[455] Vgl. Wagner: Das Bamberger Rechenbuch, S. 304.

[456] Folkerts: Johannes Regiomontanus, S. 26.

[457] Vgl. Ralf Kern: Wissenschaftliche Instrumente in ihrer Zeit, Bd. 1, Köln 2010, S. 111.

verbunden ist."[458] Regiomontanus' besondere Leistung war der Gebrauch einer algebraischen Symbolik, die zuvor nicht nachweisbar ist.[459] Auch Gottfried Wolack von der Erfurter Universität hat die Ausbildung der Algebra an der Universität Leipzig beeinflusst. Darauf deutet, dass Wolacks Vorlesung u. a. in der Handschrift UBL Ms. 1470, Bl. 460b–463a, vorhanden ist, die Virgilius Wellendörffer während seines Studiums an der Universität Leipzig verfasst hat.[460]
Auch die meisten Texte des C 80 wurden in den 1470er- und 1480er-Jahren geschrieben, dazu gibt es noch spätere Zusätze.[461] „Der Codex C 80 enthält sowohl ‚traditionelle' mittelalterliche lateinische Schriften als auch ‚moderne' lateinische und deutsche Abhandlungen, die im Unterricht an den Universitäten Erfurt und Leipzig benutzt wurden. Er zeigt die engen Kontakte, die zwischen beiden Universitäten bestanden."[462]

In den ersten Jahrzehnten ihres Bestehens stand die Universität Leipzig in Mathematik hinter den Universitäten Wien, Prag, Krakau und Erfurt zurück.[463] Aber seit den 1470er-Jahren wurde Leipzig insbesondere in der Algebra bedeutend, was bis Mitte des 16. Jahrhunderts anhielt.[464] **Bei der Entwicklung der Mathematik in Leipzig** seit den 1470er- und 1480er-Jahren darf jedoch der **Einfluss, den der sächsische Staat und durch ihn der Bergbau ausübten**, nicht übersehen werden. Für die besonders wegen der verlangten Genauigkeit beim Abrechnen insbesondere des Silbererzes[465] geforderten Akteure im Bergbau in den neuen Orten war es teils schwierig Hilfe von außen zu bekommen. Während ab den 1490er-Jahren für den Raum Annaberg die Rolle auswärtiger Rechner gut belegt ist (Johannes Widmann,[466] Ulrich Rülein von Calw,[467] Hans Conrad[468] – alles mit der Leipziger Universität verbunden Gewesene –, Johann Wagner aus

[458] Folkerts: Johannes Regiomontanus, S. 27. Wappler: Zur Geschichte, S. 5, bestimmte Kodex Dresden C 80 als das von Adam Ries genannte „alte lateinische vor vielen Jahren geschriebene Buch", auch als „das berührte alte Buch", „das lateinische Buch" bezeichnet. Zu C 80: Kaunzner: Zu den Rechenbüchern, S. 247, zur C 80 in den 1480er-Jahren im Mathematikunterricht an der Universität Leipzig: Folkerts: Die Handschrift, S. 354.
[459] Folkerts: Johannes Regiomontanus, S. 26f.
[460] Folkerts: Die Mathematik, S. 8, 10.
[461] Vgl. Folkerts: Die Mathematik, S. 10f.
[462] Folkerts: Die Mathematik, S. 11.
[463] Vgl. Folkerts: Die Mathematik, S. 19.
[464] Vgl. Folkerts: Die Mathematik, S. 19.
[465] Da die Annaberger Bergordnung 1509 schriftliches Abrechnen) verlangte, wurde geeignetes Personal benötigt; vgl. Rüdiger: Annabergs Bergbau, S. 4–18; Laube: Studien, S. 34f.
[466] Vgl. Bernd Rüdiger: Zu Johannes Widmann in Annaberg, in: JbARB, Bd. 8, 2017, S. 104–108.
[467] Vgl. Stadtarchiv Annaberg-Buchholz, Rechnungsarchiv, Rep.II Loc. 1, Fach 1, Bl. 44a; Rüdiger/Gebhardt: Rechenkundige, S. 16f
[468] Vgl. Rüdiger: Adam Ries. Leben, S. 64.

Sayda,[469] Adam Ries[470], Heinrich Müller[471]), lässt sich das zuvor für Schneeberg nicht feststellen: Weder in Zwickau bis 1527 noch in Schneeberg ist für jene Zeit ein Rechenmeister nachzuweisen.[472] So ist anzunehmen, dass deshalb wahrscheinlich Zwickauer Geldgeber und Aktive im Schneeberger Bergbau, wie Martin Römer,[473] teils nur autodidaktisch gebildet, wirksam wurden und zugleich Beschwerde bei den Landesherren Kurfürst Ernst und Herzog Albrecht[474] über die unzureichende Ausbildung Geeigneter an der Leipziger Universität führten, bevor diese sich im Jahre 1471 **höchst unzufrieden** an die **Leipziger Universität wegen** der herrschenden Zustände auf **wissenschaftlichem Gebiet**, insbesondere der Leistungsangebote, wandten.[475]

Es heißt, dass die „hoeschule [...] sere abegenommen hat und geringet ist" nicht nur wegen der Abwesenheit von Collegiaten, sondern auch infolge des Mangels an Vorlesungen über Astronomie und Mathematik, wobei auf Klagen darüber direkt hingewiesen wurde: „Wir vernemen auch, das iczt in unser hoenschulen keyner in der astronomei unde mathematica nüczlichen noch flißlichen leße, adder etwas practicire, das auch eine ringerunge bringet der universitet."[476]

Die Schreiber bemängelten also zwei Punkte, neben der Abwesenheit von Collegiaten das unzureichende Angebot in Astronomie und Mathematik. Dieses Schriftstück ist ein einzigartiger hochschulpolitischer Akt. Der erste Kritikpunkt war klar und eindeutig und seine Klärung wurde durch rigoros gehandhabte Verwaltungsakte seitens der Landesherren angegangen.[477] Der zweite Punkt ließ sich nicht so einfach und schnell lösen (wobei hier die Astronomie ausgeklammert werden soll). Obwohl die Landesherren den Begriff der „fryen kunste" zusam-

[469] Vgl. Stadtarchiv Annaberg-Buchholz, 1. Erbteilbuch, Bl. 139b; Rüdiger/Gebhardt: Rechenkundige, S. 23.

[470] Vgl. Rüdiger: Adam Ries. Leben, S. 109ff.

[471] Vgl. Rainer Gebhardt/Bernd Rüdiger: Mit Rechenmeister Heinrich Müller Verbundene aus dem Annaberger „Bildungsbürgertum", darunter Adam Ries, in: JbARB, Bd. 13, 2022, S. 29–44.

[472] Vgl. Rainer Gebhardt: Rechenmeister ist nicht gleich Rechenmeister, in: JbARB, Bd. 3, 2012, S. 61.

[473] Vgl. Hahn: Die ältesten Schneeberger, S. 35. Selbststudium ist auch bei Thomas Meiner zu vermuten; vgl. Adam Ries: Practica [...], Leipzig 1550, Bl. 163a.

[474] Vgl. Henning Steinführer: Herzog Albrecht der Beherzte und die Städte. Zum Verhältnis zwischen Städten und Stadtherren in Sachsen in der zweiten Hälfte des 15. Jahrhunderts, in: Herzog Albrecht der Beherzte (1443–1500). Ein sächsischer Fürst im Reich und Europa, hg. von André Thieme, Köln/Weimar/Wien 2002 (= Quellen und Materialien zur Geschichte der Wettiner, 2).

[475] Zu den wenigen Büchern mathematischen Inhalts, die die Studenten Ende des 15. Jahrhunderts in Leipzig hören mussten, vgl. Schmidt-Thieme: Konrad Tockler, S. 95. – Die annähernde Bestimmung des Datums des Schriftstücks seitens B. Stübels wird durch die näheren Umstände durchaus bestätigt. Vgl. Bernd Rüdiger: Eine hochschulpolitische Orientierung der sächsischen Landesherren Kurfürst Ernst und Herzog Albrecht zur Förderung von (Astronomie und) Mathematik um 1471, in: JbARB, Bd. 9, 2018, S. 49–61.

[476] CDSR II 11, Nr. 162, S. 203.

[477] Vgl. CDSR II 11, Nr. 163–165, S. 204f.

menfassend verwendeten, wird nicht von Arithmetik, sondern Mathematik gesprochen, für die Lehrveranstaltung nicht angeboten würden.
Was steckte inhaltlich dahinter? Offensichtlich wurde bemängelt, dass der beachtliche Erkenntnisfortschritt in der Mathematik, der mit der Entwicklung der Algebra und ihrer besseren Anwendbarkeit einen gewissen Höhepunkt erreicht hatte, an der Universität Leipzig nicht wahrzunehmen war. Aber die Beobachtungen der Landesherren zeigten auch, dass für die Absicherung von staatlichem Rechnungs- und Finanzwesen sowie Bergbau gute Rechner benötigt wurden. Wie bereits bemerkt, baute Jacob Blasebalg zu jener Zeit die zentrale Finanzverwaltung für das Herzogtum Sachsen weiter auf, und das Berggeschrei im Raum Schneeberg machte nur Sinn, wenn der Staat sein Regal nutzen konnte; anscheinend beruhte der Brief aber auch auf Klagen aus der Praxis über die unbefriedigenden Zustände, schreiben doch die Landesherren: „gelanget an uns“. Dabei ist eben an Personen wie Martin Römer, zu denken, die Sorgen über die unzureichende Ausbildung Geeigneter an der Leipziger Universität den Landesherren vorbrachten. Die ältesten Schneeberger Zehntrechnungen verdeutlichen „das Vertrauensverhältnis des ersten [...] Zehntners, Martin Römers [...], zu den Landesfürsten, besonders zu Herzog Albrecht“.[478]
Was wurde durch die beiden Landesherren angeschoben? Sie drängten die Verantwortlichen der Universität, ihr „wollet mit den egnanten collegiaten auch reden unde sie von unser wegen anhalden, das sie schaffen unde bestellen nach dem mal das sie zcu verweßung unde redelichir regirunge der fryen kunste dohen geordent syn, das ymands sich undir yn der egnanten kunste und practica [!] anneme, adder ymands sollichs zcu thun zcu sich czyhen, der in dem underwyßung thue unde practicire, das zcukunftiglich nicht großer mynnerunge daruß irwachße. In dem allen guten fliß ankeren, domit unser schule wedder [wieder] zcunemen unde sollich adder andir gebruch an uns nicht mehr gelangen dorffe, kompt uns von uch zcu gutem dancke.“[479] Danach waren die säumigen Collegiaten [bei Strafe] gehalten, sich nicht nur „der egnanten kunste“, also der Mathematik anzunehmen, sondern auch der „practica“, d. h. sie sollten eine anwendungsbereite Rechenfähigkeit bei den Studenten entwickeln. Das aber deckte sich mit den bereits angesprochenen Bedürfnissen der Gesellschaft.

Offensichtlich kamen nach Intervention der Landesherren **an der Universität Leipzig Vorgänge** voran, durch die auch die Hohe Schule in Erfurt statt der Kloster- und städtischen Lateinschulen zunehmend zum Hort der Mathematik geworden war. Zuvor, um die Mitte des Jahrhunderts, hatte schon durch Regiomontanus die Algebra in Wien ein hohes Niveau erreicht. Später wirkte er auch einige Jahre in Nürnberg. Anscheinend waren die von den Landesherren ange-

[478] Hahn: Die ältesten Schneeberger, S. 35.
[479] CDSR II 11, Nr. 162, S. 203.

sprochenen Probleme in Leipzig jedoch nicht dadurch zu lösen, dass Lehrkräfte von den in genannten Wissenschaftsdisziplinen fortgeschrittenen Universitäten nach Leipzig geholt würden; tatsächlich sind Wiener Lehrkräfte in den 1470er-Jahren in Leipzig nicht nachweisbar.
Vielmehr **wuchs bei Wissenschaftlern in Leipzig das Interesse** oder, angesichts der landesherrlichen Forderungen, der Zwang **zur Qualifizierung der Mathematik**. Die Universität nahm an diesen Vorgängen zunehmend intensiver und ergebnisreicher teil. Spätestens Anfang der 1480er-Jahre wurden die Hohe Schule bzw. deren Artistenfakultät – oder einfach das aufblühende Kurfürstentum Sachsen mit guten Berufschancen u. a. im Bergbau und in Verwaltungen von Staat und Städten so anziehend, dass sich eine Reihe junger Menschen hier immatrikulieren ließ, die zur Mathematik in Lehre und Forschung bemerkenswerte und mit den Bedürfnissen der Zeit in Einklang stehende Entwicklungen herbeiführten, die in eine **Leipziger Algebraschule** mündeten. Auf längere Zeit spielte Leipzig „eine führende Rolle in der ‚Deutschen Coß'".[480]
Aufmerksamkeit verdienen hierbei Personen, die nicht mit Wien, sondern Nürnberg verbunden waren, wo der Astronom, Humanist, Kaufmann, Schüler, Gönner und Nachfolger des verstorbenen Regiomontanus **Bernhard Walther** (1430–1504) lebte.[481] Womöglich stand unter dem Einfluss von Regiomontanus der Nürnberger **Ulrich Wagner**, der im SS 1468 in Leipzig immatrikuliert[482] und im SS 1472 zum Baccalaureus promoviert wurde[483] (ein Studienaufenthalt in Wien lässt sich nicht nachweisen[484]) und dann an der Entstehung der frühen Bamberger Rechenbücher beteiligt war. Noch bemerkenswerter ist die Qualifikation von Vater **Johannes** und Sohn **Heinrich Petzensteiner**. Der Vater studierte ab 1441 in Wien, der Sohn ab WS 1462 in Leipzig und war ebenfalls an der Entwicklung der frühen deutschsprachigen Rechenbücher beteiligt.[485] Der Sohn könnte Kunde seines Vaters aus Wien und Nürnberg nach Leipzig gebracht haben.[486]

480 Folkerts/Gebhardt: Zur „Deutschen Coß", S. 306.

481 Vgl. Raimund Eirich: Bernhard Walther (1430–1504) und seine Familie. In: Mitteilungen des Vereins für Geschichte der Stadt Nürnberg, 74, 1987, S. 77–128; Ernst Zinner: Leben und Wirken des Joh. Müller von Königsberg genannt Regiomontanus, Osnabrück 1938, S. 130, 133.

482 Vgl. Die Matrikel der Universität Leipzig, 1. Bd., S. 269 (B 68). Unzutreffend ist demnach die Vermutung von Barbara Gärtner: Johannes, S. 189, er habe Unterricht bei einem Wandergelehrten erhalten.

483 Vgl. CDSR II 17, S. 231.

484 Vgl. Die Matrikel der Universität Wien, im Auftrage des Akademischen Senates hg. vom Institut für österreichische Geschichtsforschung, II. Bd., 1451–1518/I, Register, Graz/Köln 1966, S. 679.

485 Vgl. Bernd Rüdiger: Jobs Kapfer und Heinrich Petzensteiner. Neue Fakten und neue Sichten auf Nürnberger Rechenmeister, in: Die Entwicklung der Mathematik in der frühen Neuzeit. Tagungsband, hg. von Rainer Gebhardt, Annaberg-Buchholz 2020, S. 17–30 (= SARB, Bd. 29).

486 Das Bamberger Rechenbuch zeigt neben gediegenen Kenntnissen des Autors über das Rechnen mit der Feder und die Dreisatzrechnung [10. Kap.], [Bruchrechnung] umfangreiches Wissen zu Preisen von Waren, Handelswegen, gängigen Münzsorten und deren Wechselkurse sowie Maßen

Denkbar ist auch, dass bevor im SS 1480 **Sigmund Altmann**[487] aus Schmidmühl und im WS 1480 **Johannes Widmann** aus Eger,[488] der an der Universität Wien nicht nachweisbar ist,[489] an der Leipziger Universität immatrikuliert worden sind, den Weg über Regensburg und Nürnberg genommen haben. Dort sind sie womöglich mit Rechenmeistern, wie Ulrich Wagner, und dem wiederholt hilfsbereiten, noch lebenden Bernhard Walther[490] zusammengetroffen und auf diese Weise mit Regiomontanus' algebraischem Gedankengut bekannt geworden. Sie waren jedenfalls die beiden ersten, die sich in Leipzig bald darauf mit Algebra beschäftigten. Auch die Immatrikulation des Salzburgers **Virgilius Wellendörfer**[491] fiel in diese Zeit (1481), er wurde 1483 Baccalaureus und 1487 Magister an der Artistenfakultät und verfasste Schriften zur Metaphysik und Arithmetik; 1533 vermachte er der Artistenfakultät u. a. den heutigen Codes 1470 mit Aufzeichnungen aus seiner Leipziger Studienzeit.[492] Einige Wissbegierige für Mathematik studierten also Anfang der 1480er-Jahre in Leipzig gemeinsam. Dessen Universität oder einfach das aufblühende Kurfürstentum Sachsen mit seinen Berufschancen war für sie attraktiv geworden und veranlasste sie, sich neuen mathematischen Problemen zu stellen.

und Gewichten. Vermutlich haben Petzensteiner bzw. Wagner sich dieses Wissen zuvor in einer kaufmännischen Praxis angeeignet, denn die Aufgabenstellungen waren ausgesprochen praxisbezogen. Womöglich hatten Petzensteiner/Wagner aber auch in einer Rechenschule Unterricht genommen. Die vergleichende Betrachtung des „Algorismus Ratisbonensis" aus der Mitte des 15. Jahrhunderts mit dem Rechenbuch durch K. Vogel ergab, dass etwa 30 Aufgaben aus dem dritten Teil dieses Werkes, der etwa 250 Aufgaben enthält, mit gleichen oder etwas abgeänderten Zahlenwerten von [Petzensteiner] Wagner übernommen worden sind. Der Verfasser hatte sicher Einblick in die mathematischen Arbeiten des Frater Fridericus Amman (nicht Gerhart), dem ein wesentlicher Anteil am Entstehen dieses Werkes zugeschrieben wird. Wagner verwendete durchgängig die indisch-arabischen Zahlen. Auch machte er nirgends einen Rückgriff auf das Rechnen mit dem Abakus. Wagner setzte indes den Abakus im Gegensatz zu Adam Ries nicht einmal als didaktisches Hilfsmittel ein. Damit überforderte er möglicherweise das Abstraktionsvermögen seiner Schüler. Die Notwendigkeit der Verwendung einer Stellenwertschreibung unter Einsatz eines begrifflich schwer begreifbaren Lückenzeichens – der Null – wurde nicht ohne weiteres eingesehen. Wagner schrieb in seinem Buch von den „bedeutlich Figuren" 1, 2, 3, 4, 5, 6, 7, 8, 9 und erkannte der Null eine Sonderstellung zu. Vgl. Eberhard Schröder in: Wagner: Das Bamberger Rechenbuch, S. 301f.

487 Vgl. CDSR II 16, S. 321. Zur Biographie vgl. Gärtner: Johannes, S. 4; Wolfgang Kaunzner: Über Johannes Widmann von Eger. Ein Beitrag zur Geschichte der Rechenkunst im ausgehenden Mittelalter, Ms., o. O. u. J. (Regensburg 1967), S. 2.

488 Vgl. CDSR II 16, S. 323.

489 Vgl. Die Matrikel der Universität Wien, II. Bd., S. 241, 705.

490 Vgl. Wußing: 6000 Jahre, S. 355, 365;

491 Ein Studium in Wien ist nicht belegbar, ebenso in Köln und Erfurt.

492 Sie zeigen auch, welche Autoren gelesen wurden: Johannes de Sacrobosco, Johannes de Muris, der unbekannte Verfasser der Theorica planetarum, John Pecham, sowie Euklid: vgl. Folkerts: Mathematik und Naturwissenschaften, S. 48.

Für die Wissensvermittlung wurde die **Erfindung des Buchdrucks** wichtig; das Bamberger Rechenbuch „Rechnung in mancherley weys“ mit durchgängiger Verwendung arabischer Ziffern und dezimalem Stellenwertsystem,[493] verfasst vermutlich vom ehemaligen Leipziger Studenten Wagner, dürfte auch in Leipzig greifbar gewesen sein.[494] Wahrscheinlicher ist aber im konkreten Fall die **Beeinflussung durch algebraische Handschriften**; nahe liegt eine Rolle und weitere Ausgestaltung der Handchrift Dresden C 80. Jedenfalls „**hat Regiomontanus die Algebra beeinflußt**, die in den 80er Jahren des 15. Jahrhunderts in Leipzig gelehrt wurde. Dies erkennt man z. B. daran, daß Regiomontanus in seiner Algebraschrift 24 Gleichungstypen in einer Reihenfolge anführt, die sonst nur noch aus der ‚Deutschen Algebra‘ in der [...] Handschrift Dresden C 80, bekannt ist, die eng mit der Leipziger Universität verbunden ist.“[495]

Mit dem Erkenntnisfortschritt in Leipzig hat Widmann Sigmund Altmann in Verbindung gebracht. Hinsichtlich dessen Kenntnisse (er erwarb im WS 1481 den Grad eines Baccalaureus[496] und im WS 1485 den eines Magisters[497]) hielt Widmann 1489 fest: „Du hast betracht [..]. Daß die alden meyster der kunst der Rechnung Irenn nach komenden schwere Regelnn tzuuornemen vnd muesam tzuuerfuren gelassen haben Alß do seynn die Regel Algobre ader Cosse genant daß buch. Data genant. vnd die Regel proportionum vnd ander der gleychen. Die do

[493] Vgl. Gärtner: Johannes, S. 30f., 189. Das Buch berichtet, dass vielen Menschen einfaches Rechnen Probleme bereitete, sogar das Zählen, worauf Bl. 1a im Register hinweist: „Auch ein iglicher im teutschen lesen vnd in ciffren erfaren mag an [ohne] alle vntterweysung von im selbs sölichs gelernen“; vgl. Johannes Müller: Quellenschriften und Geschichte des deutschsprachlichen Unterrichtes bis zur Mitte des 16. Jahrhunderts, Gotha 1882. Reprint mit einer Einführung von Monika Rössing-Hager, Darmstadt 1969, S. 334.

[494] Das Rechenbuch behandelt u. a. Dreisatzrechnung [10. Kap.] und Bruchrechnen. Seine Aufgaben waren sehr praxisbezogen. Der Vergleich des „Algorismus Ratisbonensis“ aus der Mitte des 15. Jahrhunderts mit dem Rechenbuch durch K. Vogel ergab, dass nicht weniger als 30 Aufgaben mit gleichen oder etwas abgeänderten Zahlenwerten Wagner übernommen hat. „Er hatte mit Sicherheit Einblick in die mathematischen Arbeiten des Frater Fridericus Amman, dem ein wesentlicher Anteil am Entstehen dieses Werkes zugeschrieben wird. Bemerkenswert ist, dass Wagner durchgängig die indisch-arabischen Zahlen verwandte und nirgends einen Rückgriff auf das Rechnen mit Hilfe des Abakus machte.“ Eberhard Schröder in: Ulrich Wagner: Das Bamberger Rechenbuch, S. 301f.; vgl. Kurt Vogel: Adam Riese der deutsche Rechenmeister, in: Deutsches Museum – Abhandlungen und Berichte, München 27, 1959, H. 3, S. 34.

[495] Folkerts: Johannes Regiomontanus, S. 27, mit dem Hinweis, dass die Handschrift Regiomontanus’ Plimpton 188, Bl. 90b dem C 80, Bl. 358a, entspricht; zu C 80: Kaunzner: Zu den Rechenbüchern, S. 247, zur Bedeutung von C 80 in den 1480er-Jahren für den Mathematikunterricht an der Universität Leipzig generell Folkerts: Die Handschrift, S. 354.

[496] Vgl. CDSR II 17, S. 276.

[497] Vgl. CDSR II 17, S. 289. Weitere Bezüge auf Altmann ebd., S. 38, 298, 301, 303, 327, 330, 340, 346, 356, 536, I. Bd., S. 458 (Rektor SS 1504). Der lange Zeitraum zwischen Baccalareats- und Magistererwerb lässt Aufenthalte in Süddeutschland bzw. Wien möglich erscheinen; aber er ist nicht erwähnt in: Die Matrikel der Universität Wien, II. Bd., 1451–1518/I. Register der Personen- und Ortsnamen, bearbeitet von Willy Szaivert, Graz/Wien/Köln 1967.

alle dem gemeynen volck tzu schwer verdrossenn vnd vnbegreyfflich seynn. Auch hastu betracht daz der gemeyn nutz ane rechnung nicht rechte ordenung kann begreyffen."[498]
Damit sind drei wichtige Texte aufgeführt und in Leipzig präsent: die „Algebra" des al-Hwārizmī, der „Liber de numeris datis" [Lösung von quadratischen Gleichungen mit einer Methode, die der von al-Hwārizmī ähnelt, aber in allgemeiner Form gehalten ist, da hier erstmals Buchstabensymbole konkrete Zahlen ersetzen] des Jordanus Nemorarius aus dem frühen 13. Jahrhundert,[499] als „Hochschullehrbuch der abstrakten Algebra" bezeichnet,[500] und die „Regula Proportionum Ader de trj" [so bei Adam Ries] zum Dreisatz. Deutet sich damit, ansatzweise wenigstens, der Übergang des Rechnens von der *Regeldetri* zur Algebra an Leipzigs Artistenfakultät an? Es ist zu vermuten.

Von mathematischen Texten **wurden in Leipzig Abschriften, Bearbeitungen bzw. nutzbarere Formulierungen angefertigt**. Jedenfalls finden sich in der Handschrift C 80 aus Widmanns Besitz u. a. eine „**Lateinische Algebra**"[501] (geschrieben vor dessen Leipziger Zeit), in der anscheinend zuerst cossische Zeichen für die Konstante, die Unbekannte und ihre Potenzen bis x^4 sowie für die Addition und Subtraktion die Zeichen + und - eingeführt sind. Sie könnte nach der Würdigung Altmanns durch Widmann **der grundlegend in Leipzig wirkende Algebra-Text** aus der Feder Altmanns gewesen sein. C 80 enthält ferner den ersten großen Algebra-Text in deutscher Sprache, die „**Deutsche Algebra**".[502] Sie wurde 1481 geschrieben und hängt von der „Lateinischen Algebra" ab. So erreichte von Italien aus **das neue mathematisches Wissen im 15. Jahrhundert den Norden**. Es durchlief einen komplizierten Vermittlungs- und Entwicklungsweg über Austausch, Abschreiben, Bearbeiten und Bewahren von Handschriften durch Mönche in Klöstern und – nach ihrer Gründung – zunehmend zwischen Universitäten pendelnden Gelehrten und Studenten sowie mit ihnen in Kontakt kommenden

[498] Widmann: Behende, Bl. 2.

[499] Vgl. Folkerts: Die Handschrift, S. 371; Jordanus de Nemore: De numeris datis, hg. von Barnabas B. Hughes, Berkeley/Los Angeles/London 1981; Peter Treutlein: Der Traktat des Jordanus Nemorarius „De numeris datis", in: Abhandlungen zur Geschichte der Mathematik, Nr. 2, Leipzig 1879, S. 125–166; Maximilian Curtze: Commentar zu dem „Tractatus de numeris datis" des Jordanus Nemorarius, In: Zeitschrift für Mathematik und Physik, Hist.-lit. Abt., Bd. 36, 1891, S. 1–23, 41–63, 81–95, 121–138.

[500] Folkerts: Die Handschrift, S. 358,

[501] Bl. 350a–364b; ediert von Hermann Emil Wappler: Zur Geschichte der deutschen Algebra im 15. Jahrhundert, Programm Gymnasium Zwichau 1887, S. 11–30.

[502] Vgl. UBL, Hs. 1696, Bl. 368a–378b. Edition von Kurt Vogel: Die erste deutsche Algebra aus dem Jahre 1481. Nach einer Handschrift aus C 80 Dresdensis hg. und erläut., München 1981; Vogel: Das Aufleben (s. S. 142, Anm. 282), S. 540; Folkerts/Gebhardt: Zur „Deutschen Coß", S. 306f.; Herrmann: Mathematik im Mittelalter, S. 354–356.

einzelnen privat Interessierten.[503] Regiomontanus war es, der faktisch zwischen italienischen Rechenmeistern und deutschen Mathematikern in Klöstern, Universitäten und Rechenschulen vermittelt hatte.[504]

Johannes Widmann,[505] der der seit dem WS 1480 in Leipzig studierte, bei der Immatrikulation als *pauper* (arm) galt (also um 1462 geboren wurde und aus einfachen Verhältnissen kam) und erst später die Gebühr zahlte,[506] im SS 1482 zum Baccalaureus[507] und im WS 1485 zum Magister promoviert wurde[508] (zusammen mit Altmann und Konrad Wimpina[509]), drang weiter in die Wissenschaft ein, wobei Altmann anscheinend eine wichtige begleitende Rolle spielte. Es liegt nahe anzunehmen, dass er in Leipzig, sowohl an der Universität wie durch die Stadt, seine ihn prägenden mathematischen Einsichten gewann. Ab 1482 bestimmte Widmann die Entwicklung in Leipzig.[510]
Zu dieser Zeit unterschied sich **der Mathematik-Lehrplan an der Universität Leipzig** nicht von dem an anderen Universitäten nördlich der Alpen.[511] Nach den Statuten der Universität sind die Bücher, über die Studenten während des Studiums der *artes* gegen Ende des 15. Jahrhunderts hörten, genau zu bestimmen; dazu gehören die beiden Vorlesungen über Johannes de Sacroboscos „Prosa-Algorismus“ (Rechnen mit indisch-arabischen Ziffern) und über den „Computus“

503 Diesen Weg ging auch das Werk des al-Ḫwārizmī, das mehrfach übersetzt und kommentiert worden ist; vgl. Ries: Coß, [Bd. 2], Kommentar, S. 25f.; Kaunzner: Adam Ries – sein Leben, S. 14. Zu Ries' Zeit gab es nach Kaunzner: Adam Ries im Spiegel, S. 22, zwei sich in ihrer Zielstellung unterscheidende Gruppen von Aufzeichnenden mathematischer Texte. Die eine bestand aus Abschreibern zwecks Bewahrung und Tradierung der Überlieferung (wie es generell mit Klosterhandschriften geschah), die mit dem Inhalt der Texte meist nicht vertraut waren. Die andere der wissenschaftlich gebildeten Mathematiker trat seit etwa 1480 auf (zeitgleich mit Rechenmeistern, die einfaches Rechnen lehrten und mit Algebra, der „Coß“, nichts zu tun hatten); sie bemühten sich um Zugang zu den wenigen Handschriften mit aktueller theoretischer Mathematik.

504 Vgl. Folkerts: Johannes Regiomontanus, S. 27. Zu dessen Rezeption (Bernhard Walther, um 1430–1504, in Nürnberg; Johannes Werner, 1468–1522, ebd.; Johannes Schöner, 1477–1547, in Karlstadt, Bamberg, Nürnberg u. a.) vgl. Kaunzner: Über das wissenschaftliche Umfeld, S. 160f.

505 Zur Biographie vgl. Gärtner: Johannes, S. 3–9, 569; Wolfgang Kaunzner: Über Johannes Widmann von Eger, München 1968 (= Veröffentlichungen des Forschungsinstitutes des Deutschen Museums, Reihe C, Nr. 7); ders.: Das Rechenbuch des Johannes Widmann von Eger. Seine Quellen und seine Auswirkungen. Inaug.-Diss. München 1954; ders.: Zu den Rechenbüchern des Johannes Widmann, in: Zur Wirkungsgeschichte, S. 241ff.; Karl Röttel in Schatzkammer der Rechenkunst. Historische Rechenbücher im Adam-Ries-Museum Annaberg-Buchholz, Hg. Adam-Ries-Bund e.V. Annaberg-Buchholz/Sächsische Landesstelle für Museumswesen, 2008, S. 100–111.

506 Vgl. CDSR II 16, S. 323 (B 31). Die Nachzahlung ist Gärtner, Johann, S. 4, entgangen.

507 Vgl. CDSR II 17, S. 278.

508 Vgl. CDSR II 17, S. 289.

509 Er richtete 1506 die Universität Frankfurt a. d. O. ein, die er bis 1508 leitete; vgl. Adolf Brecher: Wimpina, Konrad, in: ADB, Bd. 43, Leipzig 1898, S. 330–335.

510 Vgl. Folkerts: Die Mathematik, S. 11.

511 Vgl. Folkerts: Die Mathematik, S. 1; Schmidt-Thieme: Konrad Tockler, S. 95.

(Berechnung des Osterdatums). „Auch der Kanon an Pflichtveranstaltungen für das Abschlussexamen der philosophischen Fakultät […] schrieb nicht viele mathematische Veranstaltungen vor. Euklid,[512] die Arithmetica speculativa des Johannes de Muris[513] und Johannes Peckhams Perspectiva communis waren an mathematischen Kenntnissen ausreichend.“[514] In den Äußerungen der Magister war keine eigenständige Meinung das Geforderte, sondern „allein die Weitergabe des in Werken bewährter […] Autoren […] überlieferten Wissens. Die lesenden Magister hatten dabei dem vorgeschriebenen Buch zu folgen und dieses ohne Lob oder Tadel vorzustellen und zu erklären.“ [515]

Nicht ohne Grund war Johannes Widmann nun an der Universität „non sine auditorum summo applausu“, d. h. mit Beifall, als Lehrer der Mathematik tätig:[516] Gab es Fälle, in denen andere vorgeschriebene Vorlesungen nicht gehalten haben, kündigte er spätestens 1486 eine Vorbesprechung zu **einer zusätzlichen Vorlesung über Algebra** an,[517] die er im Sommersemester dieses Jahres auch tatsächlich hielt. Damit hat er die Algebra „zum Stoff einer eigenen Vorlesung gemacht, während sie früher im Rahmen der Arithmetik […] ‚beiläufig‘ betrieben wurde.“[518]
Widmanns Vorlesung behandelte „24 Regulis algabre“, d. h. die bei Cossisten üblichen 24 Gleichungsarten, sowie dazu vorbereitend Bruchrechnen und Verhältnisrechnung mit bedingter Verallgemeinerung der 6 Gleichungstypen. [519] die al-Hwārizmī aufgestellt und ohne Verwendung von Symbolik durchgerechnet hatte. Widmanns 24 Typen sind weitgehend durch Potenzbezeichnungen bis zum Grad vier sowie durch Verwendung von + und – [520] symbolisiert. Sie „konnten im damaligen Zahlbereich gelöst werden, der die negativen und die einfachkomplexen Zahlen ausschloß, die irrationelen aber mit umfaßte“.[521]

512 Vgl. Folkerts: Die Mathematik, S. 2.
513 Vgl. Folkerts: Die Handschrift, S. 356.
514 Schmidt-Thieme: Konrad Tockler, S. 95.
515 Schmidt-Thieme: Konrad Tockler, S. 95.
516 Vgl. Wustmann, Geschichte, S. 328. Jedoch verließ er Leipzig später. Zur Vorlesungstätigkeit Widmanns vgl. Gärtner: Johannes, S. 6–8, 569–572.
517 Laut SLUB, Kodex Dresden C 80; nach Kaunzner: Johannes Widmann, S. 41. Vgl. Schmidt-Thieme: Konrad Tockler, S. 95; Barbara Gärtner: Johannes Widmanns „Behende vnd hubsche Rechenung“. Die Textsorte ‚Rechenbuch‘ in der Frühen Neuzeit, Tübingen 2000, S. 33–36 (= Reihe Germanistische Linguistik, 222). Zu Inhalt der Vorlesung vgl. die Abbildung bei Folkerts: Mathematik und Naturwissenschaften, S. 47.
518 Folkerts: Die Mathematik, S. 11.
519 Vgl. UBL, Kodex 1470, Bl. 432a, 493b; nach Kaunzner: Johannes Widmann, S. 41f. Von Widmanns Vorlesung sind mehrere Belege überliefert, wovon einer mit Randnotizen und Ergänzungen seitens Widmanns versehen ist; vgl. SLUB, Kodex Dresden C 80, Bl. 350a–364b. Abbildung der Seite der Vorlesung UBL, Kodex 1470, Bl. 464b, in Schatzkammer, S. 32.
520 Vgl. Rüdiger/Lorenz: Quellen, Nr. 89.
521 Kaunzner: Johannes Widmann, S. 42f. Diese Typen hat Kaunzner in heutiger Notation dargestellt.

Von Widmanns Vorlesung sind fünf Belege, davon vermutlich drei Kolleghefte, also studentische Mitschriften, erhalten geblieben.[522] Außerdem existiert eine Handschrift aus Widmanns Besitz, die Texte zur Algebra enthält.[523] Einer der Hörer Widmanns war Virgilius Wellendörfer.[524]

Wie vermutet wird, benutzte Johannes Widmann für seine Vorlesung die Algebra-Vorlesung, die der Erfurter Universitätsgelehrte Gottfried Wolack 1468 gehalten hatte.[525] **Widmann konnte** ferner **auf Texte zurückgreifen**, die sich in der Handschrift Dresden C 80 befinden, die ihm gehörte (und in welche er zahlreiche Bemerkungen und Zusätze einfügte).[526] Das betrifft insbesondere eine daselbst vorliegende *Lateinische Algebra* mit Ergänzungen Widmanns, die 24 Typen von linearen und quadratischen Gleichungen behandelt und eine der ältesten Texte ist, in der sowohl die Zeichen + und – als auch Abkürzungen für Potenzen und für die Wurzel ein Punkt vor der betreffenden Zahl vorkommen (Widmann verwendete sie in den Teilen, die er schrieb[527]) sowie eine davon abhängige *Deutsche Algebra* von 1481. „In beiden Texten werden Symbole für die Unbekannte x und ihre Potenzen und für algebraische Operationen benutzt, auch besitzt diese Vorlesung für die Weiterentwicklung der Mathematik große Bedeutung, denn hier erscheinen erstmalig ‚+' und ‚-' bei algebraischen Termen wie 3x + 4 und 2x – 2, die miteinander addiert, subtrahiert und multipliziert werden."[528]

Widmanns *Lateinische Algebra*-Vorlesung war „die erste an einer deutschen Universität",[529] wenigstens die erste genauer belegbare zum Thema. Sie ist „ein anspruchsvolles Werk, das aufgrund der vielen in den Vortrag eingeflochtenen Beispiele sehr zeitaufwendig vonstatten ging. Zudem bedurfte es neben der eigentlichen ‚Lateinischen Algebra' in ihrer kompakten Form der bereits genannten Algorithmen, die zumindest zum Teil auch von [...] Widmann konzipiert sein dürften."[530] Insgesamt gesehen, wurde „zwischen 1480 und 1490 [...] in Leipzig

522 U. a. UBL, Kodex Leipzig 1470, Bl. 479a–493b.

523 U. a. eine deutsche Algebra von 1471 und jene lateinische Algebra, die als Grundlage der Vorlesung diente. Vgl. SLUB, Kodex Dresden C 80; UBL, Kodex 1470, Bl. 432a, 493b.

524 Vgl. Folkerts: Die Mathematik, S. 11, besonders Anm. 22.

525 Vgl. Bussard: Über die Entwicklung, S. 218.

526 Vgl. Folkerts: Die Handschrift; Folkerts: Adam Ries und die Algebra, S. 138; Vogel: Die erste deutsche Algebra, S. 9; Folkerts: Die Mathematik, S. 11.

527 Vgl. Kaunzner: Das Rechenbuch, S. 39f.; Folkerts: Die Handschrift, S. 354, 371; Folkerts: Johannes Regiomontanus, S. 27.

528 Ulrich Reich: Entstehung der arithmetisch-algebraischen Symbolik, in: Erzählen und Rechnen in der frühen Neuzeit. Interdisziplinäre Blicke auf Regensburger Rechenbücher, hg. von Edith Feistner/Alfred Holl, Berlin/Münster 2016, S. 15. Reich kennzeichnet S. 15f. Entwicklungsstufen bis zum Druck 1489.

529 Kaunzner: Johannes Widmann, S. 41f. Vgl. SLUB, Kodex Dresden C 80; UBL, Kodex 1470, Bl. 432a, 493b.

530 Kaunzner: Johannes Widmann, S. 42f.

– großenteils durch die Hand von [...] Widmann – die algebraische Gleichung [...] in eine Form gebracht, wie wir sie [...] voraussetzen.“[531] **Widmanns „Leistung** besteht darin, daß er wesentlich ein [...] abgeschlossenes Lehrgebäude der Algebra mitschuf, das in Fachkreisen handschriftlich verbreitet wurde“, wobei aber von den behandelten 24 Gleichungstypen noch nicht alle einwandfrei und vollständig gelöst wurden.[532] Die 24 von Widmann aufgeführten Typen der Gleichungslehre „bilden ein charakteristisches Merkmal der ‚deutschen Coß‘“[533] als der Lehre von den algebraischen Gleichungen. Sie zu erörtern, war etwas völlig **Neues im universitären Lehrbetrieb**, das über das mathematisch-naturwissenschaftliche Wissen, welches das Quadrivium anhand von Texten Euklids und Archimedes’ vermittelte, hinausging[534] und damit das traditionelle Lehrkonzept sprengte.[535] Die oben angesprochene Wertung Widmanns kann aber auch bedeuten, dass bereits Altmann die erste Algebra-Vorlesung an der Universität Leipzig gehalten hat. Jedoch hat insgesamt mit seinem Wirken Widmann zur Weiterentwicklung der Algebra beigetragen. Das sollte auch Grund sein, die Stellung der Mathematik an der Universität Leipzig für diese Zeit insgesamt nicht als zu gering zu beurteilen.[536]

Dank seiner Universität **holte Leipzig auf dem Gebiet der Bildung gegenüber Nürnberg und Erfurt deutlich auf**. Waren die Grundlagen an der Wiener Universität geschaffen worden, so erfuhr die Algebra an der Leipziger *alma mater* Verbesserungen 1. hinsichtlich ihrer nutzerfreundlichen Darstellung, 2. ihres Abgleichs mit der Praxis und 3. ihrer Vermittlung in der akademischen Lehre. Beeinflusst von konzeptionellen Arbeiten in Leipzig entstand hier das 1489 gedruckte Rechenbuch Widmanns „Behende vnd hubsche Rechenung auff allen kauffmanschafft“. Es nutzte die neue Drucktechnik für eine weitere Verbreitung, als

[531] Kaunzner: Johannes Widmann, S. 43f. Dabei machte Kaunzner auch auf Problematisches bei den Lösungswegen und Ries’ andersartige Wege aufmerksam.

[532] Kaunzner: Johannes Widmann, S. 43. Zu Problemen bei der Lösung der 24 Gleichungstypen ebd., S. 44. Die Erkenntnisse wurden. auch von Adam Ries zwischen 1518 und 1524 mit als Grundlage für seine ‚Coß‘ herangezogen; vgl. ebd., S. 43.

[533] Kaunzner: Johannes Widmann, S. 43. „Den Zeitraum zwischen etwa 1460 und 1550 nennt man in der Geschichte der Mathematik die ‚deutsche Coß‘, weil es [...] hier [...] Fachleuten gelang, den österreichischen, den süd- und mitteldeutschen Sprachraum zum Mittelpunkt einer Entwicklung zu machen, die sich zum Ziel setzte, die mathematische Terminologie vom geschriebenen Wort zu lösen. Diese Vorstellungen konnten in großem Maße auch verwirklicht werden.“ Kaunzner: Über das wissenschaftliche Umfeld, S. 159f.

[534] Vgl. Folkerts: Die Mathematik, S. 1f.

[535] Vgl. Gärtner: Johannes, S. 95f. Gewisse Rückschlüsse auf den Unterricht an der Leipziger Universität lassen nach Folkerts: Mathematik und Naturwissenschaften, S. 46, wiederum die Bücher zu, die sich im 15. und frühen 16. Jahrhundert in den Beständen der Artistenfakultät befanden.

[536] So auch Detlef Döring: Die Bestandsentwicklung der Bibliothek der Philosophischen Fakultät der Universität Leipzig von ihren Anfängen bis zur Mitte des 16. Jh. [...], Phil. Diss. Leipzig 1986, S. 18. Auch gedruckt in: Zentralblatt für Bibliothekswesen, Beiheft 99, Leipzig 1990.

sie bislang Handschriften erreichten (es war das zweitälteste in Deutschland nach dem Bamberger Rechenbuch von 1482/83 und das drittälteste gedruckte überhaupt). Widmanns Buch ist ein frühes Zeugnis des Kaufmannsrechnens. Es gebrauchte zwar noch die rhetorische Darstellung mathematischer Aufgaben, aber auch erstmals gedruckte Zeichen für plus und minus[537] als Weiterentwicklung der von Regiomontanus und Fridericus gebrauchten Symbolik.
Basis für die fachliche Tätigkeit Widmanns waren neben der Benutzung von Quellen (Bamberger Rechenbuch, Algorismus Ratisbonensis, ein Rechenbuch, das um 1450 im Benediktinerkloster St. Emmeran in Regensburg entstanden war[538]), die Belehrung durch Altmann sowie der Abgleich der Texte mit der Praxis zum verständlichen und nützlichen Rechnen. „Die do alle dem gemeynen volck tzu schwer verdrossenn vnd vnbegreyfflich seynn. Auch hastu [Altmann] betracht daz der gemeyn nutz ane rechnung nicht rechte ordenung kann begreyffen". Diese Einschätzung zu Stand und Nutzen des Rechnens und seiner Methoden, dass die akademische Mathematik nicht helfe, Rechenbedürfnissen des Volkes zu befriedigen, solche aber existierten, bezog sich vermutlich auf Äußerungen Altmanns in seinen Vorlesungen (Publikationen sind nicht nachweisbar[539]). Ebenso bemerkenswert ist Widmanns Urteil, „das der gemeyne nutz one rechnung nicht mach [mag] yn rechter ordenung bestandt haben noch eyn mensch mit dem andernn fridlich sich beschicken".[540] Diese Einschätzung, dass dem Rechenbedarf des Volkes die akademische Mathematik nicht genüge, solche aber existierten, bezog sich vermutlich auf Äußerungen Altmans in seinen Vorlesungen (Publikationen sind nicht nachweisbar).
Wo aber konnte diese Einsicht in die Notwendigkeit eines verständlichen und nützlichen Rechnens und bedarfsgerechter Unterrichtung des Volkes in seinen jungen Jahren anders erfolgt sein als in der Messestadt, vielleicht bei Kaufleuten[541] (z. B. zu Stich, Gesellschaften und Wechsel: Bl. 7a, zu Gewinn und Haupt-

[537] „Gerade die Tatsache, dass diese beiden Symbole schließlich verbreitet angewandt wurden, bildet das wesentliche Merkmal der ‚deutschen Coß'."Kaunzner: Über das wissenschaftliche Umfeld, S. 160. Auch Bruchstrich und Mal-Zeichen sind vorhanden. Zu weiteren Kürzel für Gleichungsformen: Kaunzner: Zu den Rechenbüchern, S. 246.

[538] Vgl. Die Practica des Algorismus Ratisbonensis. Ein Rechenbuch des Benediktinerklosters St. Emmeram aus der Mitte des 15. Jahrhunderts nach den Handschriften der Münchner Staatsbibliothek und der Stiftsbibliothek St. Florian, hg. von Kurt Vogel, München 1954. Vgl. Gärtner: Johannes, S. 26–32, 83; Herrmann: Mathematik im Mittelalter, S. 271–278. – Vielleicht hat Widmann auch aus arabischen bzw. italienischen Vorlagen geschöpft; so Kaunzner: Johannes Widmann, S. 43.

[539] Vgl. Gesamtkatalog der Wiegendrucke, hg. von der Kommission für den GW, Bd. II, Leipzig 1926, Sp. 115.

[540] Widmann: Behende, Bl. 2b.

[541] Kontakt Widmanns zu ihnen hielt Gärtner: Johannes, S. 15, für möglich; vgl. S. 86. Umfassend zu Widmanns Quellen aus dem Leipziger Kaufmannsmilieu: Kaunzner: Über Johannes Widmann (s. S. 175, Anm. 505), S. 23.

gut: Bl. 130 und Schuld: Bl. 133f.)? So liegt nahe anzunehmen, dass Widmann in Leipzig nicht nur an der Universität, sondern auch in der Stadt ihn prägende Einsichten gewann. Dies scheint auch sein 1489 in Leipzig gedrucktes Rechenbuch zu belegen, „in denen er auch praktische Rechenmethoden behandelte“[542] und „in das neben der Darstellung der Methoden des praktischen, elementaren Rechnens durchaus neue Ergebnisse aus der Arithmetik, der Algebra und der Geometrie einflossen“.[543] Sein Rechenbuch weist Leipzig-Bezüge auf, so zu dem für die Stadt charakteristischen Zinnhandel (Bl. 140b), daneben zu einem Leipziger Knecht (Bl. 141b) und zum Hausbau eines Leipzigers (Bl. 142b).

Das Buch will in der Volkssprache, nicht in unverständlichem Latein (Bl. 2b), „gemeynem volck“ (Bl. 2a) mit „geringer vernu[n]fft (Bl. 3a) einfache Rechenkenntnisse auf einfache Weise[544] vermitteln und vor Betrug schützen (Bl. 74a), dem „gemeyn nutz“ (Bl. 2a), Handel und Verwaltung dienen, nicht nur Kaufleuten.[545] Die Inhalte, beginnend mit der Numeratio und den Grundrechenarten, sprechen dafür; beachtlich ist die Häufung der Beispiele, die erstmalige Verwendung von + und –[546] in einem Druck, der Gebrauch arabischer Ziffern einschließlich der Null, des dezimalen Stellenwertsystems, von Symbolik und Gleichungen.[547] Dennoch: das schwer zu verstehende Werk Widmanns bietet keine Anleitung zur Lösung der gestellten Aufgaben. Es erreichte aber große Wirkung auf später erschienene Rechenbücher.[548]
Laut K. Vogel publizierte Widmann neben seinem Rechenbuch wahrscheinlich um 1495 in Leipzig anonym auch kleinere Schriften wie „Algorithmus integrorum cum probis annexis“, „Algorithmus linealis“, „Algorithmus minutiarum phisicarum“, „Algorithmus minutiarum vulgarium“, „Regula falsi apud philosophantes augmenti et decrementi appellata und Tractatus proportionum plusquam aureus“ und andere.[549] Dabei dürfte es sich um den Unterricht begleitende Texte gehandelt haben.[550]

542 Gärtner, Johannes, S. 15; vgl. 33–36, 250, zu Widmanns Vorlesungstätigkeit auch S. 6–8, 569–572.

543 Gärtner: Johannes, S. 15. Zu Widmanns Quellen, darunter Wagners Rechenbuch, vgl. ebd., S. 26–32, 83, zu Traktaten ebd., S. 37–45.

544 Vgl. Gärtner: Johannes, S. 114.

545 Vgl. Gärtner: Johannes, S. 111–113, 115.

546 Vgl. Kaunzner: Über Johannes Widmann, S. 14f.

547 Vgl. Gärtner: Johannes, S. 112, 170–175; Kaunzner: Über Johannes Widmann, S. 15f., 20–22.

548 Vgl. Wolfgang Kaunzner: Über Johannes Widmnn von Eger. Ein Beitrag zur Geschichte der Rechenkunst im ausgehenden Mittealter (Ms.), Regensburg 1967, S. 52–64.

549 Vgl. Hermann Emil Wappler: Beitrag zur Geschichte der Mathematik, in: Abhandlungen zur Geschichte der Mathematik, Bd. 5, 1890, S. 147–169; Folkerts: Mathematik und Naturwissenschaften, S. 49; Gärtner: Johannes, S. 36.

550 Vgl. Gärtner: Johannes, S. 99.

Es lässt sich nicht mit Sicherheit feststellen, dass Widmann und die ihm Nahestehenden während ihres Studiums bzw. Lehrens auch als Rechenmeister tätig waren; für Widmann wurde das direkt verneint[551], aber es liegt nahe. Denn Studenten mussten oft durch Arbeiten, in denen sie ihr Wissen anwenden konnten, den Lebensunterhalt verdienen. Dazu gehörte sicher auch Rechnen für Leute gegen Honorar. Hinzuweisen ist darauf, dass Widmann als Armer sein Studium aufnahm, später aber die Gebühren bezahlen konnte.

Das landesherrliche Schreiben von 1471 war höchstwahrscheinlich nicht nur Auslöser für das Aufblühen und den „hohen Stand der Algebra in Leipzig [...] zu Beginn des 16. Jahrhunderts“[552] (verbunden mit der Verlagerung des Zentrums der Beschäftigung mit dieser wissenschaftlichen Disziplin von Wien nach Leipzig), das zu einem Zentrum der Mathematik aufstieg, in dem Algebra Eingang in die universitäre Ausbildung fand,[553] sondern auch Instrument zur Befriedigung des erhöhten Bedarfs für Arithmetik, Mathematik und speziell Algebra in der Gesellschaft. Auch **Zinsrechnung** war nachweislich 1502 an der Universität Leipzig selbst notwendig.[554] Und ein ausgeklügeltes Rechnungslegungssystem der Dekane verlangte 1502 Herzog Georg bei der Reformierung aller Fakultäten.[555]
Bei allen Grenzen: Infolge der Verbreitung neuer Texte gewann der Humanismus Einfluss auf den Unterricht in Arithmetik, Geometrie, Astronomie;[556] – das Neue war die Algebra. Sie konnte jedoch anfangs nur außerhalb der normalen Lehrkurse in Sonder- und Privatvorlesungen getrieben werden, wie Balthasar Licht in seiner Widmung für Ulrich Kalb andeutet.[557] „das vom Humanismus erneuerte Wissen fand nicht in der Universität seine Schule, oder doch erst spät, nach vielen Kämpfen und Hemmnissen aller Art.“[558] Außerdem führte Widmanns Weggang aus Leipzig hier zum Niedergang der Mathematik.[559] 1499 beklagt die *artes*-Fakultät, dass wegen der geringen Anzahl der Magister, die geeignete Kenntnisse besitzen, nur selten mathematische Themen behandelt würden; sie forderte des-

551 Vgl. Gärtner: Johannes, S. 9.
552 Folkerts: Die Mathematik, S. 12.
553 Vgl. Folkerts: Andreas Alexander, S. 53; Kaunzner: Zur Bedeutung, S. 318.
554 Vgl. CDSR II 11, Nr. 224, S. 262: Bürgermeister und Ratmannen zu Dresden bekennen, dass sie mit Genehmigung von Herzog Georg an die Artistenfakultät der Universität Leipzig 95 Gulden jährlicher wiederkäuflicher Zinsen für 1900 Gulden Hauptsumme, die sie von der Fakultät empfangen, verkauft haben, welche Zinsen jedes Mal am 7. August entrichtet werden sollen.
555 Vgl. CDSR II 11, Nr. 225, S. 266.
556 Vgl. Eugenio Garin: Die Kultur der Renaissance, in: Propyläen Weltgeschichte [...], hg. von Golo Mann/August Nitschke, 6. Bd., Berlin/Frankfurt a. M. 1991, S. 472.
557 Vgl. Barbara Gärtner: Balthasar Licht (vor 1490 – nach 1509), in: Rechenbücher und mathematische Texte der frühen Neuzeit. Tagungsband, hg. von Rainer Gebhardt, Annaberg-Buchholz 1999, S. 15 (= SARB, Bd. 11).
558 Garin: Die Kultur, S. 472.
559 Zur Mathematik an der Universität Wittenberg: Folkerts: Die Mathematik, S. 12f.

halb, dass einige auf dem Gebiet erfahrene Magister gegen Bezahlung derartige Vorlesungen anbieten sollten.[560] Zum Lehrgebäude ist Folgendes bekannt: „In Leipzig wurden zu den größern Lectionen gezählt: die römische und griechische Sprache, die aristotelische Philosophie, die Mathematik, die Dichtkunst, die Physik und die Moral; zu den niedern: die griechische und lateinische Grammatik, die Dialektik, die Rhetorik, die niedere Mathematik [Arithmetik und Geometrie] und die Anfangsgründe der Physik."[561] Jeder Magister war verpflichtet, Vorlesungen über alle Disziplinen der Artistenfakultät zu halten, die ihm durch Los, später durch Wahl, zugewiesen wurden,[562] auch noch im 16. Jahrhundert. Man fand eine neue Lösung mit **Konrad Tockler** aus Nürnberg,[563] der zu den ersten Magistern gehörte, die eine besoldete Stelle innehatten (und als einziger über längere Zeit hinweg.[564]), und die mathematischen Vorlesungen mit **Andreas Alexander** teilte. Die Handschrift der UBL 1696 enthält wahrscheinlich Alexanders lateinische Algebra, die die Beschäftigung mit ihr weiter auf hohem Niveau zeigt.[565] Auch wurde der Reihum-Wechsel beim Halten der Vorlesungen durch die Spezialisierung der Magister auf bestimmte Vorlesungen ersetzt. Aber nur im WS 1502 auf 1503 gab es ein Angebot aller vier mathematischen Vorlesungen Geometrie, Arithmetik, Musik und Astronomie; danach behauptete sich einzig die Sphaera (Astronomie), während Musik zusammen mit Arithmetik, diese mit der Astronomie zusammengelegt wurden, oder es existieren keine Angaben.[566] Außerdem konnten mit der Einführung des Buchdrucks Studenten die den Vorlesungen zugrunde liegenden Texte erwerben und in diese während der Vorlesungen Notizen zu machen, wozu Drucke sogar Zeilendurchschuss aufwiesen.[567]

Jedoch scheint – auf Dauer gesehen – die **Beschäftigung mit Algebra nur die Sache einer kleinen Gruppe an der Leipziger Artistenfakultät** gewesen zu sein. In einer Supplik drückte die Fakultät zwischen 1502 und 1505 selbstbewusst ihre Überzeugung aus, dass „sunder zweyffell uff dem vleiße, muhe unnd erbeyt der magistern in artibus nicht der wenigste teyll einer yeden universitedt gelegen

[560] Vgl. Folkerts: Die Mathematik, S. 12; Schmidt-Thieme: Konrad Tockler, S. 95.

[561] C. C. C. Gretschel: Die Universität Leipzig [...], Dresden 1830, S. 95, Anm. **); Io. Gottlob Boehmii [Johann Gottlob Boehme]: De litteratura Lipsiensi opuscula academica, Leipzig 1779, S. 66, 78. Ohne nähere Datierung.

[562] Vgl. Maria Schwarzburger: Die Mathematikerpersönlichkeiten der Universität Leipzig 1409–1945, in: Karl-Marx-Universität Leipzig 1409–1959. Beiträge zur Universitätsgeschichte, 1. Bd., Leipzig 1959, S. 351.

[563] Seine Immatrikulation war im SS 1493 erfolgt; vgl. CDSR II 16, S. 398.

[564] Vgl. Schmidt-Thieme: Konrad Tockler, S. 96. In seinen für den Alltagsgebrauch herausgegebenen Kalendern und Praktiken benutzte er bald nicht mehr die lateinische, sondern die deutsche Sprache. Er starb 1530.

[565] Vgl. Folkerts: Die Mathematik, S. 12; Folkerts/Gebhardt: Zur „Deutschen Coß", S. 307.

[566] Vgl. CDSR II 17, S. 389–463; Schmidt-Thieme: Konrad Tockler, S. 96.

[567] Vgl. Schmidt-Thieme: Konrad Tockler, S. 98.

ist".[568] Aber mit welch bescheidenen Rechenkenntnissen sich selbst Studierende begnügten, zeigt das lateinische Rechenbüchlein „Algorithmus linealis", das 1504 der spätere Arzt D. Heinrich Stromer von Auerbach seinem Schüler an der Universität, Baccalaureus Andreas Hummelshain, widmete und das nur die Anfangsgründe der Arithmetik, die acht „Spezies" von der *Nummeratio* bis zur *Progressio*, sowie die *Regeldetri* enthält.[569] Wichtigste neue Erkenntnis, die Eingang in den Mathematikunterricht der Universitäten fand, waren das Stellenwertsystem auf der Basis 10, ferner Algebra und Trigonometrie.[570] Nach der Jahrhundertwende äußerte sich der Angehörige der Leipziger Universität Balthasar Licht (*um 1478[571]) in einem Widmungsschreiben für Ulrich Rülein von Calw, Mathematik-Professor an der Universität, kritisch über jene Gebildeten, die ungerechtfertigt meinten, dass die Arithmetik nicht notwendig sei,[572] die es also gab.

In der Folgezeit sind einige neue Wege bei der weiteren Erforschung und Verbreitung der Mathematik zu beobachten: Wichtige Algebra-Schriften erschienen in der Folge außerhalb des universitären Bereichs. An Mathematik schöpferisch Interessierte gingen von der Universität weg in die Industrie, so Hans Conrad, ein Schüler Andreas Alexanders, zunächst nach Chemnitz und Annaberg und dann nach Eisleben,[573] Ulrich Rülein von Calw nach Freiberg und zeitweise nach Annaberg.[574] An sich war das eine bemerkenswert gute Entwicklung des Wirksamwerdens universitärer Forschung und Ausbildung in der Praxis. Auch gab es Fälle, in denen junge Menschen sich außerhalb der Universität Wissen über die Grundrechenarten hinaus im Selbststudium (Thomas Meiner[575] und Adam Ries 1509 in Zwickau[576]) oder durch Kontakt zu Universitätsangehörigen (Adam Ries

[568] CDSR II 11, Nr. 226, S. 268.

[569] Vgl. Wustmann: Geschichte, S. 328.

[570] Vgl. Folkerts: Die Mathematik, S. 3f.

[571] In Thüringen an der Handelsstraße von Nürnberg über Coburg und Saalfeld nach Leipzig. Geburtsjahr erschlossen aus dem Immatrikulationsjahr 1496; vgl. Die Matrikel der Universität Leipzig, I. Bd., S. 412.

[572] Vgl. Wilhelm Pieper: Ulrich Rülein von Calw und sein Bergbüchlein mit Urtext-Faksimile und Übertragung des Bergbüchleins von etwa 1500 und Faksimile der Pestschrift von 1521, Berlin 1955, S. 48 (= Freiberger Forschungshefte, Reihe D). Zu Licht Barbara Gärtner: Balthasar Licht (vor 1490–nach 1509), in: Rechenbücher und mathematische Texte der frühen Neuzeit. Tagungsband, hg. von Rainer Gebhardt, Annaberg-Buchholz 1999, S. 13–20 (= Schriften des Adam-Ries-Bundes, Bd. 11).

[573] Vgl. Rüdiger/Lorenz: Quellen, Nr. 118, 121.

[574] Sicher belegt ist ein Aufenthalt des Ulrich Rülein von Calw beim Rat in Annaberg 1508; vgl. StadtA Annaberg-Buchholz, Rechnungsarchiv, Rep. II Loc. 1, Fach 1, Bl. 44a.

[575] Zur möglichen Beeinflussung Thomas Meiners durch die Leipziger Algebraschule vgl. Bernd Rüdiger: Beziehungen Adam Ries' zu Thomas Meiner und Georgius Agricola. Auch ein Beitrag zur Genealogie, in: JbARB, Bd. 8, 2017, S. 63.

[576] Vgl. Adam Ries: Practica, Leipzig 1550, Bl. 163a.

zu Hans Conrad um 1515 in Leipzig[577]) erweiterten und vertieften. Andere kauften sich Wissen.[578] Lateinschulrektoren haben nun nachweislich studiert und den Magistergrad erworben, d.h. eine Ausbildung in den *artes* genossen; das war nun die Regel. All das passt in die Aufbruchstimmung der Zeit und ist als Tendenz des Humanismus und der Renaissance zu sehen. Hintergrund mag ein lockender Berufseinsatz gewesen sein.

Aber auch die **Orientierung auf die *artes* als Gegenstand der Fakultät wurde bei genereller Förderung der Mathematik aufgebrochen**. Mit einem Schriftstück vom 26. Mai 1542, gerichtet an die Artistenfakultät der Universität Leipzig, verfügte Herzog Moritz u.a., dass einem *mathematico* künftig 100, später 140 Gulden (jährlich) zustehen sollen, eine Summe, die dem aus Wittenberg nach Leipzig gezogenen Georg Joachim Rheticus für seine große Professur auf dem Lehrstuhl für höhere Mathematik, d.h. Astronomie, zustand, ein Gebiet, das er ganz im Sinne des Landesausbaus mit **Physik und Geografie** verband.[579] Wegen seiner Aufnahme in die Artistenfakultät äußerte diese 1542, man sei stets bemüht, hervorragende Mathematiker zu gewinnen und habe deshalb Magister Rheticus aus Wittenberg, der dort niedere Mathematik lehrte, nach Leipzig geholt, wo er bis 1545 und 1548–51 lehrte.[580] In welchem Umfang er den Studenten die Kopernikanische Lehre vermittelte, bleibt unklar.[581]
Aber erst nach dem erfolgreichen Schmalkaldischen Krieg Herzog Moritz' gegen Kurfürst Johann 1546/47, der Erhebung des albertinischen Herzogtums zum Kurfürstentum 1547 und der Eingliederung ehemals ernestinischer Gebiete drängten die Kurfürsten Moritz († 1553) und August († 1586) auf Realisierung eines breiten Maßnahmenpaketes, woran der Landesherr neben vielen anderen auch Mathematiker beteiligt waren. Der neu entstandene Territorialkomplex sollte wirksamer der Herrschaft des Landesherrn unterworfen und dafür sein Potential aufgenommen und genutzt werden.

Eine Reihe von (ehemaligen) Universitätsangehörigen wandte sich nun, aufgefordert vom Landesherrn, gänzlich anderen Themen zu. Dazu gehörte die **Kartie-**

577 Damals gab es in Leipzig Gespräche zwischen Ries, Student Hans Conrad und Hans Bernecker zu mathematischen Aufgaben, wobei Conrad eine Beispielsammlung Andreas Alexanders einführte; Vgl. Bernd Rüdiger: Neue Quellenfunde zu Adam Ries, in: 450. Todestag des Rechenmeisters Adam Ries. Beiträge [...], Annaberg-Buchholz 2009, S. 14f., 18–20 (= Der Rechenmeister, Heft 14). Zu Alexander vgl. Folkerts/Gebhardt: Zur „Deutschen Coß", S. 307.

578 So Hans Conrad bei Andreas Alexander; vgl. Ries: Coß, [Bd. 2], Faksimile, S. 429.

579 Vgl. Ursula Oehme: Auf 101 Jahre relegiert – Der erste Kopernikaner Georg Joachim Rheticus und die Universität Leipzig, in: JbARB, Bd. 9, 2019, S. 70.

580 Vgl. Schwarzburger: Die Mathematikerpersöhnlichkeiten, S. 354f.; Folkerts: Die Mathematik, S. 13; Jesse Kraai: Georg Johann Rheticus [...], in: Rechenbücher und mathematische Texte der frühen Neuzeit. Beiträge, Annaberg-Buchholz 1999, S. 185–195 (= SARB, Bd. 11).

581 Vgl. Oehme: Auf 101 Jahre (wie Anm. 579), S. 71.

rung[582] des Landes, um dessen Ressourcen besser zu erschließen. Deshalb beauftragte Kurfürst August 1553 den seit 1550 oder 1551 in Leipzig wirkenden Johannes Hommel (Homilius, Humelius),[583] Professor für Mathematik und Astronomie an der Universität Leipzig, mit der Kartierung kursächsischer Waldgebiete, was dieser bis zu seinem 1562 erfolgten Tode durchführte. Diese Arbeit wurde von dem Kartografen Georg Oeder fortgesetzt. Seit 1586 erfolgte die erste Kursächsische Landesvermessung und -aufnahme unter Leitung Matthias Oeders, die über dessen 1614 erfolgten Tod hinaus fortgesetzt wurde.[584] „Die Vermessung der Welt ist aber nichts anderes als praktizierte Arithmetik, Geometrie und Astronomie."[585] Instrumente dafür entstanden durch den wissenschaftlichen **Gerätebau**, bei dem sich Johannes Hommel ebenfalls hervor tat, der als Spezialist nicht nur für Kartografie, sondern auch beim Bau für Sonnenuhren galt.[586] Er erfand und fertigte verschiedene astronomische Instrumente. Der von ihm ausgebildete Valentin Thau (1531–75) war Instrumentenbauer und Beteiligter am Bau eines speziellen, als Wegmesser gedachten Kutschwagens.[587] Georgius Agricola, der in Leipzig studiert hatte, beschrieb im 5. Buch seines Werkes „De re metallica" [in deutscher Übersetzung Bermannus] neben den verschiedenen Schachtarten, Ausbau und Gangbau auch das **Vermessungswesen** unter Tage.[588] Die Kunst[589] (**Perspektive**[590]), Astronomie, Geometrie und Musik, Schifffahrt, Geschützwesen, Bauwesen (Festungsbau und Bau stattlicher Kaufleute-Höfe) kamen voran. Auch die Bemühungen um die sächsische **Finanzreform** (unter Mitwirkung des ehe-

582 Wie sich Kartographie und Mathematik miteinander verbanden, zeigte an einem Fall Karl Röttel: Zur Kartographie Philipp Apians, in: Arithmetik, Geometrie und Algebra der frühen Neuzeit. Tagungsband […], hg. von Rainer Gebhardt, Annaberg-Buchholz 2014, S. 77–92 (= SARB, Bd. 23); Bernd Rüdiger/Manfred Weidauer: Valentin Thau (Taube) – Mathematiker aus dem Erfurter Raum in Leipzig – womöglich ein Bekannter Abraham Ries', in: JbARB, Bd. 2, 2011, S. 130–136.

583 Vgl. Charlotte Schneider-Grebehem: Laudatio zum 430. Todestag für Professor-Ordinarius der Mathematik[,] Baccalaureus der Rechte[,] Mgister der Philosophie Valentin Thau […], Herbsleben 2005, S. 31 (Exemplar in der Bibliothek Schulpforte und im Universitätsarchiv Leipzig); Rüdiger/Weidauer: Valentin Thau (wie Anm. 582), S. 124f.

584 Zur Landesaufnahme von Leipzig und Umgebung: vgl. Rüdiger/Lorenz: Quellen, Nr. 62.

585 Gluch: Geometria practica, S. 111.

586 Vgl. Rüdiger/Weidauer: Valentin Thau, S. 125. Wie sich Kartographie und Mathematik miteinander verbanden, zeigte an einem Fall Karl Röttel: Zur Kartographie Philipp Apians, in: Arithmetik, Geometrie und Algebra der frühen Neuzeit. Tagungsband […], hg. v. Rainer Gebhardt, Annaberg-Buchholz 2014, S. 77–92 (= SARB, Bd. 23); Rüdiger/Weidauer: Valentin Thau, S. 130–136.

587 Vgl. Rüdiger/Weidauer: Valentin Thau, S. 132–135.

588 Vgl. Georg Agricola: Bermannus oder über den Bergbau. Ein Dialog, übersetzt und bearb. von Helmut Wilsdorf in Verbindung mit Hans Prescher und Heinz Techel, Berlin 1955, S. 315 (= Georgius Agricola: Ausgewählte Werke. Gedenkausgabe des Staatlichen Museums für Mineralogie und Geologie zu Dresden, hg. von Hans Prescher, Bd. II). Die mathematischen Aussagen des 5. Bandes enthalten jedoch mehrere Fehler.

589 Vgl. Wußing: 6000 Jahre, S. 307–309.

590 Vgl. Jahn: Deutsche Renaissance, S. 11f.

maligen Leipziger Studenten Abraham Ries)[591] kamen nicht ohne moderne Mathematik aus.[592]
All das erwies sich als unverzichtbar für den um 1500 in Fahrt kommenden Landesausbau und sicherte Akademikern auch Nebeneinnahmen. Der Landesausbau, für den die **Ausbildung von Kadern durch die Universität** zunahm, führte zur Stärkung und Effektivierung der Verwaltung (einschließlich der Kanzlei) v.a. für Finanzen (nebst Münzwesen), Bergbau und Gerichtswesen. Mit den 1572 durch Kurfürst August erlassenen Kursächsischen Konstitutionen, die Staats-, Lehn- und Erb- und Vertragsrecht umfassten, existierte erstmals eine am Römischen Recht orientierte Zusammenstellung geltenden Rechts.[593] Von Städten und Ämtern wurde verlangt, alle Einkommen und Einkommensverhältnisse zu erfassen und an den Hofrat zu melden. So entstanden die Amtserbbücher als umfassendes landesweites Kataster zur Finanzverwaltung. Die Verschriftlichung der Herrschaftsausübung erfolgte umfassend. Weitere Fachbehörden wurden u.a. für Berg- und Münzwesen eingerichtet. Seit 1547 verfügte der Kurstaat über die beiden Universitäten Leipzig und Wittenberg.[594] Als weitere Gebiete zum Kurfürstentum Sachsen hinzukamen, trieb der Landesherr den Landesausbau weiter voran.

Überall verlangte es auch nach Rechenwissen, z.B. für genaue finanzielle wie bauliche Berechnungen.[595] Im Vergleich zur mittelalterlichen Scholastik und „Gegenüber der reinen Gelehrsamkeit **traten nun auch auf dem Gebiet der Mathematik praktische Gesichtspunkte stark in den Vordergrund**."[596] Dabei setzte sich das schriftliche Rechnen im Verlauf des 16. Jahrhunderts durch und verdrängte das Linienrechnen vollständig.[597] Jedoch zeigen einzelne Dokumente, dass das Linienrechnen auch noch im 16. und 17. Jahrhundert betrieben worden ist.[598]

591 Vgl. Bernd Rüdiger: Abraham Ries und die Münzreform, in: JbARB, Bd. 7, 2016, S. 30–44.

592 Vgl. Menso Folkerts/Bernd Rüdiger unter Mitarbeit von Martin Hellmann und Rainer Gebhardt: Abraham Ries' Arbeiten zur Mathematik, Annaberg-Buchholz 2020, Nr. 228 (= Quellen zum Leben und Wirken Adam Ries' und seiner Söhne, Bd. 3).

593 Vgl. Martina Schattkowsky: Die sächsischen Konstitutionen von 1572. Ein Gesetzeswerk zwischen Bauernschutz und Herrschaftskompromiss, in: Kurfürst August von Sachsen. Ein nachreformatorischer „Friedensfürst" zwischen Territorium und Reich. Beiträge zur wissenschaftlichen Tagung vom 9.–11. Juli 2015 in Torgau und Dresden, hg. von Winfried Müller/Martina Schattkowsky/Dirk Syndram, Dresden 2017, S. 110–121.

594 Vgl. Hoyer: Sachsen, S. 234.

595 Vgl. Johannes Widmanns Rechnung zum Bauen, in: Behende, S. 283–285.

596 Kaiser/Nöbauer: Geschichte, S. 36.

597 Vgl. Menso Folkerts/Eberhard Knobloch/Karin Reich: Maß, Zahl und Gewicht. Mathematik als Schlüssel zu Weltverständnis und Weltbeherrschung, 2. Aufl., Wolfenbüttel 2001, S. 197.

598 Vgl. Manfred Weidauer: Rechnen auf den Linien. Neue Erkenntnisse zum Unterricht, in: JbARB, Bd. 4, 2013, S. 83–88. Ankauf von Rechenpfennigen 1579 durch den Rat zu Dresden: StadtA Dresden, Rechnungsarchiv, Kämmerei-Rechnungen (Altstadt), Sign.: 2.5 (1.1), 1579, Bl. 23a; durch

Hinzu kam die **Buchdruck**kunst zur Vervielfältigung und Weitergabe von Informationen.

Vielfach erfolgte die Symbiose von Wissen und Praxis. Verschiedentlich **tat sich die aber Praxis schwer, die Neuerungen auf mathematischem Gebiet zu nutzen**. Während arabische Ziffern – allerdings zusammen mit römischen – in Annabergs Stadtkassenrechnungen 1508/09 nachweisbar sind,[599] wurden erstere in der Verwaltung des Rats zu Leipzig anscheinend erst 1562 angewendet: „Es hette sich ein Erbar Rath vorsehen Dieweil [...] ihr ieder [die zwei Magister der beiden Schulen] des Jars 70. f. Zu besoldung hette. Zu deme das der Rath ihnen beiden, des Jars [...] 25. f. Zulage gethan, das also ihr ieder des Jars .95. f. hette, [...] Als sie aber [...] vmb fernere Zulage gebeten, hat der Rath [...] ihr ieden noch 5. f zugelegt."[600] Beim Gebrauch arabischer Ziffern ist häufig aus Sicherheitsgründen hinter jede derselben, z. T. auch vor sie, ein Punkt gesetzt worden.
Auch die **Rationalisierung der Rechenoperationen** musste weitergeführt werden (z. B. Punkt- vor Strichrechnen). Die Problematik besaß auch einen praktischen Aspekt: Richtiges Rechnen war angesagt, wenn z. B. in verschiedenen Zeilen in einem Kaufmanns-Abrechnungsbuch festgehaltene Posten zusammenzuzählen waren, z. B. 3 Semmeln zu je 2 Pfennig und 3 Brezeln zu je 3 Pfennig. Dann muss auch zuerst multipliziert werden, um anschließend die Summen zu addieren.[601]

den Rat zu Annaberg: StadtA Annaberg-Buchholz, Rechnungsarchiv, Rep. II, Loc. 1, Fach 1; Nr. 1 Bl. 48b (1508/09).

599 Vgl. Rüdiger/Gebhardt: Rechenkundige, S. 20.

600 StadtA Leipzig, Ratsbuch 18, Bl. 80b. – In der ansonsten durchweg römische Zahlen benutzenden Jahreshauptrechnung 1555/56 finden sich ausnahmsweise Bl. 192a arabische.

601 Vgl. die Abb. in Rainer Gebhardt: Der Freiberger Notar Johan Otto und sein Rechenbuch von 1579, Annaberg-Buchholz 2020, S. 14 (= Der Rechenmeister, H. 24).

3.3. Der Platz der Rechenmeister und Rechenschulen in Sachsen zur Befriedigung des Rechenbedarfs des Volkes

Die Befähigung des Volkes zum Rechnen war nur insofern Gegenstand der Universitäten, als dass sie Magister ausbildete, die ohne spezielle pädagogische Qualifizierung in Lateinschulen einer Minderheit Unterricht erteilten. Da viele Menschen zur Lösung selbst einfacher Rechenaufgaben nicht in der Lage waren, mussten sie aber weiterhin Hilfe anderer in Anspruch nehmen. Tatsächlich hat es **vor dem Auftreten von weitgehend hauptberuflichen Rechenmeistern** Menschen gegeben, die in der Lage waren, für andere hin und wieder die Lösung von mit Rechnen verbundene Aufgaben zu übernehmen, und am besten als **Rechenkundige** zu bezeichnen sind.

In Italien gab es schon längere Zeit Schulen, in denen ***maestri d'Abbaco*** **hauptberuflich anderen Menschen halfen**, kaufmännisches Rechnen mit arabischen Ziffern zu erlernen. Für 1316 ist erstmals – zeitgleich in Mailand und Florenz – die Existenz solcher Schulen belegt.[602] Vor einiger Zeit wurde sogar für 1284 eine Schule in Verona nachgewiesen.[603] Leonardos von Pisa Aufgaben und Methoden aus der Praxis des Kaufmanns wurden nur wenig abgewandelt von italienischen Rechenmeistern des 14. und 15. Jahrhunderts übernommen.[604] Auch dienten ihnen Texte z. B. von Piero Borghi der „Libro de Abacho" und von Luca Pacioli die „Summa de Arithmetica, Geometria, Proportioni et Proportionalità" im Unterricht.[605]

Es ist fraglich, ob dergleichen direkt im deutschsprachigen Raum übernommen worden ist oder sich hier eher aufgrund des Bedarfs autochthon durch dafür Geeignete das Notwendige entwickelte. Tatsächlich erfolgte die **Herausbildung des Berufs der Rechenmeister**[606] im deutschsprachigen Raum **in mehreren Etappen**, wobei der Anfang sicher vor ihrer ersten überlieferten Nennung liegt.

Etwa bis um 1490 gingen Interessierte mehr zu **Rechenkundigen, die generell im Nebenberuf gegen Geld** zeigten, wie man mit Ziffern und Rechnen umzugehen hatte, und einfache Aufgaben, wie das Teilen oder Umtauschen einer kleinen Geldsumme, übernahmen. Das konnten Kaufleute (die verschiedentlich schon den Nebenberuf des Visierers und nun auch den des Rechenkundigen ausübten),

602 Vgl. Arlinghaus, Zwischen Notiz, S. 28; Weiß: Rechnungswesen, S. 194.
603 Vgl. Bussard: Über die Entwicklung, S. 216.
604 Vgl. Wagner: Das Bamberger Rechenbuch, S. 297f.; Vogel: Die Practica, S. 2; Pieper: Zum Zahlbegriff, S. 2; Wußing: 6000 Jahre, S. 311ff.
605 Vgl. Kaiser/Nöbauer: Geschichte, S. 37.
606 Zur Abgrenzung der Rechenmeister von verwandten Berufsgruppen vgl. Schneider: Ausbildung, S. 1f.

Rechenstube nach Heinrich Schreyber: Rechenbuch 1518/21. Adam-Ries-Haus Annaberg-Buchholz

Lehrer, Notare,[607] Visierer, Apotheker, Rats-, Waag- und Stuhlschreiber, Studenten, die einige Semester an einer Universität gelernt hatten, Buchdrucker und Schulmeister selbst oder einfach Leute sein, die sich das Nötige z.B. in einem Beruf, der viel Rechnen benötigte, angeeignet hatten.[608] Auf dem Lande kamen vielleicht der Pfarrer, Kantor oder Müller infrage. Dieses Vor-Rechenmeister-Stadium ist durch Ulman Stromer in Nürnberg bekannt.[609]

Dass aber in einer **ersten Phase, bei Dominanz der Nebenberufler, die neuen Rechenmeister** mit ihrem Angebot sogleich angenommen worden sind, zeigte sich in Rothenburg ob der Tauber. Hier erlaubte der Rat 1403 „heinrico dem [Stadt]Schreiber", eine deutsche Schreibschule einzurichten, die sofort 18 Schüler besuchten, deren Zahl bald noch wuchs.[610] Auch in Nürnberg entstanden um

[607] Ihre Amtsausübung ging inzwischen auf die reichsgesetzliche Notariatsordnung Kaiser Maximilians I. von 1512 zurück. In der Folge erfolgte die Ernennung der Notare zunehmend durch die Landesherren. Etliche Leipziger Schöppenschreiber besaßen das Recht, Notarien zu *creiren*; vgl. Walter Rachel: Verwaltungsorganisation, S. 23f. Aufgabe der Notare war u. a. Beurkundung von Rechtsgeschäften, Aufnahme von Protokollen, Ausstellung von Zeugnissen, Beglaubigung von Unterschriften, Handzeichen und Abschriften sowie Aufnahme von Testamenten und vollstreckbaren Urkunden. Auch mit dem Leipziger Stadtgericht traten sie insbesondere bei Testamenten, Donationen, Eheverträgen u. ä. in Erscheinung. Eigenhändige Testamente sind erst seit dem 17. Jahrhundert überliefert und im StadtA Leipzig, Bestand Richterstube, weit seltener vorhanden als notarielle bzw. öffentliche

[608] Vgl. Rüdiger: Rechenkundige, S. 231–235.

[609] Vgl. Ulman Stromer: „Puͤchel [...]" mit dem ältesten mittelalterlichen Beleg zum Fassvisieren (Nürnberg, um 1390–1403), in: Die Chroniken der deutschen Städte vom 14. bis ins 16. Jahrhundert, 1. Bd., hg. von Karl Hegel, Leipzig 1862, S. 105f. Vgl. Folkerts: Die Matheamtik, S. 7.

[610] Zit. nach: August Schnizlein: Zur Geschichte der Rothenburger Lateinschule im Mittelalter, in: Beiträge zur bayerischen Kirchengeschichte, XXXI. Bd., 1925.

1400 Schreib- und Rechenschulen; 1409 wird von Stuhlschreiber Jobs Kapfer berichtet, dass er „kint leret".[611] Erstmals ist der Beruf Rechenmeister[612] für Nürnberg 1432 erwähnt.[613] Zu 1457 sind hier drei Rechenmeister belegt.[614] Auch heißt es 1455: „Maister Jacob / rechenmaister inn Vlm".[615] Im 15. Jahrhundert löste sich im süddeutschen Raum also aus dem allgemeinen Berufsgeschehen der Nur-Rechenmeister heraus. Hervorzuheben ist Rechenmeister Ulrich Wagner (gest. 1489/90).[616]

Diese Personen bestritten vermutlich ihren Lebensunterhalt nicht mehr vorrangig als Kaufmann oder Handwerker oder in einem anderen traditionellen Beruf,[617] sondern widmeten sich nun **hauptsächlich der Erledigung von Rechen-Dienstleistungen und der Unterrichtung** von Ungebildeten im Schreiben und Rechnen, selbst im Fechten,[618] wobei sie **ihr Angebot, wie spätere Dienstleistungen zeigen, nach und nach erweiterten** (Testament-Aufsetzen und Erbteilung kaum, eher Klärung bei Schulden und Borg). So, wie es ihnen gelang, sich – unter Zurückdrängung des ursprünglichen oder bei Nichtergreifen eines anderen Berufs – völlig auf die Bedürfnisse der Schüler und Kunden einzustellen, war der **Rechenmeister als Glied eines selbständigen Berufszweiges** entstanden. Die (Nicht-) Beherrschung des Lateinischen bildete womöglich „die soziale Wasserscheide" zwischen Rechenmeistern und studierten Mathematikern.[619]

Alle **Zeugnisse für Sachsen vor 1500** sind unsicher: An der Universität Leipzig gab es Leute dieses Namens, bei denen **Nebentätigkeit** im Rechnen zu vermuten ist. Dazu könnte der 1453 erwähnte „Iohannes Rechmester de Nurenberga" – er wurde im SS 1453 an der Universität immatrikuliert[620] und im WS 1455 zum Baccalaureus promoviert[621] – gehört haben. Das war zu einer Zeit, als Berufsbezeichnungen zu Familiennamen wurden. Auch ob die beiden „Paulus und Ludewicus

611 Zit. nach Die Chroniken der fränkischen Städte, Nürnberg, 2. Bd., Leipzig 1864, S. 511f.

612 Generell: Denzel: Die Bedeutung, S. 1–22.

613 Vgl. Bernd Rüdiger: Der Nürnberger Rechenmeister Johannes Dürrschmid zwischen Kaufmannsabrechnungen, Hussitenkriegen und Basler Konzil, in: JbARB, Bd. 10, 2019, S. 80.

614 Vgl. Schröder: Ulrich Wagner, S. 30.

615 Hermann Keefer: Die ersten Ulmer Rechenmeister und ihre Leistungen, in: Mathematisch-Naturwissenschaftliche Blätter 12, 1915, S. 137, vgl. S. 137–140.

616 Vgl. Adolf Jäger: Der Nürnberger Rechenmeister Ulrich Wagner, der Verfasser des ersten gedruckten deutschen Rechenbuches, in: Mitteilungen zur Geschichte der Medizin und der Naturwissenschaften, Leipzig, Bd. 26 (1927), Nr. 1, S. 1ff.; Helmuth Gericke: Mathematik in Antike, Orient und Abendland, Bd. 2, Wiesbaden 1994, S. 347.

617 Schneider: Ausbildung, S. 14, meint, dass sie meist aus dem Handwerkermilieu kamen.

618 Vgl. StadtA Dresden, A. XVb, Bl. 63.

619 So Schneider: Ausbildung, S. 15.

620 Vgl. Die Matrikel der Universität Leipzig, I. Bd, S. 183. = CDSR II 16.

621 Hier „Rechemeister" genannt; vgl. Die Matrikel der Universität Leipzig, II. Bd., S. 164. = CDSR II 17.

Rechenmeyster“, die 1478 aus Masowien zum Studium nach Leipzig kamen,[622] ihre Bezeichnung bzw. ihren Namen der Tatsache verdankten, dass sie Rechenmeistersöhne waren oder den Beruf selbst ausübten, und zwar auch in Leipzig nach ihrem Aufenthalt an der Universität, bleibt unklar. Daraus könnte sich aber ergeben, dass strebsame Rechenmeister seit Mitte des 15. Jahrhunderts darauf bedacht waren, neues Wissen, wie es an Universitäten gelehrt wurde, zu erwerben.

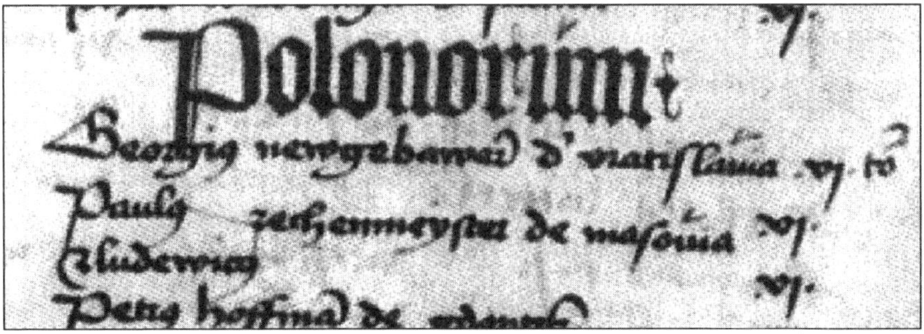

Paulus und Ludewicus Rechenmeyster aus Masowien 1478 in der Universitätsmatrikel Leipzig. Universitätsarchiv Leipzig, Rektor, M 2 / 461

Das sich ausbildende **Rechenmeisterwesen kannte objektiv keine Schranken** bei der Annahme der Schüler, sogar von Schülerinnen ist die Rede; es verlangte wenig bis keine Vorkenntnisse der Lernenden, die zur Hürde geworden wären: kein Latein, Kirchengesang usw., und nur einen moderaten Aufwand: keine Lehrbücher bei Lernenden, nur Schreibtafeln als Lernmittel und einen Unkostenbeitrag für den Lehrer.

Die **Rechenmeister im Hauptberuf** organisierten sich wie andere neue Gewerbler (Setzer, Buchdrucker) nicht in Zünften, unterstanden aber meist der Aufsicht der Stadträte.[623] Die Mindestanforderungen an einen Rechenmeister wurden erst allmählich formuliert, wobei die Konkurrenz unter diesen in einer Stadt ein „gewisses Regulativ“ darstellte.[624] Die folgend zitierte Meinung ist aber schwerlich zu verifizieren: „In den deutschen Städten bildete sich der Brauch heraus, [...] Rechenmeister anzustellen; diese waren nicht nur die öffentlich besoldeten Gehilfen der Kaufmannschaft, sondern erteilten daneben häufig den Rechenunterricht an Schulen, weil die Städte mit Recht annahmen, daß es für die Zukunft erforderlich

[622] Universitätsarchiv Leipzig, Rektor, M 2 / 461.
[623] In Bamberg erließ der Rat 1491 eine Ordnung für deutsche Schulmeister und Schulfrauen; vgl. Kaunzner: Ein Weg, S. 183.
[624] Vgl. Schneider: Ausbildung, S. 5–7.

sein werde, jeden Bürger mit den Elementen der Arithmetik vertraut zu machen."[625]

Verschiedentlich gab es für Neue im Beruf **eine Ausbildung bzw. Lehrzeit**.[626] Häufig waren die angehenden Rechenmeister aber **Autodidakten**; bestenfalls hatten sie bei einem schon tätigen Rechenmeister gelernt oder eine Schule besucht, selten etwas studiert, waren nun sich selbständig machende Lehrer. Auch mit anderen mit einer gewissen Interessenlage und einigen Kenntnissen, die nun jene Lebensstellung anstrebten, ist zu rechnen.

Es existierte jedoch **nicht der eine Typ Rechenmeister**. So traten schlecht geeignete und qualifizierte Personen in sogenannten Winkelschulen auf; im Verlaufe des 16. Jahrhunderts, als die neuen Entwicklungen Fahrt aufgenommen hatten, aber simpel daherkommende Winkelschulbetreiber nicht auf der Höhe der Aufgaben standen, waren sie zuerst und besonders Kritik und Widerstand ausgesetzt, so wie in Annaberg 1539, als der Rat ihre *Schulen* schloss.[627]

Zugleich gab es hochqualifizierte Rechenmeister in Rechenschulen wie Adam Ries oder die wie Ulrich Wagner befähigte studierte Mathematiker waren.

Daneben existierten **Wanderlehrer**, die sich auf Rechnen spezialisiert hatten, aber keine feste Einrichtung betrieben. Zu ihnen gehörte der von Adam Ries erwähnte gelehrte Dominikaner Aquinas Dacus (Aquinus Dacus), ein Wandermathematiker.[628] An einen Wanderlehrer, vielleicht Deutsch- und Rechenlehrer, erinnert die Person *des alden signators*, dessen in Dresden in einer Verhandlung am 12. Dezember 1498 gedacht wurde. Sein Nachlass umfasste folgende Gegenstände, die zur Schätzung gelangten: „Item iij bette, ein pful, j kussen, ij manneshemde, iiij leibach vor iiij gulden mitsampt einer virtelskannen [?], Item ald elter futter vor xxx gr., Ein swartze hasucke reinfach, vnd ein swartzen zwifachten Rock mit weisem gewande vnterzcogen, drey Joppen, ij bar Hosen vor ij gulden," Das erinnert an unstetes Leben, dagegen an Lehren das folgende: „Ein tisch vor xv gr., j kasten vor x gr., Item ij bucher als ein deutzsche rethrica vnd ein nurnbergische rechnunge vor x gr., macht alles iij ß xj gr., So bleibt ein clauicordium mit einem pedall vnd xxiij schulbucher."[629] Paul Specks d.J. Bewerbungsschreiben in Dresden, in dem er seinen Lebenslauf erzählt, gestattet einen Einblick in das unstete

[625] Kropp: Geschichte, S. 63.

[626] Vgl. Schneider: Ausbildung, S. 7. Erst 1589 forderte der Rat zu Nürnberg von den Deutschen Schulmeistern als Qualifikationsnachweis ein Examen; vgl. Ulrich Reich: Die Bedeutung der Rechenmeister in Nürnberg zu Beginn der Neuzeit, in: JbARB, Bd. 9, 2018, S. 108.

[627] Vgl. StadtA Annaberg-Buchholz, Loc. II 20c, 1539, Rep. IV, Lit. K, Nr. 6, Bl. 6b (zu Winkelschulen) und Loc. II 20c, 1540, Rep. IV, Lit. K, Nr. 6, Bl. 8b–9b (Deutsche Schulen).

[628] Vgl. Rüdiger/Lorenz: Quellen, Nr. 79, 120.

[629] SHStA Dresden, Loc. 8579, Stadtbuch der Stadt Dresden, 1495–1505, Bl. 42b; Georg Müller: Die Anfänge, S. 280.

Wanderleben eines deutschen Schulmeisters.[630] Die Bezeichnungen der Lehrenden besitzen jedoch keine Aussagekraft: Schulehalter, Schullehrer, (auch Ziffern schreibende) Deutschenschreiber, Rechenmeister. Dazwischen gab es viele, die mehr zu dem einen oder anderen Typ neigten.

Sie boten jedoch oft nur **ein schmales Bildungsprogramm**, das wahrscheinlich im Allgemeinen nicht dem Inhalt des ersten gedruckten Rechenbuches von 1483 entsprach,[631] sondern nur Lesen und Schreiben von Buchstaben und Ziffern und Anwendung weniger Grundrechenarten umfasste. Es ist davon auszugehen, dass Rechenmeister (mit Ratserlaubnis) gegen Bezahlung Schülern und Schülerinnen in unterschiedlicher Weise etwas Lesen, Schreiben, Kalligraphie, Schriftverkehr, Rechnen, Eichen, Messen und Buchhaltung beibrachten, ferner dass in Rechenschulen – wenigstens teilweise – gleichrangig beide Rechenmethoden (Abakus-/Linien- sowie Federrechnen nach indisch-arabischer Art) behandelt worden sind.[632] Rechenmeister haben „das Verdienst, ein Minimum arithmetischer und wohl auch sonstiger mathematischer Kenntnisse in schwierigen Zeiten von Generation zu Generation fortgepflanzt zu haben".[633] Allerdings wurden von Rechenmeistern nicht die Gleichungslehre über die quadratischen Gleichungen hinaus behandelt.[634] Jedenfalls sorgten sie „erstmals dafür, daß [...] einfache schriftliche Rechenkenntnisse in den neuen indisch-arabischen Zahlzeichen einer viel breiteren Schicht als bislang zugänglich gemacht wurden."[635] Denn damit hatten die meisten Latein- und Stadtschulen wenig zu tun. Die Ausbildung der Jugend im Rechnen durch Schulehalter erfolgte ohne Ballast wie Latein und Singen. Angesichts ihres Ausbildungsprogramms waren „viel **wichtiger als die städtischen Schulen für die Mathematik** im 15. und 16. Jahrhundert [...] **die privaten Schulen, die von Rechenmeistern betrieben wurden**".[636] Denn sie lehrten praktisch-nützliche Dinge, die z.B. künftige Kaufleute und Handwerksmeister benötigten: Rechnen mit indisch-arabischen Ziffern, Umgang mit Preisen und Produkten, Geldtausch, Maße und Gewichte, Zins- und Mischungsrechnung, Flächen- und Inhaltsberechnungen, teils Algebra u. a. m.[637] „Dem **mathematischen Inhalt** nach handelte es sich [...] um Umrechnungen der verschiedensten Währungen, Längen- und Raummaße ineinander, um einfachen und mehrfachen Dreisatz, um Zins- und Zinseszinsrechnung, um die Kunst der doppelten Buchführung."[638] Damit spiel-

[630] Verloren; siehe StadtA Dresden, D. I, 240b A. II, 100c, Bl. 324. Ebd., Bl. 239.
[631] Hier kann man Kaunzner: Ein Weg, S. 185, nicht ohne weiteres folgen.
[632] Vgl. Schröder: Ulrich Wagner, S. 30f.
[633] Günther: Geschichte des mathematischen Unterrichts, S. 293.
[634] Vgl. Kropp: Geschichte, S. 68.
[635] Kaunzner: Über das wissenschaftliche Umfeld, S. 161f.
[636] Folkerts: Die Mathematik, S. 15.
[637] Vgl. Folkerts: Die Mathematik, S. 15.
[638] Wußing: Vorlesungen, S. 120.

ten Rechenmeister eine wichtige Rolle bei der Professionalisierung der Kaufmannschaft.[639] Meist stand aber im Zentrum der Kundenwünsche nicht kaufmännisches, sondern einfaches Rechnen.
Ein Rechenmeister musste nicht sein ganzes weiteres Leben in diesem Beruf bleiben. Viele strebten danach, aus ihrer relativ unsicheren sozialen Stellung in eine staatliche oder städtische Anstellung zu gelangen. Wiederum haben womöglich Probierer Hans Conrad wie andere Bergsachverständige und -beamte in der Frühzeit der Stadt Annaberg bei deren hohen Bedarf an Rechenkenntnissen „eine gewisse Rolle als ‚Rechenmeister'" gespielt.[640]

In einem **zweiten, ausgeprägten Rechenmeister-Stadium**, das sich **in Süddeutschland** in der zweiten Hälfte des 15. Jahrhunderts ausprägte, **dominierten die Nur-Rechenmeister gegenüber Nebenberuflern.** Es begann **in Sachsen** deutlich später, erst **gegen 1500** und damit zu einer Zeit, als Schriftlichkeit und Dokumentation generell weiter entwickelt waren. **Dieses Stadium reichte überall bis etwa 1550.**

Gegen Ende des 15. Jahrhunderts gab es in Leipzig nur einige **private Winkel- bzw. Rechenschulen,** Deutsche Schulen,[641] in denen vermutlich auch Rechnen unterrichtet wurde: so jene, die 1490 der „ludi moderator Scholae Nicolaitanae" leitete,[642] und die Schule, welche 1509 der „schulhemeister Im peter graben"[643] vermutlich als Leiter einer Privatschule in vorstädtischer Siedlung südlich Leipzigs, betrieb, ferner jene, die 1513 „der schulmeister [der Jakobsgemeinde vor Leipzig[644] leitete; er] hat den pfarrer vffs das Zu kunfftig Jahr Zu burgen gesucht."[645] Da das Anliegen dieses Schulmeisters wegen der Rechnungslegung der (Kirch-)Gemeinde erfolgte, ist zu vermuten, dass er an der Beratung teilnahm und

639 Vgl. Denzel: Die Bedeutung, S. 24ff.; Schröder: Ulrich Wagner, S. 29f.

640 Peter Rochhaus: Adam Ries und die Annaberger Rechenmeister zwischen 1500 und 1604, in: Rechenmeister und Cossisten, S. 97f.

641 Vgl. Denzel: Die Bedeutung, S. 24f. Er hält italienische Vorbilder für möglich.

642 Vgl. Kaemmel: Geschichte, S. 6 (in StadtA Leipzig, Jahreshauptrechnungen, kein Beleg auffindbar); Justus Hermann Lipsius: Die Nicolaischule zu Leipzig im ersten Jahrhundert ihres Bestehens, in: ders.: Zur Einweihung der neuen Nicolaischule zu Leipzig am 15. April 1872, Leipzig 1872; Rüdiger: Isaak Ries, S. 33.

643 1509 „Gemeÿne außgabe In baw [...] | [...] Item vor einen offen [Ofen] dem schulhemeister Im peter graben vor kacheln vnd machlon lij g [...]"; StadtA Leipzig, Jahreshauptrechnung 1509–10, Bl. 97b, vgl. Bl. 93a, Rüdiger: Isaak Ries, S. 33; Kaemmel: Geschichte, S. 6; Gustav Wustmann: Urkundliche Beiträge zur Geschichte der Nicolaischule, in: Jahresbericht des Nicolaigymnasiums 1894/95 (1895).

644 Auch diese kleine vorstädt. Siedlung besaß eine eigene Schule, die 1543 zus. mit der Jacobsparochie einging; vgl. Kaemmel: Geschichte, S. 6f. Vgl. StadtA Leipzig, Urkunden-Kasten 82,11, Bl. 17b: „Register vber die Pfarrkirche Zu Sanct Jacob"; vgl. Bl. 30b zu 1534: „Beyde nachbarschafften, beneben dem Herren pfarrer, bitten [...], das der Radt, die pfarre, vnd die schule daselbst (dieweil sie sehr baufellig werden) mit steynen, vnd anderm, Zubawen, wolle behulffig sein."

645 StadtA Leipzig, Urkunden-Kasten 82,11, Bl. 17b.

selbst rechnen konnte, mithin auch Rechenunterricht erteilte. In Elementar-(deutschen) Schulen gab es im 15. Jahrhundert **nur vereinzelt Rechenlehrer, die Unterricht in Anfangsgründen des Rechnens** mit ganzen Zahlen erteilten.[646] Diese Schulen hat der Rat wohl nur gelegentlich unterstützt. Sie unterlagen vermutlich nicht seiner Aufsicht. Die Visitationsberichte nach Einführung der Reformation geben zu erteiltem Rechenunterricht für Kinder, wenngleich nicht im positiven Sinne, Auskunft. Danach hatte in den deutschen Schulen das Rechnen fast nie einen Platz. „Wenns hochkam, lernten die Kinder die Ziffern schreiben und lesen und memorierten das Einmaleins.“[647]

Nach 1500 traten auch in Sachsen profilierte Rechenmeister auf. Die ersten waren **Zuwandernde aus Süddeutschland**. Erfahrungen, die anderswo früher in ähnlichen Situationen beim Rechnen gemacht wurden, verbreiteten sich mittels des zunehmenden Personen-, Sach- und Wissensaustausches. Neben die Winkelschulen traten qualifiziertere Rechenschulen. Vielfach **leiteten diese** zunächst **Leute unterschiedlicher Ausbildung, die weiterhin ihren Beruf** als Geldverleiher, Notare usw. **ausübten**.[648] Jedoch gab „es im sächsisch-thüringischen Raum keine scharfe Trennung zwischen der (praktischen) Mathematik der Rechenmeister und der (theoretischen) Mathematik an den Universitäten“.[649]

Die Situation in Leipzig. Das 15. Jahrhundert war für Mitteldeutschland die Zeit, in der sich in den Stadtverwaltungen exaktes Rechnen durchsetzte, für Leipzig gut belegbar. So lässt sich der Übergang zu umfassender und exakter schriftlich dokumentierter Finanzverwaltung des Rates beobachten. Neben Stadtschreibern traten Visierer, Waageschreiber und weitere Beamte mit Rechentätigkeit auf. Auch die Einwohner wurden in Prozesse rechengestützten Wirtschaftens hineingezogen und waren dabei auf Hilfe von Rechenkundigen, zunächst des Rates, angewiesen. Das geschah mithin nicht im Selbstlauf, vielmehr waren Zwänge von Wirtschaft, Rat und Territorialstaat unabweisbar. Bald existierte nicht nur mit ersten Rechenbüchern ein Wissensangebot, genutzt wurden auch Deutsche Schulen.[650] Im letzten Viertel des 15. Jahrhunderts nahmen Rechenmeister ihre Tätigkeit auf. Dies geschah in Leipzig etwa 80–50 Jahre später als in Nürnberg. Die zunächst aus Süddeutschland zugewanderten Rechenmeister waren spätestens seit der Wende zum 16. Jahrhundert die bei der Lösung von Rechenaufgaben gefragten Personen. Sie traten nicht voraussetzungslos auf und nicht ohne eine Fülle

[646] Vgl. Kaunzner: Johannes Widmann, S. 37.
[647] Grosse: Historische Rechenbücher, S. 15.
[648] Vgl. Rüdiger: Isaak Ries, S. 37ff.
[649] Vgl. Folkerts: Die Mathematik, S. 19.
[650] Vgl. Denzel: Die Bedeutung, S. 24f. Er hält italienische Vorbilder für möglich.

von Aufgaben. Seit 1495 wirkte hier der ursprünglich als *pergementirer* (Pergamentmacher) bezeichnete Visierer und Rechenmeister Hans Bernecker aus Nürnberg.[651] Von ihm sind einige Rechenbeispiele in Adam Ries' Coß bewahrt,[652] danach hat er nicht nur einfaches Rechnen beherrscht und wohl auch gelehrt. Womöglich ist sogar zu ihm Adam Ries in die Lehre gegangen. Von seiner Rolle als Dienstleister zeugt, dass 1523 der Visierer Hans Bernecker bei der Lösung eines Streits um Nickel Ferbers Erbe half.[653] Dann ist der Schreiber und Rechenmeister Leonhard Seehofer aus Amberg,[654] „meinen guten freundt" Adam Ries',[655] für 1536 bei Erwerbung des Bürgerrechts erwähnt,[656] kann also in den 1520er-Jahren schon in Leipzig gewesen sein.[657] Seehofer, ein Schüler Apians,[658] gab 1543/44 dessen 1527 erstmals erschienene „Kauffmanß Rechnung" in korrigierter vierter Auflage in Leipzig heraus. Er war lange Jahre als Verwalter der Güter der Universität tätig.[659] Der aus Schwäbisch-Hall zugezogene Johannes Rappolt, ein „deutzschenschreyber" und Rechenmeister, der 1531 das Leipziger Bürgerrecht erwarb,[660] trat wiederholt als Gläubiger auf.[661] Rechenmeister Cristoff Lintenßberger[662] ist 1529 als Gläubiger genannt (1534 war er verstorben).[663] Rechenmeister

651 Vgl. StadtA Leipzig, Jahreshauptrechnung 1495, Bl. 9b; Ernst Müller: Leipziger Neubürgerliste 1471–1501, Dresden 1969, S. 51. Erwähnung Hans Berneckera als Visierer und Käufer eines Grundstücks 1513: StadtA Leipzig, Ratsbuch 4, Bl. 47, als Visierer auch 1519; vgl. ebd., Bl. 237. Als Rechenmeister hat ihn Adam Ries in der Coß bezeichnet; Ries: Coß, [Bd. 1], Faksimile, S. 187; vgl. Ries: Coß, [Bd. 2], Kommentar, S. 51, 69, 109. Weitere Erwähnung Berneckers: Ries: Coß, [Bd. 1], Faksimile, S. 453; Ries: Coß, [Bd. 2], Kommentar, S. 89, 122.

652 Vgl. Rüdiger/Lorenz: Quellen, S. 106.

653 Vgl. StadtA Leipzig, Ratsbuch 5, Bl. 96f.

654 Vgl. Roch: Ries, S. 17.

655 Rüdiger/Lorenz: Quellen, S. 269.

656 Vgl. StadtA Leipzig, Bürgerbücher, 1: 1501–1608, Bl. 318a: „Leonhardus Sehöffer, schreiber vnd rechenmeister."

657 Vgl. Rüdiger: Isaak Ries, S. 34.

658 Seehofer bezeichnete Apian in der Einleitung als seinen „grosgünstigen herrn und forderer". Vgl. Reinhard Witzlau: Ein Sachse auf dem Weg nach Bayern, in: Peter Apian. Astronomie, Kosmographie und Mathematik am Beginn der Neuzeit; mit Ausstellungskatalog, hg. von Karl Röttel, Buxheim/Eichstädt 1995, S. 32.

659 Vgl. Bernd Rüdiger: Über Adam Ries' „guten freundt" Leonhard Seehofer, Rechenmeister in Leipzig. Neue Quellen – neue Aspekte, Annaberg-Buchholz 2013, S. 43–56 (= Der Rechenmeister, H. 17).

660 Vgl. Ernst Müller: Leipziger Neubürgerliste 1502–1556, N–Z, Leipzig 1982, S. 17; Wustmann: Geschichte, S. 326.

661 Vgl. StadtA Leipzig, Richterstube, Kontraktenbuch 1536–39, Bl. 61; Kontraktenbuch 1566, Bl. 64b; KuUfB 1570, Bl. 79a, 88a, 97a, 246b.

662 Vgl. StadtA Leipzig Richterstube, Kontraktenbuch 1527–1536, Bl. 61a.

663 Vgl. StadtA Leipzig, Ratsbuch 6, Bl. 196a–b.

Bastian Guntzler[664] erwarb 1547 Bürgerrecht[665] und war als Vormund und Vermittler in Streitfällen tätig (war 1559 noch am Leben[666]). Es hat den Anschein, dass die genannten Rechenmeister auch, vielleicht sogar primär, durch Geldgeschäfte ihren Unterhalt verdienten, wohl auch Bothe, ferner Jacob Faber[667] und der für 1628 nachgewiesene Hans Ledin.[668] Es sind noch weitere Rechenmeister erwähnt, ohne dass ihre Tätigkeit näher bezeichnet ist, so 1544 Rechenmeister Meister Lenhart,[669] 1562 der am Barfüßertor ein Haus kaufende Rechenmeister Jacob Grolant,[670] 1570 Rechenmeister Lorentz Hoch,[671] Rechenmeister und Deutschenschreiber Peter Stoy 1607/08 als Zeuge bei der Klage der Witwe und Erben Kilian Kohls gegen Magister Johann Hartung als Vormund der Witwe Margaretha Gommel und Erben Antonius Gommels wegen eines in Grabo gelegenen Lehnguts.[672] Ferner sind zu nennen 1608 mit seinem Testament der Rechenmeister und Atituus der Thomaskirche Georgius Nicolai aus Lausick,[673] 1610 Rechenmeister Andreas Habermehl im Brühl,[674] 1619 ein nicht näher bezeichneter Rechenmeister in Leipzig,[675] als Visierer 1625 der in einem Testament erwähnte Rechenmeister Michael Schwiner[676] und 1657 Rechenmeister Davidt Bot, als die nachgelassenen Kinder in einem Testament bedacht wurden.[677]

Einzig der 1537 in Annaberg geborene Isaac Ries, der vermutlich eine Ausbildung zum Rechenmeister und Visierer bei seinem Vater erhalten und diesen danach unterstützt hat (so ist Isaac 1558 für seine Tätigkeit bei der Teilung des Erbes von Bürgermeister Jobst Köttwig d. Ä. entlohnt worden.[678]) und um 1559, nach seines Vaters Tod, nach Leipzig gezogen ist, hat größere Bedeutung erlangt, die

664 Vgl. StadtA Leipzig, Richterstube, Kontraktenbuch 1536–1539, Bl. 44a. Nach Ratsbuch 7, Bl. 284b, wurde Rechenmeister Bastian Guntzler am 12. August 1541 zum Vormund der Kinder Caspar Zwirners eingesetzt.

665 Vgl. Ernst Müller: Leipziger Neubürgerliste 1502–1556, N–Z, S. 51.

666 Erwähnung des Rechenmeisters 1557 als Vormund; StadtA Leipzig, Ratsbuch 13, Bl. 20b/21a. 1557 Vermittler in einem Streit, vermutlich um Bücher; Ratsbuch 13, Bl. 113b. 1558 Vormund einer Witwe; Ratsbuch 14, Bl. 11b. Am 18. Mai 1559 genannt wegen eines Baustreits in der Nikolaistraße; Ratsbuch 15, Bl. 53b/54a.

667 Vgl. StadtA Leipzig, Ratsbuch 18, Bl. 41b.

668 Vgl. StadtA Leipzig, Richterstube, KuUfB 1628 (Reinschrift); erwähnt ist eine Quittung der Ehefrau von Rechenmeister Ledin für Urban Poelich.

669 Vgl. StadtA Leipzig Ratsbuch 8, Bl. 156a–b.

670 Vgl. StadtA Leipzig, Ratsbuch 18, Bl. 1a–b.

671 Vgl. StadtA Leipzig, Richterstube, KuUfB 1570.

672 Vgl. StadtA Leipzig, Richterstube, Akten Teil I, Nr. 730. Zur gleichen Zeit siegelt Caspar Stoy; vgl. ebd. Akten Teil I, Nr. 698, Bd. 9.

673 Vgl. StadtA Leipzig, Richterstube, Testamente, Rep. V, Paket 31, Nr. 1.

674 Vgl. StadtA Leipzig, Richterstube, Strafakte Nr. 194. Vgl. Strafakte Nr. 178 (1609), Akten Teil 1, Nr. 1429.

675 Vgl. StadtA Leipzig, Richterstube, Strafakte Nr. 301.

676 Vgl. StadtA Leipzig, Richterstube, Testamente, Rep. V, Paket 49, Nr. 6.

677 Vgl. StadtA Leipzig, Richterstube, Testamente, Rep. V, Paket 98, Nr. 2.

678 Vgl. Bernd Rüdiger: Quellen zu Adam Ries' Kindern, Annaberg-Buchholz 2015, S. 34–36.

günstigen Arbeits- und Lebensbedingungen sowie den Bekanntenkreis Adam Ries' – Rechenmeister Leonhard Seehofer, vielleicht auch Leute im Rat, für den Adam Ries 1557 eine Brotordnung erstellt hatte, nutzend (Buchdrucker Melchior Lotter, der die Brotordnung Ries' gedruckt hatte, war schon 1549 verstorben). Nachweislich war Isaac um 1562/63 als Hofvisierer angestellt[679] und 1564 als Rechenmeister, als er Schulden bei Johann Rappolt d. Ä. machte,[680] vermutlich um Rechenbücher des Vaters zum weiteren Verkauf binden lassen zu können.[681] Zu seinen Arbeitsmaterialien gehörten, wie 1564 festgestellt wurde: „3 schreibeproben, 4 schwartze deffelein, 2 lange dische, 2 lange bencke, 6 gemalte brieffe [...] 2 messinge leuchter."[682] Das weist darauf hin, dass Ries in seiner bei Schneidermeister Balthasar Franckenhueber gemieteten „stuebe vnnd kammer" Rechenunterricht erteilt hat. Ein weiteres Inventar aus dem Jahre 1567 bestätigt dies im Wesentlichen, verweist außerdem auf Tätigkeit Isaac Ries' als Geometer, Visier- und Schreiblehrer.[683] Verheiratet war er mit einer Tochter des Formschneiders Wolfgang Stürmer.[684] 1572 wandten sich die erzbischöflich Magdeburgischen Räte zu Halle an den „Churfürstl[ich] Sächs[ischen] Arithmeticus Isaac Ries" wegen des Valvationsdruckes des großen Münzbuches, auf das dessen Schwiegervater Wolf Stürmer, später dessen Witwe, ein Privileg besaßen.[685] Er bearbeitete das Rechnungswesen anderer.[686] Von seinem Rechenbuch „Ein neues nuzbar gerechnetes Rechenbuch auf allerlei Hantierung nach dem Centner und Pfundtgewicht" behauptete er: „Vormahls der Gestalt in Druck nie außgangen"; es enthält 396 ausgerechnete und durch Beispiele erläuterte Tabellen, „tarife für das praktische leben".
Zu den Lehrern könnte ferner der gegen Ende der 1550er-Jahre als Deutschenschreiber und wenig später als Rechenmeister bezeugte Jacob Faber gehört haben.[687] Im Jahre 1563 verglichen sich die Vormünder des Matthes Olsner über den Unterhalt des Knaben sowie über seine Versorgung und Ausbildung, wobei ausdrücklich der Besuch einer Rechenschule erwähnt ist.[688]

679 Vgl. Rüdiger: Quellen zu Adam Ries' Kindern (wie Anm. 678), S. 173.
680 Vgl. StadtA Leipzig, Richterstube, KuUfB 1564, Bl. 287b.
681 Vgl. StadtA Leipzig, Hilfs- und Inventarienbuch 1564–1567, Bl. 165a–b.
682 StadtA Leipzig, Richterstube, KuUfB 1564, Bl. 161a.
683 Vgl. Rüdiger: Quellen zu Adam Ries' Kindern, S. 178f.
684 Vgl. Rüdiger: Quellen zu Adam Ries' Kindern, S. 179–181. Erwähnt ist u. a. auch ein Buch „architectur deutzsch" in Ries' Besitz.
685 Vgl. Rüdiger: Quellen zu Adam Ries' Kindern, S. 190f.
686 Vgl. Rüdiger: Quellen zu Adam Ries' Kindern, S. 194.
687 Vgl. StadtA Leipzig, Ratsbuch 15, 1559, Bl. 209b, und Ratsbuch 18, 1562, Bl. 41b.
688 Vgl. StadtA Leipzig, Ratsbuch 19, 1563, Bl. 22b–23b.

Leben und Wirken von Malachias und Paul Speck d. J.[689] machen, miteinander verglichen, manches vom Rechenmeisterwesen in dessen Hoch- und Spätphase deutlich. Als Söhne des um 1500 in Ehrenfriedersdorf geborenen und in Freiberg, Zwickau und Leipzig tätigen Steinmetzen und Ratsmaurermeisters Paul Speck d. Ä. wuchsen sie in einem Haus auf, in dem Geometrie und Rechnen eine große Rolle spielten: So bedeutete der Brückenbau zu Grimma 1548 gewiss für den Vater eine Herausforderung;[690] rudimentär ist eine Bauzeichnung zu einem anderen Projekt überliefert, die verdeutlicht, dass es „der Meister [...] nicht vermocht [habe], [...] in seinem Plan die gezeichneten Portale, wie er es wohl beabsichtigte, perspektivisch darzustellen."[691] Dennoch gab es Anregungen aus dem Elternhaus, hier vom Bau, vergleichbar denen in einer Mühle. Der Vater starb 1557 in Leipzig. **Malachias** war, wie das Folgende vermuten lässt, etwa 1532 in Freiberg geboren worden; er wurde im SS 1550 – im gleichen Semester wie Abraham Ries – an der Universität Leipzig immatrikuliert[692] (beider Väter hatten also Beziehung zum Annaberger Raum). Beide unterzogen sich dem Studium der *artes*[693], Malachias im WS 1554 der Baccalaureat-Prüfung.[694] 1557 nannte Chronist Vogel Malachias einen Schreib- und Rechenmeister. Über dessen Tätigkeit sagen die Quellen nur wenig. Er war 1563 Brotwäger im Hallischen Viertel; über diesen berichtet der 1556 beim Rat entstandene „Brothweger Aydt". Mit Rechnen hatte zu tun, dass er sollte „Achtung geben, das Broth vnd Semmeln mit dem Gewicht recht aufgetzogenn" seien.[695] Er hatte also die Einhaltung der Brotordnung zu kontrollieren, jener, die von Adam Ries 1557 für den Rat zu Leipzig ausgearbeitet worden war.[696] Nach Injurien verließ Malachias um 1568 Leipzig. **Paul d. J.**, um 1534 vermutlich in Zwickau geboren, war selbst Zögling einer deutschen (Rechen-)Schule gewesen; studiert scheint er nicht zu haben. Zunächst hat er, ohne dass etwa über eine Prüfung oder Zulassung bekannt wäre, in Leipzig über zehn Jahre hinweg eine deutsche Schule gehalten. 1564 heiratete Paul Speck d.J. **Magdalena**, Waise des Buchführers(-händlers) Wolf Gunder, die mithin ebenfalls in einem geistig angeregten Elternhaus aufwuchs. Das Paar Paul Speck d.J. und Magdalena wandte sich nach Prag, weil die Leipziger Universität seiner

689 Vgl. Rüdiger: Paul.
690 Die Akte StadtA Grimma, „Des Raths der Stath Grym Mülda Brügken bahue. Anno domini 1548" ist nach Auskunft des Archivs verloren.
691 Robert Bruck: Holzmodelle alter Dresdner Schlossbauten, in: Mitteilungen aus den Sächsischen Kunstsammlungen, VI, 1915, S. 4f.
692 Vgl. CDSR II 16, S. 683 (M 88).
693 Vgl. Rüdiger: Paul, S. 71.
694 Vgl. CDSR II 17, S. 735.
695 Das Leipziger Eidbuch von 1590, hg. und bearb. von Horst Thieme unter Mitarbeit von Sigrid Gerlach. Mit einer histor. Einf. von Bernd Rüdiger, Leipzig 1986, S. 42, 109.
696 Vgl. Rüdiger/Lorenz: Quellen, Nr. 284.

Schule „großen Abbruch getan" hatte. Die Konkurrenz der etablierten Bildungseinrichtungen – verstärkt nach 1539, dem Jahr der Einführung der Reformation im albertinischen Sachsen – scheint hier deutlich durch. Doch das religiös tolerante Klima in Böhmen wandelte sich; deshalb wandte sich Speck nach Dresden.

Die Situation in Dresden. Hier sind Rechenmeister erst spät belegt. Studierende aus Dresden gab es aber schon seit dem 14. Jahrhundert.[697] Als der erste Lehrer der Knabenschule des Rates[698] erscheint der aus dem Rechenmeistermilieu kommende *deutsche Schreiber* Oswald Saupe. Er selbst hatte seine Bildung in einer deutschen Schule erhalten und um 1545 seine Lehrtätigkeit bei Joseph Knaus begonnen.[699] Nach etwa drei Jahren wurde ihm die deutsche Knabenschule übertragen.[700] Um 1553 kam er in Streit mit dem (1568 verstorbenen) deutsche Schulmeister Stuhlschreiber Caspar Peschel,[701] wobei der Rat auf Saupes Seite trat.[702] Im Ratsprotokoll heißt es zum Unterrichtsinhalt: „Caspar dem stulschreiber ist beschiedt gegeben, der jugent sei viel, dartzu auch viel lewtte gehoren, so sei das **schreiben und rechnen eyne freie kunst**, derhalben sei es schwer, dy lewt an eynen ort zcu zcwingen, und man konne ihn nicht hindern, do er seyne besserung wisse."[703] Jacob Fehrmann kündigte in seinem Programm an, auch im höheren, kaufmännischen Rechnen auszubilden.[704] Rechenunterricht wurde auch 1550 erwähnt, als ein deutscher Schreiber die Erlaubnis erhielt, „rechen- und fechtschulen" zu halten.[705] Paul Speck d. J., von Prag kommend, wo er als deutscher Schulhalter gewirkt hatte, bat 1569 den Rat zu Dresden erfolgreich um Verleihung der Knaben- und Mädchenschule, wobei letztere von der Frau übernommen werden sollte.[706] So bewilligte der Rat am 15. April 1569 die Hälfte des Gehaltes Peschels.[707] Das Schulgebäude lag „beÿ vnser lieben frauen kirchoff", also neben der Frauenkirche. Die Schule war eine Einrichtung der Stadt, wie Gehalt und die Tatsache zeigen, dass sie 1571 das „hauß so man gemeiner Stadt zum besten zur maigdel-⌈vnd deutzschen knaben schule⌉ [...] gekaufft" hatte.[708] Paul

[697] Vgl. Viktor Hantzsch: Dresdner auf Universitäten vom 14. bis zum 17. Jahrhundert, in: Mitteilungen des Vereins Geschichte Dresdens, 19, Dresden 1906.
[698] Vgl. StadtA Dresden, D I, Bl. 170b. Georg Müller: Die Anfänge, S. 283.
[699] Vgl. Stadtarchiv Dresden, D. I, Bl. 173b.
[700] Vgl. StadtA Dresden, D I, Bl. 170b. Georg Müller: Die Anfänge, S. 283.
[701] Vgl. StadtA Dresden, D. I., Bl. 240b.
[702] Vgl. StadtA Dresden, D. I, Bl. 170a.
[703] StadtA Dresden, A. II, 100c, Bl. 29b.
[704] Vgl. Georg Müller: Die Anfänge, S. 288.
[705] Vgl. StadtA Dresden, A. XVb. Bl. 63, Tagzettel 1549, 1550.
[706] Vgl. Georg Müller: Die Anfänge, S. 281f. Specks Bewerbungsschreiben, in dem er seinen Lebenslauf erzählt, ist verloren; vgl. StadtA Dresden, D. I, 240b; A. II, 100c, Bl. 324, 239.
[707] Vgl. StadtA Dresden, D. I., Bl. 240b.
[708] StadtA Dresden, Rechnungsarchiv, Kämmerei-Rechnungen (Altstadt), Sign.: 2.5 (1.1).

Speck erscheint 1574 als Rechenmeister.[709] Das Ehepaar, also auch die Frau, waren wenigstens noch 1578 tätig und sie als Deutsche Schul- und Rechenmeisterin anerkannt. Nach einem Visitationsprotokoll aus diesem Jahr unterrichtete er die Knaben, seine Frau die Mädchen und zwar „ein ides die seinen in vnderschiedlichen Stuben"[710] in einem Haus am Neumarkt.[711] 1579 wird Paul Speck d. J. gestorben sein.[712] Danach bat die Witwe um Befreiung vom Schuldienst, weil sie sich „anderweit vorehelichet" habe.[713] Ihr Einkommen wird dem bisherigen Knabenlehrer Valten Emrich zugelegt, der 1581 die neuerbaute deutsche Schule erhielt. Als Ottilia Peschel nach mehr als 30-jähriger Tätigkeit starb,[714] war er, bis ans Ende des Jahrhunderts, der einzige vom Rat bezahlte deutsche Schulmeister.[715]

Paul Speck und dessen Frau waren in Dresden anscheinend ausschließlich als Schulhalter tätig; der Rat hat sie zu Rechnungssachen nicht herangezogen. Jedenfalls übertrug er die Erarbeitung einer neuen Brotordnung 1569 und 1574 Abraham Ries.[716] In seinem (1945 untergegangenen) Gesuch an den Rat zu Dresden hat Paul Speck auch über schriftstellerische Tätigkeit berichtet; danach verfasste er Schriften, die teils dem Unterricht dienen sollten, teils die Reform der deutschen Schule bezweckten. Erhalten bzw. gedruckt scheint davon nichts zu sein. Nach einer (vor 1945 entstandenen) Referierung handelte das erste Buch von den Übelständen im deutschen Schulwesen, die durch Eltern, Schüler und Schulhalter verursacht worden seien, und gab eingehende Instruktionen für die verschiedenen Gruppen. Vorschriften bei Einrichtung deutscher Schreib- und Rechenschulen schlossen sich an. Vermutlich ist die Problematik zwischen den Eheleuten vorab diskutiert worden. Ein zweites Buch befasste sich mit dem Schönschreiben, ein weiteres mit Ratschlägen für ein frommes Leben.

709 Vgl. StadtA Dresden, A. II, 100c, Bl. 324; Georg Müller: Die Anfänge, S. 288.

710 Vgl. StadtA Dresden, A II 66, Bl. 164 (Original), 161b (Abschrift).

711 Vgl. StadtA Dresden, A II, 100c, Bl. 309. Vgl. zum Ankauf die Kämmerei-Rechnungen 1571: „400 Schock oder 1000 thaler Laux Zimmermanns erben ufs hauß so man gemeiner stadt zum besten zur maigdel- und deutzschen knabenschule umb 2000 thaler gekaufft [...] 11 Schock 50 gr. 11 pf. oder 33 fl. 17 gr. 11 pf. dem deutzschen schulmeister Paul Speck wegen pesserung deß hauses an Unser Lieben frawen kirchoff wiedergegeben 19. Octob. 1572." Vgl. auch Kämmerei-Rechnung 1579.

712 Am Trinitatistermin 1579 ist letztmals sein Gehalt aufgeführt, im folgenden Vierteljahr muss er gestorben sein, denn beim Termin *Crucis* (14. September) fehlt sein Name; vgl. StadtA Dresden, Religionsamts-Rechnungen vom Jahre 1579 und 1580.

713 Vgl. StadtA Dresden, D. I, 344.

714 StadtA Dresden, Religionamts-Rechnungen vom Jahr 1585.

715 Einstimmiger Ratsbeschluss, dass künftig neben der lateinischen Schule nicht mehr als eine deutsche Schule gehalten werden solle; StadtA Dresden, D II, 111a.

716 Vgl. StadtA Dresden, CXXXIV 140a., „Alte Becker-Acta", Bl. 60b, 71a–b; ebd., CXXXIV. 2a, Bl. 2a–20a (1574 zusammen mit Bruder Isaac).

1562 ist Saupe bei der Feststellung der Dresdner Privatschulen genannt.[717].Der Rat betonte noch in den 1580er-Jahren, dass die zeitweilige Überfüllung[718] der Ratsschulen sowie deren Entfernung von einzelnen Stadtteilen das Entstehen neuer Schulen wünschenswert machten.[719]
Einmal ist die Rede von *dem Arithmetico von Dresden*, dessen Namen nicht erwähnt ist. Ihm vermachte der Rat zu Zwickau 1573/74 wegen der Übersendung von *einem Calendario* 2 Gulden;[720] vermutlich ist er der an anderer Stelle als *Rechenmeister Zu Dresdenn* bezeichnete.[721] 1574/75 findet sich unter „Raths Vorehrüng vnnd Geschenckh" und „Gemeine Aüsgaben" unter den Verehrungen „24. g. Georgio Leomanno Mathematico".[722] Er dürfte auch der für Zwickau Aktive gewesen sein. Der in Wittenberg auch in Mathematik promovierte und mit einer lateinischen Algebra hervorgetretene Caspar Peucer ist während seiner Tätigkeit seit 1570 als Leibarzt am kursächsischen Hof anscheinend nicht mathematisch wirksam geworden.[723] Dass generell nicht mehr bekannt ist, wird auch an den großen Dokumentenverlusten liegen, die Dresden 1945 erlitten hat.[724]

Die Situation in Chemnitz, dem um 1170 Stadtrecht verliehen worden war,[725] bestimmte die Herstellung von Leinen und Tuchen als Exporthandwerk die Wirtschaft. Die vom Landesherrn 1357 privilegierte Chemnitzer Bleiche machte die Stadt zum Mittelpunkt der sächsischen Leinwandveredlung. Führende Kreise des Chemnitzer Bürgertums stellten Beziehungen zum erzgebirgischen Bergbau her. In der Stadt wurden seit 1470 zwei Kupferhämmer und eine Saigerhütte betrieben.[726] Rechenwissen gab es früh, aber es kam von außen: am 1. Juli 1274 erhielt der Scholasticus zu Meißen den Auftrag von Papst Gregor X., alle dem Marienkloster in Chemnitz entfremdeten Güter wieder an dasselbe zu bringen.[727] Die

[717] Vgl. StadtA Dresden, D. I, 172. Georg Müller: Die Anfänge, S. 283.
[718] Bericht über die Mädchenschule 1575: es sei „sonderlich zu Sommers Zeiten die Schule von den Mägdlein dermassen vbermenniget, das sie zuweilen wegen des Gedrenges wol krank durcheinander, vielweniger nach Notturfft vberhoret vnd vnterweyset können werden". StadtA Dresden, D. I, Bl. 269b.
[719] Vgl. StadtA Dresden, D. I, 269b. Georg Müller: Die Anfänge, S. 285.
[720] Vgl. StadtA Zwickau, Chammer Büch Michaelis 1573 – Michaelis 1574, Bl. 120b.
[721] Vgl. StadtA Zwickau, Manual Michaelis 1574 – Michaelis 1575, Position 46.
[722] Vgl. StadtA Dresden, Kammerrechnung 1574 (Walpurgis 1574 – Walpurgis 1575).
[723] Vgl. Anne Meißner/Stefan Deschauer: Zur Algebra des Caspar Peucer, in: Arithmetische und algebraische Schriften der frühen Neuzeit. Tagungsband [...], hg. von Rainer Gebhardt, Annaberg-Buchholz 2005, S. 309.
[724] Vgl. Peter Rochhaus: Martin Kupffer (um 1664) [...], in: Rechenbücher und mathematische Texte der frühen Neuzeit. Tagungsband [...], hg. v. Reiner Gebhardt, Annaberg-Buchholz 1999, S. 331.
[725] Vgl. Lexikon Städte und Wappen, S. 221.
[726] Vgl. Hoyer: Sachsen, S. 225.
[727] Vgl. CDSR II 6, Nr. 314, S. 273; Müller: Die Anfänge, S. 10.

Schule zu Chemnitz hat sicher schon vor 1399, als erstmals von einem *schulmeistir* daselbst die Rede ist, längere Zeit als Stadtschule bestanden.[728] Vielleicht war jener „Fredericus Macherin de Oschatz in artibus baccalaurius", der in einer Urkunde vom 3. Juni 1367 als Zeuge zwischen dem Chemnitzer Bürgermeister und einem anderen Chemnitzer steht, der erste bekannte Leiter der Chemnitzer Schule.[729] Die Schule zu Chemnitz (unter Paul Niavis) erfreute sich Ende des 15. Jahrhunderts eines guten Rufes, Die Erstellung einer Brotordnung 1537 zeigte aber viel Unsicherheit aufseiten der Beteiligten im Stadtrat.[730] Rechenmeister lassen sich nicht nachweisen.[731]

Die Situation in Zwickau Da hier 1210 eine Münzstätte sowie 1291 eine städtische Lateinschule existierten (s. o.) und 1494 die Gemeinde die Finanzkontrolle anstrengte,[732] hat es in der Stadt stets Rechenkundige gegeben. Auch ist bekannt, wie wissbegierige junge Menschen ohne einen Rechenmeister sich gegenseitig unterrichteten, so Adam Ries und Thomas Meiner im Jahre 1509 im Dreisatz.[733] Vermutlich nutzten sie dazu das gedruckte deutsche kaufmännische (Bamberger) Rechenbuch von 1483.[734] Für Rechenmeister existieren aber erst spät Belege:[735] 1527 äußerte der Rat: „Sall man mit dem schulmeister reden, das ehr sich der deutschen schulen nit so heftig wolde annemen [drangsalieren?] vnd soll die sache dohin geerbt(?) werden, domit ein deutscher schreiber vnd rechenmeister alhir, gleich wie in andern stetten, tzu notturft der gesellen, vnd anderer die lust [auf] ein gute deutsche schrifft vnd rechnen hetten, geduldet wurde. Sonderlich angesehen das solchs von vielen burgern embsiger begert wirdet vnd in andern stetten der gebrauch ist."[736] Erst 1535 heißt es im Ratsprotokoll, Hieronymus Marschalk habe um Erlaubnis, eine Rechenschule zu errichten, nachgesucht. Er darf die Schule [also mit Genehmigung des Rates zu betreiben] versuchen. Würde er

728 Vgl. Müller: Die Anfänge, S. 270, unter Verweis auf CDSR II 6, Nr. 67, S. 57.

729 Vgl. Müller: Die Anfänge, S. 270, unter Verweis auf Orig.-Urk. im SHStA Dresden. Nr. 3862.

730 Vgl. Bernd Rüdiger: Von Adam Ries beeinflusste Brotordnungen in Chemnitz und Altenburg, in: JbARB, Bd. 2, 2011, S. 107.

731 Vgl. Alfred Maschke: Berufsgruppenverzeichnis zum Sterberegister St. Jacobi [Chemnitz] 1634–1650, um 1975, in. Stadtarchiv Chemnitz; ders.: Begräbnisse in St. Jakobi von Chemnitz in den Jahren von 1585 bis 1599, Masch.-schr. Ms., o. J., im Stadtarchiv Chemnitz; ders.: Begräbnisse in St. Jakobi von Chemnitz in den Jahren von 1573–1584, Masch.-schr. Ms., o. J., im Stadtarchiv Chemnitz; ders.: Begräbnisse in St. Jakobi Chemnitz 1566–1572, Masch.-schr. Ms., o. J., im Stadtarchiv Chemnitz; ders.: Begräbnisse aus St. Jakobi Chemnitz 1548–1565, Masch.-schr. Ms., o. J., im Stadtarchiv Chemnitz.

732 Vgl. S. 114, Anm. 85.

733 Vgl. Rüdiger/Lorenz: Quellen, S. 102. Bezieht sich auf Ries: Practica, Leipzig 1550, Bl. 163a.

734 Vgl. Schröder: Ulrich Wagner, S. 33.

735 Kein Beleg in Rainer Gebhardt: Der „Rechenmeister" Otto in Zwickau.

736 StadtA Zwickau, Ratsprotokoll 1525–1528, Sign. RP III x 62, Bl. 30 [vom 6. Februar 1527].

geschickt befunden, könne er ferner gefördert werden.[737] Ein Deutschenschreiber, der vielleicht auch Rechenmeister war, erhielt 1559 Bürgerrecht: „Wolf thirfelder Deutzscher Schreiber vonn hermenstorff" [Hermannsdorf].[738] „Deutzschen schreiber Barthel Müller" ist 1571/72 erwähnt.[739] „Jacob Petzolt Deutzschen Schreibern" durchwanderte Zwickau etwa zur gleichen Zeit.[740]

Die Situation in Annaberg[741] Die neue Bergstadt ist ein Muster bei der Versorgung mit Rechenleistungen durch Rechenmeister. Die Lateinschule vermochte nicht annähernd den Bedarf im Bergbau abzudecken. So hoch derselbe, so hoch die Anziehungskraft: Hier hielten sich auf Johannes Widmann (zugezogen aus Leipzig, gest. um 1513),[742] Ulrich Rülein von Calw (1496?, sicher 1508),[743] Hans Conrad(?),[744] Johannes Wagner aus Sayda,[745] vermutlich Hans Bernecker (aus Leipzig, dessen Tochter 1523 in Annaberg heiratete),[746] Adam Ries und einige seiner Söhne (Adam, Jacob, Abraham)[747] sowie andere Rechenschulbetreiber wie der um 1539 angestellte Schulmeister Heinrich Müller.[748] Eine Rechenschule Adam Ries' hat es aber wahrscheinlich nicht gegeben; „Die Extension des Begriffs ‚Rechenmeister' ist wesentlich weiter, als dass sie auch nur ansatzweise mit dem Rechenlehrer identifiziert werden könnte. Nicht jeder Rechenmeister war zugleich ein Rechenlehrer, und der Rechenlehrer bei weitem nicht zugleich Rechenmeister."[749]

737 StadtA Zwickau, Ratsprotokoll 1534–1536, Sign. RP III x 64, Bl. 49b [vom 7. Juni 1535]. Nach Gebhardt: Rechenmeister ist nicht gleich Rechenmeister (s. S. 169, Anm. 472), S. 61.

738 Vgl. StadtA Zwickau, Bürgerbuch, Tag der Einbürgerung 1522–1568, III Y Nr. 1B., Bl. 157a.

739 StadtA Zwickau, Chammer Büch Michaelis 1571 bis Michaelis 1572, Bl. 120b.

740 StadtA Zwickau, Chammer Büech Michaelis 1572 bis Michaelis 1573, Bl. 79a.

741 Vgl. Rüdiger/Gebhardt: Rechenkundige, S. 21–28; Rochhaus: Adam Ries und die Annaberger Rechenmeister (s. S. 194, Anm. 640), S. 95–106.

742 Vgl. Bernd Rüdiger: Zu Johannes Widmann in Annaberg, in: JBARB, Bd. 8, 2017, S. 104–108.

743 Vgl. künftig Bernd Rüdiger: Einwohner Annabergs zu der Zeit Adam Ries'. Erste Ergebnisse der Projektarbeit, in: JBARB, Bd. 15, 2024, S. 109f.

744 So meinte P. Rochhaus, Probierer Hans Conrad habe wie andere Bergsachverständige und -beamte in der Frühzeit Annabergs bei dessen hohen Bedarf an Rechenkenntnissen „eine gewisse Rolle als ‚Rechenmeister'" wahrgenommen; vgl. Rochhaus: Adam Ries und die Annaberger Rechenmeister (wie Anm. 741), S. 97f. Zu Adam Ries' Meinung über Conrads Beitrag für die Erweiterung der Einsatzmöglichkeiten von Rechnen und Mathematik vgl. Rüdiger: Adam Ries. Leben, S. 50.

745 Vgl. Bernd Rüdiger: Einige Bemerkungen zum Beitrag Manfred Weidauers über Adam Ries in Erfurt im Jahrbuch 2023, in: JBARB, Bd. 15, 2024, S. 82.

746 Vgl. Rüdiger: Einige Bemerkungen, S. 82.

747 Vgl. Bernd Rüdiger: Adam Ries d. Ä. und dessen Söhne als Rechenmeister und Mathematiker sowie die Wandlungen im 16. Jahrhundert, in: Rechenmeister und Mathematiker der frühen Neuzeit. Tagungsband […], Annaberg 2017, S. 151–170.

748 Vgl. Gebhardt/Rüdiger: Mit Rechenmeister Heinrich Müller, S. 40f.

749 Vgl. Wolfgang Lorenz: Zum Problem der Rechenschule des Adam Ries in Annaberg, in: Visier- und Rechenbücher der frühen Neuzeit, S. 325.

Die Situation in Freiberg Nachweisbar sind mehrere Rechenmeister, jedoch erst für das 16. Jahrhundert, so der vermutlich aus Nürnberg stammende Caspar Hützler (1543),[750] dann Oswald Ulman und Caspar Thierfelder (1564)[751] sowie in den 1570er-Jahren Johan Otto, dessen Rechenbuch Abraham Ries scharf kritisierte.[752] Ottos 1579 veröffentlichtes Werk gehört zu den letzten umfangreichen Rechenbüchern in deutscher Sprache im 16. Jahrhundert. Obwohl der Autor die ungenügenden Rechenkenntnisse des Volkes sah, meinte er, dass man mit Hilfe der von ihm erstellten Tabellen im Alltag durchaus allein mit Hilfe der Addition zurechtkäme,[753] was sicher irrig war. 1580 ist in Altenburg von *Eÿnem Rechenmeister von freibergk* die Rede, „hatt eÿn Churfurstlich patent seyner kunst gezeiget, freÿtt. post iudica [25. März]".[754]

Die Situation in Schneeberg[755] Dass es auch hier Rechenkundige gab, die ggf. Leuten helfen konnten, selbst wenn keine Rechenmeister bekannt sind, erhellt aus der Tätigkeit der Schneeberger Münzmeister, so Augustin Horn (1483–98), Heinrich Stein (1497–98), Andreas Funcke (1501–29); Sebastian Funcke (1529–69), des Schneeberger Bergmeisters Nikolaus Meiner (1495–97),[756] dessen 1509 in Zwickau mit Adam Ries rechnender Verwandter Thomas Meiner dann 1516 als Ratsperson im Gericht Schneebergs saß[757] und ab 1523 Zehntner daselbst war[758] (während ein folgender Bergmeister, Thomas Hornig, weder schreiben noch lesen konnte[759] und eines weiteren, Wolf Hirschel, um 1509 Ablösung vom Kurfürsten wegen *Unschicklichkeit* verlangt wurde[760]), des Bergschreibers und Bergmeisters

750 Vgl. Rainer Gebhardt: Neues zu Caspar Hützler aus Nürnberg, in: Die Entwicklung der Mathematik in der Frühen Neuzeit. Tagungsband […], hg. von Rainer Gebhardt, Annaberg-Buchholz 2020, S. 357–362 [= SARB, Bd. 29]; Stefan Deschauer: Ein frühes Fragment des Rechenbuchs von Caspar Hützler, in: JbARB, Bd. 14, 2023, S. 73–85.

751 Vgl. Rainer Gebhardt: Oswald Ulmann und Caspar Thierfelder – zwei Schüler von Adam Ries, in: JBARB, Bd. 13, 2022, S. 116–121.

752 Vgl. Rainer Gebhardt: Der Freiberger Notar Johan Otto und sein Rechenbuch von 1579, Annaberg-Buchholz 2020 (= Der Rechenmeister, H. 24); Bernd Rüdiger: Quellen zu Abraham Ries und dessen Kindern, bearb. unter Mitwirkung von Rainer Gebhardt und Wolfgang Lorenz, Annaberg-Buchholz 2013, Nr. 171, S. 188–190; Rainer Gebhardt: Ein astrologisches Blatt von Johan Otto aus Freiberg, in: JbARB, Bd. 14, 2023, S. 63–67.

753 Vgl. Gebhardt: Der Freiberger Notar Johan Otto (wie Anm. 752), S. 36.

754 Vgl. StadtA Altenburg, Jahrrechnung 1580/1 XI. A 2[a] Nr. 100.[a] (ohne Bl.-Bez.).

755 Vgl. Peter Rochhaus: Zu den Rechenmeistern im sächsischen Erzgebirge während des 17. und 18. Jahrhunderts am Beispiel der Städte Annaberg, Johanngeorgenstadt und Schneeberg, in: Verfasser und Herausgeber, S. 343–352.

756 Zu Nicolaus Meiner und den Funktionen des Bergmeisters in Schneeberg vgl. Oswald Hoppe: Der Silberbergbau zu Schneeberg bis zum Jahre 1500. Dissertation, Freiberg 1908, S. 35–37; Laube: Studien, S. 70.

757 Vgl. Meltzer: Historia Schneebergensis, S. 78.

758 Vgl. Meltzer: Historia, S. 383; Laube: Studien, S. 69, 226, 232.

759 Vgl. Laube: Studien, S. 70.

760 Vgl. Laube: Studien, S. 71.

Paul Schmidt (1514–22)[761] oder auch des Schneeberger Notars Andreas Reinhard, eines für das Rechnungswesen der Kommunalverwaltung zuständigen Mannes,[762] der deswegen aber, nach der Argumentation I. Schneiders, nicht als Rechenmeister anzusprechen ist.[763]

Die Situation in Kleinstädten[764] Teilweise sehr früh sind wenigstens Rechenkundige nachweisbar. So wirkte als Rechenkundiger 1266 „Rulico de Belgirn [Belgern] **advocat**. Provinciae" bei der Beurkundung der Verschenkung von Zinsen mit.[765] Auch die **Schulmeister** in den Schulen, insbesondere Stadtschulen, sollten hierzu gehören, so in Bischofswerda 1392,[766] Dippoldiswalde 1394.[767] Ebenso können Münzmeister zu den Rechenkundigen gezählt werden, so der 1475 erwähnte Peter Swabe, Münzmeister zu Colditz.[768] Schließlich lässt sich für so gut wie jede Stadt ein unbedingt auch zum Rechnen befähigter Stadtschreiber nachweisen, etwa wenn 1401 für Naunhof „Mathis Schriber" im Zusammenhang mit Geldsachen genannt ist,[769] oder ein Stadt-Kämmerer wie Gregor Borner 1505 in Delitzsch.[770] Auch müssen die Deutschenschreiber erwähnt werden: So ist in Altenburg ein *Deutzschen schreiber* 1554 in Verbindung mit kommunalen Rechnungssachen belegt.[771]

Kleinstädte haben vom Zuzug von Rechenmeistern aus größeren Städten profitiert, wo deren Zahl zur Abwanderung drängte. So ging Malachias Speck von Leipzig nach **Mittweida**; er wird Rechenmeister genannt.[772] Aber auch den umgekehrten Fall gibt es; Joseph Knaus war zunächst in Oschatz *Stuhlschreiber*, deutscher Schul- und Rechenmeister, gewesen und ging dann nach Dresden.[773]

Keine Nachweise von Rechenmeistern gibt es bislang für Adorf, Altenberg, Auerbach (hier entwickelten sich der Zinn- und Eisenerzbergbau; 1503 erhielt es sicher Rechenkundige), Augustusburg, Bärenstein, Belgern, Berggießhübel, Bernstadt und andere Städte. Aber in vielen kleinere Orten kann es eben dennoch Rechen-

761 Vgl. Laube: Studien, S. 71.

762 Vgl. Bernd Elsner: Das Rechenbuch des Andreas Reinhard, Notarius Publicus, Organist und Rechenmeister in Schneeberg, in: Rechenmeister und Cossisten, S. 211–220.

763 Vgl. Schneider: Ausbildung, S. 2.

764 Wenig ergiebig Peter Rochhaus: Zur Geschichte der deutschen Rechenmeister im ehemaligen Herrschaftsbereich der Wettiner, in: SHtBll., 2008, H. 1, S. 36–38.

765 Vgl. CDSR II 4, Nr. 411, S. 311.

766 Vgl. Lexikon Städte und Wappen, S. 53.

767 Vgl. Müller: Die Anfänge, S. 245, unter Verweis auf CDSR II 5, Nr. 99, S. 94.

768 Vgl. CDSR II 8, Nr. 479, S. S. 400.

769 Vgl. Vgl. CDSR II 10, Nr. 218, S. 151f.

770 Vgl. CDSR II 11, Nr. 251, S. 307.

771 Vgl. StadtA Altenburg Cämmerei-Rechnung ... 1554, XI. A. 2a Nr. 74a.

772 Vgl. Rüdiger: Paul, S. 74.

773 Vgl. Georg Müller: Die Anfänge, S. 280. „xl gr. Joeseph dem deutschenn schulmeister von seynem gerethe herzufhurenn"; StadtA Dresden, A. XVb, Bl. 56a, Nr. 4, Bl. 22b.

meister gegeben haben, wenigstens Leute, die sich ein wenig bei Zahlen und einfachem Rechnen auskannten. Manche Städte nahmen auch Dienste von Rechenkundigen aus anderen Städten in Anspruch, so ist 1580 in Altenburg von *Eÿnem Rechenmeister von freibergk* die Rede.

Die Quellen bestätigen: **Rechenmeister** zu sein, sagt über dessen Tätigkeit nur wenig aus, auf jeden Fall nicht, dass der Begriff mit dem des Rechenlehrers gleichzusetzen sei. Aber für **Lehrende** gibt es Belege. In einigen Fällen, so bei Isaac Ries, legt das Inventar davon Zeugnis ab, für Paul Speck sein Bewerbungsschreiben. Jedoch selbst wo in Schulen gerechnet wurde, ist das nicht immer belegt. „In den Schulen des 16. Jahrhunderts [...] die Stellung der Mathematik noch eine ganz unsichere; die Eloquenz war so sehr die wichtigste Aufgabe, daß für Dinge, die nicht in engem Zusammenhang damit sich treiben ließen, kein Raum blieb. Die älteren Schulordnungen erwähnen den mathematischen Unterricht überhaupt nicht oder nur im Vorübergehen und mit frommen Wünschen; spätere fordern allerdings einen Unterricht in der Mathematik, doch erstreckt er sich nur auf das gemeine Rechnen."[774]

Bemerkenswert sind Belege über **Unterrichtung von Mädchen durch Rechenmeister.**[775] Zunächst seien zum Vergleich einige Hinweise aus Wittenberg gegeben, wo die Reformation bald nach 1517 begann. Die Wittenberger Kirchenordnung von 1533 enthielt für die Jungfrauenschule folgende Bestimmung: Nachdem sie [die Mädchen] lesen, schreiben und singen können, soll man sie „mit der Zeit" auch lehren das „Ciffern [Zählen] und etwas von der Arithmetica".[776]
Da in Dresden anfangs die Mädchenschule am meisten Interesse erregte, hätte für sie wie in Zwickau[777] eine Nonne als Lehrerin angestellt werden können.[778] Aber auf die Anstellung einer Lehrfrau, gibt es zunächst keine Nachricht. Nur eine Witwe führte längere Zeit die Tätigkeit nach dem Tod ihres Mannes fort.[779] Erst durch den zuvor in Oschatz als deutscher Schul- und Rechenmeister tätigen Joseph Knaus scheint die Mädchenschule seit 1542 ihre Ausgestaltung erhalten zu haben. 1554 diente als deutscher Schulmeister der Stuhlschreiber Caspar Peschel, der bis zu seinem Tod 1568 die Mädchenschule verwaltete. Sie stand unter ihm in hohem Ansehen.[780] Als er nach 15-jähriger Wirksamkeit starb, bestand die Anerkennung darin, dass man seiner Witwe das vielumworbene Amt ließ und ihr die

[774] Friedrich Paulsen: Geschichte des gelehrten Unterrichts auf den deutschen Schulen und Universitäten vom Ausgang des Mittelalters bis zur Gegenwart, Bd. I, 2. Aufl., Leipzig 1896, S. 552.
[775] Vgl. Georg Müller: Die Anfänge, S. 274–276, 278.
[776] Vgl. Die evangelischen Schulordnungen, S. 27; Hugo Grosse: Historische Rechenbücher, S. 15.
[777] Vgl. Herzog, Chronik, Bd. I, S. 182ff.
[778] Vgl. Georg Müller: Die Anfänge, S. 276f.
[779] Vgl. Georg Müller: Die Anfänge, S. 279.
[780] Vgl. Georg Müller: Die Anfänge, S. 280f.

Hälfte des Einkommens zugestand: „Denn 24 Julij .68. hatt ein Erbar Rath die Peschelin Zur Maiglein Schulmeisterin angenhommen [...] fur lesen vnd schreiben lernen [...] die kinder Im Cathechismo vnnd gottes worth etc. treulich vnd vleissig Zuunderweisenn, souiel Ir vorstandt mittbringett“[781], und zwar für 20 f. und freie Wohnung. Wenige Jahre später heißt es, das Fortbestehen der Schule bezeugend: „Gemeÿne Ausgabe der Religion tzu alten Dreßden Michaelis 71–Michaelis 72: 17 ß 30 g dem schulmeister [...] 2 ß 48 g der Jungfer schulmeisterin 2.5 (1.1) Nr. 1571“. Auch Paul Specks d. J. Frau hat bereits in Prag den Mädchen Rechenunterricht erteilt.[782]

Keine Belege für Lehrtätigkeit sind **Rechenbücher, die nicht wenige sächsische Rechenmeister verfasst haben**, auch das von Isaac Ries, denn dessen Inhalt verfolgte andere Ziele als zu unterrichten. Nicht selten ging es Mathematikern und Rechenmeistern darum, ihre Erkenntnisse in eigenen Schriften darzulegen, vor allem, wenn sie lateinisch verfasst wurden, was ihre Breitenwirkung von vornherein einschränken musste. Sie wurden zumeist in Leipzig, daneben in Wittenberg und Freiberg gedruckt. Die gedruckten Schriften[783] vor allem der Universitätsangehörigen waren Instrumente der Ausbildung, daneben Bildungsmittel für andere Interessierte, z. B. Kaufleute.
Andererseits bleibt festzuhalten: „Rechenmeister trugen in ihrem Unterricht und dadurch, daß viele [...] auch als Verfasser von Rechenbüchern auftraten, wesentlich zur [...] Volksbildung [...] bei. Sie [...] halfen [...], die deutsche Schriftsprache zu festigen.“[784] Bemerkenswert ist das Qualitätsprüfungsverfahren vor der Drucklegung des Rechenbuches von Johann Otto aus Freiberg, indem der Kurfürst beim Rat zu Leipzig ein Gutachten über dessen Nützlichkeit einholte.[785]

Für all dies waren **die Städte initiativ, aber zunächst nur als Inseln**. Außerdem fragt sich, wieviel Kinder einer Stadt das Angebot erreichte, sofern überhaupt eines bestand, und wie es genutzt worden ist. Es ist ja kaum einzuschätzen, ob wirklich der „stark gewachsene Bedarf an geeigneten Rechenfertigkeiten [...] in Deutschland ab dem 15. Jahrhundert durch an deutschen Rechen- und Schreibschulen tätige Rechenmeister befriedigt“ wurde.[786] Tatsächlich gab es am Anfang

[781] Vgl. Georg Müller: Die Anfänge, S. 281. Stadtarchiv Dresden, Ratsprotokoll vom 24. Juli 1568, A. II., 100c, Bl. 249.
[782] Vgl. StadtA Dresden, D. I, 239; Georg Müller: Die Anfänge, S. 288.
[783] Vgl. Jochen Hoock/Pierre Jeannin: Ars Mercatoria, eine analytische Bibliographie, Bd. 1: 1470 – 1600, Paderborn 1991.
[784] Kaunzner: Über das wissenschaftliche Umfeld, S. 163.
[785] Vgl. SHStA Dresden, Loc. 8523. Das 3. Buch der an Kurfürst August von Sachsen gelangten gemeinen Schreiben 1577/79, Bl. 173.
[786] So die Behauptung von Schneider: Ausbildung, S. 5.

des 16. Jahrhunderts in Sachsen kaum Möglichkeiten zu einem den neuen Erfordernissen gemäßen Kenntniserwerb für alle, nicht einmal für Kinder der Städter. Wenn Leipzig am Ende des 15. Jahrhunderts rund 8.000 Einwohner zählte, und Annaberg 1509 vermutlich die gleiche Zahl,[787] so darf man sicher bei der geringen allgemeinen Lebenserwartung darunter jeweils 1.000 (Schul-)Kinder vermuten, die bei einer Klassenstärke von 50 immerhin 20 Schulräume belegt hätten. Selbst bei Abzug der Mädchen bliebe die Hälfte. Von einem solchen Ist-Zustand waren die Städte weit entfernt. **Nicht alle jungen Menschen haben auch nur eine Rechenschule besucht.** Gewiss gab es im 15./16. Jahrhundert bei vielen Menschen einen Umgang mit Produkt- und Geldmengen, er blieb aber hinsichtlich der Zahlengrößen meist begrenzt und die erforderlichen Operationen weiterhin meist auf Nummerieren, Addieren und Subtrahieren beschränkt. Alltägliches Rechnen im Haushalt, beim Marktkauf und selbst in der Wirtschaft wurde weiterhin ggf. mittels weniger, sich wiederholender, eingeübter und durch jedermann versteh- und beherrschbarer Verfahren durchgeführt und – sofern notwendig – von einfachen Hilfsmitteln unterstützt.[788]
So kann man feststellen: **Rechenmeister haben wenigstens für einen Teil der Heranwachsenden den Wissenserwerb etwas von einer empirisch-spontanen zu einer mehr planmäßigen Angelegenheit gemacht**. Sofern die Tätigkeit von Rechenmeistern direkt der Unterrichtung junger Menschen im Rechnen diente, war das eine wichtige Angelegenheit.

Rechenmeister aber, die vorwärtskommen und etwas leisten wollten, konnten auf Dauer nicht mit einfachen Dingen und Geheimnistuerei[789] Kunden gewinnen.

[787] Vgl. Hoyer: Sachsen, S. 225.

[788] Finger, Kerbholz (es bestand aus einem Stück Holz, auf dem der Gläubiger die Schuldsumme durch Kerben bezeichnete und diente zur Berechnung zwischen Schuldner und Gläubiger) Müllerknoten u. a., die ohne Kenntnis von Zahlensymbolen nutzbar waren und kaum Unterrichtung verlangten; vgl. Fritz Deubner: Adam Ries, der Rechenmeister des deutschen Volkes, in: NTM. Zeitschrift für Geschichte der Naturwissenschaften, Technik und Medizin, 1. Jg., o. J. (1960), H. 3, S. 13; Günther: Geschichte des mathematischen Unterrichts, S. 287; Cantor: Mathematische Beiträge, S. 282. Im Eigengebrauch des Rates zu Leipzig diente für zahlengebundene Vorgänge als Gedächtnisstütze wie als Beweismittel das z. T. zweigeteilte Kerbholz. Aus dem Jahre 1498 ist überliefert, dass auf Bitte Nickel Hofers Abgeordnete des Leipziger Rats zur alten Fabian Beutlerin gingen, die auf dem Kerbholz nachweisen soll, wieviel Geld Hofer wegen des Hauskaufs bereits an sie gezahlt hat, was er nunmehr im Ratsbuch aufzuzeichnen wünscht. „Als hat sie zweӱ kerbholtzer gezcaigt vnd gesagt, was sich dar an befunde vnd angesnitten were, das hett sie also entpfangen [...]“; vgl. StadtA Leipzig, Ratsbuch 2, Bl. 211a. Vgl. Schulden Cuntz Meisburgs bei Cuntz Kroll und Vereinbarungen zur Rückzahlung bei Nutzung des Kerbholzes, Leipzig 1504: StadtA Leipzig, Ratsbuch 3, Bl. 95b. Das von Valten Schopperitz beim verstorbenen Magister Goritz zusammen mit Kerbholz und Register eingelegte Geld für Caspar Gunter wird Schopperitz' Ehefrau in Leipzig 1552 wieder zugestellt: StadtA Leipzig, Ratsbuch 10, Bl. 294.

[789] Auch Künstler hüteten ihr Wissen um die Perspektive und gaben die Kunst in ihrer Werkstatt nur an Ausgewählte weiter; vgl. Wußing: 6000 Jahre, S. 359.

Sie **mussten sich** vielmehr ständig und deutlich auf neue Wünsche einstellen und autodidaktisch anhand zugänglicher Quellen hinsichtlich der **neuen Ergebnisse der mathematischen Wissenschaft qualifizieren**. So berichtet Adam Ries ja selbst über **gemeinsames Rechnen** mit Hans Conrad und Hans Bernecker schon in jungen Jahren.[790] Dazu hat er aufmerksam seine Kollegen studiert und überprüft und verbessert, wie das geschehen könnte. „Dises exempel hatt anfengklich besser Zu rechen vnderstanden ein Rechenmeister Zu Nurmbergk N. kolberger genant Hat etwas geirrett Dem selben nach hat Hans Conradtt probirer Zu eyßleubn grossernn vleyß furgewendett Vnd gar nahen Zu troffen das Zil erreichett Aber auß beger vnd bephel mir gethan vorhoffe ich trostlich den schirm Vnd mittel punct getroffenn Welches ich dir in Volgenden worttenn durch die prob ereugenn[791] will Das probir also [...].“[792] Auch betonte er, dass er sich aus eigener Kraft in die Algebra eingearbeitet habe.[793] Während von den meisten Annaberger Rechenschulen nicht bekannt ist, was unterrichtet wurde, gehörte Ries nicht zu den zahlreichen Rechenmeister, die in Deutschen- bzw. Rechenschulen einfaches Rechnen unterrichteten, sondern er lehrte auch Algebra.[794] Dies geschah vermutlich aber nur neben seine Tätigkeit in der Bergbauverwaltung und eher im Einzelunterricht, wie für Hans vom Elterlein[795] und seine Söhne. Ries setzte sich für den Gebrauch der indisch-arabischen Ziffern und von Symbolik ein, suchten nach den besten Rechenwegen und -beispielen. Bekanntes Wissen hat er methodisch gut aufbereitet. Stets ging er beim Erklären vom Bekannten zum Unbekannten, vom Linien- zum Federrechnen usw.

Viele Rechenmeister waren jedoch mit anderen Dingen beschäftigt, als zu unterrichten. Für Leipzig gibt es zahlreichen Belege für die Besorgung von Geldsachen i. w. S. und die Verwaltung von Landbesitz. Auch für Rechenmeister standen Geldverdienen und nicht unbedingt ein hehres Bildungsideal, dem sie dienen wollten, im Vordergrund. Die sachlichen Dienstleistungen spielten jedenfalls eine große, für manche ausschließlich eine Rolle. Rechenmeister haben jedenfalls ihr Einkommen auch durch andere Leistungen für Privatkunden aufgebessert.

[790] Vgl. Rüdiger/Lorenz: Quellen, Nr. 123.

[791] Mhd. *ougen*, *öugen*: vor Augen bringen, zeigen; vgl. Lexer: Mittelhochdeutsches Taschenwörterbuch, S. 156.

[792] Ries: Coß, [Bd. 1], Faksimile, S. 295.

[793] Vgl. Rüdiger: Adam Ries. Leben, S. 50

[794] Vgl. Kaunzner: Zur Bedeutung, S. 179, 181. Wußing: 6000 Jahre, S. 307, generalisiert wohl zu sehr, wenn er schreibt, dass in der Zunft der Rechenmeister [die es nicht gab] „Ansätze algebraischen Denkens und algebraischer Symbolik“ entstanden. Zur Verdrängung der *regula falsi* durch die Coß vgl. Wußing: 6000 Jahre, S. 313.

[795] Vgl. Ries: Coß, [Bd. 1], Faksimile, S. 325. In SLUB, Msc. Dresden C 461, S. 347, heißt es: „Volgen andere Exempel [...] so Hans vom Elterlein Anno 1523 auff sanct Annaberck von mir Adam Riesen, gelerth.“ Das Datum auch bei Roch: Adam Ries. Ein Lebensbild, S. 18; Deubner: ... nach Adam Ries, S. 22.

Sie waren auch Dienstleister für Stadträte und entwarfen Brotordnungen.[796] Deren **Erarbeitung kam mit Rechenmeistern auf ein höheres Niveau** und war für sie recht einträglich. Nach Hans Stockarts Ordnung für Leipzig war die jenige Adam Ries' für Annaberg die nächste wichtige und Vorbild für viele andere, zuletzt 1557 für Leipzig.[797] Einfluss hatte sein Konzept auch auf die Ordnungen von Altenburg und Chemnitz. Isaac Ries schuf eine Brotordnung für Penig.[798] Eine „Ordenung der Becker" zu Dresden mit Tafel entstand 1520,[799] eine Ordnung vom 27. März 1555 enthielt Strafandrohung, wenn „Brot vnd semmelnn Zw leichte gebackenn befundenn".[800] Aber letztlich hat man Auswärtige herangezogen: 1579 verfassten Abraham und Isaak Ries eine Brotordnung für Dresden.[801]

[796] Frühe gedruckte Anleitungen zur Erarbeitung von Brotordnungen bei Wagner (?): Das Bamberger Rechenbuch von 1483, 15. Kapitel; Widmann: Behende, S. 184f.

[797] Vgl. Die Annaberger Brotordnung von Adam Ries, [...], hg. von Rainer Gebhardt, Annaberg-Buchholz 2004 (= SARB, Bd. 16).

[798] Vgl. Rüdiger: Quellen zu Adam Ries' Kindern, Nr. 187 und 188, S. 183–187.

[799] Vgl. StadtA Dresden, C XXXIV. 140a., Bl. 14–16.

[800] Vgl. StadtA Dresden, C XXXIV. 140a, Bl. 1–11, Zitat: Bl. 9.

[801] Stadtarchiv Dresden, C.XXXIV. 1., Bl. 1a–18a.; ebd., Rechnungsarchiv; Kämmereirechnungen (Altstadt) Sign.: 2.5 (1.1).

3.4. Staatliche Lösungen seit der Reformation

Noch **stand die umfassende Modernisierung des Volks-Schulwesens aus**. Auch verlief der lange Umbruch von einem schmalen Schulwesen zum umfassenden, staatlich bzw. städtisch bestimmten mit mancher Schulgründung,[802] die sich auf Dauer nicht durchsetzen konnte. In Dresden beispielsweise wird eine Reihe von Privatlehrern erwähnt, deren Schulen zum Teil vom Rat konzessioniert, aber nicht durch Geldmittel unterstützt, große Anziehungskraft besessen zu haben scheinen, jedoch in hartem Konkurrenzkampf mit anderen Schulen lagen. Dazu gehörte auch die Knabenschule des Rates. Saupe beklagte sich, „wenn man der Jugend ein wenig zu scharff zuspricht vnnd sie vmb begangenen Muttwillen strafft, **das sie als den aus einer schull in die andere lauffen**" würden. „vor Zeittenn, do die deutschen Schulen nicht so gemein gewest", habe es ganz anders um die Disziplin gestanden, da „hatt man in Latteynischen Schulen die Jugent in gutter Zucht vnnd forcht halten konnen, aber itzundt gehet es viel anders zu".[803] Tatsächlich wurden Schulen bisweilen von ungeeigneten Personen geleitet, auch wenn Beschwerdeschriften vielleicht zu schwarz malen. Dann griffen Rat wie auch die Visitation gegen diese Schulen ein.[804] So verboten die kurfürstlichen Kommissarien[805] 1555 die beiden Mädchenschulen Magister Arnolds[806] und der Pretzschnerin,[807] jedoch nur sie fügte sich. Arnold unterrichtete noch 1562 Kannben und Mädchen.[808] Außer ihm gab es im gleichen Jahr neben den Ratsschulen drei Winkelschulmeister, einen davon in der Wilsdruffer Vorstadt,[809] 1581 je einen vor dem Ziegeltor und auf der Pirnschen Gasse.[810] Als die konzessionierten Schulmeister vom Rat deren Entfernung verlangten,[811] entsprach dieser nicht dem

[802] So wurde in Pirna das Kloster zum Schulhaus gemacht; vgl. CDSR II 5, Nr. 226, S. 490.

[803] Vgl. StadtA Dresden, D. I, 173a.

[804] Vgl. Georg Müller: Die Anfänge, S. 284.

[805] Vgl. StadtA Dresden, D. I, 177a. Georg Müller: Die Anfänge, S. 284.

[806] Er war früher Lehrer an der Latein-Schule zu Alten-Dresden gewesen; vgl. StadtA Dresden, D. I, 172; Georg Müller: Die Anfänge, S. 284.

[807] Unklar ist eine Beziehung zu Paul Pretzschner, Pfarrer zu St. Bartholomaei, der als Superintendent nach Eger berufen wurde; vgl. StadtA Dresden, D. I, Bl. 311; Georg Müller: Die Anfänge, S. 284f.

[808] Vgl. StadtA Dresden, D. I, Bl. 172.

[809] Paul Conradt, der sich unter Berufung auf seine dreijährige Lehrtätigkeit 1563 um den Schuldienst zu St. Bartholomaei bewarb; vgl. StadtA Dresden, D. I, Bl. 213.

[810] Vgl. Gesuch der Ottilia Peschelin Ostern 1581; StadtA Dresden, D. I, Bl. 296. Georg Müller: Die Anfänge, S. 285.

[811] „So dann gemelter Faber nicht zur rechten Thür, sondern zum Fenster hineingestiegenn, vnnd vnordentlicher weise mit hinderlistigen Practiken vnd subtilen grieffen eindringen." Vgl. StadtA Dresden, D. I, Bl. 177b. Georg Müller: Die Anfänge, S. 285.

Gesuch.[812] Er betonte, dass die zeitweilige Überfüllung[813] der Ratsschulen sowie deren Entfernung von einzelnen Stadtteilen das Entstehen neuer Schulen wünschenswert machten.[814]
Für den Rat war die Garantie der sittlichen Führung maßgebend. „Eyn ledige person lernet dy kyndere uff der Borngassenn; ist ime undersagt [angesagt], solle geduldet werdenn, do [wenn] er sich ehrlich vorhalten wirdet“, heißt es im Ratsprotokoll.[815] Jedoch griff der Rat ein, wenn er Bedenken hinsichtlich der moralischen Haltung hatte.[816] Das betraf z. B. den ehemaligen Kreuzschüler Michael Faber, der schon in der Schule Nachhilfeunterricht auf Empfehlung des Rektors erteilt und dann eine „vnleidliche“ Schule für Knaben und Mädchen gegründet hatte.[817] Aber sein leichtsinniges Lebens, Beleidigung von Geistlichen, Verhöhnung des Rektors und nächtlicher Unfug brachten ihn in Untersuchungshaft. Das bot dem lateinischen und dem deutschen Schulmeister Gelegenheit, gegen die Konzessionierung des neuen Konkurrenten zu protestieren. Ähnliches ereignete sich, als Donat Fehrmann 1585 eine Schule gründen wollte und dabei gestand, in seinen Studien „verwahrlost“ zu sein.[818] Deshalb wurde sein Gesuch, ihm Mädchenunterricht zu gestatten, abgelehnt.[819] Seine Mutter brachte dagegen vor, dass ihr Sohn infolge eines Schusses in die linke Achsel zum Krüppel geworden sei und deshalb kein Handwerk habe erlernen können. Durch „einen zimlichen Pfennig“ Aufwand habe sie „ihn schreiben vnnd rechnen vnd was sonsten ein Schulhalter kennen soll, nicht allhier, sondern dasselbe anderswo [...] lernen lassen“.[820] Darum bat sie um Zulassung ihres Sohnes zum Schuldienst.[821]
Inhaltlich orientierte sich die deutsche Schule auf den Religionsunterricht als Mittelpunkt des Unterrichts.[822] Die Meißner Visitationsartikel von 1539 schrieben vor, „daß auch in allewegen der kleine und große Katechismus sammt der Litanei in der Schüler und Schulmägdlein Gegenwart mit Fleiß getrieben und geführt

[812] Vgl. StadtA Dresden A. II, 100c, Bl. 29b.
[813] Bericht über die Mädchenschule 1575: es sei „sonderlich zu Sommers Zeiten die Schule von den Mägdlein dermassen vbermenniget, das sie zuweilen wegen des Gedrenges wol krank durcheinander, vielweniger nach Notturfft vberhoret vnd vnterweyset können werden“. StadtA Dresden, D. I, Bl. 269b. Georg Müller: Die Anfänge, S. 285.
[814] Vgl. StadtA Dresden, D. I, 269b. Georg Müller: Die Anfänge, S. 285.
[815] Vgl. StadtA Dresden, A. II, 100c, Bl. 76b, Montag nach Trinitatis 1555. Georg Müller: Die Anfänge: S. 285.
[816] Der Rat berief sich hierbei auf die kurfürstliche Kirchenordnung. Vgl. StadtA Dresden, D. II, 114. Georg Müller: Die Anfänge, S. 285.
[817] Siehe zum folgenden die Schreiben des Rektors Tobias Mostelius in StadtA Dresden, D. I, 177f.
[818] Vgl. StadtA Dresden, D. II, Bl. 209.
[819] Vgl. StadtA Dresden, D. II, Bl. 112b.
[820] Vgl. StadtA Dresden, D. II, Bl. 113.
[821] Vgl. StadtA Dresden, D. II, Bl. 114b.
[822] Vgl. Georg Müller: Die Anfänge, S. 286f.

werden soll".[823] So wird in Dresden im einzigen ausführlichen Einweisungsprotokoll der deutschen Lehrerin deren Versprechen erwähnt, „die Kinder im cathechismo und gottes worth etc. treulich und vleißig zu underweisenn, soviel ir verstandt mittbringet";[824] bei der Bestimmung des Schulgeldes war auch vom Lesen und Schreiben die Rede. Diese beiden Fächer bezeichnen, zuweilen mit Singen,[825] die untersten Klassen der Mädchen- und Knabenschule. Auch sind Lesetafeln[826] sowie Zusammenstellungen der Alphabete auf Papier oder Pergament für den Schreibunterricht genannt.[827]

Dennoch: **Rechenunterricht** war immer wieder, wenn auch nur punktuell sichtbar, am stärksten aber anscheinend in den Rechenmeisterschulen und verwanden Einrichtungen. So war von *rechen- und fechtschulen* die Rede.[828] Auch für kleinere Städte, wie Oschatz, gibt es Hinweise auf Rechenunterricht.[829] Eine Besonderheit war es, wenn Jacob Fehrmann in seinem Programm ankündigte, auch im höheren, kaufmännischen Rechnen auszubilden.[830] Was das Ausbildungsprogramm angeht, so betonte Oswald Saupe ausdrücklich, dass er nur die „arme [...] Jugent",[831] „diejenigen die nicht geschickt zum Studiren, oder sonsten Armuts halben dasselbige nicht erstrecken können",[832] in seiner Schule habe. In der Mädchenschule wurde noch „Nehen vnd andere weibliche Arbeit" betrieben.[833] Beste materielle Bedingungen hatten die Rechenmeisterschulen und ähnliche Einrichtungen wohl generell nicht. Bei der Visitation 1539 in Chemnitz existierte eine deutsche Knabenschule, der erst 1542 Unterstützung durch Besoldung des Lehrers zuteilwurde.[834]

Unterrichtsmethodisch scheinen Ansagen und Überhören (Verhören) die Hauptrolle gespielt zu haben: „Item soll die Abecedarios[835] helffen verhorenn vnnd sie

[823] Vgl. Heinrich Heppe: Geschichte des deutschen Volksschulwesens, Bd. I, Gotha 1858, Reprint Hildesheim 1971, S. 16.

[824] Vgl. StadtA Dresden, A. II, 100c. Bl. 249. Georg Müller: Die Anfänge, S. 287.

[825] „Hans Schrötters [...] hat erstlich Meidtlein vnd Knaben, im lesen und singen vnterwiesen. [...] ein junger Geselle [Paul Conrad] [...] zuuor hat er sich auch mit der deutzschen schreib und singschul beholffen". StadtA Dresden, D. I, Bl. 172.

[826] Vgl. StadtA Dresden, D. I, Bl. 239b.

[827] Vgl. StadtA Dresden, D. I, Bl. 240a, D II, Bl. 109a; Georg Müller: Die Anfänge, S. 287f.

[828] Vgl. StadtA Dresden, A. XVb. Bl. 63, Tagzettel 1549, 1550.

[829] Vgl. StadtA Dresden, A. II, 100c. Bl. 29b; D. I, Bl. 170a–b. 172, 173a–b; Georg Müller: Die Anfänge, S. 288.

[830] Vgl. Georg Müller: Die Anfänge, S. 288.

[831] StadtA Dresden, D. I, Bl. 170b.

[832] StadtA Dresden, D. I, Bl. 173b.

[833] StadtA Dresden, D. I, Bl. 239a.

[834] Vgl. Robert Alexander Lempe: Mag. Wolfgang Fues nach urkundlichen Quellen, Chemnitz 1877, S. 50; Georg Müller: Die Anfänge, S. 275.

[835] Abecedarium, Abedarium: nach einem Alphabet strukturierter Text, um die Inhalte dem Erinnern technisch zu erleichtern; hier: Schulbuch; vgl. Cl. Lanczkowski: Abecedarium, in: Sachwörterbuch der Mediävistik, S. 1.

im schreibenn oben helffen."[836] Die Zucht war streng und die Bestrafung hart. Das deuten teils euphemistische Bezeichnungen an (ein wenig scharf zusprechen, „die gebührliche Züchtigung").[837] Oft wurde insbesondere über die Schädigung der Disziplin durch die Winkelschulen geklagt.[838]

Aber auch die Bemühungen der Rechenmeister bzw. Deutschenschreiber reichten, wie gesagt, nicht hin, alle Kinder, Jungen wie Mädchen, der Städte, geschweige des flachen Landes – sofern sie nicht Lateinschulen usw. besuchen konnten –, in die Unterrichtung einzubeziehen, auch deshalb, weil dieselbe nicht kostenlos zu erlangen war. Darum musste die Ausbildung erweitert werden. Sinn hatte Rechenunterricht nur im Verbund mit anderen Fächern, die gemeinsam Kindern ein Weltbild vermittelten, mochte es zunächst sehr einfach sein.

Die Räte der Städte, deren Angehörige wenigstens zu einem Teil eine Latein- und Hochschulausbildung erfahren hatten und damit nicht nur mit den *artes*, sondern auch mit humanistischem Gedankengut in Berührung gekommen waren – und zwar vor den reformatorischen Bewegungen –, zeigten sich deshalb offen, als mit der Durchsetzung der Reformation (in Kursachsen bald nach 1517 und im Herzogtum Sachsen ab 1539) Spielräume auch für die Umgestaltung weiterer Bereiche der Gesellschaft gegeben waren. **Humanismus und Reformation** besaßen Gewicht bei der Auseinandersetzung mit dem mittelalterlichen Weltbild, der Hebung der Rolle des einzelnen Menschen sowie der Anregung neuer Bildungsinhalte. Zugleich waren die Stadträte aus Gründen der Steuereinnahme sowie im Interesse von Produktion und Handel, daran interessiert, mindestens für jenen Teil der Bevölkerung, der ihre Klientel darstellte, **Patrizier, Handwerker und Händler, stabile Möglichkeiten für die Aneignung von Bildung zu sichern.** Dabei spielte die traditionelle Unterscheidung in höhere Lateinschulen und Elementarschulen weiter eine Norm für die Ausgestaltung des angestrebten Schulwesens. Auch den Frauen von Kaufleuten und Handwerksmeistern und alleinstehende weibliche Geschäftstreibende, die nun in großen Teilen mit Rechengebrauch und -aneignung konfrontiert waren, sollte Bildung zukommen.

Deren Kanon war aber, auch unter dem Einfluss des Humanismus, auf jene Fächer ausgerichtet, **die der Eloquenz und Förderung des „Geistigen" dienen sollten**, in Elementarschulen Lesen und Schreiben und Religion und in den Lateinschulen dazu klassische griechische und lateinische Fächer.[839] Damit waren – von der Hinwendung zu den „Realien" an der Zwickauer Schule abgesehen[840] – in Verkennung der Tatsachen Rechen und Mathematik an den Rand gedrängt; diese sich

[836] StadtA Dresden, D. I, Bl. 265.
[837] StadtA Dresden, D. II, 111a; D. I, 173a.
[838] Vgl. Georg Müller: Die Anfänge, S. 289.
[839] Vgl. für die Schulen in Zwickau: Metzler: Einige Bemerkungen, S. 75.
[840] Vgl. Metzler: Einige Bemerkungen, S. 82f.

anzueignen blieb so mehr oder weniger weiterhin Privatsache. Die dem Bürgermeister und Rat zu Zwickau von Rektor Leonhard Natther 1523 vorgelegte Schulordnung sah eine Ausbildung in „Musica / Geometri / Arithmetick / vnd Astronomei“, also im mathematischen Teil der *artes*, vor.[841] Hierbei standen einfachste Themen, wie „Zyphern vnd zal“,[842] und verhältnismäßig schwierige, wie „Visirung oder messung aller / hͤohe / dick / vnd tieff[,] Dem lauff deß hymels“,[843] auf dem Programm. Über dessen Realisierung ist nichts bekannt. Bemerkenswert scheint, dass „Rechnung“ vor „singen“ bei den geforderten Übungen aufgeführt ist.[844] Bei den Ausbildungsstufen war ein Vorgehen vom Einfachen zum Komplizierten, vom Abstrakten zum Praktischen vorgesehen. Dagegen ist aus der Ordnung eines gemeinen Kastens der Gemeinde zu Leisnig, wo die Reformation bereits 1519 einsetzte, im Jahre 1523 fast nichts zu Lehrinhalten zu entnehmen.[845]

Höchst ambitioniert waren die Bemühungen der Stadträte, Schulen in der Stadt **zu Schulen der Stadt zu machen** und sich ein ihnen gemäßes Bildungswesen zu schaffen, was hinsichtlich der Lehrinhalte generell bedeutete, dem Weltlichen gegenüber dem Religiösen mehr Platz einzuräumen. Dagegen gab es in Sachsen noch in der Mitte des 16. Jahrhunderts großen und anscheinend unüberwindlichen Widerstand. Während in Süddeutschland der Humanismus bereits im letzten Drittel des 15. Jahrhunderts an einigen Universitäten und im Umkreis von Höfen hatte Fuß fassen können, wehrte an der **Leipziger Universität die Phalanx der konservativen**, um ihre Pfründen besorgten Magister und Doktoren zunächst jeden Versuch ab, humanistische Studien an der Artistenfakultät zu etablieren.[846] Die Reformation wurde von Herzog Georg bis zu seinem Tod (1539) in seinem Land verhindert.[847] Damit war auch die Übernahme und **Verwirklichung von Luthers Gedanken zur Volksbildung unmöglich**, so dass zunächst nur in den wenigen Streifen ernestinischen Gebietes die Neugestaltung des Schulwesens erfolgen konnte. Das kollidierte aber nicht zuletzt mit der größeren Selbständigkeit der Städte als auch mit der Aufnahme evangelischer und humanistischer Ideen in breiten Kreisen der Gesellschaft.[848] Die 1504 in dem kurz zuvor entstandenen Annaberg gegründete Lateinschule[849] und die 1515 in Freiberg entstandene[850] waren wohl von Anfang an Sache des Rates.

[841] Vgl. Vor- und frühreformatorische Schulordnungen und Schulverträge, S. 249.
[842] Ebd., S. 254.
[843] Ebd., S. 258.
[844] Ebd., S. 253.
[845] Vgl. Vor- und frühreformatorische Schulordnungen, S. 234ff.
[846] Vgl. Hoyer: Sachsen, S. 227.
[847] Vgl. ebd., S. 231.
[848] Vgl. Müller: Die Anfänge, S. 6.
[849] Vgl. Hans Prescher: Lazarus Ercker 1528–1594 [...], Adam Ries – Humanist, Rechenmeister, Bergbeamter. Beiträge [...], o. O. (Annaberg-Buchholz) 1992, S. 139.
[850] Vgl. Werner Lauterbach: Zum Wirken der Schulmeister Mosellanus und Rivius in Sachsen, in: SHtBll., 1992, H. 4, S. 234.

Selbst als tiefgreifende Lösungen im Schulwesen von Dauer im albertinischen Sachsen unter Herzog bzw. Kurfürst (ab 1547) Moritz (1541–53) erfolgen konnten, nachdem bereits Herzog Heinrich (1539–41) die Reformation in die Wege geleitet und Impulse für Humanismus und Bildung ausgelöst hatte, wurden die Leitlinien dafür von den Reformatoren bestimmt, die sich auch, aber nicht nur von Ideen des Humanismus leiten ließen. Nun gehörten die Schulsachen untrennbar zu den im Sinne der Reformation umzugestaltenden Kirchenangelegenheiten. Das gab den Maßnahmen eine spezifische Prägung.

Den **Reformatoren**, voran Martin Luther und Philipp Melanchthon, **ging es** in erster Linie **um soziale Verbreiterung der Bildung** auch unter Einschluss der weniger vermögenden Schichten, ohne dass es schon zu einer allgemeinen Volksbildung kam.[851] Luther hatte zu wiederholten Malen, insbesondere seit 1524, dem Jahr des Erscheinens seiner auf das Schulwesen bezogenen Schrift „An die Ratsherren aller Städte deutsches Lands, daß sie christliche Schulen aufrichten und erhalten sollen", auf die Notwendigkeit einer Reform des Schulwesens aufmerksam gemacht;[852] wobei er für eine humanistische Schulbildung für Mädchen und Jungen aller Stände plädierte. In der Folge widmete auch die Kirchengesetzgebung der Schule Aufmerksamkeit.[853]
In ernestinischen Gebieten war nach der Reformation zur Bestreitung der Ausgaben für Kirche und Schule der „gemeine Kasten" eingerichtet worden, dessen Verwaltung nicht in den Händen der Kirche, sondern des Rats einer Stadt lag.[854] Die Leisniger Kastenordnung vom Jahre 1523 enthielt Bestimmungen zur Einrichtung einer Knaben- und Mädchenschule.[855] Das war sowohl mit einer **größeren Selbständigkeit der Städte als auch der Aufnahme humanistischer und evangelischer Ideen** verbunden.[856]

Überall institutionalisierte Volksschulen unter städtischer Leitung war nun – auch im albertinischen Sachsen – das Erstrebenswerte und bildete den Kern des Aufschwungs des hiesigen Schulwesens. **Wenn die Rechenmeister für wenige Heranwachsende den planmäßigen Wissenserwerb realisiert hatten, so setzte dieses ihn bald für alle Kinder als Pflicht durch.** Die Reformation mit ihren bildungspolitischen Komponenten wurde im albertinischen Sachsen zwar ver-

[851] Vgl. Hoyer: Sachsen, S. 228.

[852] Vgl. Martin Luther: Werke, 15. Bd., Weimar 1899, S. 9–53; Eine Predigt, daß man Kinder zur Schulen halten solle [1530], in: Martin Luther: Werke, 30. Bd. II, Abt., S. 517–588.

[853] Vgl. Die evangelischen Schulordnungen, S. 1, Anm.

[854] Vgl. Georg Müller: Die Anfänge, S. 276. Vgl. G. Kawerau: Zur Leisniger Kastenordnung, in: NASGA, 3. Bd., [1882], S. 78–85.

[855] Vgl. Die evangelischen Schulordnungen, S. 1, Anm.; Aemilius Ludwig Richter: Die evangelischen Kirchenordnungen des sechszehnten Jahrhunderts, 1. Bd., Weimar 1846, S. 13.

[856] Vgl. Müller: Die Anfänge, S. 6.

spätet und von oben eingeführt,[857] brachte aber einen staatlich und städtisch gestützten Aufschwung der deutschen (Volks-)Schulen.[858] In der Dresdner Visitation von 1539 wurde festgelegt: „Ein rat sol auch verordenen, das tzwo deutzsche Schuelen, eine vor die Megtlein, die ander vor die Kneblein bestalt, vnd durch sie versorget werden."[859] Damit sollte (neben die lateinische) die deutsche Schule als Ratseinrichtung treten. Es entstanden in Städten, aber auch in Dörfern, Elementarschulen, wobei in letzteren sicher Pfarrer und Kantoren, aber auch andere Kräfte den Unterricht übernahmen. Wie unvollkommen diese Einzelnachrichten sind, aber wie **ausgebaut das Schulwesen mit Rechnen** tatsächlich war, zeigt eine Äußerung Ulrich Groß' von 1587 über Leipziger Schulen im Jahre **1543**: „Die Stadt hat zwo feine, wolerbaute Schulen, auch mit gelerten praeceptoribus vnd Schulmeistern [...], eyne zu S. Thomas, [...] Die ander zu S. Niclas, [...] Ober das seindt viel deüzscher Schulen,[860] do die knabenn rechnen vnd fein reiniglich schreiben lernen, desgleichen auch etzliche Jungfraw Schulen, darinnen die Megdlein Betten [beten], Singen, Lesen, schreiben, Nehen vnd wircken, auch feine höffliche vnd züchtige geberde von iren Schulmeisterin gelehret werden."[861] Eine Konzession zum Schulehalten gab der Rat zu Leipzig nach einem Beschluss von 1550 aber nur an Bürger und deren Söhne.[862]

Jedoch wurden im Gegensatz zu Bestrebungen der Humanisten nur in **geringem Maße Lehrstoff und Niveau der Schulbildung verbessert**. Mathematik bzw. Rechnen erhielten nur wenig Platz eingeräumt. Zweifellos standen die großen Pädagogen des 16. Jahrhunderts, einschließlich Luther und Melanchthon, der Mathematik aufgeschlossen gegenüber. Luther äußerte in einem Sendschreiben 1524: „Wenn ich kinder hette, [...] sie muͤsten mir nicht alleyne die sprachen und historien hoͤren, sondern auch singen und die musica mit der gantzen mathematica lernen."[863] Die gemeinsame Anführung von Mathematik und Musik zeigt, dass Luthers Herangehen vom Kanon der *artes* geprägt war. Melanchthon hatte in Tübingen drei Jahre lang selbst mathematische Vorlesungen gehört, und später las er in

[857] Vgl. Czok: Die Entwicklung, S. 233.

[858] Der Begriff bei Martin Luther in seinem Brief vom 18. April 1526 an Johann Agricola wohl für diejenigen Einrichtungen, die bisher als Schreib- und Rechenschulen oder auch Beischulen bezeichnet wurden; vgl. Georg Müller: Die Anfänge, S. 273f.

[859] StadtA Dresden, A II, 66, Bl. 37b; vgl. Bl. 35. Zit. Georg Müller: Die Anfänge, S. 274.

[860] 1561 wurde Matthes Schilda erlaubt, in Leipzig Schule zu halten, da er Bürgersohn sei; StadtA Leipzig, Ratsbuch 17, Bl. 31. 1567 durften Mathes Hasert, Abraham Harting (zu ihm ebd., Richterstube, KuUfB 1570/71) und Severus Berck vor den Toren Schule halten und Kinder bis auf Widerruf des Rates unterrichten; ebd., Bd. 23, Bl. 69b. Vgl. ebd., Richterstube, Strafakte Nr. 188 (1610).

[861] Ulrich Gross [d. Ä.]: Wahrhafftige Beschreibunng der Stadt Leiptzigk, so im Osterlande vnnd Meissen die furnemste vnd Heubtstadt, [...], 1587; zit. nach: Quellen zur Geschichte Leipzigs, 1. Bd., S. 12.

[862] Vgl. Kaemmel: Geschichte, S. 144f.

[863] Martin Luther: Werke, 15. Bd., Weimar 1899, S. 46.

Wittenberg neben seinen Fachkollegien auch über Mathematik. Einer Reihe mathematischer Lehrbücher gab er außerdem in Vorreden Geleitbriefe mit, in denen er sein Interesse für das Fach verdeutlichte.[864]
Dennoch hat Melanchthon in jener Kursächsischen Schulordnung von 1528,[865] die als sein Werk gilt[866] (sie war im ernestinischen Sachsen bis zum Ende des 16. Jahrhunderts gültig[867]), die Mathematik nicht berücksichtigt.[868] „In den Schulen des 16. Jahrhunderts war die Stellung der Mathematik noch eine ganz unsichere; die Eloquenz war so sehr die wichtigste Aufgabe, daß für Dinge, die nicht in engem Zusammenhang damit sich treiben ließen, kein Raum blieb. Die älteren Schulordnungen erwähnen den mathematischen Unterricht überhaupt nicht oder nur im Vorübergehen und mit frommen Wünschen; spätere fordern allerdings einen Unterricht in der Mathematik, doch erstreckt er sich nur auf das gemeine Rechnen."[869] Von den aus dem 16. Jahrhundert bekannten Schulordnungen bezog nur etwa die Hälfte einzelne Teile der Mathematik in den Kanon der Unterrichtsfächer ein, „nicht alle erkennen dieselbe als vollberechtigt an, einige legen der mathematischen Unterweisung einen privaten Charakter bei". Die herzoglich-sächsische Ordnung von 1573 bezeichnete als *minimum* die Spezies und die Regel von der Proportion. Folglich ist anzunehmen, dass im 16. Jahrhundert „verhältnismäßig wenige Schulen den mathematischen Unterricht als notwendig für die höhere Bildung erachteten, und daß dort, wo sich die Unterweisung in der Mathematik vorfindet, im Grunde nur die Anfänge, die ‚initia, elementa, rudimenta Arithmetices' behandelt werden". Und: „‚Musica et Arithmetica' bilden förmlich einen Begriff."[870] Fast gehört zu diesem Bild, dass der Rat zu Leipzig weiterhin (1576) Rechentuch und -pfennige kaufte. [871]

Die kursächsische Kirchen- und Schulordnung von 1580 bezeichnete als Hauptaufgabe der Schulen, dass sie „fürnemlich zu der ehre gottes und zu unterweisung der jugend in der einigen wahrhafftigen und seligmachenden erkäntnüß gottes des vaters, unsers herrn Jesu Christi und heiligen geistes angestellet" seien.[872]

[864] Vgl. Grosse: Historische Rechenbücher, S. 13. Daselbst mehrere Belege.
[865] Vgl. Die evangelischen Schulordnungen, S. 1–8.
[866] Vgl. Die evangelischen Schulordnungen, S. 4, Anm.
[867] Vgl. Die evangelischen Schulordnungen, S. 230, Anm.
[868] Vgl. Grosse: Historische Rechenbücher, S. 13.
[869] Friedrich Paulsen: Geschichte des gelehrten Unterrichts auf den deutschen Schulen und Universitäten vom Ausgang des Mittelalters bis zur Gegenwart, Bd. I, 2. Aufl., Leipzig 1896, S. 552.Vgl. Grosse: Historische Rechenbücher, S. 14f., zu nichtsächsischen Fällen.
[870] Grosse: Historische Rechenbücher, S. 17f.
[871] Vgl. StadtA Leipzig, Jahreshauptrechnung 1576–77, Bl. 287b; für Annaberg 1577: Deubner: ... nach Adam Ries, S. 41.
[872] Zit. nach Kaemmel: Geschichte, S. 57f. Vgl. S. 116ff. und Die evangelischen Schulordnungen, S. 230ff.

Die Reformation brachte im albertinischen Sachsen seit 1539 die Einrichtung zahlreicher **Stadtschulen**.[873] Was die umgestalteten Lateinschulen angeht, so strahlte das humanistische Bildungsideal auf sie aus und leitete einen Aufschwung des Lehrbetriebs ein.[874] Für die *Lateinisch Knaben Schuel* war mehrfach eine Beschäftigung mit den „Elementen" (Euklids) vorgesehen; da keine näheren Angaben bzw. Zielstellungen beigegeben sind, kann nicht beurteilt werden, ob diese Beschäftigung dem ausdrücklich verlangten Lateinischsprechen oder tatsächlich der Mathematikausbildung dienen sollte.[875]
Auf der Basis bestehender Lateinschulen kam es zur Herausbildung des klassischen Gymnasiums. Initiator war an der Stadtschule in Freiberg Petrus Mosellanus. In Zwickau entstand zeitweise neben der Latein- sogar eine Griechischschule mit Rektor Georgius Agricola. In Leipzig nahm Caspar Borner eine Reform der Thomasschule vor, die eine weltliche Bildungseinrichtung wurde.[876] Wo Lehrstoff und Niveau der Schulbildung verbessert wurden, geschah dies also infolge der Einflüsse von Humanisten vorrangig in ausgewählten Schulen. Auch Lehrer an den beiden Leipziger Lateinschulen scheinen Interesse für Mathematik gehabt zu haben. Von Adam Olearius (1599 in Aschersleben–1671 in Gottorf), Konrektor der Nikolaischule, der sich 1631 um eine Stelle an der Thomasschule bewarb, ist sein umfassendes Interesse für Naturwissenschaften (er hatte schon am 31. Mai 1630 eine Sonnenfinsternis in Leipzig beobachtet) und Mathematik bekannt.[877] Was die Lehrer ihren Schülern im Unterricht boten, hatten sie auf der Universität gelernt.
Unter Herzog Moritz entstand mit dem **Erlass der Neuen Landesordnung** die dauerhafte Grundlage **für die drei Fürsten- und Landesschulen**[878] 1543 in Meißen (St. Afra), Grimma und Pforta. Zur **Mathematikausbildung** in Pforta, die auch Abraham Ries absolvierte, ist z. B. bekannt, dass nach einem Stundenplan aus dem Jahre 1578 dienstags sowie freitags bis sonntags auch Arithmetik unterrichtet worden ist.[879] Johann Fischer (Piscator) war an dieser Schule und der

[873] Vgl. Karl Czok: Kurfürst August von Sachsen: Landesherr und kapitalistischer Unternehmer, in: SHtBll, 1987, H. 1, S. 4. „Schon 4000 Schüler an städtischen Schulen nannte der Landtagsbericht in den vierziger Jahren."
[874] Müller: Die Anfänge, S. 33.
[875] Vgl. Die evangelischen Schulordnungen, S. 28f.
[876] Vgl. Hoyer: Sachsen, S. 228. Bücherverzeichnisse von Thomaskirche und Schule in Leipzig führen nur Missale, Choralbücher u. a. Werke für musikalische Dienstobliegenheiten des Kantors auf; vgl. StadtA Leipzig, Ratsbuch 20, Bl. 3b–5a; Thomasschule 1562 Ratsbuch 18, Bl. 80b–81a; Nikolaischule 1562: Ratsbuch 18, Bl. 88b–89a.
[877] Vgl. Kaemmel: Geschichte, S. 104f.; Kirsten Baumann/Constanze Köster/Uta Kuhl: Adam Olearius. Neugier als Methode. Tagungsband zur internationalen Tagung „Der Gottorfer Hofgelehrte Adam Olearius. Neugier als Methode?", Schleswig 2015, Petersberg 2017.
[878] Vgl. Hoyer: Sachsen, S. 228.
[879] Vgl. Fritz Heyer: Aus der Geschichte der Landesschule zur Pforte, Darmstadt/Leipzig 1943, S. 32f.

zu Grimma als *Arithmeticus* tätig.[880] Zum Bestand der Schulbibliothek gehört ein Exemplar vom „Instrumentbuch durch Petrum Apianum erst von new beschriben“, Ingolstadt 1533.[881]

Mit der allgemeinen Bedarfsentwicklung wurden nach und nach[882] mehr Personenkreise in schulisches Rechnen einbezogen, wobei Privatschulen weiterhin eine Rolle spielten.

Obwohl die Schulordnung von 1580 die **Unterdrückung der Winkelschulen** befahl, lebten sich auch im 17. Jahrhundert in Leipzig fort.[883] So sind 1610 ein Rechenmeister in der Fleischergasse, der Schule hält,[884] und 1624ff. Schul- und Rechenmeister Friedrich Bothe in der Nikolaistraße (als Gläubiger) erwähnt.[885] Und in dem 1622 aufgesetzten Testament des Ratsherrn und Handelsmanns Peter Heintz, geboren in Breslau, wurden 500 Gulden einer künftigen Schreib- und Rechenschule vermacht. [886] Einmal wird sogar erwähnt, nach wessen Methode unterrichtet wurde, vermerkt doch ein Ausgabebetrag in Rechnungen des Georgenhospitals für die Findel- und Waisenkinder: „den 5. Juli 1563 zu einem [Rechenbuch von] Adam Rybßen vnd boppier [Schreibpapier] den jungen [Kindern] 3 groschen.“[887] Eine wirksamere dauernde Aufsicht über sie ordnete der Leipziger Rat durch das Patent vom 5. Juni 1711 an, das die Winkelschulen grundsätzlich als berechtigt anerkannte.[888]

Auch existierten **Privatschulen für Mädchen**. Auf die Tätigkeit von Paul Specks Frau in Dresden wurde bereits verwiesen. Von Heinrich Müller sind drei Töchter, Anna († 1566) und Barbara (ab 1566) in Annaberg sowie Katharina in Geyer (nachweislich 1571), als Schulmeisterinnen tätig gewesen.[889] In Leipzig existierte eine Schule, „darinnen die mägdlein beten, singen, schreiben, nähen und wirken, auch feine höflichkeit und züchtige geberde von ihrer schulmeisterin gelehret

[880] Vgl. Rainer Gebhardt: Johann Fischer und sein Rechenbuch von 1559, in: Die Entwicklung der Mathematik in der frühen Neuzeit. Tagungsband [...], Annaberg-Buchholz 2020, S. 79, 84f. (= SARB, Bd. 29).

[881] Vgl. Rüdiger/Weidauer: Valentin Thau, S. 122.

[882] Vgl. StadtA Leipzig, Jahreshauptrechnung 1550/51, Bl. 182b, zum geringen Besuch der Nikolaischule.

[883] Vgl. Kaemmel: Geschichte, S. 144.

[884] StadtA Leipzig, Richterstube, Strafakte Nr. 188.

[885] Vgl. StadtA Leipzig Richterstube, Akten Teil I, Nr. 483.

[886] Vgl. StadtA Leipzig, Richterstube, Akten Teil I, Nr. 696.

[887] Nach Georg Grebenstein: Adam Ries in Leipzig, in: Junge Mathematiker, 1961, H. 17, S. 14.

[888] Vgl. Kaemmel: Geschichte, S. 301f. – Zu Nürnberg vgl. Horst-Dieter Beyerstedt: Schreib- und Rechenmeister, in: Stadtlexikon Nürnberg, hg. von Michael Diefenbacher/Rudolf Endres [...], Nürnberg 1999, S. 951.

[889] Vgl. Gebhardt/Rüdiger: Mit Rechenmeister Heinrich Müller, S. 40f. Zu Johan Otto, der lobend die fachliche Unterstützung durch seine Ehefrau Magdalena beim Schreiben seiner Rechenbücher hervorhob, vgl. Gebhardt: Der Freiberger Notar Johan Otto, S. 6.

werden".[890] 1592 wurden „vier deutsche schreiber und schulmeister der jungfrauen" auf die Visitationsartikel verpflichtet.[891] Das genannte Testament Heintz' vermachte auch 300 Gulden einer künftigen Mädchenschule.[892] Nach Auskunft des Rates zu Grimma hat die *Jungfraw Schulmeisterin* Blandina Schnabelin „vor 16. Jharen vber 40. Megdlein nicht gehabt", jetzt aber [1613] habe sie „teglichen vber 100. Megdlein Zu instituiren".[893]

Dennoch **fiel zunehmend ein wichtiger Tätigkeitsbereich der Rechenmeister weg**. Vermutlich blieb noch einige Zeit die Unterrichtung Erwachsener. So konnten die Nur-Rechenmeister, zunehmend in der zweiten Hälfte des 16. Jahrhunderts, lediglich subsidäre Funktionen wahrnehmen.

[890] Zit. nach Kaemmel: Geschichte, S. 46.
[891] Vgl. Kaemmel: Geschichte, S. 46.
[892] Vgl. StadtA Leipzig, Richterstube, Akten Teil I, Nr. 696.
[893] SHSTA Dresden, 10077 Kollektion Schmid, Amt Grimma, Vol. V, Nr. 78. Der Rat zu Leipzig verhalf 1555 einem Mädchen mit Geld zum Schulbesuch: StadtA Leipzig, Jahreshauptrechnung 1555–56, Bl. 180b.

Schlussbemerkungen

Beim Rechnen als Wissenschaft und hinsichtlich des Bedarfs gab es seit dem Spätmittelalter und in der Frühen Neuzeit große Fortschritte, was den benötigten Umfang und die Differenzierung des Wissens angeht. Die Rechenmeister haben dazu einen wertvollen Beitrag geleistet. Jedoch konnten sie auf Dauer weder die erforderliche höhere Qualität noch die Breite des Unterrichts gewährleisten. Diese Aufgaben übernahm mit dem Landesausbau der Staat (bzw. zunächst auch noch die Städte). Er stellte sich auf die neue Aufgabe ein, weil Volksbildung unabdingbar für den Landesausbau wurde, und stellte die materiellen Mittel dafür bereit (so auch die Städte).

Neue Tendenzen in der Mathematik und im Rechnen brachen sich in jener Zeit auf verschiedenen Wegen und in unterschiedlicher Weise Bahn wie nie zuvor. In der Praxis zeigte sich deutlich, dass oft mehr als Grundkenntnisse im Rechnen für die Lösung zahlengestützter Probleme Voraussetzung waren. „Bergbau, Fernhandel und Gelehrsamkeit waren […] zugleich Faktoren eines höher entwickelten gesellschaftlichen Lebens, in dem die Künste des Rechnens und Schreibens, die Fähigkeit zu sachlich-rationaler Geschäftsführung und Verwaltung und der Umgang mit Geld und Schriftwerk gedeihen konnten.“[1] Es zeigte sich, dass Sachsen enorm am europäischen Wirtschafts- und Wissenstransfer partizipierte und seinen Beitrag wiederum dazu leistete. Hinsichtlich des Städtewesens, des Handels und der Erweiterung seiner Routen sowie des Bergbaus war der mitteldeutsche Raum mit Sachsen (Erzgebirge) zunehmend begünstigt. Darum kamen von hiesiger Praxis aufgrund ihrer Probleme, Fragestellungen sowie ihrer Vorstellungen von gefälliger Anwendbarkeit auch besonders zahlreiche Anstöße für modernes Rechnen sowie Ausbildung auch durch das Rechenmeisterwesen und die Erweiterung der anzuwendenden zweckmäßigen Rechenverfahren.[2] Der Bedarf an Wissen über Mathematik und Rechnen war in dieser Situation womöglich stärker, auf jeden Fall gewichtiger als das Interesse für literarische Disziplinen.

Mochten auch die Menschen gut rechnen gelernt haben, es gab dennoch oft genug Situationen, in denen das sie nicht vor Schaden bewahrte: wenn, wie Jörg Breu d. Ä. in einem polemischen Flugblatt 1530 darstellte, etwa der Ablasshandel des Papstes mit religiösen Druckmitteln oder der überlegene Geldhandel der Kaufleute mit der Macht des großen Geldes oder der plumpe Betrug der kleinen Gauner den Menschen das Ihre aus den Taschen zog. Auch dann wurde deutlich, dass die Rechenkunst nicht allein den Menschen helfen kann, sondern nur in Verbindung mit Recht und Gerechtigkeit und anderen gesellschaftlichen Tugenden.

[1] Blaschke: Kanzleiwesen, S. 305f.

[2] Vgl. Wußing: 6000 Jahre, S. 304.

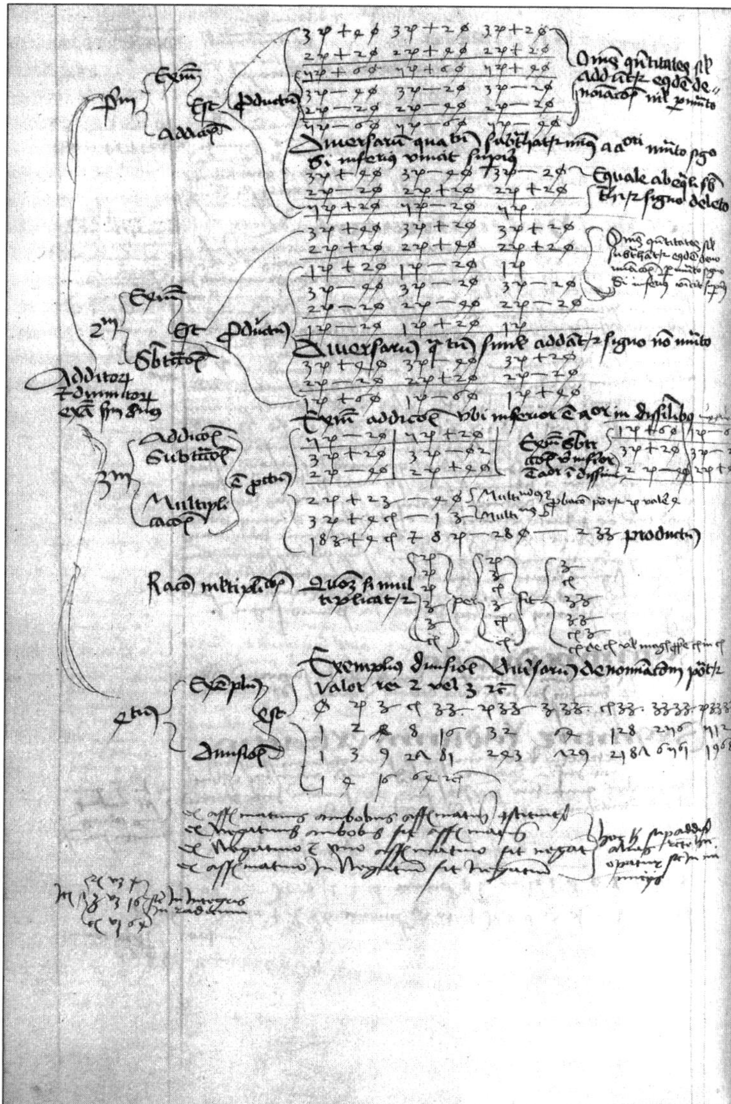

Textseite aus er ersten Algebravorlesung an einer deutschen Universität, gehalten von Johannes Widmann im Sommersemester 1486 in Leipzig. Univeristätsbibliothek Leipzig, Kodex 1470, fol. 464v